国家出版基金资助项目

天经地义论孝道

中华孝文化研究集成（一）

丛书主编：骆承烈
副 主 编：周海生　骆　明
本册主编：骆承烈

光明日报出版社

图书在版编目（CIP）数据

天经地义论孝道 / 骆承烈主编. -- 北京 ：光明日报出版社，2013.12

（中华孝文化研究集成：1）

ISBN 978-7-5112-3739-2

Ⅰ. ①天… Ⅱ. ①骆… Ⅲ. ①孝-文化研究-中国 Ⅳ. ①B823.1

中国版本图书馆CIP数据核字(2013)第247099号

天经地义论孝道

丛书主编：骆承烈　副主编：周海生　骆　明

本册主编：骆承烈

责任编辑：毛文丽　　责任校对：刘成聪

装帧设计：苗　苗　　责任印制：曹　诤

出版发行：光明日报出版社

地　　址：北京市东城区珠市口东大街5号，100062

电　　话：010-67078242（咨询），67078870（发行），67078235（邮购）

传　　真：010-67078227，67078255

网　　址：http://book.gmw.cn

E - mail：gmcbs@gmw.cn　maowenli@gmw.cn

法律顾问：北京天驰洪范律师事务所徐波律师

印　　刷：北京盛源印刷有限公司

装　　订：北京盛源印刷有限公司

本书如有破损、缺页、装订错误，请与本社联系调换

开　　本：710×1000　1/16

字　　数：516千字　　印　　张：31

版　　次：2013年12月第1版　　印　　次：2013年12月第1次印刷

书　　号：ISBN 978-7-5112-3739-2

定　　价：68.00元

总 序

我国是世界上老年人口最多的国家，占亚洲的一半，占世界的五分之一。2013年，我国老年人口将突破2亿大关。到本世纪中叶，老年人口将达到4亿，每三个人当中就有一个老年人。家家有老人，人人都要老，养老问题成为政府与人民共同关注的重大社会问题。

党的十八大报告指出："全面提高公民道德素质。""加强社会公德、职业道德、家庭美德和个人品德教育，弘扬中华传统美德，弘扬时代新风。"伦理道德与"孝"密切相关。孔子说："夫孝，德之本也，教之所由生也。"孟子说："老吾老以及人之老。"意思是说，孝是一切伦理道德的基础，教育应当从孝开始；一个人只有孝敬自己的父母才能更好地爱国家、爱人民。因此，弘扬中华传统美德，提高公民道德素质，应当从孝开始。我国的养老格局是："居家养老为基础，社区养老为依托，机构养老为支撑。"目前，我国城镇98%以上的老年人在家中养老，农村则几乎百分之百。试想，如果子女不孝，老年人如何能安享晚年？值得注意的是，由于"文化大革命"大批孔孟之道、市场经济下一些人重利轻义和"四二一"家庭对子女的娇惯等原因，我国孝道的传承出了问题。一些人不懂得孝道和感恩，家庭中不敬老、不养老甚至虐待老人的现象屡有发生。孝道，成为解决我国养老问题除发展经济、完善制度之外，必不可少的道德保障。

近年来，按照党的十七大、十八大精神，在多位中央领导同志的亲切关怀和大力支持下，全国敬老爱老助老主题教育活动组委会和中国老龄事业发展基金会，在全国范围内大力弘扬中华传统美德孝道，编辑孝道书籍，创作孝道戏剧歌曲，举办世界华人孝道论坛，评选"中华孝亲敬老楷模"和"孝亲敬老之星"，受到广大人民群众的热情欢迎，产生了巨大的示范效应。很多中小学校把孝文化引入课堂；很多企业把孝道作为企业文化；很多学术研究单位把传统孝道和时代特点的结合作为重要研究课题。弘扬传统美德孝道，在中华大地上渐成风气。

正是在这样的背景下，山东省曲阜师范大学著名儒学专家骆承烈教授，带领一批年轻人，不辞辛苦，经过七年认真细致的工作，从古代经、史、子、集中，收集了近千万字的资料，本着“去粗存精”的原则，编成了这部《中华孝文化研究集成》的大书。这批从古籍中广泛撷取的孝文化资料，按照《历代〈孝经〉序跋题识》《历代孝亲敬老诏令律例辑释》《历代孝论辑释》《历代孝行辑释》《历代养老文献辑释》《历代童蒙、家训、学规中的孝亲敬老资料》的序列进行编排，并以《天经地义论孝道》的今人文章为开篇，共十二册，约三百六十万字，洋洋洒洒、蔚为大观。

此书的编成，是弘扬传统文化的一件盛事，为学习、研究、传承中华孝道，提供了重要的文献资料。在这些资料中，难免有一些过时的、今天不再适用的内容，但那正是当年历史的真实写照。人们通过这些历史资料，可以看到几千年来，中华民族孝亲敬老的优秀传统是怎样传承的，许多具体事例对今人也会有启发和借鉴。总之，通过批判地继承，沙里淘金，从传统文化中找出孝文化的合理内容，我想，对当今的社会主义精神文明与和谐社会的建设，定会起到积极作用。

李宝库

2013年4月10日

前言

在《中华孝文化研究集成》十二册中，此为首册。另十一册均为几位作者遍阅古籍后，选取历代有关孝亲敬老的资料。此册内容则是近人有关孝亲敬老的论述及与孝亲敬老有关的文章。

一部《孝经》，历来被奉为提倡孝道的经典之作。其内容丰富，涉及面广，又言简意赅，被人们称做“一颗闪耀着人伦之光的明珠”。在几篇解读《孝经》及研究孝的论文中，分别论述到孝为德之本、孝为天经地义之事、孝的目的、孝的作用。人人都应尽孝，侧重有所不同。不但顺从父母为孝，对父母谏诤亦为孝。孝为小忠，忠为大孝。人们的孝行能促进家庭和睦、社会和谐、国势兴旺，不孝为万恶之首。一个人不但应正确行孝，还应批判、防止各种愚孝等。

孝亲敬老是人类思想中“永恒的范畴”。人们都知道孝道是儒家倡导的人伦关系中的一项重要内容。但在历史上，那些基本观点、主要学说与儒家不同的学派、宗教，在孝的问题上也同样赞成，异曲同工。如墨家讲“兼爱”，要对天下父母尽孝；道家尽管主张“弃仁绝义”，却也主张“民复孝慈”；主张耕战的法家，认为财富多了，生活好了，权势大了，才能更好地对父母尽孝。汉代传来的佛教，主张出家，但后来演变为“出家就是对天下父母行孝”，不但有戏剧《目莲救母》，生动地体现佛门弟子行孝的故事，宋代高僧契嵩还仿照《孝经》写了《孝论》。道教的《太平经》中认为孝子尽孝“是大善人之行，天必令寿，神鬼佑之不敢失”。基督教的《圣经》认为“人能尊崇天主……天主所予之父母兄弟、夫妇友朋，自应孝敬和顺”，“咒骂父母之人，应处以死刑”。伊斯兰教崇敬真主，《古兰经》中记真主教导人们说：“你们应当孝敬父母。”犹太教也主张“敬祖宗、孝父母、敬兄长……”总之，孝是人间永恒的道德，孝亲敬老为各家各派、历朝历代、各方人士一致提倡及遵循的善行。

孝是自有人类以来就有的思想、观念，最初只是孝行，后来发展为孝道，其标志就是孔子、曾子及日后孟子对孝的论述及《孝经》的问世。我国古代自舜以来，历代出现过数不胜数的孝星，孔子、闵子、曾子乃至后世的岳飞、朱寿昌等，一个个都是大孝子。自元人司居敬编成《二十四孝图》后，在宣扬孝道、普及孝道上起到了积极作用，但随着历史的发展，现代社会需要的孝子已非当年可比，笔者执笔编写的《新编二十四孝图》，在内容上富有新意，今日人人可学，已推向全国。

孝敬父母从来是中华民族的一项美德，子女在父母的生日给父母拜寿，是由来已久的习俗。近世以来，许多国家设“母亲节”“父亲节”，世界上各国的母亲节有四十多种，父亲节有二十多种。有人把美国所确定的五月第二个星期天当作世界的“母亲节”，实际上是一项误导。自2005年起，笔者联合几位学者确定孟母生孟子的那一天——农历四月初二为“中华母亲节”后，得到国内各地热烈欢迎。这一天，各地纷纷组织对母亲的感恩活动。为了与国际接轨，我们又将一年一度的“重阳节”，定为中国的“父亲节”。因“九”为阳数，重九重阳，实际上自汉代以来，各地多在这一天祭祀轩辕黄帝。中华民族是炎黄子孙，将这一天定为父亲节顺理成章。

在科技高度发展的今天，宣传工作最有效的方式是利用电视这样的传媒进行传播。笔者在主编的几部电视专题片中，均有“孝亲敬老”的内容，此部分内容与新编有关孝的几篇蒙书以及国内外有关孝亲敬老的几个文件也收入书中，对通俗形象地推行孝道者亦可参考。

此册内容，多为笔者近几年撰写的有关孝文化的文章，书中也收入有关领导、学者及海外朋友有关孝的论述。本书在此《集成》项目中列为卷首，系探路之作。人们如果希望参考更多的古代资料，更深入地研究孝道，开展、光大孝道的活动，后面十一册或许对各方贤达有所帮助。

这组《集成》，主要参编者是我的次子和我的学生。我们几家在奉行孝道上都有较好的实际行动。本册定稿时正值家母105岁生日。此书是奉献给家母的一份寿礼，也是奉献给天下父母的礼品。

骆承烈

壬辰重阳节于孔子故里

凡 例

1．本《集成》共十二册，除第一册为今人论文外，其他十一册均依古代孝亲、敬老等内容分类选录，所录文章均剔除愚孝内容。每册所列古籍一般依出现时间的先后排列。每一类中选录的文献亦按照类别和时间顺序排列。第二册《历代〈孝经〉序跋题识》同一书下的序跋归于一书，并依书中前后顺序排列。

2．为使内容简明，所录文章多有删节，前、后文及其间未选录的内容以“……”表示。

3．为方便阅读，编者将正文略加分节。

4．除第一、二册外，其余各册所引古文，每段原文后均附白话译文，译时基本为直译，不好译出的内容适当意译。

5．选录文章所涉书目及原书作者，在书中第一次出现时，对其进行必要的介绍。

6．原文中所遇难解字句、专有名词，多在其后加简明注释。

7．原文缺字或存疑者以“□”表示。

8．原书中的异体字、避讳字、讹字均改为规范汉字，不出校，仅有极个别必要的异体字予以保留。

9．全书均用简化汉字。

目录

第一卷　孝道阐释

《孝 经》

开宗明义章第一

仲尼居，曾子侍。子曰："先生有至德要道，以顺天下，民用和睦，上下无怨，汝知之乎？"曾子避席曰："参不敏，何足以知之。"子曰："夫孝，德之本也，教之所由生也。复坐，吾语汝：身体发肤，受之父母，不敢毁伤，孝之始也。立身行道，扬名于后世，以显父母，孝之终也。夫孝，始于事亲，中于事君，终于立身。《大雅》云：'无念尔祖，聿修厥德。'"

【译文】孔子在家里闲坐，他的学生曾参在旁边陪坐。孔子说："从前的帝王有至高无上的德行和精要微妙的道理，用来教化全国。因此，百姓都能和睦相处，无论尊卑贵贱，都没有怨言。你知道这是什么原因吗？"曾参离开座席恭敬地说："学生愚钝不聪敏，哪里能够知晓呢？"孔子说："孝道，是德行的根本，是教化产生的源头。你回到原位坐下，我把其中的道理告诉你。身躯、四肢、毛发、皮肤，都是从父母那里得来的，不敢有丝毫毁坏伤残，这是孝道的基础。能够自立于世而有所建树，遵守仁德行事，扬名于后世，使父母荣耀，这是孝道的最终境界。孝道，开始于侍奉双亲；推广于奉事君王；最终做到能自立于世而有所建树。《诗经·大雅》里说：'感念你的祖父，养成先王的美德。'"

天子章第二

子曰："爱亲者，不敢恶于人；敬亲者，不敢慢于人。爱敬尽于事亲，而德教加于百姓，刑于四海，盖天子之孝也。《甫刑》云：'一人有庆，兆民赖之。'"

【译文】孔子说："亲爱自己父母的人，不敢厌恶别人的父母；尊敬自己双亲的人，不敢轻侮别人的双亲。竭尽爱敬之心侍奉父母，然后把德行和教化推及到百姓身上，垂范全国，这就是天子的孝道。《尚书·甫刑》里说：'天子有美德善行，天下臣民百姓都仰赖他。'"

诸侯章第三

在上不骄，高而不危。制节谨度，满而不溢。高而不危，所以长守贵也。满而不溢，所以长守富也。富贵不离其身，然后能保其社稷，而和其民人。盖诸侯之孝也。《诗》云："战战兢兢，如临深渊，如履薄冰。"

【译文】身处高位而不骄傲，即使地位显赫也不会有危险；节制用度，慎守法令，即使财富丰盈也不会外溢。地位显赫而没有危险，因此能够长久地保持尊贵；府库丰盈而不外溢，因此能够长久地保持富足。永远保持其尊贵的地位和丰足的财富，然后才能够保住他的江山社稷，使他的人民和睦相处。这就是诸侯的孝道。《诗经》里说："心存恐惧，时刻警惕，如同面临深渊，如同脚踏薄冰。"

卿大夫章第四

非先王之法服不敢服，非先王之法言不敢道，非先王之德行不敢行。是故非法不言，非道不行；口无择言，身无择行；言满天下无口过，行满天下无怨恶。三者备矣，然后能守其宗庙，盖卿、大夫之孝也。《诗》云："夙夜匪懈，以事一人。"

【译文】不是先王制定的合乎礼法的服饰，不敢穿戴；不是先王所说的合乎礼法的言语，不敢说；不是先王实行的品德、行为，不敢做。所以，不合礼法的话不说，不合道义的事不做；说话谨守先王礼法无可选择，做事遵循先王德行无可选择；所说的话虽传布四海也不会出现过错，所做的事虽遍及天下也不会遭到怨恨。这三方面都具备了，然后才能够保全世袭禄位。这就是卿、大夫的孝道。《诗经》里说："早晨夜晚都不敢懈怠，以奉事天子一人。"

士章第五

资于事父以事母而爱同，资于事父以事君而敬同。故母取其爱，而君取其敬，兼之者父也。故以孝事君则忠，以敬事长则顺。忠顺不失，以事其上。然后能保其禄位，而守其祭祀，盖士之孝也。《诗》云："夙兴夜寐，无忝尔所生。"

【译文】以奉事父亲之心奉事母亲，爱心是相同的；以奉事父亲之心去奉事君王，敬心是一样的。所以，母亲是取其爱心，而君王则是取其敬心，兼取其爱心、敬心的是父亲。因此，以孝道奉事君王，就会忠诚；以敬心奉事尊长，就会顺从。忠诚与顺从均能做到，以奉事君王与尊长，然后才能保有其俸禄和职位，长守其宗庙祭祀，这就是士的孝道。《诗经》里说："要早起晚睡，勤恳做事，不要辱没生养你的父母。"

庶人章第六

用天之道，分地之利，谨身节用，以养父母，此庶人之孝也。故自天子至于庶人，孝无终始，而患不及者，未之有也。

【译文】利用四时节气规律，分辨土地的高下利弊，适宜耕作，小心处事，节简用度，用来供奉父母，这就是普通百姓的孝道。所以从天子到普通百姓，孝道是无始无终、永恒存在的，如果有人担心做不到，那是没有这种事情的。

三才章第七

曾子曰："甚哉！孝之大也。"子曰："夫孝，天之经也，地之义也，民之行也。天地之经，而民是则之，则天之明，因地之利，以顺天下。是以其教不肃而成，其政不严而治。先王见教之可以化民也，是故先之以博爱而民莫遗其亲，陈之以德义而民兴行，先之以敬让而民不争，导之以礼乐而民和睦。示之以好恶而民知禁。《诗》云：'赫赫师尹，民具尔瞻。'"

【译文】曾参（听了孔子对孝道的说明后）说："这个孝道，是多么博大高深啊！"孔子说："孝道，是上天的常道，大地的至理，人民的行为准则。天地的道理是永恒不变的，而人民取法于天地，效法上天明照宇内的道理，善用大地孕育万物的功用，以教化天下的百姓。因此，这种教化不严厉却能获得成功，其政治不苛烦却能达到安定。从前的帝王见教化可以化育人民，所以率先实行博爱，就没有一个人敢遗弃他的父母；广布道德仁义以感人民，人民就都愉快地遵行；又率先做到恭敬和谦让，人民就不再计较争夺；用礼义和音乐来引导人民，人民就和睦相处；用什么事情值得喜欢、什么事情应该厌恶明示人民，人民就知道禁忌而不再犯法。《诗经》里说：‘声名显赫的太师尹氏，人们都在仰望着你呀！’”

孝治章第八

子曰：“昔者明王之以孝治天下也，不敢遗小国之臣，而况于公侯伯子男乎？故得万国之欢心，以事其先王。治国者不敢侮于鳏寡，而况于士民乎？故得百姓之欢心，以事其先君。治家者不敢失于臣妾，而况于妻子乎？故得人之欢心，以事其亲。夫然，故生则亲安之，祭则鬼享之，是以天下和平，灾害不生，祸乱不作。故明王之以孝治天下也如此。《诗》云：‘有觉德行，四国顺之。’”

【译文】孔子说：“从前圣明的帝王用孝道来治理天下，连对那些小国的国君都以礼相待不敢遗弃，更不用说对待那些公、侯、伯、子、男五等爵位的诸侯了，所以得到了各国诸侯的欢心，使他能一心奉祀先王。治理封国的诸侯，连对那些鳏夫寡妇都不敢欺侮，更不用说对待那些士人和一般的民众了，所以得到了广大百姓的欢心，使他们能一心祭祀祖先。管理采地食邑的卿、大夫，连对那些男仆女奴都不敢失礼，更不用说对待妻子儿女了，所以得到了大家的欢心，使他能一心奉事他的父母。那样，父母在世的时候，就可以安心生活，去世以后也能安心享受他们的祭祀。因此，天下就会和平，灾害不会出现，祸患动乱不会发生。所以，圣明的帝王用孝道来统治天下，就会产生这样的效用。《诗经》里说：‘帝王有崇高的道德品行，四方的国家就会来归顺。’”

圣治章第九

曾子曰：“敢问圣人之德，无以加于孝乎？”子曰：“天地之性，人为贵。人之行，莫大于孝，孝莫大于严父，严父莫大于配天，则周公其人也。昔者周公郊祀后稷以配天，宗祀文王于明堂以配上帝。是以四海之内，各以其职来祭。夫圣人之德，又何以加于孝乎？故亲生之膝下，以养父母日严。圣人因严以教敬，因亲以教爱，圣人之教，不肃而成，其政不严而治。其所因者本也。父子之道，天性也，君臣之义也。父母生之，续莫大焉。君亲临之，厚莫重焉。故不爱其亲而爱他人者，谓之悖德；不敬其亲而敬他人者，谓之悖礼。以顺则逆，民无则焉。不在于善，而皆在于凶德，虽得之，君子不贵也。君子则不然，言思可道，行思可乐，德义可尊，作事可法，容止可观，进退可度，以临其民。是以其民畏而爱之，则而象之，故能成其德教，而行其政令。《诗》云：'淑人君子，其仪不忒。'"

【译文】曾参说："很冒昧地请教先生，圣人的德行有没有比孝道更重大的呢？"孔子说："天地之间的万物生命，人最为尊贵。人的行为之中，没有什么比孝道更为重大，孝道之中又没有什么比尊敬父亲更为重大，尊敬父亲又没有什么比天子祭天之时将自己的先祖配祀天帝更为重大，那么，周公就是唯一做到这一点的人。从前周公代成王治理朝政，在郊祭上天之时，把周的始祖后稷配祀天帝；在明堂祭祀五方上帝之时，又将父亲文王配祀上去。因此，全国各地的诸侯，分别根据自己的职司前来助祭。由此可知，圣人的德行，又有什么比孝道更重大呢？所以，亲爱之心在孩提偎依父母膝下的时候就已产生了，后随着奉养双亲，变得日益尊敬父母。圣人根据人们敬顺父母的天性，教给人们敬的道理；根据人们亲爱父母的天性，教给人们爱的道理。因此，圣人的教化，无须严肃就能获成功；圣人施政，无须严厉就能治理好，因为他所凭依的是作为根本的孝道。父慈子孝的父子关系，是出于人类自然的秉性，也是君明臣忠的君臣关系的自然义理。父母生下儿子，没有什么比这种使宗族得以延续的事更重大了；君王亲自治理朝政，没有什么比这种厚泽更大的了。所以，不亲爱自己的父母而去亲爱他人，叫作违背仁德；不尊敬自己的父母而去尊敬他人，叫作违背礼法。以悖德悖礼为顺就会发生混乱，人们就会无所适从。不依靠善行而凭借恶德，尽管得到了高官厚禄，有才德的人也不会看重。有才德的人就不是这样。说话时，应考虑是否可以使人称道；行事时，应考虑是否可以使人欢悦；立德行义，应能使自己受人尊敬；干起事业，应使人能够效法；容貌举止合乎规矩，使人可以观摩；进退得体，使人可以作为标准；他用这些行为规范来统治人民，所以他的人民敬服而爱戴他，取法他，仿效他。因此，能够成就他的德行教化，实行他的措施法令。《诗经》里说：'美德贤才的人啊，他的威仪端庄不差。'"

纪孝行章第十

子曰："孝之子事亲也，居则致其敬，养则致其乐，病则致其忧，丧则致其哀，祭则致其严。五者备矣，然后能事亲。事亲者，居上不骄，为下不乱，在丑不争。居上骄则亡，为下而乱则刑，在丑而争则兵，三者不除，虽日用三牲之养，犹为不孝也。"

【译文】孔子说："孝子奉事父母，日常家居就要表达他的恭敬，供养侍奉就要表达他的和悦，得病之时应表示他的忧虑，办理丧事就要表达他的哀痛，祭祀之时就要表达他的严肃。这五项都能做到了，然后才称得上能奉事父母。奉事父母，要居高位而不骄傲自大，处下位而不犯上作乱，与众人相处而能和顺无争。居高位而骄傲自大，就会自取灭亡；处下位而犯上作乱，就会刑罚加身；与众人相处而争强好胜，就会兵刃相接。这三种情形不能消除，那么，即使每天用牛羊豕三牲去奉养、祭祀，也仍然算不上孝顺。"

五刑章第十一

子曰："五刑之属三千，而罪莫大于不孝。要君者无上，非圣人者无法，非孝者无亲。此大乱之道也。"

【译文】孔子说："墨、劓、膑、宫割、大辟五刑所属的犯罪条例有三千，而罪名没有比不孝更大的。能胁迫君王的人没有尊卑观念，非议圣人的人没有礼制法纪，非议孝道的人没有父母亲人。这三种人，是导致天下大乱的根源。"

广要道章第十二

子曰："教民亲爱，莫善于孝。教民礼顺，莫善于悌。移风易俗，莫善于乐。安上治民，莫善于礼。礼者，敬而已矣。故敬其父则子悦，敬其兄则弟悦，敬其君则臣悦。敬一人而千万人悦。所敬者寡，而悦者众，此之谓要道也。"

【译文】孔子说："要教育人民相亲相爱，没有比孝道更好的了；要教育人民和顺服从，没有比敬事长上的悌道更好的了；要想转移风气改变习俗，没有比音乐更好的了；要想使君上安宁、人民平静，没有比礼节更好的了。所谓礼节，也就是一个‘敬’字罢了。因此，敬爱他的父亲，做儿子的就高兴；敬爱他的兄长，做弟弟的就高兴；敬爱他的君王，臣下就高兴。敬爱天子一个人，却有千千万万的人高兴。被敬的人少，而高兴的人多，这就是所说的至要的道理！”

广至德章第十三

子曰：“君子之教以孝也，非家至而日见之也。教以孝，所以敬天下之为人父者也。教以悌，所以敬天下之为人兄者也。教以臣，所以敬天下之为人君者也。《诗》云：‘恺悌君子，民之父母。’非至德，其孰能顺民，如此其大者乎！”

【译文】孔子说：“君子用孝道来教育天下，并不是要亲身挨家挨户去教，也并不是要每天见面才教。君子用孝道教人，是为了让天下为人儿子的人都知道孝敬天下所有做父亲的；用悌道教人，是为了让天下为人弟的人都知道敬顺天下所有做兄长的；用臣道教人，是为了让天下为人臣的人都知道尊敬天下所有做君王的。《诗经》里说：‘和乐柔顺的君子，是人民的父母。’如果没有至高无上的德行，又有谁能够顺从民心竟达到这样博大的程度？”

广扬名章第十四

子曰：“君子之事亲孝，故忠可移于君。事兄悌，故顺可移于长。居家理，故治可移于官。是以行成于内，而名立于后世矣。”

【译文】孔子说：“君子奉事父母亲能尽孝，所以其孝亲之心可以转到效忠国君。君子奉事兄长能尽敬，所以其敬长之心可以转到敬顺尊长。在家中能治理得有条不紊，所以其治理能力可转到治理公家之事。因此，内心里养成了高尚的品德，其名声就自然会显扬于后代。

谏诤章第十五

曾子曰：“若夫慈爱、恭敬、安亲、扬名，则闻命矣。敢问子从父之令，可谓孝乎？”子曰：“是何言与！是何言与！昔者天子有争臣七人，虽无道，不失其天下；诸侯有争臣五人，虽无道，不失其国；大夫有争臣三人，虽无道，不失其家；士有争友，则身不离于令名；父有争子，则身不陷于不义。则子不可以不争于父，臣不可以不争于君，故当不义则争之。从父之令，又焉得为孝乎！”

【译文】曾子说：“像那些慈爱亲人、恭敬长上、安养父母、显扬声名的孝道，我已经聆听先生的教诲了。我冒昧地请问先生，做儿子的听从父亲的命令，可以叫作孝顺吗？”孔子说：“这是什么话，这是什么话！从前，天子有七个能谏诤的官员，尽管他本身无道，也不会失去他的天下；诸侯有五个能谏诤的官员，即使他本身无道，也不会失去他的封国；大夫有三个能谏诤的人，纵令他本身无道，也不会失去他的采邑；士有能直言相劝的朋友，那么，就能始终保持他美好的名声；父亲有能直言相劝的儿子，那么，他就不会做出不义的事情。所以，遇到不符合道义的情况，做儿子的就不能不对父亲直言劝阻，做臣下的也不能不对君王直言劝阻。因此，如果遇到不符合道义的情况，就要直言劝谏。一味地听从父亲的命令，又哪能算是孝顺呢？”

应感章第十六

子曰：“昔者明王事父孝，故事天明。事母孝，故事地察。长幼顺，故上下治。天地明察，神明彰矣。故虽天子，必有尊也，言有父也；必有先也，言有兄也。宗庙致敬，不忘亲也。修身慎行，恐辱先也。宗庙致敬，鬼神著矣。孝悌之至，通于神明，光于四海，无所不通。《诗》云：‘自西自东，自南自北，无思不服。’”

【译文】孔子说：“从前圣明的帝王，侍奉父亲孝顺，所以奉事上天能够明察天理，谨按四时；侍奉母亲孝顺，所以奉事后土能够明察地利，因地制宜；长幼顺序不乱，所以尊卑地位有条理。能够明察天地，神明就会光照天下。因此，即使是天子，也一定有他尊敬的对象，那就是父亲；也一定有让先的人，那就是兄长。到宗庙祭祀，表达敬意，这是不敢忘掉祖先；修养身心，谨慎行事，这是害怕辱没先人。在宗庙祭祀，表达敬意，祖先的神灵就会保佑他。孝敬父母，顺从兄长，尽心尽力，就可以与神祇沟通，而光照天下，没有地方不能达到。《诗经》里说：‘从西边到东边，从南边到北边，没有人不想归服的。’”

事君章第十七

子曰："君子之事上也，进思尽忠，退思补过，将顺其美，匡救其恶，故上下能相亲也。《诗》云：'心乎爱矣，遐不谓矣，中心藏之，何日忘之？'"

【译文】孔子说："有才德的人奉事君王，在位就考虑如何竭尽忠贞之节，退居就考虑如何弥补自身的过错；顺从奉行君王的美德，纠正补救君王的欠缺，所以君臣上下能够互相亲爱。《诗经》里说：'内心里已经钟爱于他了，怎么会不努力呢？心中已经喜欢他了，什么时候又会忘记他呢？'"

丧亲章第十八

子曰："孝子之丧亲也，哭不偯，礼无容，言不文，服美不安，闻乐不乐，食旨不甘，此哀戚之情也。三日而食，教民无以死伤生，毁不灭性，此圣人之政也。丧不过三年，示民有终也。为之棺、椁、衣、衾而举之，陈其簠簋而哀戚之，擗踊哭泣，哀以送之，卜其宅兆，而安措之。为之宗庙，以鬼享之。春秋祭祀，以时思之。生事爱敬，死事哀戚，生民之本尽矣，死生之义备矣，孝子之事亲终矣。"

【译文】孔子说："孝子失去了父母亲，痛哭失声而不拖尾腔，肃守礼节而不修容貌，言谈质朴无华；穿上华美的服装，就感到不安；听见动人的音乐，不感到快乐；吃到美味佳肴，也不感到好吃。这就是悲哀忧愁的真情。丧亲后三天可以吃饭，是教人们不要因为哀悼死者而伤害生者，不要过于哀伤而丧失性命。这是圣人制定的政令。居丧守孝不超过三年，这是向人们表示居丧守孝有终结期限。父母亲去世，孝子要做好棺、椁、衣、衾，然后举行敛礼；陈列好簠簋等祭器，然后伤心哀悼；灵柩上路要捶胸顿足，痛哭流涕地哀送出殡；要占卜选定墓穴安葬；要兴建宗庙，招其魂灵而享献他；一年四季要按时祭祀，以表思亲之情。父母在世之时能以爱敬之心来奉养，去世之后能以哀戚之心来料理丧事，那么，生民应尽的本分就都尽到了，送死养生的大义也都完备了，孝子奉事父母的孝行也可以完结了。"

一颗闪耀人伦之光的璀璨明珠

李宝库

孝是我们民族的传统美德，是人伦道德的基石，是中华文化的瑰宝。在人类历史的长河中，它始终闪耀着不灭的光芒。

一、 孝是人与生俱来的美好情感

普天之下，古往今来，人人都是父母所生，父母所养。父母对于儿女，出于本能，有一种无与伦比的慈爱。为了儿女，他们甘受千辛万苦，乃至献出自己的生命。《诗经》上说："父兮生我，母兮鞠我。抚我畜我，长我育我，顾我复我，出入腹我。欲报之德……"意思是说，父母生我，养我，出入抱我，一切照顾我，长大些又教育我，父母对我的恩德无以言表。有一篇《劝孝良言》，把父母对儿女的爱描写得十分生动感人：

十月怀胎娘遭难，坐不稳来睡不安。儿在娘腹未分娩，肚内疼痛实可怜。
一时临盆将儿产，娘命如到鬼门关。儿落地时娘落胆，好似钢刀刺心肝。
把屎把尿勤洗换，脚不停来手不闲。每夜五更难合眼，娘睡湿处儿睡干。
倘若疾病请医看，情愿替儿把病担。三年哺乳苦受遍，又愁疾病痘麻关。
七岁八岁送学馆，教儿发愤读圣贤。衣帽鞋袜父母办，冬穿棉衣夏穿单。
倘若逃学不发愤，先生打儿娘心酸。十七八岁订亲眷，四处挑选结姻缘。
养儿养女一样看，女儿出嫁要妆奁。为儿为女把账欠，力出尽来汗流干。
倘若出门娘挂念，梦魂都在儿身边。千辛万苦都受遍，你看养儿难不难。

正是因为父母对儿女这般牵肠挂肚的爱，所以儿女从小就对父母有一种依恋、亲爱的情感，长大懂事以后，就想着要回报父母的养育之恩。这种知恩、感恩、报恩的情感，就是孝。孝是人与生俱来的美好情感。孝字最早见于殷墟出土的甲骨文，由上面一个“老”字和下面一个“子”字组成。《说文解字》说，孝即“善事父母者，从老省，从子，子承老也”。孝字的构成，形象地描绘出上面的老人呵护着下面的子女，下面的子女承奉着上面的老人，父慈子孝，十分和谐。

把人们这种亲情回报的纯朴情感提升到“道”的高度，是2500多年前我们的先哲孔子和孟子的功劳。孔子说：“夫孝，德之本也。”他指出，孝是一切人伦道德的根本，人们最高尚的行为就是孝。他又说：“孝为天之经也，地之义也，人之行也。”意思是说，孝亲就像天上的日月星辰那样有规律地运行，也像大地江河那样永不枯竭，它是人的行为规范和做人的准则。他不仅论述了孝的重大意义，还明确提出孝的内容。他说：“今之孝者，是为能养，至于犬马皆能有养，不敬何以别乎？”就是说，对老人不仅要物质上供养，而且要尊敬，使他们精神愉快，不然的话，和饲养犬马有何区别呢？孝的内容除了“养”和“敬”，他又提出“谏诤”。曾子问孔子：“唯父之命是从，就是孝吗？”孔子说：“这是什么话，这是什么话！从前天子有谏诤之臣七人，虽然无道，也没有失去天下。父亲有了谏诤之子，就不会陷自身于不义。所以，只要有不义之事，就应该谏诤。唯父之命是从，又怎能说是孝呢？”可见，孔子并不赞成愚忠、愚孝。孟子则在孔子思想的基础上，提出“老吾老以及人之老”，把人们对父母之爱，延伸到其他老年人。这是了不起的发展。孔孟的这些关于孝的精辟论述，成为高悬古今、照耀世界的真理。他们发掘、总结人性的真善美，并以之教化民众的伟大功勋，也使他们成为人间圣贤。

综上所述，孝是人世间一种高尚的美好的情感。它的本质是亲情回报。它的作用是完善人的品格，提升人的思想境界，在家庭和社会中追求人际关系的和谐。可以毫不夸张地说，孝是一颗永远闪耀着人伦道德之光的璀璨明珠，是我们中华民族的珍宝。至于汉代以后把孝捧到天上，荒谬地提出愚忠愚孝的所谓“三纲”（君为臣纲、父为子纲、夫为妻纲——君叫臣死臣不能不死，父叫子亡子不能不亡……）；“文化大革命”中又把孝踩入地下，大批孔孟之道、孝子贤孙，都不过是强加在纯真的孝之上的历史尘埃，丝毫也不能掩盖这颗明珠的光芒。因此我认为，孝的本意是好的、纯净的，是人与生俱来、万古长存的美德，我们应当还孝的本来面目，理直气壮地对其加以提倡。

二、当今时代需要孝

在全面建设小康社会，建设富强、民主、文明的社会主义强国，实现中华民族伟大复兴的过程中，人们惊奇地发现，我们对孝的需求是那样迫切。

我们的老年人需要孝。我国已经进入老龄社会。我国是世界上老年人口最多的国家。老年人为国家、社会和家庭辛苦劳碌一生，作出贡献，如今他们年老了，力衰了，成了社会的弱势群体，如何使他们幸福愉快地度过晚年？这是摆在国家、社会和每一个家庭面前的一项重要任务。国家已经制定了“党政领导、社会参与、全民关怀”的老龄工作指导方针，确定了“老有所养、老有所医、老有所教、老有所学、老有所为、老有所乐”的老龄工作目标，从中央到地方建立了老龄工作体系，并且做了大量卓有成效的工作。但是，由于历史和现实的种种原因，人们对老龄工作还不那么重视，在一些人当中存在着对老年人的年龄歧视。特别是有些不肖子孙，不但不尽孝养义务，反而虐待打骂老人，抢夺老人财物，干涉老人婚姻，侵犯老人合法权益。有些人的做法简直天良丧尽，令人发指。有些人虽然做到了生活上的赡养，但没有注意精神慰藉。老年人因为孤独、疾病、受虐等原因，自杀事件屡有发生。这些不能不引起我们的高度关注。对那些违了法的不孝之人绳之以法，自然是解决问题的一种办法；但更多情况属于道德范畴，只有用孝道来教育、感化他们，使之尽儿女的责任，让老年人在家庭的温暖和亲情中度过晚年，才是更为积极有效的办法。

我们的儿童需要孝。儿童是国家的未来，应当精心培养。现在的问题是，由于我国不得不长期实行计划生育的国策，家庭形成了四个老年人、一对夫妇、一个孩子的“四二一”的家庭结构。人们由于爱幼的本能，特别是隔代更甚的规律，我们的儿童往往被娇惯、溺爱。在这样环境中长大的孩子，很容易成为以我为中心、淡化亲情回报、缺少社会责任感和对他人冷漠的人。这对孩子们形成健全的人格是很不利的。因而，应当以孝道为切入点，加强儿童的思想道德教育，让他们从小就懂得孝敬父母的道理，做个有道德良心的人。一个从小就知道孝敬父母的人，长大以后才可能成为对他人、对社会、对国家有责任感，道德高尚，成就大事的人。

我们的社会需要孝。我国正在实行和完善社会主义市场经济。市场经济需要诚信法则。目前的情况是，市场上假冒伪劣的东西仍然猖獗，诚信问题成了亟待解决的大问题。对此，一方面要依法惩治，打假；另一方面，要对国民加强诚信教育。诚信和孝道其实是相通的。诚信要求在市场交换中货真价实，童叟无欺；孝道是对父母养育之恩的真诚回报。一个真正孝敬父母的人，在市场经济中一般是不会做假的。因而，在国民中进行孝道的宣传教育，对于形成诚信的社会氛围，从而促进市场经济的健康发展，是有好处的。

我们的国家需要孝。要把国家治理好，不仅需要依法治国，也需要以德治国。德治的“德”，包括社会公德、职业道德和家庭美德。在家庭美德中，头一条就是孝敬老人。家庭是社会的细胞，家庭稳定，社会稳定。而孝，正是调节家庭关系的一剂良药。在目前的家庭中，总的看，关心下一代是有过之而无不及，关心上一代却显得有些苍白无力。因此我认为，以德治国也应当注意从家庭入手，从孝道入手，尔后延伸到社会、国家。一个孝敬父母、品德高尚的人，必是遵守社会公德和职业道德、效忠国家的人。古往今来，无数事实已经证明，国之忠臣，都是孝子。

三、弘扬孝道是我们的责任

既然孝是人与生俱来、万古长存的美德，既然当今时代需要孝，我们就有责任弘扬孝道，把历史传统和时代特点结合起来，使之发扬光大。为此，全国老龄办、中宣部、教育部、团中央和全国妇联五部门联合举办，中国老龄事业发展基金会协办，在全国青少年中开展了以“读敬老书、做敬老事、写敬老文、做敬老人”为主要内容的“敬老爱老助老主题教育活动”，编辑出版了《中国敬老故事精华》一书，并在今年正式启动了“主题教育活动”的四项评选活动，即评选“敬老好文章”，评选“优秀组织者”，在每个县级单位评选“孝亲敬老之星”，在全国范围内评选十大“中华孝亲敬老楷模”。这些评选活动，当然也可以在港、澳、台和海外华人中进行。

为了把敬老爱老助老主题教育活动推向深入，我们根据古代敬老文献、当代社会风习和自己的工作实践，整理出《敬老心语》10条，供宣传之用，这里一并奉献给大家：

1．孝亲敬老是人的高尚品德的一面镜子。

2．关爱今天的老年人，就是关爱明天的自己。

3．只有孝敬自己的父母，才能得到子女的孝敬。

4．怎样关爱自己的儿女，就应该怎样关爱自己的父母。

5．只有像关爱自己的父母一样关爱公婆，才可能使自己的父母得到同样的关爱。

6．大象无形，大音希声，大爱无言。父母的大爱，常在不言之中，做儿女的要细心体会才是。

7．中华传统，尊师如父。成功者，永远不要忘记传道授业解惑之人。

8．家家有老人，人人有老时；我今不敬老，我老谁敬我？

9．当官不敬老，不是好领导；当官又敬老，人人都说好。

10．忠和孝都是人的爱心的表现。孝是小家之爱，忠是“大家”之爱；孝是忠的基础，忠是孝的升华。当忠孝不能两全时，为国尽忠，也就内含了为父母尽孝之德。

（李宝库：中国老年事业发展基金会会长、中华孝文化促进会会长）

《孝经》解读

骆承烈

一、曾子与《孝经》

我国儒家著名的经典“十三经”，洋洋洒洒，足有60万字。其中一部仅有1800多字的古籍，其字数仅占“十三经”的1/300，但却被古人推崇为“百行之宗，五教之一”，这便是《孝经》。

《孝经》这部古籍几千年来被人尊崇、奉行，至今仍是一部光彩夺目的名作，中华优秀传统文化中古籍的代表作，至今仍有其现实的社会价值。

（一）《孝经》的作者及成书时间

《孝经》这部书的作者，有几种说法：

一为孔子作。《汉书·艺文志》本刘歆《七略》说“《孝经》者，孔子为曾子陈孝道也”。东汉郑玄亦持此说。《孝经·纬钩命诀》引孔子的话说“吾志在春秋，行在孝经”。但此说有漏洞，如孔子不该称其弟子为“曾子”，文中有孔子死后一些书（如《左传》《孟子》《荀子》）的内容，书中有些内容和《论语》不完全一致等。

一为曾子作。《史记·仲尼弟子列传》：“曾参，南武城人，字子舆，少孔子四十六岁。孔子以为能通孝道，作《孝经》，死于鲁。”元朝人熊禾在为董鼎《孝经大义》一书作序时也说“曾氏之书有二：曰《大学》、曰《孝经》”。有人对此说也提出怀疑，因为把《孝经》原文与《礼记》《大戴礼记》中曾子论孝的内容相比，发现一些矛盾。

一说曾子门人作，甚至具体地说是曾子的弟子孔伋(子思)作，更不足信。

宋人邢昺《孝经注疏序》中说：“曾子在七十弟子中，孝行最著，孔子乃假立曾子为请益问答之人，以广明孝道，既说之后，乃属于曾子。”就是说，孔子问，曾子答，曾子记录下来。因此可以说《孝经》是孔子的思想，曾子所记。一部《论语》由孔子的许多弟子或再传弟子记录编成，《孝经》一书由曾子编成。故可以说，曾子作《孝经》，最后由其弟子定稿。

至于此书完成的时间，《孝经》曾引《孟子》《荀子》之文，曾袭用《左传》之文，《吕氏春秋》曾引《孝经》之文。孟子死于公元前305年，荀子死于秦始皇即位前不久，《吕氏春秋》是吕不韦及其门客编著之书，成书于公元前240年，书中对《孝经》内容抄录很多，可知曾子的弟子将《孝经》正式整理成书时间，应在公元前3世纪中叶，或在公元前230年左右。

关于《孝经》的标题，班固在《汉书 · 艺文志》中就曾说“夫孝，天之经也，地之义也，民之行也，举大者言，故曰《孝经》”。可知在此书入“经书”之前，已被尊为“经”。原因是“天之经也”之“经”，意为：孝是天下的大经大法。

《孝经》有许多不同的版本，主要有《今文孝经》和《古文孝经》两种。《今文孝经》源自西汉初年，由河间人颜芝原藏。因为是用汉代通行的隶书写成，故称“今文”。东汉大儒郑玄为之作注。《古文孝经》则是汉武帝时鲁恭王从鲁壁中得到。《汉书 · 艺文志》载：“《孝经》古孔氏一篇，二十二章”，孔安国为之作注。现在通行的是唐玄宗注，宋人邢昺疏的《孝经正义》。实际上是立足《今文孝经》，参考《古文孝经》而成。

(二) 历代对《孝经》的序、跋、注、疏

既然历代帝王对《孝经》如此推崇，围绕这部经典便产生了许多对其阐发、提倡、解释的序、跋、注、疏。最早为《古文孝经》作序的是西汉孔安国。汉朝以“孝”为国策，对此经典不敢动一字，更无人敢对其妄加解释、阐发。只有东汉时期，集今古文之大成的郑玄作《孝经注叙》，将《孝经》推崇为“三才之经纬，五行之纪纲”。解释“孝为百行之首，经者不易之称”（《孝经》注疏“序”）。到了唐朝，强盛的封建大帝国建立，为了巩固政权，皇帝提倡《孝经》。唐玄宗亲自为《孝经》作注（《全唐文》卷四十一元（玄）宗二十二《孝经注序》），同时还有元行冲奉敕撰《孝经序》，李齐古《进御注孝经表》（《全唐文》卷三百七十七），司马贞《孝经老子注易传议》（《全唐文》卷四百二），郑氏《进女孝经表》（《全唐文》卷

九百五十四）。宋朝邢昺的《孝经注疏》最为完备，最具权威，为后世《十三经注疏》所采纳。还有司马光《进古文孝经指鲜表》（司马光《传家集》卷十七）《进孝经指解劄子》（司马光《传家集》卷四十九）《古文孝经指解序》（司马光《传家集》卷六十八），董鼎《孝经大义序》。甚至僧人释契嵩也作《孝论》（释契嵩《镡津集》卷三），附会《孝经》。元朝陆文圭《古今文孝经集注序》（陆文圭《墙东类稿》卷五），吴澄《孝经叙录》（吴澄《吴文正集》卷一）,程文海《孝经直解序》（程文海《雪楼集》卷九），陈栎《孝经衍义跋》（陈栎《定宇集》卷三）。明朝项霦《孝经述注序》，黄道周《孝经集传序》。清朝蒋赫德《御定孝经注序》，卢文弨《新刻石文孝经序》。清朝康熙、雍正皇帝令儒臣编辑《孝经衍义》一百卷，刊行海内之前，皇帝御定作序。

不但国内历代对《孝经》极力推崇，《孝经》一书流传国外，亦受重视。如日本国藏有孔安国《古文孝经、古文训传序》，日本学者太宰纯在日本享保十六年（1731）为重刻石文《孝经》作序等。

上述大量资料，均说明历代朝廷都重视和提倡《孝经》。其目的十分明确：综观我国历史，自战国、秦汉以来，是地主阶级统治的封建社会。社会基础是小农经济，正需要孝这一上层建筑对封建社会中自给自足的小农经济进行维系，也就是说孝的观念在我国漫长的封建社会中，一直存在着其应有的社会价值。

(三) 历代对《孝经》的推崇

这部字数很少的古籍，自汉代以来，一再被极力推崇。《汉书·艺文志》记汉文帝时已为《孝经》专设“博士”教授《孝经》。汉武帝时规定入学的学子《孝经》为必读之书。自汉初惠帝以后，将“以孝治天下”定为国策，西汉每个皇帝谥号之前均加个“孝”字。昭帝始元五年（前82）诏令举贤良文学，治《孝经》。平帝元始五年（公元5年）征召天下，为讲授《孝经》等诸经者供给轺车专辆，遣送京师。东汉光武帝曾下令，宫廷卫士必须学《孝经》，东汉明帝要求期门羽林介胄之士悉通《孝经》章句。

汉以后，晋武帝泰始七年（271），晋惠帝元康元年（291），均有皇太子讲《孝经》的礼仪活动。东晋时，元帝亲为《孝经》作传，东晋穆帝、孝武帝多次亲自向大臣讲《孝经》，讲后令大臣们讨论经义。晋恭帝八岁时，在幽危之时，仍授之以《孝经》。

南朝宋武帝、文帝都曾亲自讲授《孝经》，齐武帝永明元年（483）在国学中添置郑玄注《孝经》。梁武帝天监时，亲撰《孝经义疏》，令师傅为年仅三岁的昭明太子讲授《孝经》。陈文帝、陈宣帝、陈后主时都曾诏令东宫讲《孝经》。

北朝一些少数民族入主中原，也接受儒家文化，学习《孝经》。如北魏孝文帝令人将《孝经》译成鲜卑文，以教国人。宣武帝于正始三年（506）亲自讲《孝经》。孝明帝在宫中主持讲《孝经》。北齐文宣帝天保九年（558）太子监国集诸儒讲授《孝经》。北周太祖因大臣杨向希讲《孝经》，而将其擢升为国子博士。

到了盛唐时期，国家统一，国力强大，更重视对《孝经》的提倡与推广。唐太宗对太子读《孝经》曾大加赞赏。唐朝皇帝崇信道教，但唐高宗仍于仪凤三年（678）诏令以《孝经》及《道德经》为“上经”。玄宗曾两次亲注《孝经》，并诏令天下，令家家收藏此书，时时学习。天宝四年（745）玄宗又亲自以八分书写《孝经》，写后令人刻石于太学，以垂永久。

宋太宗即位不久，即御书《孝经》颁赐李至。真宗咸平二年（999）诏令邢昺撰《孝经义疏》，为日后历代认可。真宗大中祥符八年（1015），皇帝又亲撰《孝经》诗，命群臣赋和。南宋高宗除御书《孝经》颁给群臣外，又御书《孝经》颁给天下州学。绍兴十四年（1144）又诏令各州县以御书《孝经》刊石，还将此书赐给现任官员及学子。

作为少数民族入主中原的金、元统治者，尊崇儒学不亚于汉族皇帝。金海陵王天德三年（1151）诏令以当年唐玄宗御注的《孝经》授予各级学校。金世宗大定二十三年（1183）仿效汉代羽林军通《孝经》的故事，以女真文的《孝经》千部交检点司，分赐给护卫亲军。

元朝崇儒更甚，元世祖至元二十四年（1287）规定国子学制，凡读书必先读《孝经》。元武帝曾把孔子封为“大成至圣文宣王”，同时命中书右丞以蒙古文翻译《孝经》，并下令自王公达于庶人，皆当学习并执行。

明朝立国后，明太祖便强调《孝经》是帝王治理天下的大经大法。清顺治帝曾亲注《孝经》。康熙四十六年（1707），正式翻译刊刻“满汉合璧”的《孝经》。雍正五年（1727）刊行《规定翻译孝经》。乾隆时，令宫廷画家金廷标绘

《孝经图》，乾隆亲作题记。咸丰时，诏令各省科举考试要加试《孝经》。

(四) 《孝经》的主要内容

一部《孝经》共十八章1800多字，每一章之前均有宋人邢昺之“疏”。现将其内容简要归纳如下：

开宗明义章第一：一开始便申明主旨。“夫孝，德之本也，教之所由生也。”“夫孝，始于事亲，中于事君，终于立身。”

天子章第二：天子之孝。“德教加于百姓，刑于四海。”

诸侯章第三：诸侯之孝。“在上不骄……满而不溢……”才能守贵、守富。

卿大夫章第四：卿大夫之孝。一切遵从先王，“非法不言，非道不行”，然后能守其宗庙。

士章第五：士之孝。“以孝事君则忠，以敬事长则顺。忠顺不失，以事其上，然后能保其禄位。”

庶人章第六：庶人之孝。“用天之道，分地之利，谨身节用，以养父母”，为庶人之孝。

三才章第七：孝与天、地、人相契合。“夫孝，天之经也，地之义也，民之行也。”

孝治章第八：“明王以孝治天下”就可以“天下和平，灾害不生，祸乱不作”。

圣治章第九：圣人之德加于孝。“天地之性，人为贵。人之行，莫大于孝。孝莫大于严父，严父莫大于配天。”圣人倡孝，即“能成其德教而行其政令”。

纪孝行章第十：孝子事亲“居则致其敬，养则致其乐，病则致其忧，丧则致其哀，祭则事其严”。

五刑章第十一：“五刑之属三千，罪莫大于不孝。”

广要道章第十二：礼、乐是为孝的“要道”。

广至德章第十三：君子之教以孝、悌，则可敬人君，为顺民。

广扬名章第十四：讲孝可移于“忠君”“顺长”“治官”“而名立于后也”。

谏诤章第十五：要有“争臣”“争友”“争子”，才能使君、上、父“身不陷于不义”。

应感章第十六：孝亲则天明、地察，“通于神明，光于四海，无所不通”。

事君章第十七：事上应“进思尽忠，退思补过，将顺其美，匡救其恶”。

丧亲章第十八：孝子丧亲，“哭不哀，礼无容，言无文，服美不安，闻乐不乐，食旨不甘”。“春秋祭祀，以时思之。”

（五）孝子曾参

《战国策》中，两处记载“孝如曾参”。（《战国策·燕策》）《大戴礼记》中有《曾子本孝》《曾子事父母》等篇，都说明战国时人们已把曾子当作孝行最佳的代表。曾子不但直接受孔子耳提面命，作《孝经》，在孝的实践上，也为当时人做出榜样。其孝行主要有：

1.奉养父母

《孟子》记：“曾子养曾晳，必有酒肉。将彻，必请所与。问有余，必曰有。”（《孟子·离娄上》）《韩诗外传》记：“曾子曰：椎牛而祭，不如鸡豚逮亲存也。吾尝仕齐为吏，禄不过钟釜，尚忻忻而喜，非以为多，乐其逮亲存也。”（《韩诗外传》卷七）《新语》记：“曾子孝于父母，昏定晨省，调寒温，适轻重。勉之于糜粥之间，行之于衽席之上。而德美重于后者。”（《新语·慎微》）《孔子家语》记：“齐尝聘（曾子）欲以为卿，而不就，曰：‘吾父母老。食人之禄，则忧人之事。吾不忍远亲而为人役。’”（《孔子家语·七十二弟子解》）

这些记载从几个方面体现出曾子奉养父母的言行。包括：第一，让父母吃饱穿暖，是起码的条件。第二，在保持父母正常生活的前提下，应使其生活尽量充裕一些。第三，一个人要从事生产，有基本收入，这样奉养父母，父母才能“忻忻而喜”。第四，对父母生活要时刻照料，从食到宿，诚恳恭谨，仔细周到。第五，要常在父母身边，不要远离父母到外面做事。

2.尊敬父母

《孟子》记：“曾晳嗜羊枣，而曾子不忍吃羊枣。公孙丑问曰：‘脍炙与羊枣孰美？’孟子曰：‘脍炙哉。’公孙丑曰：‘然则曾子何为食脍炙而不食羊枣？’曰：‘脍炙所同也，羊枣所独也。讳名不讳姓，姓所同也，名所独也。’”（《孟子·尽心下》）《吕氏春秋》记：“曾子曰：‘父母生之，子弗敢杀；父母置之，子弗敢废；父母全之，子弗敢阙。故舟而不游，道而不经。能全支体，以守宗庙，可谓孝矣。”（《吕氏春秋 · 孝行览》）《礼记》记：“父母之所爱亦爱之，父母之所敬亦敬之。至于犬马尽然，而况于人乎？”（《礼记 · 曲礼》）《淮南子》记：“曾子立孝，不过胜母之闾。刘子里名胜母，曾子还轫，以其名害之也。”（《淮南子 · 齐物训》）

这些记载体现出曾子尊重父母的孝行：第一，曾子处理一切事情，都对父母高度负责，与父母保持一致。第二，自己的好恶要同父母一样。第三，甚至有的名称对父母不尊敬，也要避开。

3.取悦父母

《礼记》记：“曾子曰：孝子养老也，乐其心，不违其志。乐其耳目，安其寝处，以其饮食忠养之。”（《礼记 · 内则》）《韩诗外传》记：“曾子有过，曾皙引杖击之，仆地，有闻乃苏，起曰：‘先生得无病乎’。”（《韩诗外传》卷七）

这些记载体现出：第一是曾子时时使父母高兴；第二是即使自己受了责罚，仍然取悦父母。

4.思念父母

《礼记》记：“曾子谓子思曰：‘吾执亲之丧也，水浆不入于口者三日。’”（《礼记 · 檀弓》）《韩诗外传》记：“曾子曰：‘亲殁之后，吾尝南游于越，得尊官焉。坐高九仞，榱题三围，转毂百乘，然犹北向而泣者，非为贱也，悲不逮吾亲也。’”（《韩诗外传》卷七）《孝子传》记：“曾参食生鱼，甚美，因吐之。人问其故。曾子曰：‘母之在日，不知生鱼味。今我美，吐之，终身不食。’”《琴操》记：“曾子尝耕泰山之下，遭天霖泽，雨雪寒冻，旬月不得归，思其父母，乃作《梁山操》。”传说曾子父母死后，他十分悲痛，终日大哭，泪如涌泉，今日在曾庙中仍有“涌泉井”。

这几则资料，从不同角度上说明曾子外出时，曾子父母死时，死后过了些时间后，不同时间，不同场合，均不停地对父母思念、怀念。一方面体现曾子对父母感情之深，也从另一个角度上体现曾子孝敬父母之情。

人们的孝行，起源于原始社会，人们曾说虞舜是古代一位大孝子。到了春秋时期，孔子、曾子作《孝经》，从孝的内容、孝的方式，孝对家庭、国家、社会的不同功能及社会上不同阶层孝的差别等方面进行了论述，使中华伦理道德中的这一重要内容更加完备，由“孝行”上升到了“孝道”。

孔子的嫡传弟子曾参，不但将多年的“孝行”从理论上提升为“孝道”，而且自己也身体力行，成为我国古代著名的一位大孝子。这正如孔子有丰富的教育实践又总结出高明的教育理论一样，曾子可算得上一个理论与实践结合的古代孝道楷模。

二、《孝经》解读

(一) 孝亲天经地义

《孝经·三才章》记："子曰：'夫孝，天之经也，地之义也，民之行也。'"把孝说作天经地义，绝对正确，永远正确，很有道理。古时当说起宇宙，即自然与人类时，往往用"天、地、人"来概括，而孝道正是如此。这种说法可从几方面理解：

从生态伦理发展观上来看：地球上自从有了生物以后，由低级向高级，由植物到动物。发展中分门别类，各自独立生存。以动物来说，由单细胞到多细胞，到软体动物、鱼类、两栖动物、脊椎动物，逐渐向高级动物发展。各种动物不但不停地在生育后代，还不断地教育后代，如鸟学飞、兽学走，小鸟逐渐变作大鸟，小兽逐渐变作大兽。它们的后代成长后，也回过头来对它们前辈奉养，如乌鸦反哺、小乌龟喂瞎了眼的老乌龟。这是动物的本能。此本能是维系它们生存和发展的手段，这正体现出社会上的生态伦理观。尽管这些动物不像人一样在社会中生活，它们并无思维，但这种行为却体现出它们自身发展的规律。子女孝敬父母，自然也符合生物界生存与发展的规律。

从社会伦理回报的角度来看：劳动创造了世界和人本身。千万年来人类社会由低级向高级发展，人的思维越来越聪明，合群劳动使人们在战胜自然中不断取得胜利，人类社会才不断发展、前进。后人对前人的尊重，是对前人文化成果的尊重，是对自己生存条件不断改善、提高这一事实的尊重。前人开路后人走，前人栽树后人乘凉，社会上的一切文化成果都是前人创造和遗留下来的。没有前人一代一代的努力，社会就会停滞不前，今人还处于蒙昧状态。仅只笼统地说对待那些披荆斩棘为后人铺路的前人来说，后人就应对其尊敬、爱护和奉养。这些前人如果正是自己的父母，他们曾直接地为自己的生存与发展铺好道路，那不更应孝敬、爱戴与奉养吗？

从家庭伦理的亲情上来看，更应孝敬父母。父母生儿育女，绝对不等同于一般生物的繁殖后代，其最大的特点是亲情，是爱。人和动物最大的不同是有思维，思维使人有了灵性，此灵性即指人的性和情。天下的爱有多种，大到对国家、民族的爱，小到对异性的爱，还有对亲朋的友爱，对世人的关爱，对事业的钟爱、等等。但在这一切爱中，最重要的是父母对子女的亲子之爱。子女出生后，父母在对子女哺育、抚养、教育到长大成人过程中，无不付出无怨无悔的劳动、最大的代价，对子女灌输深厚的、持久的爱。“可怜天下父母心”，为了子女，父母可以忍受各种艰苦，爱护子女胜过爱护自己，保护子女胜过保护自己。子女在父母的爱河中成长，父母对子女的爱表现在各个方面，理所当然地应该换取子女对父母的爱。从思想上、情感上的爱，到行动上的爱。这便是对父母奉养、爱戴与尊敬，这便是子女对父母的孝。

从社会伦理、人之常情上来看，子女对父母，晚辈对长辈也应孝敬。人们常说感恩、回报，就是这个意思。俗话说，种瓜得瓜，种豆得豆，广种福田，收获幸福。任何事情有付出就有回报。父母、养父母、老一代对子女、后代在经济上、精神上给予大量的付出，理应得到相应的回报。社会对人们最起码的要求是知恩图报。如果一个人对父母不孝，对长辈不敬，连这一点都做不到，还能在社会上站得住脚吗？

总之，人们从自然界、社会上各个方面来看，子女对父母、晚辈对长辈理应孝敬。这正是“天之经也，地之义也，民之行也”。

(二) 孝为德之本

《孝经 · 开宗明义章第一》便引孔子的话说：“夫孝，德之本也，教之所由生也。”把孝作为道德的根本。人们还记得《论语》开篇便引孔子的话说：“孝悌也者，其为仁之本欤？”孔子从来把“仁”当作处理人际关系的重要手段。一个人对上，忠、孝、恭、敬是仁，对中，信、义、敦、睦是仁，对下，宽、厚、慈、惠也是仁。或者说“仁”在社会上表现为对国家“忠”，对朋友“信”，在自然界“仁民、爱物”。这一切优秀品德不是凭空得来的，而是逐渐培养、养成的。家庭是社会中最小的单位，在家中养成好品质，才能造就仁德之人。家庭中最基本的品德便是孝悌。孝是对父母的“尊、爱、养”，悌是兄弟姐妹之间“和、让、敬”。一家人中，如果兄弟姐妹对父母都尽孝道，他

事来。为社会作贡献，为人民做好事，此正是孝子所为。

(四) 孝的三个层次

《孝经》中说："夫孝始于事亲，中于事君，终于立身。"把孝分为三个层次，这三项是层层增高，有一定的逻辑性在内。

"始"与"中"是说明忠与孝的关系。早在西周初年周公等人制定的宗法制，就把国与家连到一起。在嫡长子继承制的规定下，"大宗百世不迁"，即长子长孙永远继承王位。诸侯为天子的小宗，大夫为诸侯的小宗，士为大夫的小宗，庶人为士的小宗，"小宗五世乃迁"，就是说天子的庶子，五代后便变成庶人。由庶人的小家簇拥士为大家；士的小家簇拥大夫为大家；大夫的小家簇拥诸侯为大家；诸侯的小家簇拥天子为大家。"普天之下，莫非王土。率土之滨，莫非王臣。"天下的人都是天子的臣民，天子是天下的大家长，诸侯是该诸侯辖区内的大家长……因此，孝的扩大便是忠。马本斋孝母、孔繁森孝母，都用自己"忠"的行动表现出来。忠是大孝，孝是小忠，孔子当年曾向老子请教：如果家中有父母的丧事，又遇到君主去世的国丧时，应如何办？老子回答：先赴国丧，尽臣子之道，再回到家中尽亲子之责。因此"事亲"和"事君"同样重要。即忠、孝是一个概念，如果两者相较，忠比孝还更重要些。"忠臣出于孝子之门"的道理，就是说只有能尽孝的人，才能尽忠。只有爱自己的父母，才能爱自己的国家。那种"无父无君"之人，形同禽兽。现在我们提倡爱国主义，就是建立在孝的基础之上。列宁曾经说："爱国主义是千百年来巩固起来的，对自己祖国的一种最深厚的感情。"这种深厚的感情的基础，自然是一个人对自己父母深厚的感情。

书中把"立身"放到"事亲""事君"之后的道理何在呢？原来儒家从来强调完善道德。孔子终生办教育，教育弟子的重点在德育。只有培养出道德高尚的人来，才能更好地治国安邦。孔子自谓"三十而立"，是说自己到了三十岁，初步懂得立身、处世、做人的道理。而要提高自己的道德水平，却是终生大事。为此儒家特别强调修养。从内省出发，主动向各种有德之人学习。一个人实践了孝，便有了具备各种优秀道德的基础。一个人真正"立身"之后，便是一位大忠大孝之人。

(五) 孝的不同功能

古人讲起《孝经》来，常说“五孝”，意思是五种人提倡孝，这便是《孝经》之二、三、四、五、六章分别叙述的天子、诸侯、卿大夫、士及庶人之孝。五者孝的目的各自不同。“天子之孝”为了“德教加于百姓，刑于四海”，“诸侯之孝”为了“保其社稷而和其民人”，“卿大夫之孝”为了“守其宗庙”，“士之孝”为了“保其禄位，守其祭祀”，“庶人之孝”为了“谨身节用，以养父母”。五者各有不同。其实仔细分析，其功能不外两类，前四种作为统治者是为了保证统治，庶人之孝是为了让父母安度晚年。

历代朝廷提倡孝，目的是为了保证统治，这一点十分明确。《论语》中孔子说：“其为人也孝悌，而好犯上者鲜矣。不好犯上而好作乱者，未之有也。”（《论语 · 学而》）是说一个人如果在家孝悌，在社会上就可以做个安分守己的良民，不犯上作乱了。人人执行孝道，就能维持社会安定的秩序，促使社会和谐稳定。《孝经》之《广扬名章》记：“君子之事亲孝，故忠可移于君；事兄悌，故顺可移于长；居官理，故治可移于官。是以行成于内，则名立于后世矣。”正说明“事亲孝”“事兄悌”，扩大到社会上就可以忠、顺。在社会上人人忠、顺，社会就安定、和谐了。《孝经》中专有一篇《孝治章》，明确说要以孝治天下，如果人人都能对父母“生则亲安之，祭则鬼享之”，就可以达到“天下和平，灾害不生，祸乱不作”的境地。当年曾子说过：“慎终追远，民德归厚矣。”（《论语 · 学而》）如果谨慎地对待父母死亡之事，追念远代祖先，自然会使百姓们忠厚老实了。曾子又说：“尽力而有礼，庄敬而安之，微谏不倦，听从而不怠，欢欣忠信，咎故不生。”（《大戴礼记 · 曾子立孝》）是说一个人竭尽全力做事而有礼法，庄重恭敬又温和，对君父委婉地劝谏而不嫌疲倦，父母听从劝谏而不懈怠，欢喜更尽到内心的诚意。这样，灾祸就不会发生了。人们就能安享稳定之福了。与此相反的便是乱。汉代把孝定为国策，也是希望天下人人在家行孝，对国家人人尽忠，巩固汉朝政权的稳定，把一个“孝”字拿来为巩固统治服务。

庶人的孝是为了让父母安度晚年。《庶人章》记庶人怎样行孝，是“用天之道，分地之利，谨身节用，以养父母”，即利用天时、地利、人和几方面的内容对父母敬、养。奉养父母可以从很多方面进行。《吕氏春秋 · 孝行览》中说：“养有五道：修宫室，安床笫，洁饮食，养体之道也；树五色，施五彩，列文章，养目之道也；正六律，和五声，杂八音，养耳之道也；熟五谷，烹六畜，和煎调，养口之道也。”以上是物质方面的，还有精神方面的。“和颜色，说言语，敬进退，养志之道也。”不论物质的、精神的，都应满足父母的需要，这就是孝。一个人首先应孝敬自己的父母，再爱别人。有人以爱别人为幌子，不孝敬自己的父母，显然不对。《孝经》之《圣治章》中记：“不爱其亲而爱他人者，谓之悖德；不敬其亲而敬他人者，谓之悖理。”依照常规道理，一个人在孝敬自己父母的前提下，再去关心、孝敬其他老人，也是应该的。孟子说“老吾老以及人之老”（《孟子·梁惠王上》），就是说先孝敬自己的父母，再推广之，孝敬人家的父母，也是一种美德。做子女的能够孝敬父母，自然能尊敬兄长，做到兄友、弟恭。例如东晋时的王祥，继母对他不好，他仍然孝敬不违。继母生病要吃鲜鱼，时值三九严寒，王祥破冰求鲤，给继母食用。王祥的种种孝行，教育了幼弟王览，王览对兄长尊敬有加，其行为也传为历史佳话。

（六）孝亲的内容

《孝经》之《纪孝行章第十》中记：子曰：“孝之事亲也，居则致其敬，养则致其乐，病则致其忧，丧则致其哀，祭则致其严。五者备矣。”即从五个方面孝亲。“居则致其敬”，是指平时与父母在一起居住时，对父母时时尊敬。此指子女对父母的态度，即父母的精神生活。孔子说过：“今之孝者，是谓能养。至于犬马，皆能有养，不敬，何以别乎？”（《论语·为政》）可知对父母敬十分重要。要做到时时敬，不是太容易。当孔子回答弟子子夏关于孝的问题时，孔子特别强调“色难”（《论语·为政》）。子女与父母相处时，时时做到和颜悦色，很不容易。一个人遇到困难或感到气愤、情绪不好时，有时迁怒，或者带出不高兴的样子，在父母面前都不能表露，应该让父母时时看到你欢快、虔诚、谦虚的样子，让父母精神愉快。“养则致其乐”是指在衣、食、住、行上，对父母好好奉养。依自身的财力，让父母生活更好一些。曾子当年不但经常供给父母酒肉，而且在撤食时问到以后还有吗，回答还有。“病则致其忧”指父母生病时，情绪不好，子女更应尽责，要设法治疗，精心照料。俗话说“百病床前无孝子”，是说父母长期生病时，子女往往不耐心，应该“百病床前有孝子”才对。尤其父母病危及临终之前，子女应尽量及时赶到，让老人临终之前望着子女，最后得享天伦之乐。“丧则致其哀”是指父母死后，认真办丧事。古时对丧事很重视，各种丧礼特别多。办理父母的丧事，是对其一生的尊重。过于烦琐不应该，但应真心悲伤。正如孔子所说：“丧与其易也，宁戚。”（《论语·八佾》）古时规定一个人居丧时，视美色不觉美，听音乐不觉乐，吃美味不知味，都体现出真正悲哀的情绪。《论语》中记载宰予曾向孔子提出废除“三年之丧”，孔子对他严厉批评一事（《论语·阳货》），说明“三年之丧”是古礼，古人很重视。孔子说“子生三年，然后免于父母之怀”，对宰予否定“三年之丧”斥为“不仁”。现在看来有些过火，但应体会其主要精神，孔子强调子女应对父母从内心里怀念，不要轻易忘记父母的恩情。“祭则致其严”是指严格执行早已规定的祭礼。古人从来重视三件事：食、战、齐。“齐”即斋戒。把祭祀提到如此高的地位，体现对死者的尊敬。尊敬死者是为了教育生者，祭祀是祭祀人心灵的寄托。祭祀是对逝者的怀念，对逝者的怀念就是尊敬，就是要向逝者学习，就是表示继承逝者的遗志。家祭的对象是自己的祖先，以父辈的赫赫功业来激励后人。可知祭祀祖先并不完全等于封建迷信。

社会是多彩的，人是复杂的，孝敬父母应从多方面入手，应该包括：

1．养亲（奉亲）

每个人的生命都来自父母，这是自然规律。父母生下子女之后，第一要养，第二要教。在养和教的过程中，父母对子女不但要花费大量财力，还要付出很大的精力。父母对子女的爱是无法用任何尺度来计算的，因此子女对父母理应尽孝。乌鸦反哺，羊羔跪乳，是禽兽的天性，儿女孝敬父母更应是人的天性。所谓人的天性，除包括生理上的因素外，更主要的是心理上、情感上的因素。一般地说，子女孝敬父母是一种报恩行为，其实并不止于此。从深层次说，是子女对父母爱心的一种自然表露。如果孝亲只限于报恩行为，子女只能例行公事，显然不够，应以高标准要求。《礼记》中曾子说起孝来，认为“大者尊亲，其次弗辱，其下能养”（《礼记·祭义》）。可知养亲是子女孝亲的最低标准。曾子养其父母时，每顿必有酒肉；父母吃完以后还问够不够时，总要听到“有剩余”的回答才放心（《孟子·离娄上》）。《新语》中记：“曾子孝于父母，昏定晨省，调寒温，适轻重，勉之于糜粥之间，行之于衽席之上。”对父母奉养更加周到，孔子回答弟子子夏时说“有酒食，先生馔，有事弟子服其劳”（《论语·为政》）。汉儒马融释“先生即父母，即长辈”。做子女的要尽力为父母做事。子夏说“事父母能竭其力”（《论语 · 学而》），是说一个人力量有大有小，对父母却要使出全部力量来，便是尽了孝。孝敬父母是很现实的事，不是空谈理论，大唱高调。有人生前不孝，父母死后却大办丧事，装出一副孝亲的样子来。曾子早就对这种人嗤之以鼻了。他说对父母“椎牛而祭不如鸡豚逮亲存也”（《韩诗外传》卷七）。父母死后，即使您杀一头牛，用最隆重的祭礼祭祀也无用，还不如在父母生前给他们杀只鸡吃来得实惠。孔子对宰予说：“父母生你后，三年内在他们怀中，得到多么大的爱抚与呵护啊，父母死后，难道守三年丧是多余的吗？”（《论语 · 阳货》）今天当然不提倡父母死后守丧，但就此道理来说，父母把子女养大，子女在父母年老后孝敬他们，父母死后仍然对他们的教导不轻易忘记，却是天经地义的事。

2．关亲

对父母奉养大都指物质方面，做子女的还要时时对父母关心、爱护。平时关心其寒温，按时对父母看望、问候，对年老的父母、身体不健康的父母，乃至患病垂危的父母应加以关怀、体贴。《礼记》中要求：“凡为人子之礼，冬温而夏凊，昏定而晨省。”（《礼记 · 曲礼》）就是说冬天要使父母温暖，夏天要使父母凉爽，早晚探望问候。《论语》记孟武子问孝，孔子回答“父母唯其疾之忧”。（《论语 · 为政》）听说父母生了病，做子女的心中无限担忧和挂心。子女希望父母高寿，但随着父母年岁日高，身体却越来越差。对此孔子饱含深情说出了这样的话：“父母之年，不可不知也。一则以喜，一则以惧。”（《礼记 · 祭义》）当你知道父母年岁的时候，一方面为他们高龄而高兴，一方面又因为他们高龄，逐渐接近死亡而担忧。父母生了病，子女要亲尝汤药，找最好的医生诊治（“亲有疾，饮药，子先尝之。医不三世，不服其药。”（《礼记 · 曲礼》））。年老的父母，总希望子女守在自己身边，便有“父母在，不远游”（《论语 · 里仁》）的说法。另一个例子是：齐欲聘曾子为卿，曾子说：“吾父老。食人之禄，则忧人之事，吾不忍远亲而为人役。”（《孔子家语》）都是说父母在时，子女不要远行的事。有人对此极力批评，说这一主张妨碍子女外出创业，其实不尽然。因为后面还有一句“游必有方”。尽管前句是说父母在时，子女不要远行（这里的“游”应指外出游学、游乐或经商，并未有为国守边、为国出使等大事）。一旦出了门，应该将自己的去向及时告诉父母，常和父母取得联系，免得父母挂念。这和限制儿女们外出创业、谋生、传道以及为国尽忠应有所区别。《礼记》还有一段话“凡为人子者，出必告，反必面，所游必有常，所习必有业”（《礼记·曲礼》）。已明确说出作为子女者可以出门，但到何处去必须告诉父母，回来应该和父母见面，做子女的该去的地方，要做该做的事，这不正是对“游必有方”的注释吗？

3．敬亲

子女对父母不但要奉养，要关心，更应对父母尊敬。因为人是有感情的，一个人不但有衣、食、住、行等生活上的需要，他们生在社会上，需要在社会上占有一定地位，即受到人们的尊敬。有一次，子游向孔子问孝时，孔子对他作了一番生动的回答：“今之孝者，是谓能养。至于犬马，皆能有养。不敬，何以别乎？”（《论语·为政》）对家内的动物要养，对父母也要养。如果对父母只养不敬，那又和养动物有何不同呢？看来诙谐的一段话，道理何等深刻！在这一点上，曾子说的更加明确，他说“孝子有三，大孝尊亲”（《礼记·祭义》）。当子女的要做到这一点，并不容易。当年子夏向孔子问孝时，孔子就说过“色难”（《礼记·祭义》）。意思是说奉养父母容易，对年迈的父母一直和颜悦色却不容易。曾子曾经说过“孝子养老也，乐其心，不违其志”。不仅要养老，还要“乐其心，不违其志”（《礼记·内则》）。“乐其心”是从积极方面来说，子女应主动使父母心情快乐。“不违其志”是从消极方面来防止，这一点比前者更难做，因为父母的“志”（志趣、习惯、理念、爱憎）和子女不一定一致，子女为了不违其志，往往要放弃自己的“志”。两者都做到，父母才能时时感到心情舒畅，子女在这方面才算是尽了孝。有的子女让父母食“嗟来之食”，固然不好，有的子女对父母只是例行公事地奉养，表情很冷淡，情感不交流，父母也感到说不出来的不满足，这也是子女未能尽到孝道的表现。

4．顺亲

人们常说“孝顺”父母，“孝”后加一“顺”字，顺就是顺从父母的意志。父母时时会有一些愿望和要求（有的大，有的小），做子女的应该遵循他们的愿望和要求行事，而不要在思想上及行动上与其背道而驰。民间常说不孝之子父母“叫他向东他向西，叫他打狗他撵鸡”，就是不顺。《论语》记“孟懿子问孝”，孔子回答“无违”。孔子对于孝敬父母的这一说法十分重视，乃至过了几天，弟子樊迟为他驾车出门时，主动告诉樊迟这件事。当樊迟再向孔子回问“无违”包括什么内容时，孔子回答“生，事之以礼。死，葬之以礼，祭之以礼”，意思是顺从父母的意志，主要表现为一切依礼行事。孔子还说过："父在观其志，父没观其行，三年不改于父之道，可谓孝矣。"（《论语 · 学而》）更进一步强调子女自己的志愿始终要和父母一致，不能轻易改变和违背。《礼记》中记"父母之所爱亦爱之，父母之所敬亦敬之"（《礼记 · 内则》），能这样做就是尊重父母的感情，曾子在这方面又做出了榜样。他说"父母生之，子弗敢杀；父母置之，子弗敢废；父母全之，子弗敢阙"（《吕氏春秋 · 孝行览》），都是尊重父母的意愿、对父母顺从的表现。还有一些更现实的例子，例如曾子的父亲曾皙爱吃羊枣，曾子就不忍吃，却吃脍炙。有人问他为什么，曾子回答："脍炙很普通，谁都能吃，羊枣却特别，只有我父亲爱吃，我不敢吃，怕夺父亲之好。"（《孟子 · 尽心下》）日常生活中是这样，在大事上，也是这样。曾子曾说他特别佩服孟庄子，因为孟庄子他"不改父之臣与父之政，是难能也"（《论语 · 子张》）。《中庸》中对顺父母的行为，更总结为"夫孝者，善述人之志，善述人之事者"，更清楚地说出做子女的应该顺从父母的表现。

5．礼亲

能遵照父母的意愿行事是一方面，进一步要求按国家的标准行事，正是把孝纳入政治的范畴。《论语 · 为政》记有人问孔子为什么不从政，孔子引《书》中的话回答："孝乎唯孝，友于兄弟，施于有政"，然后说："是亦为政，奚其为为政。"我在家孝敬父母，友于兄弟，在社会的最基层中做出榜样，就是从事政治活动。这就对孝赋予明确的政治含义。当年晏子就曾说过"礼之可以为国者久矣"，这种礼就包括"君令、臣恭、父慈、子孝……"（《左传》昭公二十六年）鲁国一个大臣襄仲为婚事纳币时，也明确地说："孝，礼之始也。"（《左传》文公二年）《论语》及《孟子》中均引孔子明确告诉弟子们对父母要"生，事之以礼；死，葬之以礼，祭之以礼"。此"礼"即指周礼。曾子说"慎终追远，民德归厚矣"（《论语 · 学而》），"慎终"是葬之以周礼，"追远"是祭之以周礼。当时周礼的规定十分烦琐，"周礼三百""仪礼三千"，规定人人作为法令来遵守，依周礼的标准来孝敬父母，是最重要的事。如父母叫你忠君、爱国，叫你一切事情依礼行事，严格按照等级办事，儿女必须遵从。人们常说周时"五礼"中的"凶礼"，即"丧礼"，包括"丧、荒、吊、禬、恤"五个部分，子女必须严格执行。《礼记 · 檀弓》及《曾子问》中都记载着许多关于丧礼的规定。例如曾子问孔子："如果国君死去，殡了起来，又赶上父母之丧，应该如何对待呢？"孔子回答说："可以先在家里为父母守丧。一旦国君那里有事，就要立即前去，早晚守候在国君那里。就是说：国事大于家事，国丧大于家丧，依此对待父母也是尽孝。最典型的一个例子就是曾子病危中，一阵清醒时，忽然发现自己铺的席不合当时的礼制，便令儿子换过来。其子知道偶一搬动他就要送命，但曾子很严厉地用礼的标准训斥儿子，其子只好给他换了席。这一换，曾子马上死了。古人赞扬他的死合礼（《礼记·檀弓》）。

6. 谏亲

"天下没有不是的父母"，这是宋明以来儒学处于没落阶段，把一个孝字歪曲后变成愚孝的语言。孔子十分强调孝敬父母，遵照父母的意愿办事，但却有好事与坏事的区别，对坏事不应盲从。因为父母对一些问题往往认识不对，也不可避免地犯错误，如果子女任由父母的错误发展下去，那不是孝，而是不孝。于是便提出了一个"谏"字，《孝经》中第十五为"谏诤章"，假托"曾子问"之名，以孔子之口说出："昔者天子有争臣七人，虽无道，不失其天下；诸侯有争臣五人，虽无道，不失其国；大夫有争臣三人，虽无道，不失其家；士有争友，则身不离于令名；父有争子，则身不陷于不义。"这段话是说，地位越高，敢于谏诤的诤臣越重要，作为一家之长的父亲来说，有诤子，就可避免身陷于不义。做子女的，明明看着父辈不对，却盲目服从，不去谏诤，"又焉得为孝乎？"《论语》中早就记载着孔子说"事父母几谏"（《论语·里仁》）的说法，发现父母有错误后，马上不停地（或多次）谏诤，使他们改正错误。当然，又有其局限性，后面是如果看见父母不同意（"见志不从"）时，应马上放弃自己的意见，恭恭敬敬地服从父母（"又敬不违"），虽然自己想不通，很忧愁，也不能怨恨他们（"劳而无怨"）。孔子尽管这样说，但做起来又不一样。曾子耘瓜，误伤了瓜苗，其父操起大棍把他打得半死。曾子以为自己大孝，要孔子表扬他，孔子不但不表扬，还批评他一顿，告诉他小棍打可以挨，大棍打就应跑，如果把自己打死，不是陷父亲于不义吗？（《孔子家语》）这种具体事情具体分析的做法，不是对父母盲从，是对曾子错误做法的批判。十分难得的是，在我国两千多年前，儒家主张对父母谏诤，已有了家庭民主的萌芽，出现一种"我爱我父，我更爱真理"的气氛。当年在父系家长制的家庭中，也主张贯彻"良药苦口利于病，忠言逆耳利于行"的精神，很不简单。

7. 光亲

儒家的人生观就是一个人要积极入世，努力治世，志士仁人，对社会作出贡献。一个人在立言、立功、立德方面，只要做出成绩来，便可以“扬名声，显父母”。《孝经》中记：“身体发肤，受之父母，不敢毁伤，孝之始也；立身行道，扬名于后世，以显父母，孝之终也。”把子女建功立业为父母争光、光宗耀祖，放到孝的最高水平来看待。《孝经》中记孝有三个层次，除奉养作为最低要求外，中等的要求是“弗辱”，子女不要给父母带来侮辱。一个人做了坏事，连累了父母，乃是最大的不孝。孔子说那种“一朝之忿，忘其身，以及其亲”（《论语 · 颜渊》）的人，凭一时气愤办了坏事，杀了人，犯了法，不但使自己得到应有的惩处，还连累了父母，正是最大的不孝。在过去，人们凡做一件大事，或下一番努力，或做出一番牺牲，都考虑到“上对得起祖祖宗宗，下对得起子子孙孙”，正是要经得起历史的考验，在历史上留下痕迹。这不是一个人的事，是上及祖宗、父母，下及子孙后代，对整个家族有很大影响的事情。

8．延亲

在社会上，不管是动植物或人类，繁殖后代都是天经地义的事，列宁把人类生儿育女划归社会上“永恒的范畴”（《列宁全集》卷一第22页），即超时代、超阶级的一种本能。人类社会正是在人们不断生长繁衍中前进、发展的。西方有上帝造人说，中国有伏羲、女娲婚配造人说。历朝历代从来都重视人口的增长。生儿育女、延续后代，也是做子女应承担的义务。《孟子》中举出一个生动的例子。古代帝王舜“父瞽叟顽、母嚚、弟象傲”，对他很不好，甚至要杀他，舜到了三十岁，还不叫他娶妻。因为他仁德，尧看中了舜，把两个女儿（娥皇、女英）嫁给了他，“舜不告而娶”，万章问老师孟子这是不是一个错误，孟子回答：“男女居室，人之大伦也。”舜如果告诉他父母，便不能娶，“则废人之大伦”，实际上正是对不起父母，所以不告（《孟子 · 万章上》）。于是又有孟子“不孝有三，无后为大”的说法，赵岐注：“于礼有不孝者三，谓阿意曲从，陷亲不义，一不孝也；家贫亲老，不为禄仕，二不孝也；不娶无子，绝先祖祀，三不孝也。”后世凡提到这段话，总是在“不娶无子”上做文章，大骂孟子重男轻女，实际上“子”即指后代（古时“女子”“女公子”均指女孩子，亦以“子”称）。主要意思是生儿育女，延续后代。

2005年在香港召开的“世界华人孝亲敬老大会”上，笔者参加起草的香港《孝亲宣言》中的大标题是“诚敬孝亲，终生不渝”。人人孝亲时都应该体现这两句，即出自内心的、诚心诚意的、恭恭敬敬的孝亲。孝亲不是一时的，而是终生的。

（七）对父母谏诤

“五四”时期，一些进步人士着力批判孝道，实际上批判的是愚亲。鲁迅在《我们现在如何做父亲》一文中说：“中国的‘圣人之徒’……他们以为父对于子，有绝对的权力和威严，若是老子说话，当然无所不可，儿子有话，却在未说之前就错了。”孝亲本来是好事，如果发展到极致，变作愚孝，就不好了。有人在父母死后，整日哭泣，不吃饭，不睡觉，哭泣致死；有人在父母死后，也随着死去；有人割下肉来给父母煎药；有人不惜滥杀无辜为父母报仇，都不对，都是愚孝。人们最常见的是子女在父辈面前唯唯诺诺不敢说，不敢动，子女被看作父母的私有财产，如《红楼梦》中贾政对违背封建伦常的儿子贾宝玉往死里打。一面打，一面说：“打死你，我也不犯法。”

父辈完全对，儿女不能说个“不”字，这是愚孝，真正提倡孝道的孔子、曾子却不是这样。《论语》中记孔子说“事父母几谏”（《论语 · 里仁》），子女侍奉父母时，如果发现父母有不对的地方，应及时委婉地谏诤，请他们改错。《孝经》中单有“谏诤章第十五”更说明问题。文中明确地说儿子无条件地听从父辈之命，并不是真孝。子女对父辈的错误，应及时谏诤，促其改过，才是真孝。文中具体地说道：“天子有争臣七人，虽无道，不失其天下；诸侯有争臣五人，虽无道，不失其国；大夫有争臣三人，虽无道，不失其家；士有争友，则身不离于令名；父有争子，则身不陷于不义。”结论是：“子不可以不争于父，臣不可以不争于君。”这里不是主张子女唯唯诺诺，却是让子女及时发现父辈的错误，提意见令其改正。

（八）罪莫大于不孝

《孝经》第十一《五刑章》记：“五刑之属三千，而罪莫大于不孝。”据古籍记载，禹时皋陶管法律，稳定社会秩序，依法惩治坏人。古时“五刑”为墨型、劓刑、剕刑、宫刑、大辟刑，每种刑罚之中又细分为各种，约达“三千”之多。主要处理三类罪大恶极的罪犯：一是反对君主的，一是非圣无法的，一是不孝敬父母的。君主是一国之政治代表，圣人是一国之文化代表，反对此两者，即动摇了社会的根本。将不孝之罪与此二者并列，可见对孝亲一事的重视。古时如担忤逆（不孝）之名，不但被治罪，更大受社会舆论谴责，在社会上抬不起头来。因为不孝和反君主、反圣贤一样为“大乱之道”。严厉惩治这三种人，才能使社会和谐。历代从来认为君主及圣人是天下最受尊敬的人，在家中，父母也是最受尊敬的人。旧日私塾中供奉“天、地、君、亲、师”的牌位，也是把“亲”和“君”并提，可见对“亲”的重视。于是历代提倡父母死后，子女应尽哀，父母死后应三年“丁忧”（守孝）。很多人在父母死后三年内回顾父母对自己的教诲，努力完成父母的未竟之业，个别不孝子孙也不得不装装样子，表示自己也是孝子。因为“孝子”是一个人在社会上最高的荣誉。

(九) 终极关怀

孔子对孝敬父母曾简单概括为：“生，事之以礼；死，葬之以礼，祭之以礼。”《孝经》最后一章《丧亲章》记到父母死后应该哀痛。最后总结为：“生事爱敬，死事哀戚，生民之本尽矣，死生之义备矣，孝子之事亲终矣。”这可从两方面来理解：一是父母临终以前，一定要使其满足、安详，即不要让他们带着遗憾死去。这既包括没见到自己的后人，自己孤零零地离开这个世界；也包括自己的事业，没有后续人完成。另一方面，做子女的应尽量在其临终前守着父母，向他们说明自己继续其遗志之意。从大处说起，人的生命有限，人群（即社会）的生命无限，把有限的生命融入无限的生命中去，就要对前人怀念、礼敬，这就是祭祀。中国人把人与自然看作一体，认为一个具体的人虽死去，社会的人仍与自然一起存在。基督教徒只是向上帝赎罪，人死后归上帝管。中国人不但认可连续不断融入自然中社会的人，也包括社会中人的精神永存。因此一个人活着要“立德、立言、立功”，人死之后，能立德、立言、立功的人还活在人们心里，即“三不朽”。祖先是个体生命之本，圣贤是文化生命之本。通过祭天地、祭祖先，人的生命与自然、宇宙相通，达到“万物皆备于我”“上下与天地同流”的境界。这种“报本返始”的做法，正是对孝道伦理的延长，可以说孝在相当程度上正是中国人民寄托其终极关怀的一种方式。

三、孝道的特点

孝，这一具有特殊色彩的道德品质，它的出现及发展，都有一些与众不同的特点。主要表现为：

(一) 孝是我国奴隶制乃至封建制度一切道德的根本

以人间的血缘来论，父母与子女之间最亲。父母已把十足的爱心、关怀与期望毫无保留地给了子女，子女更该把应有的爱和尊敬回报给父母。因此，过去作为多年来法定的意识形态——儒家孝思想便认为它是“天之经也，地之义也，民之行也”（《孝经 · 三才章》）。有的更把它提为“三皇五帝之本身，而万事之纲纪也”（《吕氏春秋 · 孝行览》）的地步。这是为什么呢？因为“先王有至德要道，以顺天下，民用和睦，上下无怨”。这种“至德要道”（《孝经 · 开宗明义章》）即“孝道”。“夫孝，德之本也，教之所由生也。”“夫孝，始于事亲，中于事君，终于立身”这些话，说得多么深刻，多么明显！它明确地告诉人们历代的统治者正是以孝为人际关系的纽带，把个人、家庭、宗族、国家四者连接起来，以巩固其统治。为此，他们依照不同地位的人物对孝赋予几种不同的概念：天子的孝“德教加于百姓，刑于四海”（《孝经 · 天子章》），诸侯的孝“保其社稷，而和其民人”（《孝经 · 诸侯章》），卿、大夫的孝是“守其宗庙”（《孝经 · 卿大夫章》），士的孝“保其禄位，而守祭祀”（《孝经 · 士章》），庶人的孝则“谨身节用，以养父母”（《孝经 · 庶人章》）。尽管孝对各阶级、阶层要求不同，但都是从不同角度上维护其自身利益，进而维护整个社会利益为目的的。这便是以孝为契机建立起来的奴隶制及封建制的道德规范。

(二) 孝体现出宗法等级制的亲疏原则

《周礼》中最重要的内容是“尊尊、亲亲”。“尊尊”是尊敬尊者（周天子、诸侯等世袭贵族），维护大奴隶主的特权。首先表现为尊君上，《周礼》要求每一个人要“事君以礼”，“事君，能致其身”（《论语 · 学而》），甚至“君命召，不俟驾行矣”（《论语 · 乡党》）。即对君主无限忠诚，无比尊敬，无条件服从。君主一声令下，来不及备车备马，一溜小跑跑到君主跟前请命。“亲亲”则是依照宗法制的原则，一心向着自己的宗族，维护本宗族的利益，一切为本宗族着想。在宗法等级社会里，一个人的社会地位依据他与天子、诸侯、大夫之间的关系来定高低。与他们关系近的，地位就高，反之就低。这时的社会关系也由血缘关系来制约，因而对人们关系的远近也依亲疏而来。一个人与父母的血缘关系最近，对父母的孝便成为维系宗族关系的出发点。所以说孝道是宗法制度的思想基础。从宗法制的“尊尊亲亲”出发，处理起事情来就会产生偏见。

（三）历代当政者大都通过孝来维持统治秩序

在奴隶主和封建主那里，孝道仅只是一种手段、一个工具，统治者利用它来为维持自己的统治服务。最典型的是《论语》中记：“子曰：‘其为人也孝悌，好犯上者鲜矣，不好犯上好作乱者，未之有也。’”如果人人都做到对父母孝，对兄弟悌，就是一个恪守宗法制的好人。家中的这个好人到社会上也会是个好人。在家规规矩矩，在外也不会触犯上级。喜欢触犯上级的人没有，那种好作乱的人也不会有了。一个人小处做好，大处也会做好，在家表现规矩，在外也会规矩。“仁”是调整社会矛盾、正确处理人际关系的手段。一个人如果能孝，便能很好地处理人际关系，所以，“孝悌也者，其为仁之本欤？”曾子说的“慎终追远，民德归厚矣”一句，也十分明确地昭示出这一问题。如果人人对待父母谨慎地按照周礼送丧、埋葬，对自己死去的祖先依照周礼的要求按时祭祀，经常怀念他们的功德，回忆他们的嘱托，严格按他们忠君孝亲的嘱咐行事，如此一代又一代传下去，百姓们便可老老实实接受统治了。历代统治者利用孝道进行统治得心应手，自汉朝以来，每个皇帝的谥号前都加上个孝字，一再标榜“以孝治天下”。皇帝做出榜样来，全国百姓人人跟着学，于是便“民德归厚”了。

四、《孝经》的现代价值

春秋战国以来，随着社会的发展和人们认识水平的提高，将古代早期的

“孝行”发展为有理论、有实践、有目的、有作用、在社会上普遍推行的“孝道”。中国古代的孝道，是奴隶制及封建制一切道德的根本，它在历史上曾起到过一定的作用，时至今日，仍有其鲜活的现代价值，成为建设有中国特色社会主义的一种重要的、优秀的伦理道德。具体分析如下：

(一) 孝的来源

东汉许慎著《说文解字》中把“孝”解释为“善事父母者”，认为是“从老省，从子，子承老也”。上半是一个老人，下半是一个孩子。老人呵护孩子，孩子长大后孝敬老人。这种解释当然对，但仔细分析，还应不止于此。从孝的最初起源来看，应与中国传统文化中源远流长的祖先崇拜有关系。《论语》中记载孔子说禹“菲饮食而致孝乎鬼神”（《论语 · 子路》）。古时祖先死后变成鬼神，是人们祭祀的对象。不仅如此，人们食谷物，体现土地给人们恩德。自己及父母的生命都是祖先给的，所以要“慎终追远”，即人们一种“报本反始”的观念，对自然、对先人的感恩思想。最近处体现在对父母的态度上，这便是“孝”的来源。

人们本着感恩思想对待施恩于己的对象。这些对象应包括三方面，一是生命之源的祖先，一是社会生命或文化生命之本的圣贤，一是自然界之本的天地。对这三者的尊敬、崇拜、怀念、感恩，便构成中国传统文化中“孝”的全部内容。《大戴礼记》记：“礼有三本：天地者，性之本（生之本）；先祖者，类之本（人类之本）；君师者，治之本（治理国家）也。无天地焉生？无先祖焉出？无君师焉治？”不仅指出“三本”都重要，而且缺一不可安顿民人，即缺一不能构成和谐的社会。三者一致敬奉，均用“孝”的形式表现出来，故孝乃一切之本。“孝”右面加一“文”为“教”，示孝为一切道德之本。从孝开始，对人施教，教给人们各种道德规范，使人能继承祖德，发扬祖先的优良传统，向圣贤学习，使一个无知的人变成有道德的社会的人，“与天地参”的自然的人。

(二) 孝亲体现人类“永恒的范畴”

列宁曾于1884年在一篇文章中提出：一个人（尤其一个思想家）的思想中

有“阶级的（历史的）范畴”和“永恒的范畴”两方面的内容。例如生儿育女是“永恒的范畴”，但生下儿女后，在什么条件下，用什么内容、什么方式教育儿女，却是属于历史的（阶级的）范畴。这种“永恒的范畴”自有人类以来就有，它不受历史阶段及阶级的制约。父母对子女的亲情是永恒的。对子女来说，不但对父母孝的感情与生俱来，而且在父母死后也还存在。

子女对父母的孝，决不是一般的尽义务，儿女不应把父母当成包袱，而应当成财富，这可从几方面来说。其一，人类为了生存与延续，就要生儿育女。父母对子女的生育、抚养，一是付出精神代价，付出无私的爱心；一是付出经济代价，令其饱暖，才能成长、成才。随着岁月的流逝，父母老了，儿女理应对年迈的父母赡养、照顾，此乃事之常理。其二，父母抚育子女，不是只让儿女吃饱穿暖就算了事，主要以一番爱心对子女的灵魂进行塑造。用各种方式教育、陶冶子女。要求与鼓励，批评与鞭策，都是父母对子女疼爱的方式。同样，子女对父母，也应从思想和态度上尊敬、尊重，此亦人之常情。其三，父母、长辈具备很多知识、技能，他们饱经沧桑，积累了许多经验与教训。到了晚年，很愿意把自己的知识财富、经验体会传授给子女及晚辈，子女及晚辈应认真向他们学习。而这正是建立在父母、长辈生活可靠、受到尊重的基础上。其四，父母都是社会中的一员，他们都有一定的生活目的和理想追求。他们为此奋斗一生，也以此教育子女，希望子女继承他们的事业（不一定指具体行业，而是指理想、抱负）。尽管他们的政治思想属“历史的范畴”，但在继承志愿这一点上，却有共通性。其五，社会在发展，父母希望子女也像自己一样（甚至超过自己）有一番造诣或干出一番事业来，这不仅对社会有利，对父母也增添光彩。“人往高处走”，做子女的应在父母前进的基础上更上一层楼，而不是坐吃山空，每况愈下。这不仅是父母的要求，也是社会的要求。

上述赡养、尊重、学习、继承、发扬几个方面，都体现出子女应该孝敬父母的道理，也是一种“永恒的范畴”。

(三) 孝亲体现人道主义

孔子说“孝悌也者，其为仁之本欤”，是说孝悌是“仁”的根本。“仁”是协调人际关系的一种手段，充分体现我国古代的人道主义。主要有下列表现：其一，仁者“爱人”。在奴隶社会中，广大奴隶是“会说话的工具”，孔子发现人、尊重人、爱护人。孔子说："立爱自亲始，教民睦也。"从孝敬自己的父母开始，然后做到与民和睦，即仁者"爱人"。其二，惠民、利民。孔子赞同"养民也惠""使民也义"，努力为百姓办好事。曾子在说到"孝有三"之"大孝不匮"时，说到"博施备物"，就是孔子所说广博地对民应做些好事的"博施于民而能济众"。其三，亲民。孔子说："孝子之有深爱者必有和气，有和气者必有愉色，有愉色者必有婉容。"此指对父母要和颜悦色，由此推广到对民众也亲切、和蔼。其四，《尚书 · 康诰》中把"元凶大恶"说作因"不孝不友"而成，可知对亲孝，对人友，是与元凶大恶完全相反的，防止元凶大恶，正要施民以惠。其五，孟子说"亲亲而仁民，仁民而爱物"。明确地说出"亲亲"与"仁民"（即对人民施以人道），"仁民"与"爱物"（即由爱人到爱生物，爱自然）本是一回事。

孔子及儒家由孝发展成的爱人学说，是世界上最早提出的人道主义，而这正建立在"亲亲"即"孝"的基础之上。

(四) 孝亲促进社会稳定

一个孝亲的人，爱护自己的身体，调理自己的心态，做到自身和谐。在家中，父慈子孝，兄友弟恭，做到家庭和谐。一个孝亲的人，在社会上交友能真心，经商能诚信，使社会和谐。

我国自古忠孝并提，忠孝结合。孔子明确地说过"孝慈，则忠"。《礼记》记载："先王所以治天下者五：贵有德、贵贵、贵老、敬长、慈幼。"除珍贵有德者及珍贵与国王亲近的贵族外，后三者都和孝悌有关。曾子说："居处不庄，不孝也；事君不忠，非孝也；莅官不敬，非孝也；朋友不信，不孝也；战阵不勇，非孝也。"五种非孝的表现中大都与政治有关，与社会有关。也就是说一个人如果做到孝，就应对君忠心，努力做好自己的工作，作战时勇敢，等等。这都是服务于政治、服务于社会的措施。孝为伦理道德的根本，只有在家孝敬父母，才能努力忠于事业、为国尽力。宋代岳母教育儿子岳飞从军抗敌、精忠报国，并将这四个字刺到岳飞背上。岳飞驰骋疆场、报国杀敌，既是对母亲尽孝，又是遵母命尽忠。晋人陶侃母，多次教导儿子廉洁奉公，勤于政事。陶侃身体力行，以廉洁、勤政闻名于世，其行为既是孝于亲，又是忠于国。中国古时有个谚语："不孝的人，不能与之交朋友。"一个人对父母不能尽孝，在社会上对朋友也不会讲信誉。历史上清官多孝子，孝子多清官，正体现了忠孝结合。以现代中国的现实来说，朱德对母大孝，以此孝移于革命事业，做出轰轰烈烈的业绩；孔繁森对母大孝，以此孝移于自己的工作，爱护藏胞。当今社会，应首先培养孩子孝敬父母，他才能友爱同学、努力学习。那种养尊处优，不知孝敬父母，从小被捧到天上的孩子，到社会上也不会好好工作，将来对国家贡献也不会大。

因此可以说孝是做人的基础，是从事社会活动的基础，是从事政治活动的基础。这个基础稳固了，才能更好地服务于社会，对社会稳定、发展起到积极作用。

(五) 孝亲促进经济发展

孝既然是伦理道德的基础，在当今经济全球化的世界形势下，也应有其相应的作用。如孝从爱亲推广到仁、爱人，就应很好地贯彻经济伦理思想。即自己从事的经济活动对社会是否有利？同样是高科技，是为广大人民造福呢，还是用高明的手段毒害人民呢？在企业内部对自己的职工是否有爱心，是否关心自己的职工，是否能用各种形式调动职工的积极性。对自己的经商伙伴是否讲信义，共创条件，力争双赢，而不是自己发财，伙伴遭殃。由孝推行到对别人讲信义。义者，宜也，适宜的干，不适宜的不应干。在经济活动中，应贯彻"君子爱财，取之有道"的精神，重义轻利，义中取利，就能保证质量第一，信誉第一，做一个从正当渠道发财的高素质的商人（中国称儒商）。由孝亲推衍到善待自然，在从事经济活动中应很好地爱护自然，保护生态环境，不要竭泽而渔。现在世界各国（尤其是东南亚一带）家族企业不少，一个企业中的主要成员或重要成员多属于同一个家族、亲属，除工作关系外，还有血缘关系。这更需要传统的孝悌作为润滑剂，使他们之间的关系更加滋润，更加密切，孝悌及亲属之爱在家族企业中起到积极作用。

当今世界，十三亿中国人民，五千万华侨、华人，对中国的传统孝道很熟悉，正在奉行，并教育自己的子女应继承和发扬。孝这一中国伦理道德的重要内容，在中国历史上及现实中已经和正在发挥其积极作用。我们希望国人拿起这一曾经一度被人遗忘的宝贵遗产，在建设有中国特色社会主义的道路上再立新功。

《孝经》内涵及其现代价值

周海生

《孝经》是儒家“十三经”之一，它以简洁通俗的语言，对孝的价值、意义以及行孝的规范和方法进行了全面的阐释，是先秦儒家孝道伦理的系统化著作。自汉代以降，《孝经》就被推崇为儒家六经之总汇、孔孟传授之心法，历代有许多帝王和学者为之作注解，探讨其教义，将《孝经》奉为治理天下的至德要道。在普通百姓之中，《孝经》作为世代流传的蒙学教材，历久不衰。“孝”不仅有教化庶民、安邦定国之功能，而且恭诵《孝经》、虔敬行孝还能感通神灵，获得佑护。因此，《孝经》作为“导善而救乱之书”[1]，在中国传统社会发挥了极其重要的作用。时至今日，传统孝道的内涵虽然有所变化，但作为中华民族传统文化中的源发性、核心性的价值观念，其基本精神在当今社会仍有重要的价值和借鉴意义。

一、《孝经》阐扬的孝道观念

《孝经》是儒家学派专门阐发“孝道”和孝治观的一部著作，正如班固《汉书·艺文志》云：“夫孝，天之经，地之义，民之行也。举大者言，故曰《孝经》。”敦煌本《孝经》郑氏序也说：“夫孝者，盖三才之经纬，五行之纲纪。若无孝，则三才不成，五行僭序。是以在天则曰至德，在地则曰愍德，施之于人则曰孝德。”由此可见，《孝经》阐述的就是贯通天地人三才的大道理和做人的基本行为规范。全书十八章，其主要内容包括以下几个方面：

第一，孝为德本。什么是“孝”？《尔雅》云“善事父母曰孝”，《国语·周语上》说“言孝必及神”，说明孝在初始含义上除了敬养父母的道德责

1．[清]简朝亮：《孝经集注述疏·序》，第3页，华东师范大学出版社，2011年。

任之外，还有尊祖敬宗的意涵。春秋时代，孔子强调“敬”在“孝道”中的重要性，《论语 · 为政》载：“子曰：今之孝者，是谓能养。至于犬马，皆能有养，不敬，何以别乎？”并将“孝”看作践行仁德之根本：“孝弟也者，其为仁之本欤！”（《论语 · 学而》）由此，孝的伦理价值得以凸显。《孝经》承继儒家重“孝”的传统，《孝经 · 开宗明义章》提出：“夫孝，德之本也，教之所由生也。”把“孝”提升为一切德行的根本，教化的源泉。不仅如此，《孝经 · 三才章》还将孝视为“天之经也，地之义也，民之行也”，认为“孝”属于天经地义的人伦规范，所以说：“天地之性，人为贵，人之行，莫大于孝。……夫圣人之德，又何以加于孝乎？”（《孝经 · 圣治章》）在自然万物中，人是最尊贵的，而在人的所有德行中，“孝”是“至德”。这种对父母的爱、敬，是发自内心的天性亲情的自然流露。只有这样，我们才会推己及人，才会关爱别人，尊重他人的父母。因此，《孝经 · 圣治章》告诫说：“故不爱其亲，而爱他人者，谓之悖德。不敬其亲，而敬他人者，谓之悖礼。”先爱其亲是本，再爱他人是用；先敬其亲是本，再敬他人是用。不爱其父母而爱他人，是“伪”，是不可相信的。一个人只有做到爱自己的父母，才能具有爱他人的基础，才有可能将这种爱推及其他长辈、邻里、朋友等身边的人，进一步推及于社会。从这个意义上说，“孝”就是对一切人尽责任的起点，也是一切仁心之流行的源泉与根本。

第二，力行孝道。《孝经》认为，处于不同阶层、不同地位的人所应遵守的孝道规范及其功效是各不相同的。天子应当“爱敬尽于事亲，而德教加于百姓，刑于四海”（《孝经 · 天子章》），把“事亲”与“爱民”结合起来，普施德政，作为天下人效法的典范；诸侯要“在上不骄，高而不危。制节谨度，满而不溢”（《孝经 · 诸侯章》），戒惧谨慎才能保守社稷；卿大夫应当在各方面严格遵守礼法，用道德约束自身，为民众做出表率；士要以侍奉父母的爱和敬，事君以忠，事上以顺；庶人要努力生产，谨身节用以供养父母。“五等之孝”虽有尊卑贵贱之别，但奉亲之道无二，正如《孝经 · 庶人章》所言“自天子至于庶人，孝无终始”。

既然如此，如何事亲行孝呢？《孝经 · 纪孝行章》对孝行做了基本的规定：“孝子之事亲也，居则致其敬，养则致其乐，病则致其忧，丧则致其哀，祭则致其严。五者备矣，然后能事亲。”此处所讲的“五致”即：日常生活中要以恭敬之心去侍奉父母，供奉饮食时要保持愉悦的心态，父母生病时要深怀忧虑之心竭力照料，父母去世时要满怀哀痛之情，祭祀父母时要保持崇敬和肃穆之情。归纳起来看，孝行始于爱、敬，终于哀、戚。一个人只有把“居、养、病、丧、祭”这五个方面的每一件事情都做好了，才是恪尽孝道。曾子说：“养可能也，敬为难；敬可能也，安为难；安可能也，久为难；久可能也，卒为难。父母既殁，慎行其身，不遗父母恶名，可谓能终也。”（《大戴礼记 · 解诂》）

第三，移孝于忠。《孝经 · 开宗明义章》指出：“夫孝，始于事亲，中于事君，终于立身。”把孝道分为三个阶段，孝道的开端首先表现为内事其亲，而到了中年时期，就应当出事其主，把对父母之孝延展为效忠君主。只有忠孝皆备，方能扬名荣亲，最后实现修身立世的志向。《孝经 · 广扬名章》详细论述了“移孝作忠”的理论：“君子之事亲孝，故忠可移于君。事兄悌，故顺可移于长。居家理，故治可移于官。”一个人对父母能够尽孝道，也就可以把对父母尽孝之情，移于国君，效忠国家。这种效忠是发自内心的自然天性，而非外力强制。这样，“亲亲”的伦理关系，通过内涵的延伸发展，就演变为规范君臣关系的道德原则，为建立稳固的政治秩序提供了道德保障，确立了后世以孝治天下的政治路线。

第四，谏诤为孝。《孝经》强调孝，倡导子女对父母的爱敬、顺从，但是它并没有把孝教条化、绝对化，而是主张辨别是非、据理力争，不能一味地盲目听从，并将“谏亲”与“谏君”联系在一起，赋予其强烈的政治色彩。《谏诤章》有一段很精彩的记述：

曾子曰：“敢问子从父之令，可谓孝乎？”

子曰：“是何言与！是何言与！昔者天子有争臣七人，虽无道，不失其天下。诸侯有争臣五人，虽无道，不失其国。大夫有争臣三人，虽无道，不失其家。士有争友，则身不离于令名。父有争子，则身不陷于不义。故当不义，则子不可以不争于父，臣不可不争于君。故当不义则争之。从父之令，又焉得为孝乎？”

《孝经》鼓励子女对于父母、臣下对于君主的不义行为要敢于直言相劝，这种“谏诤”的思想是十分可贵的。作为子女、臣下，只有做到“进思尽忠，退思补过，将顺其美，匡救其恶”，才是真正的“孝”。《荀子 · 子道》言：“入孝出弟，人之小行也。上顺下笃，人之中行也。从道不从君，从义不从父，人之大行也。……孝子所以不从命有三：从命则亲危，不从命则亲安，孝子不从命，乃衷。从命则亲辱，不从命则亲荣，孝子不从命，乃义。从命则禽兽，不从命则修饰，孝子不从命，乃敬。故可以从而不从，是不子也。未可以从而从，是不衷也。明于从不从之义，而能致恭敬、忠信、端悫以慎行之，则可谓大孝矣。”假如君父有不义，而臣子不谏诤，则会导致家破国亡的祸患。因此,谏诤是孝道的重要内容，也是臣、子为君、父尽孝的分内之事。

二、《孝经》的教化功能

儒家强调君王以圣人之德治天下，而圣人之德以孝为最高目标。《孝经》将家庭伦理之孝引入政治领域，强调以孝道教化来实现政治统治，因而受到历代统治者的尊崇和提倡。汉代开始，《孝经》与《论语》就成为童蒙必读书。历代帝王和文人学者为《孝经》作注者，亦代有其人[1]。借助经典的传播与宣扬，孝道构成了中国传统社会的基本价值观，成为施行教化的根本，发挥了重要的社会功能。

其一，修身功能。儒家重视教化，教化从何而来？《孝经》提出教化自孝道中产生。因此，儒家尤其强调修身，主张“自天子以至于庶民，一是皆以修身为本”，而修身的一个极其重要的方面就是做到“为人子，止于孝”（《礼记 · 大学》）。也就是说，为人子者要以做到孝顺父母为依归，每一个人都应当不断完善自身的道德修养，时时体念父母养育之恩，做到“居上不骄，为下不乱，在丑不争”（《孝经 · 纪孝行章》），自尊、自爱、自立、自强，努力践行孝悌之道，提升自身道德感召力。元代郭居敬把历代孝子的孝德、孝行具体化、形象化，编成了《二十四孝》，在社会中广泛流传，使孝道思想内化到中华民族成员的内心深处，形成了中华民族孝亲的良好传统。

其二，齐家功能。《孝经》所倡导的孝道规范和行孝方法，都是与中国以家庭为本位的传统社会紧密相关的，简而言之，孝就是规范“亲亲”伦理，维护家庭秩序的原则。在调节家庭诸多成员之间伦理关系的道德规范中，孝道最为根本,悌、友、顺等都是孝的延伸内容。在家庭里，“孝”要求人们尊敬长

1．据《四库全书总目》记载，有关《孝经》的注疏“自魏文侯而下，至唐宋，有名可纪者，凡九十九部，二百二卷。元明两代不预焉。近时曹庭栋《孝经通释》所引，尚于唐得五家，宋得十七家，元得四家，明得二十六家，国朝四家。”又据《清史稿 · 艺文志》统计，清代的《孝经》注本，有三十三部，七十四卷。

辈，与长辈共享天伦之乐。《礼记·内则》载：子事父母，妇事舅姑，鸡初鸣，咸盥漱，“以适父母舅姑之所，及所，下气怡声，问衣燠寒，疾痛苛痒，而敬抑搔之。出入，则或先或后，而敬扶持之。进盥，少者奉盘，长者奉水，请沃盥，盥卒授巾。问所欲而敬进之，柔色以温之，饘酏、酒醴、芼羹、菽麦、蕡稻、黍粱、秫，唯所欲，枣、栗、饴、蜜以甘之，堇、荁、枌、榆、免、槁薨滫以滑之，脂膏以膏之，父母舅姑必尝之而后退。”不仅如此，以孝道治家者，连家中的男女仆役也能以礼待之，“故得人之欢心，以事其亲”（《孝经·孝治章》），家庭和睦，生活和美。

其三，治国功能。儒家把“修身、齐家、治国、平天下”作为人生的奋斗目标，修身、齐家都是治国的基础，而治国的“至德要道”就是孝。《礼记·祭义》曰：“先王之所以治天下者五：贵有德，贵贵，贵老，敬长，慈幼。此五者，先王之所以定天下也。贵有德，何为也？为其近于道也。贵贵，为其近于君也。贵老，为其近于亲也。敬长，为其近于兄也。慈幼，为其近于子也。是故至孝近乎王，至弟近乎霸。至孝近乎王，虽天子必有父；至弟近乎霸，虽诸侯必有兄。先王之教，因而弗改，所以领天下国家也。”其要义就在于竭尽爱敬去侍奉父母，克尽孝道。

孝道的治国功能主要体现在三个方面：一是提倡“以孝治天下”，实现孝道向孝治的转化。汉文帝时，置《孝经》博士，汉武帝又将《孝经》列为太学的基本教材，并将孝廉作为官吏进身入仕的正途。尤为重要的是，《孝经》强调统治者的表率作用，以君王躬行孝道为榜样教化臣民。自汉代开始，历代帝王谥号中带“孝”字的达134人之多[1]。帝王以孝治天下，就可以获致“天下和平，灾害不生，祸乱不作”（《孝经·孝治章》）的功效。二是配合国家建构意识形态的政治需求，倡导“移孝于忠”，使臣下忠心事君，为国效忠。推举孝子和廉吏为官，成为中国古代“求忠臣于孝子之门”的主要途径。而历代正史中也都列“孝义传”或“孝行传”，以弘扬忠孝精神。三是严惩不孝行为。《孝经·五刑章》曰：“五刑之属三千，而罪莫大于不孝。”认为无尊上、非圣人、不孝是造成天下一切祸乱的根源，所以古代对不孝甚至杀亲者处罚极重，如《周礼·秋官司寇》言：“凡杀其亲者，焚之。”《礼记·檀弓》

1．此统计据骆明辑：《历代帝王及皇后有关“孝”的谥号》，见骆承烈、骆明编著：《社会和谐的基石——孝》，第35–42页，华文出版社，2011年。

曰："臣弑君，凡在官者，杀无赦。子弑父，凡在宫者，杀无赦。"秦代法律也规定："免老告人以为不孝，谒杀，当三环之不？不当环，亟执勿失。"[1]对那些不孝之子，不必经过复杂的原宥手续，就可以直接判处死刑。汉代在刑律上将不孝入律："不孝弃市"[2]。隋代颁布《开皇律》，将"不孝"列为"十恶不赦"的重罪。在儒家看来，孝与不孝是评价一个人是非善恶的最重要的标准，不孝就应当受到最严厉的惩罚。

孔子曰："教民亲爱，莫善于孝。教民礼顺，莫善于悌。移风易俗，莫善于乐。安上治民，莫善于礼。"（《孝经·广要道章》）唯有将孝、悌、礼、乐结合起来，把孝道推广于全社会，才能净化社会风气、建立和谐社会秩序，实现天下太平。

三、《孝经》的现代价值

孝悌之道，是维系宗法社会的总纲。两千年的传统社会中，孝道在和睦家庭、凝聚家族、纯化民风、稳定秩序等方面起到了不可替代的积极作用。《孝经》的传播，使孝道思想社会化、政治化，使孝道成为家庭伦理的核心、社会道德的规范，深刻地影响了中国人的思想和行为。在某种意义上，中国文化可以称为孝文化。作为一种文化传统，《孝经》的基本理念和文化精神仍然积淀于民族意识之中，在现代社会仍有可资借鉴的价值。

第一，传承和弘扬《孝经》的孝道观念，有助于健全青少年的人格。儒家重视修身和做人，孔子经常提到"成人"的概念，尤为关注道德人格的养成。一个人要成为具有健全人格的社会人，必须了解人生、积累知识、充实涵养，践行人伦之道。父子、兄弟、君臣、夫妇、朋友是古代社会的基本伦理，对于一个长大成人的"人"来说，应当懂得"人义"，即做人的基本要求。《礼记》中说："何谓人义？父慈子孝，兄良弟悌，夫义妇听，长惠幼顺，君仁臣忠。十者谓之人义。"践行孝悌之道则是实践"人义"的基本前提。

"谁言寸草心，报得三春晖。"父母含辛茹苦养育子女，子女竭力行孝

1．《睡虎地秦墓竹简》，第195页，文物出版社，1978年。
2．《江陵张家山汉简〈奏谳书〉释文》，《文物》1995年第3期。

于父母，这既是对父母养育之恩的真诚回报，也是一个人应尽的责任。《孝经·开宗明义章》曰："身体发肤，受之父母，不敢毁伤，孝之始也。"在儒家看来，身体不专属于个体所拥有，同时也是父母所赠的。人要行孝，必须从保护、爱惜生命做起。《礼记·祭义》曰："父母全而生之，子全而归之，可谓孝矣。不亏其体，不辱其身，可谓全矣。"《礼记·曲礼上》也说："为人子者，不登高，不临深，不苟訾，不苟笑。孝子不服暗，不登危，惧辱亲也。父母存，不许友以死。"只有善待自己的生命，才能更好地抚育子女、赡养父母。让生命世代传承，这是孝道的第一要义。如果无端毁伤肢体，甚至以工作、生活压力为借口轻率地结束自己的生命，表面看来是自己的事情，其实是丧失了最起码的孝心。因此，孝道教化应当立足于青少年的道德养成，发挥为人父母者、为师从教者、为政在位者的身教作用，通过家庭教育、学校教育、社会教育的有效贯通和结合，帮助青少年完善自我，养成高尚的人格，成为一个有爱心、有责任心、有感恩之心的人。

第二，传承和弘扬《孝经》的孝道观念，有助于建立新型家庭伦理。家庭是社会的细胞，社会是家庭的扩展，家庭的和睦对社会的稳定起着不可忽视的作用。《孝经》倡导的"养亲""敬亲""安亲""谏亲""光亲"观念是中华民族的传统美德，也是《孝经》家庭伦理思想的合理成分，在现代社会尤其值得继承和发扬。

具体到实践层面，建立新型家庭伦理，首先是营造"孝"的家庭氛围。家庭之中，应当孝亲敬老，和睦礼让，处理好老幼、夫妻、兄弟姊妹以及妯娌等家庭关系，形成一种和美的家庭环境。其次是做好以孝道为基础的家庭道德教育。父母必须做孝道的亲身实践者，通过潜移默化的感召力量使孝道观念根植于子女内心深处，使子女自觉承担其孝敬父母的责任，这也正是构建和谐家庭的根基所在。再次是树立现代家庭的平等理念。传统社会家庭伦理的实质内涵是"服从"，其经典表述就是"三纲"。现代社会，新型平等的家庭关系已经逐步取代传统的以父权和夫权为核心的家庭伦理观念，父母尤其应当以培养子女的独立人格为根本，真正实现"父慈子孝、兄友弟恭、夫和妻顺"双向的伦理道德义务和责任。

第三，传承和弘扬《孝经》的孝道观念，有助于构建社会主义和谐社会。《孝经》曰："先王有至德要道，以顺天下，民用和睦，上下无怨。"提倡孝道，臻至天下和平，可谓《孝经》的根本宗旨。从中华民族的行孝实践来看，孝文化已经成为中华礼仪之邦普遍的价值追求和特殊标识，在家尽孝，为国尽忠的理念，成为中国文化精神的重要内容。《孝经》蕴含的孝道观念，可以为构建社会主义和谐社会提供文化支撑。

孝道是构建和谐社会的人性基础。社会和谐应当满足心灵和谐的内在需求，成为保障心灵和谐的重要社会机制[1]。《论语 · 子路》载："叶公语孔子曰：'吾党有直躬者，其父攘羊，而子证之。'孔子曰：'吾党之直者异于是：父为子隐，子为父隐，直在其中矣。'"孔子认为，父为子隐，子为父隐，是父子人伦之道。以前人们多将孔子的这种观点看作徇私枉法，其实这只是孔子在平衡法理与人情的矛盾。父亲有过错，子为父隐，以避免父亲遭受羞辱，乃出于人情之常。其强调的是当父亲有过错时，儿子应向父亲进谏，予以劝止。最近，全国人大常委会对《刑事诉讼法》作出了修改，其中一条规定："对被告人的配偶、父母、子女不强制出庭作证"，同样是出于尊重人性的考虑。

孝道蕴含的博爱思想是促进社会和谐的催化剂。《孝经 · 广至德章》曰："教以孝，所以敬天下为人父者也；教以悌，所以敬天下为人兄者也；教以忠，所以敬天下为人君者也。"认为对父母的"亲亲"之爱，可以推己及人，扩充为对待他人的博爱，做到"老吾老以及人之老，幼吾幼以及人之幼"，这也是《孝经》家庭伦理思想延伸至社会的一种表现。

《孝经》通过教导人们行孝，使人们遵守"孝亲敬老"的孝道规范，以维护社会人伦大道。面对转型期精神家园的失落，社会环境的物欲化，尤其是伴随着老龄化社会的到来，"空巢"现象的逐渐增多，如何传承儒家思想中诸如孝、悌、忠、信、礼、义、廉、耻等"不变的道德"[2]或"永恒的范畴"[3]，转变"辱老""弃老"等社会不良风气，是我们面临的一个重要而极具现实意义的社会问题。采取各种措施，全民参与，政府推动，结合新时代的现实需要，赋予"孝道"文化以新的内涵，通过评孝、奖孝、助孝、惩治不孝等方式，大力营造尊老、爱老、助老、养老的良好道德风尚，培植"以尽孝为荣，以不孝为耻"的孝道荣辱观，必将有助于和谐家庭、和谐社区、和谐社会的建设。

1．欧阳康：《构建和谐社会的人性基础》，《理论月刊》2007年第2期。
2．冯友兰：《新事论》，《三松堂全集》第四卷，河南人民出版社，1986年。
3．骆承烈：《孔子思想中"永恒的范畴"》，《齐鲁学刊》，1989年第5期。

《孝经》的流传及社会作用

骆 明

《孝经》是儒家的一部重要典籍，也是一部阐述儒家伦理道德思想的著作，它是孔子指导弟子曾参所作。因书中所阐述的观点对社会秩序的稳定、人际关系的和谐有相当大的作用，在家庭关系的处理方面、家族矛盾协调方面、国家秩序的稳定方面、社会道德水准的提高方面有着很大的实用性，为后世、为历代所尊奉。自唐宋之后此书与《论语》《孟子》等儒家经典并列入“十三经”之中。此书的成书年代距《论语》一书不远，其思想可以说与《论语》一脉相承，因此从这个方面来说，此书与《论语》同为反映先秦儒家学说的极为重要的著作。

《孝经注疏》是历代为阐述《孝经》而成的著作。这些注疏自汉唐之后出现了各种各样的版本，上至帝王、下至百姓，千百年来对《孝经》的释注各种各样，不一而足。这些释注、疏解或站在国家的角度为推广孝道而作，或从社会的角度为宣扬孝德而作，或从伦理的角度阐述孝的重要性为维护统治而作，或学派之间为争夺发展空间而作。还有继《孝经》后出现了《女孝经》（唐 · 侯莫陈邈之妻郑氏所著）、释家《孝论》（《四库全书 · 集部 · 别集类 · 镡津集 · 卷三》）等。

一、“孝”与“孝道”

“孝”这一字最早出现在商代的甲骨文卜辞中。早在殷商时期就有了这一字的成熟写法“”（《甲骨文编 · 卷八》）。周代的金文此字写作“”（《金文编 · 卷七 · 伯孝盨》），郭店竹简中将其写作“”（《郭店楚墓竹简 · 老子甲》）。从文字的意义上看，不外乎是“奉先思孝”。东汉许慎

的《说文解字》中将其写作“”，并释义为“事父母”。其后的《尔雅 · 释训》中更将这一字释义为“善父母”。清代的《康熙字典》则将“孝”字列入“子部”。

历代学者认为，孝敬老人是子女们应做的事，是做人最基本的道德。父母的恩情天高地厚，是不能忘怀的，这种情感犹如《诗经 · 小雅 · 蓼莪》中所咏唱的那样：“父兮生我，母兮鞠我。拊我畜我，长我育我。顾我复我，出入腹我。欲报之德，昊天罔极。”

在字义的解释上，《说文解字》记：“孝”字“从老，从子，子承老也”。这个字的组成可以形象地表述成“老人在庇护着孩子”，这种解释法可以理解为老人拉着子女长大，也可解释成子女在下面搀扶着父母。也就是说，从字形和字义上来看，“孝”与“老”这两个字可以说是密不可分的。可以这样说，中国传统的孝道，作为子女首先要尊奉的是自己的老人，作为老人来说最亲密的人就是自己的子女。

“孝”这一观念的形成，至少在殷商时期就已经较为完备，自商代甲骨文中出现此字后，商周许多青铜器中也出现了许多有关“孝”的铭文，如“殳季良父壶”中就有“孝于兄弟婚媾诸老”（见《金文编 · 卷十二》）这一铭文。至于说“孝”观念的产生始于何时，学术界有着不同的说法。其中的一种说法是：这一观念产生于父系氏族公社时期，它的形成应是在具备血缘关系而产生的亲亲之情和个体婚姻制度的建立后形成的，这方面的史料在《尚书》等文献中多有描述，诸如尧、舜、禹时期以孝化民的记述，多属此类。此时的国家尚在初成阶段，这种观念的出现，在很大程度上有助于国家各项规范的建立、稳定和发展，而敬亲、爱亲这种表现形式又有助于规范良好的社会秩序。因此自有文明开始，这一观念便深植于我们这个民族的血脉之中。此后出现了与“孝”相关的 “老”“考”“耆”等字，含义略同。

夏商周时期，国家已经建立，完备的国家制度也已形成，这些制度下的国家用一个简单的词语可以界定，即“家天下”。从某种意义上说当时所谓的“国”，是一个大家族的扩大形态或氏族、部落的另一种称呼。为了使国家处于稳定的状态，各种各样制度、规范和道德理念随即出现。孝观念也正是在这种状态下形成，并最终作为一种道德规范被提了出来。先秦文献中有许多关于“孝”的记述，如《尚书》中有“追孝侃前文人”“奉先思孝”（《尚书 · 文侯之命》），等等。到了西周时期，人们对天的理解由“畏天”转变成“敬天”，许多思想、规范，以至于礼法，也随之出现了改变。从制度的继承上说“殷因于夏礼”“周因于殷礼”（《论语 · 为政》），但是许多制度、规范随着王朝的更迭，被更为先进的制度、规范所代替。西周初年为了稳定统治，周公制礼作乐，对夏、商的制度、规范等进行了一次大的调整，这种调整是多方面的，许多规范、制度被弱化，但对于“孝”这一道德理念来说，不仅没有被弱化，反而在运用方面比夏、商两朝“追孝、思孝”的观念更进了一步。《诗经》就曾说：“孝子不匮，永锡尔类。”（《诗经 · 国风 · 行苇》）“父母何怙，悠悠苍天，曷其有所。”（《诗经 · 国风 · 鸨羽》）“有冯有翼。有孝有德，以引以翼。岂弟君子，四方为则。”（《诗经 · 大雅 · 泂酌》）其他的文献、铭文之中也有记述，它表明当时的“孝”已由相对单纯的敬奉祖先、尊养父母，进一步出现了较为成熟的敬亲、养亲、奉亲、光亲的思想，而这些思想也恰恰成为了我国传统优秀道德“孝道”的雏形。

应该说，“孝道”的形成是在孔子之前，孔子作为传承夏商周文化的一代哲人，他继承和发展了这一思想。甲骨、铭文、先秦、诗歌、典籍所记录的内容经孔子及其弟子的阐发，更加深入人心，作为孔子嫡传弟子的曾参，又在这一基础上作了进一步阐发，《孝经》始成。

二、从《论语》到《孝经》

《论语》是孔子的弟子及再传弟子记述儒家思想的典籍，其中的语句千百年来被后人奉为金科玉律。这部经书所闪耀的诸如教育理论、仁德思想、和谐思想，等等，对后世的历朝历代都起到了稳定统治、和谐社会、发展文化的重要作用，以至宋代国相赵普竟夸张地用“半部《论语》治天下”来说明《论语》的作用。

从《论语》中的记述中我们不难看出，孔子提倡德治、提倡修身，赞同并要求人们通过修身、立德来提高自身的品行，通过建立良好的道德规范来实现自己的政治理想、社会理想。在立德、修身以达到社会和谐的过程中，对人们“孝”观念的树立，或者说对孝这一德行的拥有极为看重。

《论语》中关于“孝”的记载有很多。

孔子认为作为子女在对待父母时要“能养”（《论语 · 为政》），在这个基础上还要敬奉他们，如果不能做到敬，那和养犬马有什么两样？在对待立身处世和学行修养这个问题时，孔子又主张："贤贤易色，事父母能竭其力，事君能致其身，与朋友交，言而有信。虽曰未学，吾必谓之学矣。"（《论语·学而》）也就是说，他认为孝亲这一品行是为人处世的根本之一。在处理父母生前、身后事的时候，他主张"生，事之以礼；死，葬之以礼，祭之以礼"（《论语·为政》），即父母生前要用心敬奉，死后要依据礼法来归葬、祭祀。要力所能及地去做，不要做超过自己的能力的事情，也不要仅在父母身故后再去表白孝心，做给别人看。要用心去敬、用心去孝。在品行修养方面他主张："弟子入则悌，出则弟，谨而信，泛爱众，而亲仁。行有余力，则以学文。"（《论语·学而》）也就是说，他认为一个人只有具备了孝悌这种品行，才可以成为一个对社会有用的君子……

在先秦儒家的一些文献中，不仅在《论语》中有这类记述，其他诸如《孟子》《荀子》《孔子家语》《孔丛子》等书中也有许多相类似的记录。作为传承孔子思想的孔子嫡传弟子曾参，他上承孔子，下启子思，对战国时期儒家八派之一的"思孟学派"的创立起着重要的作用。其所著录的《孝经》将孔子的"孝道"思想给予了继承和发扬。此书开篇第一句话就奠定了"孝"的社会意义、道德地位："夫孝，德之本也，教之所由生也。"（《孝经·开宗明义章第一》）这句话对上承继孔子的思想，对下开启了后世儒家的伦理道德观念，为后世历代所推崇。这句话从根本上阐明了人最根本的道德理念，这种理念同时也成为了历代治国、教化、树德的基点。

《孝经》中的各章，分别从不同的角度对孝进行了不同内容的阐述，这些阐述虽然有其时代的局限性，但不可否认其间所蕴含的思想，已经跨越了当时的时代，能为历代所接受。可以这样说，曾子作为孔子的嫡传弟子，所传承的"孝道"作为儒家思想极为重要的一环已经深入人心。在孔子弟子中，有完整著作传世的弟子，仅此一人，其他弟子的言行大多数集中在《论语》当中。这种情况很能说明一些问题。在孔子的晚年，由于自己的政治主张、治国理念等不为时代所用，使他在教育传承上下了很大功夫，积数十年教育之功的先进教育理念，使其成为了伟大的教育家。先秦著作中《论语》《孝经》是他言行最为集中的两部，可以这样说，《孝经》一书是集中反映了孔子、曾子的治国、育人思想的著作。此书所蕴含的思想与《论语》是一脉相承的。这种相承性在《古文〈孝经〉孔氏传》中被一语道破，"夫子不曰乎'吾志在《春秋》，行在《孝经》’”（《古文孝经孔氏传·原序》），曾子也曾说“夫子之道，忠恕而已矣”（《论语·里仁》）。孔子认为他的思想是“一以贯之”的，曾子承继了孔子的思想，并有所发展，历代相传的“曾子受经图”（此图见清·康熙版《宗圣志》）便依此而来，这也正是曾子越过孔门其他弟子被封赠为“郕国宗圣公”（《元史·本纪第三四·文宗三》）的原因。

三、《孝经》的流传

《孝经》作为专门阐述儒家孝文化的专著，一经问世，便补充了先秦儒家的学术体系。秦代以法治国，封建制草创，对此书重视不够，此书多在儒生中口耳相传。自汉代始，由于治理国家的方式出现变化，治国方式由偏重于“法”向“外儒内法”转变，为了使国家出现稳定的境况，儒家的伦理道德被执政的当权者所接受和应用。自此开始，《孝经》作为国家所推崇、所重视的经典开始为社会上的人所接受。

《孝经》的流传与国家提倡的“孝道”息息相关。汉初，自文帝始，几乎每代帝王在执政时都发布一些“养孝、敬老”的诏令，自汉以后作为国家的基本道德基础，作为稳定国家秩序的重要道德规范，历代对“孝道”都十分重视。从我国的历代帝王、后、妃的谥号中就可以看出，带有“孝”这一谥号的帝王、后妃几占七成之多。同时国家在大的施政方略，在政治、经济、军事、文化事件上取得成绩后，在祭天、告庙时也往往以孝的名义诏告天下，这些可以从历代帝王祭天、祭祖、登基等诏书中看到。在国家提倡这个大的环境下，再加上我国始自上古的礼法制度，“孝道”作为在伦理道德层面中至为重要的一环，成为我国固有的一种道德习俗。这也使得《孝经》自汉代以后流传至国家的各个层面，并以我国为中心向周边国家辐射，成为儒家文化圈中一种极其突出的现象。

此书的流传方式很多，大体上有以下几种：

（一）国家倡孝

历代为了稳定统治，极力推行各种规范。“孝”即为其中至为重要的一种，历代都会对孝行给予“旌表”，这种旌表的基础文献便是《孝经》一书。有的书对提倡“孝”的圣贤进行了尊崇，如曾参、闵损，等等，这些举措无形中对《孝经》在全社会的推广起到了推动作用。

(二) 设立专门研究孝及《孝经》的职官，设“孝悌力田”及“三老”，在国家选才制度上以“孝行”或《孝经》为依据。

西汉初期，汉文帝时始设“博士”，将《孝经》《论语》《尔雅》《孟子》相并列，下诏说：“孝悌，天下之大顺也。力田，为生之本也。三老，众民之师也。廉吏，民之表也。”（《汉书·帝纪第四·文帝》）对天下“孝悌”之人给予表彰。汉武帝时开始的荐官制度中的“举孝廉”是极为重要的一项，这一制度一直延续到清代，作为科举制的一项补充，为历代王朝所奉行。三国两晋时期的选官制度“九品中正制”，“孝”也是其中重要的一项，《晋书》曾载三国时期曹魏元帝咸熙二年（265）十一月下的诏书：“乙未，令诸郡中正以六条举淹滞：一曰，忠恪匪躬；二曰，孝敬尽礼；三曰，友于兄弟；四曰，洁身劳谦；五曰，信义可复；六曰，学以为己。”（《晋书·本纪第三·武帝》）

隋唐开始的科举制，更明文规定参加科举的士子要学习《孝经》，同时有孝行、明经义的优先录取。《隋书》中载：炀帝大业三年（607）夏四月曾下诏说：“夫孝悌有闻，人伦之本，德行敦厚，立身之基。或节义可称，或操履清洁，所以激贪厉俗，有益风化。强毅正直，执宪不挠，学业优敏，文才美秀，并为廊庙之用，实乃瑚琏之资。才堪将略，则拔之以御侮，膂力骁壮，则任之以爪牙。爰及一艺可取，亦宜采录，众善毕举，与时无弃，以此求治，庶几非远。文武有职事者，五品以上，宜依令十科举人。有一于此，不必求备。朕当待以不次，随才升擢。”（《隋书·帝纪第三·炀帝上》）文中所提到和“才”“艺”“德”三个方面，显然“德”占据着基础，而“德”的表现首先便是“孝”。入唐之后其规定更为明确：唐代《举人条例》中说：“立身入仕，莫先于礼。《尚书》明王道，《论语》诠百行，《孝经》德之本，学者所宜先习。其明经通此，谓之两经，举《论语》《孝经》为之翼助。”（《全唐文·卷三百五十五·赵匡·举人条例》）这一荐举的要求便从根本上要求入仕的举子、参加科举的士子，不修习《孝经》便得不到科试的资格。为了这种资格，士子们便不得不学习《孝经》，虽然这种行为有功利性，但不可否认的是，这一举措让更多的人认识到了“孝”的重要性，于是读《孝经》、学《孝经》便成为自童蒙教育便开始的必修课。

更有意思的是明太祖洪武时，皇帝恶于官吏之间的恶习和科举的弊病，于洪武三年（1370）下诏罢科举：“别令有司察举贤才，以德行为本，而文艺次之。其目，曰聪明正直，曰贤良方正，曰孝弟力田，曰儒士，曰孝廉，曰秀才，曰人才，曰耆民。皆礼送京师，不次擢用。而各省贡生亦由太学以进。于是罢科举者十年，至十七年始复行科举，而荐举之法并行不废。”（《明史 · 志四十七 · 选举三》）这当然是一个极端，这一极端虽说罢科举，却从另一个角度上强调了国家对“孝”的重视。以至于在明代初期的一段时间，专修《孝经》成为入仕的一种重要手段。明代中期成书的《提督学校条例》中规定“学者不惟读书，作文必先遵守孝悌忠信礼义廉耻，使见诸践履以端本原。”（明 · 黄训《名臣经济录 · 卷二十六 · 礼部 · 丘濬 · 设学校以立教》）也就是说，生员入学行止都要遵守“孝、悌、忠、信、礼、义、廉、耻”这一标准，由明至清皆是如此，于是因“孝”而入仕的人比比皆是。这些人无不以通《孝经》而标榜。

科举是隋代开始的一种相对公平的选官制度，可就在这种选官制度中，唐代以《论语》《孝经》《孟子》为“明经”科出题（《旧唐书 · 本纪第五 · 高宗下》），宋代的尚书省加试《论语》《孝经》，等等，无不彰显出“孝”这一思想在国家中的地位，同时也为社会上《孝经》的流传提供了制度上的保障。

(三) 在军队中推行、学习《孝经》

军队是国家的强力机关，一个国家的稳定与否，军队是否忠诚是至关重要的，任何国家的军队没有规范、没有思想是不能成为一支有战斗力的军队的。国家需要一支能忠诚于国家的军队。《礼记》中载曾子说：“身也者，父母之遗体也。行父母之遗体，敢不敬乎？居处不庄，非孝也；事君不忠，非孝也；莅官不敬，非孝也；朋友不信，非孝也；战阵无勇，非孝也。”（《礼记 · 祭义》）这一说法，与曾子在《孝经》开篇所倡导的“夫孝，始于事亲，中于事君，终于立身”（《孝经 · 开宗明义章第一》）的说法一脉相承。因此历代对“忠臣出自孝子之门”这一说法十分认可。按照当时的伦理标准，一个人如果在家不能“孝养父母”，这个人也就不会成为一个忠贞于国家之人。因此军队习读《孝经》便成了常制，东汉光武帝时曾让“虎贲士习《孝经》”、让“期门羽林通《孝经》章句”（《后汉书·列传六十九上·儒林上》），金世宗大定二十三年（1183）八月诏“以女真字《孝经》千部付点检司分赐护卫亲军”（《金史·本纪第八·世宗下》），金章宗泰和四年（1204）冬十月丙申诏“亲军三十五以下令习《孝经》《论语》”（《金史·本纪十二·章宗四》），其他朝代在对执戈之士的选荐、科举等许多时候，大多试问《孝经》之中的章句。

在《孝经》的影响下，为使武者明晓孝的含义，唐代的郭良辅曾作《武孝经》一卷（《新唐书·艺文志》），唐代又有《燕君孝经》一卷，员半千有《临戎孝经》二卷，李远有《武孝经》一卷（清·朱彝尊《经义孝·卷二百七十九》）。另外按宋代王应麟的说法“唐郭良辅设太公、孙子问答，效《孝经》篇第以述武事”（清·朱彝尊《经义孝·卷二百七十九》），之后的《武孝经》其体例也大都如此，可惜这些书已佚失，我们只能从后人的引用中略窥一二。至明清时，又出现了假借那个时代最为尊奉的三国时期武将关羽所作的《文昌帝君孝经》（《四库未收全书·第三辑·孝经合刻》），此书在明清两代影响颇大，现在我们依然可以看到明清时的版本。这种种《武孝经》无不是以《孝经》为蓝本，为军队或武者准备。可以这样说，封建时代的军队中读《孝经》、习《孝经》，在某种程度上已经成为一种要求和惯例。

（四）律例上对孝的规定

我国古代的律法，从本质上说法制的意味并不是很足，但对于“孝”的规定却十分详备。《吕氏春秋》中记：“《商书》曰：‘刑三百，罪莫重于不孝。’”之后的两汉、北魏、北齐都有对不孝之人的相关刑罚。《隋书·志二十·刑法》中载隋文帝开皇元年（581）：“置十恶之条，多采后齐之制，而颇有损益。一曰谋反，二曰谋大逆，三曰谋叛，四曰恶逆，五曰不道，六曰大不敬，七曰不孝，八曰不睦，九曰不义，十曰内乱。”这也就是所谓的“十恶不赦”，这一律条一直延续了下来，自隋之后又有许多增益，但无论怎样变化，“不孝”终处于“十恶”之中。当然这里的“不孝”是指行为严重到一定程度后才能达到的后果。同时国家的一般性律例中，对“不孝”的行为分了许多的层次，按《唐律疏议》《通典》《明会典》《清会典》载，不孝的罪名有“谓告言、诅詈祖父母父母，及祖父母父母在别籍、异财，若供养有阙；居父母丧，身自嫁娶，若作乐，释服从吉；闻祖父母父母丧，匿不举哀”等，惩罚的方式有“斩、绞、流、杖、笞”，等等。

这些规定从律法角度上肯定了“孝”在国家和社会上的地位，让人们在处事时有所警醒，这种警醒是全方位的，是深入到社会上各个层面的，这就要求社会上形形色色的人在为人处世时，都要从“孝”上下功夫，这种功夫不仅要从表面上说得过去，同时也要发自内心。《孝经》上记：“孝子之事亲也：居则致其敬，养则致其乐，病则致其忧，丧则致其哀，祭则致其严。五者备矣，然后能事亲。”（《孝经·纪孝行章第十》）这样的事亲，如果不明白孝的含义，在实行起来显然不会做到位，于是知道《孝经》、诵读《孝经》、学习《孝经》就成为社会上的人们需要做的事情。

对于国家而言，不仅在律令上要求人们遵从孝的规范，在诏令中也曾明确规定，如唐玄宗就曾在开元十六年（728）辛丑“训注《孝经》，颁行天下”，继而在天宝四年（745）十二月甲午下诏“诏天下民间家藏《孝经》一本”（《旧唐书·本纪第九·玄宗下》）；之后的金、元、明、清等朝代，国家注释、编订《孝经》并颁行天下，成为国家的常制，这种常制对世人的要求，自然是让人们诵读《孝经》、学习《孝经》、遵从《孝经》中记述的要求。

（五）用《孝经》注释、注疏的形式推广

《孝经》成书后，《孝经》各种注释、注疏的版本也各有不同。战国时就出现了魏文侯的《孝经传》（南宋·王应麟《玉海·卷四十一·孝经》）。秦统一后，在国家“大一统”的前提下，出现当时的统一文字“隶书”。汉承秦制，稳定的国家需要文化，于是用当时的统一文字“隶书”记录下了秦代儒生记忆下的《孝经》，是为“今文”。汉景帝时鲁恭王坏孔子宅，得到了用“篆文”记录的《孝经》，是为“古文”。

《古文孝经孔氏传》的序言中曾说：“《孝经》有二本，其一河间王所得十八章者谓之今文，其一鲁恭王坏孔壁所得竹牒科斗文二十二章者，孔安国所为作传谓之古文。安国曰：‘今文十八章文字多误。’河间王所上虽多误，然以先出之故，诸国往往有之，汉先帝发诏称其辞者皆言《传》曰，其实《今文孝经》也。”（《古文孝经孔氏传·原序》）从这段文字我们可以很明显地看出，与《尚书》《论语》等儒家的经典一样，自秦焚书之后，所谓《今文孝经》特指秦汉时代隶书书写而成的《孝经》，这种《孝经》是由汉初儒生凭记忆口述，由弟子或史官记录而

成。《古文孝经》应为春秋后期直至战国时用“籀书”或“小篆”书写而成。秦代之前，存于世上的书由于统一文字或其他原因有大量散佚，汉初许多书籍是当时的博学之士的门人弟子用当时的文字“隶书”记录而成，这种本子被称为“今文”。汉代在春秋、战国时代的旧宅或古迹中曾发现大量用籀书或小篆书写的书籍，也就是古文。从那时起，《孝经》的版本便有了“古、今”文的不同。出现了以古、今文为底本的不同的注释、注疏，但不论是古文注还是今文注，它们所反映的都是儒家孝的思想，无论是哪一种文字，其目的同为解释《孝经》，而为《孝经》作注、作疏是为了让人们更好地理解、更好地运用。虽注文略有不同，争论延续二千多年，但所承大意是相通的。

汉代，汉文帝时设立《孝经》博士，景帝、武帝时由于古文经书的出现，《孝经》一书的注疏出现了今文、古文两种传承线路。这两个传承线路中，今文的影响较古文的影响为大，“古文者虽安国为之训传，盖当时未之行也。追乎！汉季马季长拟作《忠经》十八章效《今文孝经》也，郑康成注《孝经》亦其今文者也，自是厥后《今文孝经》之行弥盛，而古文亦与之俱行。至唐明皇亲注《孝经》虽兼取孔郑二家之说，然其经则用‘今文’，取其阙闺门章也，于是《古文孝经》遂废不行。至宋邢昺依明皇御注作《正义》，然后《孝经》唯御注本行于世，郑注遂亡，《古文孝经》亦亡其传文，而仅存其经文。宋人尊信《孝经》者莫若司马温公，然特得古文本经而读之耳，不睹孔传也。”（日本 · 太宰纯《重刻石文孝经序》）

自唐宋后《古文孝经》或毁于战火，或流于海外，其原文已很难见到。《旧五代史》载后周显德六年（959）八月壬寅“高丽国遣使朝贡，兼进《别序孝经》一卷、《越王孝经新义》一卷、《皇灵孝经》一卷、《孝经雌图》三卷”，宋太宗时日本僧人奝然献“《孝经》一卷，越王《孝经新义》第十五一卷”（《宋史 · 列传二百五十 · 外国七 · 日本国》），但这些书为后世所疑。之后的邢昺、司马光、朱熹、吴澄、宋濂、黄道周、阮元等诸多名家为《孝经》作释、作疏，以邢昺的《孝经注疏》流传最广。除这些人外历代帝王中东晋元帝司马睿、南朝梁元帝萧绎、唐玄宗李隆基、清世祖爱新觉罗 · 福临、清圣祖爱新觉罗 · 玄烨、清世宗爱新觉罗 · 胤禛、清高宗爱新觉罗 · 弘历等帝王也曾为此书作注、作序。其他各家的注释、注疏更是多不可数。

《孝经》作为一部儒家典籍，为历代所重视，其注释、注疏的出现，对此书的推广和普及起到了很大作用。国家对“孝”这一德行的重视，也从更多的方面让《孝经》走进了千家万户。《孝经》的流传在其成书之后的二千多年里，书中包含的内容除了因其伦理道德方面为社会所接受，在国家层面也上升到了国家战略的高度。

(六) 用通俗化的形式在民间推广

《孝经》的文字通俗，不难读懂。但其书所用的语言毕竟是先秦的语言，所引用的典籍毕竟包含《尚书》《诗经》《春秋》等先秦典籍。封建制度下能读书、会读书、有条件读书的人毕竟是少数，大多数的百姓是没有条件读书的。上文所说的《孝经》为国家所重视，并在军队中、在士子中、在读书人中推广，这些人在国家的总体人数中毕竟只占少数，被这些人影响的人也只是在这些人交游的圈子里。对国家而言百姓毕竟是基础，要想让国家稳定地发展，教化百姓成为每一个朝代的重中之中重。

为了让社会上的人能明白《孝经》含义，自唐宋后，陆续出现了诸如《三字经》《千字文》《龙文鞭影》等读物，这些书中都有着对孝的解释，且更为通俗，让人读起来、听起来更为上口。在这一基础上，之后的历代都对以上的读物进行了改编，以期更好地为人们所接受、所理解、所执行。入清之后清人彭蕴章更作《孝传千字文》（《续修四库全书 · 彭文敬公全集》），这些书都受到了《孝经》的影响，为当时国家普及“孝德”“孝行”所用。但这些文字类的书籍，对无法接受正常教育的人们来说，虽比《孝经》更贴近些，但仍有些距离。

《二十四孝图》传为宋代文学家黄庭坚所作。以《孝经》为底本的《二十四孝图》的出现，让《孝经》一书出现了更为直观的表达方式，可以说此图比有文字无图片的《孝经》及其他同类书籍更为直观，更易于为人们所接受。虽然其中有一些不合时宜之处，但其中许多精华的内容至今仍可为借鉴，这些内容与《孝经》的经义相合，于是读此图的人不读《孝经》也可知孝行、孝德，读此图的人因读此图而知《孝经》、明经义。清初学者倪蜕评价此图时曾说：“呜呼！蒙以养正，圣功也！此可知事之所重，而为教之所先者，乃今则俱鄙之而不用矣……将以斯道觉斯民而扶大伦于千古之后耳！”（《丛书集成续编 · 集部 · 蜕翁文集 · 卷二》）由此可知，此书对《孝经》的推广、“孝行”“孝德”的普及有着很大的作用。

四、《孝经》的应用

《孝经》一书通俗易懂，此书与其他的儒家典籍所不同的是，书中没有多少艰涩的字句，篇幅也不大，读起来十分上口，易于学习。清世宗雍正帝评价此书“词简义畅，可不烦注解而自明”（《御纂孝经集注 · 序》）。这也许正是此书易于为人们所接受的原因之一。同时此书的内容中所包含的道德规范、伦理规范、和协家庭与社会的规范，与不同的时代都有着不同的契合，对人性的培养、童蒙的教育、社会的稳定，都有不同于其他著作的功效。更因为此书为继承孔子思想的一代哲人曾参所著录，后世为了稳定国家统治，在人们的意识中有意识地奉圣尊贤，致使此书在社会上产生了很大影响。

(一) 有助于人性的培养

《孝经》强调对人心性的培养，曾子认为“夫孝，德之本也，教之所由生”（ 《孝经 · 开宗明义章第一》），书中认为树立良好的道德规范的根本，是从最基本的孝敬父母开始教育人、培养人，好的道德行为规范是从培养“孝德”这一德行规范开始的。认为“天地之性，人为贵。人之行，莫大于孝”（《孝经 · 圣治章第九》），即天地之间所有生灵中，唯有人的性情是最为可贵的，对于人来说最为可贵的、最为基本的行为规范、道德规范就是孝。这种提法明确了人之初所应具备的最基本德行，这种说法与《诗经 · 小雅 · 蓼莪》中所咏唱的：“父兮生我，母兮鞠我。拊我畜我，长我育我。顾我复我，出入腹我。欲报之德，昊天罔极。”可以说是同出一源。他的这一思想，在书成之后的二千多年中，多被应用到社会的教化方面。

孩子是未来、是希望，一个国家的长治久安从很大程度上取决于后一代的道德素养，因此童蒙教育为历代所重视。曾子在《孝经》中说“圣人因严以教敬，因亲以教爱，圣人之教不肃而成，其政不严而治，其所因者本也”（《孝经 · 圣治章第九》），他认为人们在孩提之时要教他们“敬”、教他们“爱”，“敬”首先要敬自己的尊长，“爱”首先要爱自己的父母，这种敬爱就是“孝”的根本，也是一个人出生之后首先要学习的知识，要树立的观念，并以此为基础修德、修身，因此曾子认为“夫孝，德之本也”。后世儒家中对他的这一观点进行了发挥，在学和用的基础上又提出了更进一步的观点。宋代张九成曾说“圣人躬行孝悌于上，而设庠序之教于天下，顾念孩提之童，无不知爱其亲，及其长也，无不知敬其兄，是其良知良能”（张九成《孟子传·卷十五》）；胡宏曾说“水有源故其流不穷，木有根故其生不穷，气有性故其运不穷，德有本故其行不穷。孝悌也者，德之本欤”（《知言·卷二》）；明代吕柟曾说“言其家不可教而能教人者无之，故君子之道不出家而能成教于国焉”（《四书因问·卷三》），等等。从这些论述中我们可以看出儒家在人性培养上十分注重“伦理”观念的培养，而这种培养对人性的成长有着很大的益处。他们认为幼年的教育，可以让孩子们在成长的过程中守持住自己的道德，养成良好的习惯，具有遵从良好的规范的心性。因此清代孙奇逢在他的《孝友堂家训》中开篇第一句话便是“孩提知爱，此性之良也”，在如何才能使孩子在幼小的时侯知道“爱”，他接着又说：“知识开而习操其性，性失初矣。古人重蒙养。正经慎所习，使用不漓其性耳。”在如何养成上他说“读一‘孝’字，便在尽事亲之道；读一‘悌’字，便要尽从兄之道”。从他的这段话中我们可以明显地感受到他对童蒙教育的认识，这种教育应从最基本的知孝、识孝开始。这种认识并不是从他那里开始的，可以说是和《孝经》一脉相承的。南北朝时的《颜氏家训》开篇也说“夫圣贤之书，教人以孝”（《颜氏家训卷第一·序致第一》）。“教孝”“教悌”要从小做起，从德行匮乏的人做起，这样才能让人们明晓事理、知道并遵守规范。

通俗易懂的《孝经》在人的行为规范、道德基础上树立了一个标杆，二千多年的童蒙教育离不开对《孝经》的学习。且不说国家诏律要求人们学习，选官、科举等制度让学子们习读、理解，仅从培养社会上的人修德明礼、稳定社会而言，此书的应用、功效就已经有目共睹。古时的蒙书《三字经》《龙文鞭影》《弟子规》等虽然有着时代的烙印，但不可否认的是，其中受《孝经》的影响是可以想见的。

（二）有助于道德规范的树立

近代鸿儒岭南学派的简朝亮认为：“《孝经》者导善而救乱之书也。《经》曰‘先王有至德要道，以顺天下’，盖天下原自顺者，此以顺之，导善也。故《经》曰‘天地之性，人为贵’，性善也，天下或不顺者，亦以此顺之而顺，救乱也。”（《孝经集注述疏》）《孝经》是一部导人向善的书，这种善可以理解为良好的道德行为规范，对于一个人来说具备了这种善行，那么为人处世便有了基础，这些善行的表现是什么？他继续阐发说这些善行即《孝经》中所说的："事亲者，居上不骄，为下不乱，在丑不争。"（《孝经·纪孝行章第十》）这些事情做好了，那么那些"乱"的事情，也就自然远离。《孝经》一书所谓的救乱，也就是说要让人们都养成良好的道德习俗，明白哪些是自己应该做的，哪些是自己不应该做的，明白处理人际关系、社会关系时要守持着什么样的基本规范，只有这样才能理顺个人、家庭、国家、社会之间的关系，而要理顺这些关系，培养好的道德理念、行为规范是不可或缺的，这些理念、规范的基础就是"孝德""孝行"。因此《孝经》为导善之书。

树立"孝"这种德行要从最基本的方面做起，《孝经》是这样说的："教民亲爱，莫善于孝；教民礼顺，莫善于悌；移风易俗，莫善于乐；安上治民，莫善于礼。礼者，敬而已矣。"（《孝经·广要道章第十二》）道德规范的树立要从每个人身边的小事做起，社会上良好风尚的养成也要看社会上的人是否具有了良好的德行修养，其间较为关键的就是社会上的人是否有爱心，是否知道感恩，这种爱心和感恩并不是仅在口头上说说，是要拿出实际行动的。人所处的环境不同，不能要求每个人都做一些"大事"，对于身边的小事，对于身边的亲人，如果对这些事、这些人都不能付以爱心，不知去感恩，不知去敬爱，那么很难想象这样的人会成为什么样的人。如果连这种最基本的道德伦理规范都不能遵守，又如何要求这样的人遵从国家的律法，忠诚于自己的国家呢？"天下万善同出一源，人能孝则事君必忠、事长必顺、交友必信、居官必廉、临民必宽，故事君不忠非孝也，事长不顺非孝也，交友不信非孝也，居官不廉非孝也，临民不宽非孝也。"（清·汤斌《孝经易知·序》）这句话是清代大儒汤斌对《孝经》一书功用的评价。文中所说的"万善同出一源"，这"一源"指的就是"孝"这一德行。这一德是在二千多年的历史中被认为是"忠、诚、信、义、廉"等良好的道德品质的基础，这种基础是良好道德习惯的养成，从小的方面来说，有"孝"这种品性就具有修身的基础，从大的方面来说，有"孝"这种品性在处世上就能够遵循规范行事，这也就不难理解我国历代所认知的"忠臣出于孝子之门"的含义。可以这样说，读《孝经》、学《孝经》，是可以起到移风易俗功效的，因此历代推崇此书也就不难理解了。

(三) 移风易俗，有助于社会的和谐、稳定、发展

《孝经》一书较为通俗，易于为人们所接受，在传为曾子著述的另一部书《大学》中，曾子提出了提高个人修养“修、齐、治、平”的观点，这一观点即是个人的修身，这种修身从另一个角度上说即是修德，德的基础为孝。对一个人来说，在家孝敬父母，有着良好的德行基础，无论从哪个方面来说，至少此人在其他人看来是可信任的。由于《孝经》一书通俗易懂，历代教育子弟、教化百姓皆用此书，书中的内容对个人孝行的养成有着极大的作用。尤其是此书普及之后，对社会上敬养老人、慈爱后辈、友爱兄弟、相互信任、诚信交游等风气的形成，有着极大的推动作用。曾经给《孝经》作序的南朝梁元帝对此书的作用这样评价，“孝敬仁义百行之首而立身之本也。孝敬则宗族安之，仁义则乡党重之，行成于内，名著于外者矣！”（《金楼子 · 卷二 · 戒子篇第五》）事实上也是如此，即便是当代，风俗淳朴、风气良好、治安良好的地方，对“孝”的重视往往比其他地区好得多。

移风易俗，并不是要人们不加辨别地去遵从被宋明理学和封建愚民所扭曲的愚孝。《孝经 · 开宗明义章第一》中曾记：“身体发肤，受之父母，不敢毁伤，孝之始也。立身行道，扬名于后世，以显父母，孝之终也。”从这一句中我们可以看出，曾子行孝是主张以健全的身体去行孝的，他的这种行孝态度在《论语》中也有记述“启予足！启予手！《诗》云：‘战战兢兢，如临深渊，如履薄冰。’而今而后，吾知免夫，小子！”（《论语 · 泰伯第八》）也就是说，曾子是反对封建制度下的“愚孝”的。二千多年的封建制为了维护自己的统治，将“孝行”极端化，于是就有了《二十四孝》中那些糟粕的内容，这些“糟粕”，诸如“老莱娱亲”“丁兰刻木”“郭巨埋儿”“哭竹生笋”等既不合理又泯灭人性。愚孝是统治者为了愚弄百姓、维护统治而用的方法，在二千多年的封建制中有意思的是，只要国家强盛，不论哪一个朝代都反对愚孝，反倒是朝代的中后期，对愚孝推崇备至。至于旧时地方志中的“割肝”“割肉”医亲的行为则更不当，这种行为既不是行孝，同时可以说是将父母置于不慈、不爱的境地。《韩诗外传》中曾记载曾子的一则故事：“曾子有过，曾皙引杖击之，仆地，有间，乃苏，起曰：先生得无病乎？鲁人贤曾子，以告夫子。夫子告门人：‘参来，勿内也。’曾参自以无罪，使人谢孔子，孔子曰：‘汝不闻昔者舜为人子乎？小棰则待笞，大杖则逃。今汝委身以待暴怒，拱立不

去，杀身以陷父不义，其不孝孰大焉？’”（《韩诗外传 · 卷八》）曾子记下了老师的教诲，于是在作《孝经》开篇写下了“身体发肤，受之父母，不敢毁伤”这句话，这句话在两千多年的流传过程中对世间的人是有影响的，自汉至清许多文人在论孝时、在阐述如何行孝时，都摒弃那些以损伤身体为代价的孝行。国家在施政时也并不认可以损伤身体为代价的行孝，如：元世祖至元三年（1266）、七年、八年、十一年（《元典章 · 典章三十三 · 礼部六 · 行孝》），明太祖洪武二十七年（1394）（《礼部志稿 · 卷二十四》），清世宗雍正六年（1728）（《世宗宪皇帝圣训 · 卷六》）等，国家均下令禁止这种行为的发生，如有发生不予旌表。这种政令不能不说是受到了《孝经》的影响。

明代中期的首辅高拱曾说：“仁为万善之长，孝为百行之源。故仁必属诸父子，盖无所不包也。”（明 · 高拱《本语 · 卷三》）在社会生活中，“孝德”“孝行”的确是为人处世的根本，人孝则家和，家和则民兴，这是一种通识，在这种通识下，作为让人们修身修德的典籍，被人推崇并广泛流传，被人应用并推至极高，除了国家的需要之外，人们向往和谐有序的生活也是一个很重要的方面。元代史学家王沂曾说：“孝非一家之行也，始于一乡，推之无远，迩而化表于金石，示之后世。”（《伊滨集 · 卷十六 · 戴孝子诗序》）也就是说孝并不是一家一户的事情，而是全社会的事情，孝行的推行，离不开范本和国家的大力推行，也使得《孝经》在民间广为传布，政府、乡里、宗族、家庭多用此书为范。良好的道德心性一旦在一定的区域形成，对社会的稳定、和谐、发展所产生的影响是可见的，可观的。

(四) 对其他各家的影响

《孝经》的影响是多方面的。除了在社会上的应用，人性的培养，作为儒家的经典典籍，不仅儒家在用，也影响到了其他的学派，上文提到的《武孝经》《燕君孝经》《临戎孝经》就是在它的影响下兵家的著述。此外魏晋南北朝成书的《太平经》中有近八章的“孝论”，文中的内容无论从体例还是文字，都有《孝经》的印记在其中。随着我国封建制的加深，唐代出现了《女孝经》，这一种《孝经》在宋明两代又历经增补，成为另一个谈孝论德的儒家典籍。入宋之后，随着儒、释、道三家的相互融合，北宋初高僧释契嵩仿《孝经》体例做《孝论》十二章，这十二章的文字和《孝经》几乎一脉相承，可以说是释家对儒家经典的一种翻版。流传于明清的《文昌帝君孝经》是假托关羽，仿《孝经》体例而作。这些典籍的共同点都是导人向善，虽然都有着时代局限性，有这样或那样的问题，有着不同社会制度的烙印，但所传承的思想是一致的。

传统孝道，并不局限于孝敬父母的家庭伦理范畴，而是扩展为一个社会、政治范畴。传统的《孝经》也不能仅局限于生搬其中的内容，要将其放在现今社会和制度之中，那些不符合时代发展的东西要摒弃，那些优秀的东西要传承。作为优秀传统文化的组成部分之一的“孝”，今日对国家、对社会依然有着极大的借鉴作用，《孝经》作为承载“孝德”的经典，其传承和作用、其应用和研究对现代的人来说，依然有着很大的研究空间。如何在现阶段更好地研究应用《孝经》，并将其中优秀的思想为国家和民族服务，仍是一个值得研究的大课题。

孝为社会和谐之基

骆承烈

在促进社会和谐的进程中，中华孝道是一项重要内容。孝道是促进社会和谐的基石。

孝道是中华传统文化的重要内容。它起源于人类社会的早期，兴盛于三千年前的西周。自春秋末年的孔子、曾子对其作过系统的理论上的阐述后，由一般的“孝行”发展为“孝道”，遂成为中国儒家伦理的重要内容，在中国几千年的历史上产生过重大的影响。时至今日，对于建立和谐社会与维护世界和平仍有其现代价值。

一、孝道是天经地义之道

由孔子指导曾子作的《孝经》中记，孔子说：“夫孝，天之经也，地之义也，民之行也。”（《孝经 · 三才章》）就是说孝道在中国传统的伦理道德中，天经地义，人人应该也必须奉行。古人认为这一伦理观念绝对正确，毋庸置疑。

孔子、曾子为什么把这一思想推崇这么高呢？可从下面三点说起：

(一) 从社会伦理回报的角度来看

千万年来人类社会从低级向高级不断发展。劳动创造了世界和人本身，思维使人类越来越聪明，合群劳动使人们在战胜自然中不断取得胜利。作为社会主体的人，一代生一代，一代教一代，一代传一代，人类才不断战胜自然，发展、前进。后人对前人的尊重，是对社会文化成果的尊重，是对自己生存条件不断改善、提高这一事实的尊重。前人开路后人走，前人栽树后人乘凉，社会上的一切文化成果都是前人创造遗留下来的。没有前人一代代的努力，社会就会停滞不前，今人还处于蒙昧状态。仅只笼统地说对待那些披荆斩棘为后人铺路的前人来说，后人就应对其尊敬、爱戴与奉养。这些前人如果正是自己的父母，他们曾直接地为自身的生存发展铺好道路，那不更应该尊敬、爱戴与奉养吗？

（二）从家庭伦理的亲情来看

父母生儿育女，绝对不等同于一般生物的繁殖后代，其最大的特点是亲情和爱。人与动物最大的不同是有思维。思维使人有了灵性，此灵性即指人的性、情。情产生爱。天下的爱有多种：大到对国家、民族的爱，小到对异性的爱，还有对亲朋的友爱，对世人的关爱，对事业的钟爱，等等。但是在一切爱中，最重要的是父母对子女的亲子之爱。子女出生后，父母在对子女抚养、教育到长大成人过程中，无不付出无怨无悔的劳动和最大的代价，对子女灌输以深厚、持久的爱。“可怜天下父母心”。为了子女，父母可以忍受各种艰苦，爱护子女胜过爱护自己，保护子女胜过保护自己。子女在父母的爱河中成长，父母对子女的爱表现在各个方面，自然应该换取子女对父母的爱。从思想、情感上的爱，到行动上的爱。表现为子女对父母的尊敬、爱戴与奉养。这便是子女对父母的孝。

（三）从生态伦理发展观上来看

地球上自从有了生物之后，由低级向高级，由植物到动物。发展中分门别类，各自独立生存。以动物来说，它们生育后代以后，又不停地设法教育后代生存的手段，如鸟学飞、兽学走，小鸟逐渐变作成鸟，小兽变作成兽。它们的后代，有的成长后，也回过头来对自己的前辈奉养，如乌鸦反哺，小乌鱼喂瞎了眼的老乌鱼等。这是动物的本能，但此本能却是维系它们生存、发展的一种手段。这正好体现出社会上的生态伦理观。尽管这些动物不像人一样在社会上生活，但这些行为却体现出它们自身发展的规律，子女孝敬父母，自然也符合生物界生存和发展的规律。难怪有人说一个人如果不孝敬父母，禽兽不如，他还达不到一般动物的水平。

二、孝道能促进社会和谐

家庭是社会上最基本的单位，孝道是人际之间伦理关系最起码、最重要的规范。人际关系协调就能使社会和谐，因此孝道在社会和谐中起着极其重要的作用。这可从几个方面来理解：

(一) 孝道源于自身和谐

“和”是孔子思想的核心。不论是自然界、社会上，相互和谐，便可稳定、安乐、发展、向前。曾子总结孔子的主要思想是“忠恕”，就是和谐的具体体现。忠是尽力做好自己的工作，恕是搞好周围的人际关系。把各种事情做好了，把各种关系处好了，社会便可安宁，生产就能发展，人们共享安乐。一个人要使社会稳定，首先自己要稳定，曾子所说的自身稳定，正是建立在孝的基础上。自身稳定有两个方面，一是身体上，一是思想上。其一，身体上。曾子认为“身体发肤，受之父母”，因而“不敢毁伤”（《孝经 · 开宗明义章》），“身者，亲之遗体也。行亲之遗体，敢不敬乎？”（《大戴礼记 · 曾子本孝》）因此“孝子不登高，不履危，卑亦弗凭。”（《大戴礼记 · 曾子本孝》）孝子不要登上高的地方，不要走危险的地方，深的地方也不要靠近。要保护好自己的身体，不使自己的身体受到损伤。“父母全而生之，子全而归之，可谓孝矣，不亏其体，可谓全矣。”（《大戴礼记 · 曾子大孝》）父母完整地生下儿女，儿女要把自己的身体不受伤害地完整地归还父母，正是孝。其二，思想上。“孝子恶言死焉，流言止焉，美言兴焉。”（《大戴礼记 · 曾子本孝》）孝子要远离坏话，不说没根据的话，多说有益的话。一个孝子还要“不苟笑，不苟訾，隐不命，临不指。”（《大戴礼记 · 曾子本孝》）不随便说笑，不随便指责别人，不答应帮人家做不光明正大的事，不居高临下地指指画画。如果这样，就可以“恶言不出于口，愤言不及于己”，那种想说你坏话的人开不了口，气愤不满的话涉及不到自己。尤其强调“不兴险行以徼幸”（《大戴礼记 · 曾子本孝》），不做那种危险的事来寻求不该得来的幸福。

当然，这种身体保全与精神保全不是绝对的。例如需要为国捐躯时，就不应考虑“全而归之”。在社会生活中，为坚持自己的正确观点，可以激烈争辩，顾不得什么方式，等等。但从总的来看，曾子希望一个孝子在保全身体、搞好人际关系上的主张，对于社会安定还是有其积极意义的。

（二）孝道可使家庭和睦

中国有句古语“家和万事兴”。“家和”主要表现为“父慈、子孝、兄友、弟恭”。父母从来对子女慈爱，这是天性，兄弟之“悌”建立在孝的基础上，因此“家和”的主要内容、主导方面是子女对父母的孝。《礼记·礼运》中记：“父子笃，兄弟睦。夫妇和，家之肥也。”曾子在说到孝的三层含义中，最起码的是赡养父母，高一层是不要以自己的行为给父母造成精神上的伤害，最高要求是继承父母的遗志，做出大事业，使父母受到世人的尊敬（《礼记·祭义》）。孟子说不孝的表现有五种：第一，因为懒惰不劳动，不能养活父母。第二，经常赌博、酗酒，不养活父母。第三，贪财好利，听信妻子的谗言，不孝敬父母。第四，整日迷恋歌舞声色，不孝敬父母。第五，经常与别人打架斗殴，惹祸招灾，使父母受到危险和威胁（《孟子·离娄下》）。上述正面与反面对孝的论述，都在于使家庭稳定、和谐。孔子教育弟子时，多次说到孝，如孟懿子问孝，子曰：“无违”，不要违背父母的意志（《论语·为政》）。“事父母，能竭其力”（《论语·学而》），尽最大努力为父母做事。“父母唯其疾之忧”（《论语·为政》），经常关心父母的健康。还说过家中养着父母，也养着狗、马，如果对父母不尊敬，和对待狗、马有什么不同呢？（《论语·为政》）孝行最好的孔门弟子曾子孝敬父母有几个方面，如：其一，奉养父母：曾子奉养父母，经常有酒肉。吃完以后，问问还有吗？一定说还有（《孟子·离娄上》）。还要关心天气寒温，在饮食上、穿戴上对父母时时关心（《新语》）。其二，尊敬父母：父母喜欢的动物，不敢随意杀；父母放置的东西，不敢随便去掉（《吕氏春秋·孝行览》）。其三，取悦父母，瞻养父母。养其心，即不违背他们的意志。让父母经常听到好听的，住到安稳处，使父母时时心情愉快（《礼记·内则》）。其四，思念父母。子女在外，时时思念父母。父母死了以后，更应不断地思念（《韩诗外传》卷七）。上述对父母的孝敬，显然有两方面，一是物质上的满足，二是精神上的愉悦。《吕氏春秋·孝行览》中对这两方面说的更详细，“养有五道：修宫室，安床第，洁饮食，养体之道也；树五色，施五彩，列文章，养目之道也；正六律，和五声，杂八音，养耳之道也；熟五谷，烹六畜，和煎调，养口之道也。”不论物质的，还是精神的，一个人孝亲的各种内容都体现家庭和谐。做子女的孝敬父母，自然会尊敬兄长、爱护幼弟，做到兄友弟恭。例如晋时的王祥，继母对他不好，他仍然孝敬不违。继母生病要吃鲜鱼，时值三九严寒，王祥破冰求鱼，给继母食用。王祥的种种行为，教育了幼弟王览。王览对兄长尊敬、呵护，其故事也传为历史佳话。

（三）孝道可使社会和谐

《孝经》开头便说“夫孝，德之本也，教之所由生也”（《孝经 · 开宗明义章》）。把孝当作一切道德的根本，说人们的教化从这里开始产生。孔子说：一个人如果能做到孝和悌的话，这种人不会做出犯上的事，更不会在社会上作乱（《论语 · 学而》）。就是说做到孝悌的人，能促使社会和谐，决不会成为社会上的不安定因素。接着又说：一个君子应努力做到为人最根本的事，为了这种根本，各种良好的道德因素就会生出来。协调人际关系的重要手段是仁，而孝正是仁的根本。《孝经》中又说，那种不爱自己父母而爱别人的人，称作悖德；不敬自己的父母而敬别人的事，叫作悖理。顺德、合理，就是从敬爱自己的父母开始（《孝经 · 圣治章》）。这又体现出孝为社会和谐的基础。人们常说一个家庭是整个国家、社会中最小的细胞，许多细胞组成人体，许多家庭组成国家。家中和谐了，社会便和谐了。所以“君子之事亲孝，故忠可移于君；事兄悌，故顺可移于长”（《孝经 · 广扬名章》）。“事亲孝”“事兄悌”，扩大到社会上，就可以忠、顺。在社会上、国家中，人人做到忠、顺，社会就稳定了、和谐了。《孝经》中说天子“爱亲者，不敢恶于人，敬亲者，不敢慢于人”（《孝经 · 天子章》）。反之，君子成人之美，处理民间的事情十分慎重，能使社会和谐。如前述孟子所说，五种“不孝”表现为懒惰、赌博、酗酒、贪财、信谗言、迷恋声色、打架斗殴，都是一些不安定因素。孝亲的人不会那样，这又从另一方面证明孝能促进社会和谐。

孔子、曾子多次阐明通过孝可使社会和谐、稳定的道理。曾子引孔子的话说古代的“五刑”有三千种，“罪莫大于不孝”（《孝经 · 五刑章》）。最大是三种罪恶，一是不尊重君主，一是诽谤圣人，一是不孝敬父母，这三件事都是“大乱之道”。在过去，每逢年节、室内正中牌位上写着“天地君亲师”。这五项最受人间尊敬者，“君”之下就是“亲”。尊敬他们，说明尊敬权威，尊敬他们，为了祈求社会和谐。孝不但促进社会和谐，曾子也曾在爱护自然方面作过比较。他说：树木应按时伐，禽兽应按时杀。如果滥伐树木，乱杀禽兽，肆意对自然界进行摧残，违反了人与自然和谐的原则，应该是和不孝一样的罪过（《大戴礼记·曾子大孝》）。

(四) 孝道可促进社会稳定、经济发展

我国自古忠孝并提，忠孝结合。孔子明确地说过“孝慈，则忠”（《论语·为政》）。《礼记》：“先王所以治天下者五：贵有德，贵贵，贵老，敬长，慈幼。”（《大戴礼记·曾子大孝》）除珍贵有德者及珍贵与国王亲近的贵族外，后三者都和孝悌有关。曾子说“居处不庄，不孝也；事君不忠，非孝也；莅官不敬，非孝也；朋友不信，不孝也；战阵不勇，非孝也。”（《大戴礼记·曾子大孝》）五种非孝的表现中大都与政治有关，与社会有关。也就是说一个人如果做到孝，就应对君忠心，努力做好自己的工作，作战时勇敢等，这都是服务于政治、服务于社会的措施。孝为伦理道德的根本，只有在家孝敬父母，才能努力忠于事业、为国尽力。宋代岳母，教育儿子岳飞从军抗敌、精忠报国，并将这四个字刺到岳飞背上。岳飞驰骋疆场、报国杀敌，既是对母亲尽孝，又是遵母命尽忠。晋人陶侃母，多次教导儿子廉洁奉公，勤于政事。陶侃身体力行，以廉洁、勤政闻名于世，其行为既是孝于亲，又是忠于国。中国古时有个谚语：“不孝的人，不能与之交朋友。”一个人对父母不能尽孝，在社会上对朋友也不会讲信实。历史上清官多孝子，孝子多清官，正体现忠孝结合。当今社会，应首先培养孩子孝敬父母，他才能友爱同学、努力学习。那种养尊处优、不知孝敬父母、从小被捧到天上的孩子，到社会上也不会好好工作，将来对国家贡献也不会大。

因此可以说孝是做人的基础，是从事社会活动的基础，是从事政治活动的基础。这个基础稳固了，就能更好地服务于社会，对社会稳定、发展起到积极作用。

孝既然是伦理道德的基础，在当今世界经济全球化的形势下，也应有其相应的作用。如孝从爱亲推广到仁、爱人，就应很好地贯彻经济伦理思想。即自己从事的经济活动对社会是否有利？同样是高科技，是为广大人民造福呢，还是用高明的手段毒害人民呢？在企业内部对自己的职工是否有爱心，是否关心

自己的职工，是否能用各种形式调动职工的积极性。对自己的经商伙伴是否讲信义，共创条件，力争双赢，而不是自己发财，伙伴遭殃。由孝推行到对别人讲信义。义者，宜也，适宜的干，不适宜的不应干。在经济活动中，应贯彻“君子爱财，取之有道”（《礼记 · 大学》）的精神，重义轻利，义中取利，就能保证质量第一，信誉第一，做一个从正当渠道发财的高素质的商人（中国称儒商）。由孝亲推衍到善待自然，在从事经济活动中应很好地爱护自然，保护生态环境，不要竭泽而渔。现在世界各国（尤其是东南亚一带）家族企业不少，一个企业中的主要成员或重要成员多属于同一个家族、亲属，除工作关系外，还有血缘关系。这更需要传统的孝悌作为润滑剂，使他们之间的关系更加滋润，更加密切，使孝悌及亲属之爱在家族企业中起到积极作用。

(五) 孝道可使“民德归厚”

《论语》中记曾子说过“慎终、追远，民德归厚矣”（《论语 · 学而》）。是说在孝敬父母上，在他们临终时，更要好好地孝敬。先人死后，应追忆、追念、祭祀。孟懿子向孔子问什么叫孝，孔子回答“无违”后，接着解释“生，事之以礼；死，葬之以礼，祭之以礼。”（《论语 · 为政》）父母在时，按照一般人之常情，予以事奉；父母死后，依礼安葬，日后对父母按时祭祀。人们往往认为祭祀似乎是一种迷信举动，其实不然，祭祀是怀念先人的一种仪式，是怀念先人的事功、追忆先人的道德的举动。怀念先人正是要向先人学习，要继承先人的遗志，形成一种文化代代相传、道德代代相传的风气。时人学习先人的好道德、好作风，不就是“民德归厚”了吗？

中国古代孝与德从来联系在一起。汉朝皇帝提倡以孝治国，每个皇帝死后的谥号均加个孝字（如孝文、孝武……），东汉选拔官吏时，首看孝行，称作“孝廉”。古代孝、德联系最典型的当推远古的氏族首领虞舜了。舜母早死，其继母不贤，父亲瞽叟糊涂，继母生弟象要夺他的财产。继母和弟多次设法害舜。舜得知几次脱险后，对父母依然孝敬不减。此事让尧知道舜在家能孝，在外就能给百姓办好事，遂把执掌天下的大权让给他，把女儿嫁给他。孔子说：“舜其大孝也欤！”他“贵为天子，富有四海”为什么？因为“大德必得其位，必得其禄，必得其名，必得其寿。”（《礼记 · 中庸》）还有一个孔子的弟子闵子骞，其父因鞭打芦衣，知其后母对其虐待，要赶走后母。闵子骞苦苦哀求，父亲饶了后母，全家和睦团圆。孔子深有感慨地说：“孝哉，闵子骞，人不间于其父母昆弟之言。”（《论语 · 先进》）别人称赞他对父母兄弟之间说的话并无异议，就是说人们对其因孝造成家庭和睦的事实予以认可。

孔子说：“上敬老则下益孝，上尊齿则下益悌。”（《孔子家语 · 人言解》）可知孝是双向的，这也正与孝可提高人们的道德相应。自古以来，孝敬父母的人，其儿孙对其必然孝敬；不孝敬父母的人，其儿孙也对其不孝。因为孝是一种世间伦理道德中最起码的品德，孝敬父母的人，自身做出榜样，自然教育、影响了下一代，把这一好的道德品质传下去，将人民的素质有效地提高。

曾子说过孝“塞乎天地”“横乎四海”，“施诸后世而无朝夕，放诸四海而皆准”。《孝经》中记孝的美德可以“通于神明，光于四海，无所不通”（《孝经 · 感应章》）。是说孝不受时间、空间的限制。在中国古代，人们发现了一个奇怪现象，即春秋战国时的诸子百家，尽管各自阐明自己的学说，想方设法否定别家的学说，但在对孝的问题上，却惊人般的取得一致。如道家虽主张“弃仁绝义”，却主张“民复孝慈”（《老子》十九章）。墨子把“父慈子孝”建立在“兼爱”的基础上（《墨子 · 尚贤中》），法家说“家贫则富之，父苦则乐之”（《韩非子 · 忠孝》），他们的孝更实际。甚至秦始皇严酷执法，也主张孝，汉代《太平经》中也有“人亦天地之子也”。如果父母“老无所依”，谓之“不孝”（《太平经》卷一百一十四）。汉代传到中国的佛教，主张一出家便无家、无父母，后世同样出现目连僧救母的故事。由此可见，孝是一个人最起码的道德品质。“百善孝为先”，孝为天下道德之先，确实不假。

当今世界，十三亿中国人民，五千万华侨、华人，都对中国的孝道很熟悉，并在认真奉行，并教育自己的子女奉行。孝这一中国伦理道德的重要内容，在中国历史上曾对稳定和谐起到一定的作用，对今天的现实来说也能起到促进稳定、和谐的积极作用，对世界和谐、稳定也必定起到积极作用。

孝为仁之本
百善孝为先
人人奉行孝
和谐大改观

孝为仁之本　孝为“五常”根

骆承烈

《论语》第一篇紧随“学而时习之”之后的第二章便是：“有子曰：‘其为人也孝悌，而好犯上者鲜矣；不好犯上，而好作乱者，未之有也。君子务本，本立而道生。孝悌也者，其为仁之本欤！”

孔子的高足、后世“十二哲”之一的有若，代孔子立言，说起一个君子首先要务本。有了“本”，才能衍生出一切“道”。在处理人际关系上，孔子一再提倡“仁”，而孝悌却是仁的“本”。这句话把孝悌提到人际关系的最高度，为古往今来对孝道肯定的代表语言。对此，试作如下分析：

一、孔子“孝为仁本”的多方辐射

“仁”字，是孔子最常说的字眼，《论语》中出现过109次。为什么叫“仁”？孔子对弟子有不同的回答，目的是依据他们各自的理解程度，有针对性地进行教育。以“仁”为中心，可以由低层向高层辐射，由里层向外层辐射，用更多的道德概念对“仁”进行诠释。

(一) 由低层向高层辐射，约有三层，即：封建的人道主义、积极的奋斗精神、高尚的世界观

奴隶社会中，广大奴隶不被当作人，孔子发现人、重视人、尊重人、爱护人，施惠于人，都体现出一种高尚的人道主义，是一个人本性的流露，是一个人道德的升华。一句“己所不欲，勿施于人”，在西方被奉为“黄金规律”，孔子也成为历史上最懂仁爱、最讲仁爱、最有仁德的人。“士不可不弘毅”（《论语 · 泰伯》）、“刚毅木讷近仁”（《论语 · 子路》）之说，又体现一

种积极的、奋发的、忘我的精神。一个仁者，要勤于事，多干事，说实话，干实事，积极入世，努力治世，奋发图强，勇往直前。“仁”是孔子考虑问题的出发点，也是体现一个人最高水平的试金石。“志士仁人，有杀身以成仁，无舍生以害仁”（《论语 · 卫灵公》）。在行仁与保命两者抉择时，一个仁者可“杀身”以“成仁”，而不是苟且偷生违背仁。

这三个层次的基础是一个道德高尚的人。这个人通过学习，净化了自己的心灵后，从最近处做起，才能在社会上爱人、奋发、守仁。这个基础便是在家中对待自己最亲近的人的态度，即对父母应“孝”，兄弟姐妹之间应“悌”。

(二) 由内层向外层辐射：可分四层，即孝悌、忠信、仁民、爱物

“孝悌”是从家庭内做起，“忠信”即走向社会。孝道来自古代的宗法制。天子为大宗，诸侯、大夫……为小宗。在诸侯国内，诸侯为大宗，其国内的大夫、士……为小宗。在小家庭内对父母尽孝，在大“家”内对宗主尽忠。因此，孝是忠的基础，忠是孝的扩大。孔子曾向老子请教过一个问题，即遇到父丧，同时遇到国丧，应服从那个？老子明确回答：应把国丧放到前面。一个人走出家庭，走向社会，接触到社会上各种人。在待人接物时，要讲诚信，才能换取别人诚信。一个人只有在家孝悌，才能对朋友诚信。一个人如果对父母都不孝，对兄弟都不悌，对朋友就不会讲诚信。生意上的交往也要诚信，这也应以孝悌为基础。孝悌之人走出家庭，迈向社会，讲求忠信。一旦当政有了权，从政治国时，就要有一种“仁民”的胸怀。《大学》首章“大学之道，在明明德，在亲民，在止于至善”，是说一个人“明明德”，修养好，做到“内圣”后，下一步就要做到“外王”，即服务社会。在社会上做事时，要亲民、爱民、利民、施惠于民，即以仁爱之心对民，以仁爱之心处理天下的事务。孟子说：“老吾老以及人之老，幼吾幼以及人之幼。”（《孟子 · 梁惠王上》）主张把别人的老人当作自己的老人，把别人的子女当作自己的子女，广泛地对民施惠，正是孝的扩大，孝的延续。这一思想，不但在社会上伸延、适用，用到自然界，也是同样的道理。且不说老子“道法自然”之说，我国古代儒学大师们，从来对自然界是十分重视、尊重的。《周易》之中也大讲阴阳，大说自然界的规律，要人们尊重自然，爱护自然。孔子盛赞“天何言哉，四时行焉，百物生焉”（《论语 · 阳货》），相信自然界在不断变化，尊重自然界的规

律，自己通过学习，逐渐“知天命”，就是了解自然界的规律、人类社会上的规律。一个能很好地执行孝悌的人，对朋友好，对国家好，对百姓好，当然也会对自然界好，这就是人们常说的“爱物”。

孔子及儒家的“仁”，是协调社会上人际关系的润滑剂。它表现在上、中、下三个方面。对上、对君、父、师、长辈、上级，应忠、孝、恭、敬；对平级、对兄弟姐妹、同学、同事、朋友，应信、义、敦、睦；对下，即对子女、弟子、臣民，应宽、厚、慈、惠。这一切大德良能的基础，正是一个人在家庭中谨遵人间伦理、恪尽孝悌的结果。如果此人在家不孝悌，对国家、国君不可能忠，对老人、长辈不会恭敬。如果此人在家不孝悌，在社会上对别人也不会守信用，不能倡正义，不会对人敦厚，不会和合乡里。如果此人在家不孝悌，对职位比自己低的人也做不到宽恕、厚道、仁慈、施惠。总之，一个在家不孝悌的人，就不能运用“仁”这一品德处理好各种社会关系。这恰好说明孝悌是“仁”的基础，为“仁”之本。

一个“仁”字，在孔子思想中提到相当的高度，普遍予以运用，但它却不是孔子思想的核心。“礼”也不是，“中庸”也不是。早在20世纪80年代，笔者在一次国际会上明确地提出《孔子的思想核心——和》。因为“礼”“仁”及“中庸”分别是人们在社会上的各种规定、制度及协调手段、做事程度，都不是孔子做事要达到的愿望和目的。只有“和”才是孔子思想的核心。因为一个人不论做什么事，总愿做好，即有和的愿望，最后做成了，即达到了和的目的。最重要的还是在工作进行中多人的合作、配合。除进行时多方力量、各种因素配合以外，还有当你工作时所享受到此前千万人精神的、物质上的成果，只有各种因素配合起来才能把事情做好。孔子的核心思想是追求和谐、稳定的学问，孔子的“和”与以孝悌为代表的最早的最基础的家庭稳定之说又是密不可分的。

二、孝与各种美德的关系

文化巨人孔子对人类最大的贡献是他创立和提倡的一些道德观念。以此教人修养、学习、提高；以此教人从政、治国、爱民；以此教人处理人与人、国与国、族与族之间的关系；以此教人处理人与自然的关系。这些道德观念很多，现就人们熟知的“五常”（仁、义、礼、智、信）略加分析。上面已说到“仁”，现从“义”说起。

(一) 孝与义

“义”字起源于人的仪表。《说文解字》：“义，人之威仪也，从我从羊。”“我”是自己，“羊”是美好，自己的仪表漂亮叫“义”。古时“义”也通“宜”“谊”。办事适宜、有情谊叫义。孔子说“义然后取”（《论语·宪问》），是说该得到的得到，不该得到的、不合情谊的不要。孟子要求人们“居仁由义”（《孟子·尽心上》），将“仁义”并提，以此衍生出以“父子有亲”为代表的“五伦”，这些都是人们在社会上该做的事。墨子把“义”当作最高的准则，提出了“兼相爱，交相利”“爱无差等”的口号。他的“兼爱”是更广泛地爱人。怎样爱法？就是以“义”为界限、标准，符合义的就爱，不符合义的就不爱，“爱人”当然应从爱家中之人开始。朱熹把义说作“行事之宜”。怎样“宜”呢？要符合仁，自古“仁义”并提。更广泛地说，是一个人好的仪表，表现出来的威信，对人的情谊、友谊，做事的美善，处世的公平、适宜。

孔子说“其身正，不令而行；其身不正，虽令不从”（《论语·子路》），强调一个正字。董仲舒明确说“义之法在正己，不在正人”，又说“我不自正，然后能正人，弗予为义”（《春秋繁露·仁义法》）。“义”的一个重要含义就是要用道德来端正自己的行为。如果自己行为不端正，怎样端正别人呢？孝悌是一个人在家庭中最基本的道德。由此做起，发展为其他道德。此事做不好，不能做好别的道德。孟子说：“穷不失义，达不离道。”（《孟子·尽心上》）俗话说“家贫出孝子”，越是贫穷之家，越能考验子女对父母的孝。“义”又表现为利群济困，一个人只有在家中做了好事，才能在外面做好事。家中的好事，首先就应是孝悌。不论是古代的“替天行道”还是“为国捐躯”，“为真理献身”，种种“义”的表现，都是为社会办好事，为人民尽大忠，这又只能在孝的基础上才能达到。

(二) 孝与礼

“礼”最初是由原始的祭祀演化而成的。《说文解字》记“礼，履也”，礼是履行、实践对神灵的祭祀，以求福祉。后来由祭祀的礼品变作送人的礼品，“礼尚往来”，“来而不往，非礼也”。后来又由物质的礼变作精神的礼，即人们的礼貌、礼节、礼仪。周代有吉、凶、军、嘉、宾五礼。后来这种只是单个人与单个人之间的礼仪，扩大到国家、社会，成为各种礼制。如井田制、嫡长子继承制，乃至官制、军制、赋税制等。总之，“礼”的概念逐渐扩大、延伸，后来又由非成文法发展为成文法。因此，礼就体现为一个国家、社会的制度、政策，各种成文及不成文的规定。俗话说“不依规矩，不能成方圆。”礼就是规矩。有了礼，社会才能安定，国家才能发展。人们虽然在这些规定中受到一些约束，但却能获得很大的自由。

孔、孟、荀都把礼最初的表现形式“敬”当作人别于禽兽的标准。《论语》中孔子说一个人对父母如果不敬，和养个狗、马有什么区别呢（《论语 · 学而》）？《礼记 · 礼运》中，孔子说到执行礼法，天下大顺，一开始便是“父子笃，兄弟睦，夫妇和，家之肥也”，把家庭中的礼仪放到最前面。一个人一生中要学很多礼，如君臣之礼、处世之礼等，但“孝者，礼之始也”（《左传》文公二年）。作为传统道德规范之一的“礼”来说，归结起来不外乎“孝敬谦恭”，由此延伸的文明礼貌、遵纪守法，都应从家庭、从孝悌开始。“爱亲者，不敢恶于人；敬亲者，不敢慢于人”（《孝经 · 天子章》），爱敬都是从孝开始，孟子说“老吾老以及人之老”（《论语 · 里仁》），在社会上敬老也是先从敬自家的老人开始。孝是双向的，礼也是双向的。

(三) 孝与智

“智”，即理智、智慧。也可以解释作聪明、机智，以及聪明的人，有知识，有智慧的人。《论语》中知（智）出现过116次。《中庸》中把“智、仁、勇”称为“天下之达德”。智不光指学到的知识，也包括由此上升为理性认知的哲学思想，即包括道德认知和道德理性。孔子说“择不处仁，焉得知”（《论语 · 里仁》）。把智与仁两者连到一起，它们互为前提。只有仁者才是智者，只有智者才是仁者。但两者又有不同，孔子说“智者乐水，仁者乐山。知者动，仁者静”（《论语 · 雍也》）。有智慧的人乐于水，有仁德的人乐于山。有知识的人如流水一样地活动，有仁德的人如高山一样的巍峨。孟子说“仁之实，事亲是也；义之实，事兄是也；智之实，知斯仁者弗去是也。”

（《孟子·离娄上》）是说仁的主要内容是事奉父母，义的主要内容是顺从兄长，智却是做出顺应社会发展、有益于民众的好事。

孟子对有智的人的提法是“幼而学，壮而实”（《孟子·梁惠王下》），即一个人增长智慧是从小时在家中学习开始。中国古代说起“智德”来，首先是明理力行。荀子说“智者明于事”（《荀子·大略》），在家孝敬父母、友爱兄弟是最基础的。孝与智的关系一方面是说从小在家学到、做到孝敬父母之礼，一方面如孔子所说在家“孝乎惟孝，友于兄弟”（《论语·为政》），自己做出榜样来，就能从事政治活动。

(四) 孝与信

“信”字由“人”“言”构成。人言为信，信就是说话算数。《左传》鲁僖公二十五年，晋君说：“信，国之宝也，民之所凭也。”可见其重要性。《周易》上多次出现“信”字，《诗经》上的“信”字更多。儒家把“信”与“诚”连到一起，认为“诚”是“信”的基础，“信”是“诚”的表现。又把是否守信作为衡量一个人是“君子”还是“小人”的尺度。“信”首先是修身之本，孔子说一个人只要“言忠信，行笃敬”（《论语·卫灵公》），走到哪里都能行得通，如果“言不忠信，行不笃敬”，即使在自己家乡，也寸步难行。“信”又是处世之法。子夏说“与朋友交，言而有信”（《论语·学而》），有子说“信近于义，言可复也”（《论语·学而》），曾子“吾日三省吾身”（《论语·学而》）中一项便是“与朋友交而不信乎”。“信”又是治国之术。子贡向孔子问政时，孔子说“足食、足兵，民信之矣”（《论语·颜渊》），必不得已，去掉两项，孔子独留“信”字，因为“自古皆有死，民无信不立”。孔子理想的社会是“讲信修睦”（《礼记·礼运》）、“朋友信之”（《论语·公冶长》）。朱熹曾经说：“或问仁、义、礼、智性之四德，又添信字，谓之五性如何？信是诚实。诚者，天之道也。诚之者，人之道也。”就是说前人说到“仁、义、礼、智”，后来为什么又加上个“信”字呢？因为诚信既是天之道，又是人之道。道是指自然规律，诚信是天也是人世间的自然规律。子女对父母的孝，实际上也是一种守信的活动。过去说：“养儿防老，积谷防饥。”父母生养儿女，儿女理应孝敬父母。依今日观点，父母生养子女是为社会增添了一个劳力、人才。这个劳力、人才长大后理应回过头来对生养自己的父母孝敬。孔子所说“谨而信”（《论语·学而》）“敬事而信”之“谨”“敬”都是就家庭中对待父母而言，“敬”“谨”当然是孝的表现方式。《大学》修身之道中的“诚意、正心”是取信于人的基础，在此基础上才能“修身，齐家”，把家中之事做好，才能“治国，平天下”。

孝为“仁之本”，孝与“义、礼、智、信”关系密切。一个人在家对父母孝，对兄弟悌，就是一个仁爱和谐的人，是一个秉公正义的人，是一个尚礼守法的人，是一个崇智求真的人，是一个诚实守信的人。孝子做到“仁”，就能宽宽厚厚地做人；孝子做到“义”就能坦坦荡荡地做人；孝子做到“礼”，就能规规矩矩地做人；孝子做到“智”，就能明明白白地做人；孝子做到“信”，就能实实在在地做人。

三、孝的纵横观

“孝”这一伦理观念，不但是一切道德的基础，而且有其一定的普遍性、永恒性，它表现为：各家、各代，社会、自然各个方面都承认及推行这一理念。

(一) 各家共同认定孝道

所谓各家，是指各个学派。历史上各个学派最活跃的莫过于春秋、战国时的百家争鸣了。在许多伦理道德观点上，一些学派各有不同，唯独对于“孝”，却一致赞同，无一反对者。

墨子主张“兼爱”，他把“父慈子孝”建立在“兼爱”的基础上。在《墨子·非乐上》中说“天下兼相爱则治，交相恶则乱”。他强调父子、兄弟之间不能只重自爱，要互爱。其《尚贤下》中说：“有力者疾以助人，有道者劝以教人。”也体现出一番尊老敬贤和济困扶危的精神。

道家主张“小国寡民”“无为而治”，他们要“弃圣绝智”“弃仁绝义”，但在孝慈方面却予以肯定。在《老子》十八章中就有“六亲不和，有孝慈”之说。第十九章有“绝仁弃义，民复孝慈”。即认为“仁义”是虚假的，而“孝慈”却是真的、实在的。庄子从来追求一种个人精神绝对自由的境界，但他也不否定孝亲养老是天经地义的大事。《庄子·天下》中就说到，一个人

“以衣食为主，蓄息畜藏，老弱孤寡为意，皆有以养，民之理也”。

法家从来认为法制高于道德，但也不否定以忠孝礼义为核心的道德规范及其作用。早期法家管仲治齐时，首先实行“九惠”之政。《管子 · 入国篇》中记管仲“入国四载，行九惠之政……一曰老老……所谓老老者，凡国都皆有掌老（掌管老人福利的官员），年七十以上，一子无征，三月有肉；八十以上，二子无征，月有馈肉；九十以上，阖家无征，日有酒肉，上供棺椁，劝子弟，精膳食，问所欲，求所嗜，此之谓老老”。后期法家尽管以严刑峻法为其特点，却也讲孝，韩非子认为不要像儒家空讲孝，孝敬父母要实际些。《韩非子 · 忠孝》中说：“家贫则富之，父苦则乐之。”他们讲究耕战。多生产发财致富，让父母生活更好，多立战功，多得奖赏，让父母更有光彩，这是最好的孝。

由儒家逐渐向法家转化的荀子，同样继承儒家“礼也者，贵者敬焉，老者孝焉，长者弟焉，幼者慈焉，贱者惠焉”。在这里关于孝亲、敬老等思想表述得更明确。

中国土生土长的宗教是道教，道教早期的《太平经》中也有“人亦天地之子也”。如果父母无所依靠，便谓之“不孝”。

汉代由印度传来的佛教，主张一出家便无家，无父母。但是传到中国来以后，有些观点逐渐被善于兼收并蓄的儒家思想所改变，孝的观念即为一例。例如印度的佛教典籍中，母亲的地位高于父亲，表达双亲时，通常用“母和父”，但中国译后却变成“孝诸父母”的话。中国和尚也参考儒家的孝道，提倡一个人要报答父母的养育之恩，提倡造经烧香，请佛礼拜，供养三宝，饮食众僧，乃至举行盛大的法会，水陆道场，都是为死去的父母超度，是子女对父母尽孝的行为。人们在敦煌还发现一本《父母恩重经》，把父母对子女的恩德归纳为十种：

一者怀胎守护恩，二者临产守护恩，
三者生子忘忧恩，四者咽苦吐甘恩，
五者推干就湿恩，六者洗濯不净恩，
七者乳哺养育恩，八者远行忆念恩，
九者为造恶业恩，十者究竟怜悯恩。

这一作品被编成歌曲，广泛流传，用佛教徒之口宣传孝道。

还有一个“目连救母”的故事。佛的大弟子目连为了将在地狱受苦的母亲救出来，不惜遍请众僧，在七月十五这一天，大做法会，请众僧帮助他一起为母消灾脱难。这一天叫作“盂兰盆节”，俗称“鬼节”。日后七月十五“盂兰盆节”便成了一个流传多年的民俗。每到这天，一些善男信女竞做佛事，超度父母的亡灵，体现信佛教者也讲孝。

(二) 历代一直奉行孝道

孝敬父母这一美德，历代奉行，从不间断。早在原始社会时，中国就出了第一个大孝子虞舜。他瞎了眼的父亲、后母及同父异母弟象多次要加害于他，但他对父母一贯孝敬不二，因而受到人们尊敬。作为天下共主的尧，因他有孝的美德，把女儿嫁给他，还把自己的位置让给他。

到了商代，商王武丁听信后妻谗言，把自己的儿子流放到外地。蒙冤在外的王子仍然常常为父母祈祷，不久在外面抑郁而死。后世人尊称他为“孝己”。

到了周代，在孔子、曾子的提倡与论述下，由人们的孝行，发展为孝道。不但有理论，更有实践。孔子母亲死后，为了把父母合葬，跪在鲁国的五父之衢，请人指点父亲的葬地。闵子骞的后母以芦花给他做衣服，被父识破，要休后母时，他一再哀求父亲，饶了后母，换得一家团圆、和睦。仲由百里之外为父母负米。曾子对父母孝敬更为典型，父母生前尽力奉养、尊敬，父母死后，哀痛不已，泪水成井（曾子故乡嘉祥曾庙中有“涌泉井”）。孝为“仁之本”，在许多孔门弟子中奉行。

春秋初年，郑庄公在颍考叔的启发下，黄泉见母，体现母子亲情。连秦始皇当上皇帝后，也照常孝敬作风不正的母亲。后来发现其母支持嫪毐阴谋叛乱，被镇压下去以后，仍将其移居别宫。后来仍念母子之情，继续对母孝敬。

到了汉代，大一统的封建国家建成后，为了维护自给自足的小农经济，大力提倡孝道。从汉高祖尊其父为“太上皇”开始，直到将“孝”定为国策。自惠帝起每个皇帝的谥号前面均加一孝字（如孝文帝、孝武帝……），明确体现出“以孝治天下”的精神。临淄少女缇萦千里为父伸冤，得到文帝肯定，并因此废除肉刑。东汉初年朝廷颁布的《白虎通义》中标出“三纲六纪”，即“君臣、父子、夫妇”，明确后者对前者的从属关系。在官吏选拔制度上，重视孝行，名为“孝廉”。刘向写了《孝子传》，专门表彰孝子，嘉祥武氏墓群石刻及长清郭氏墓群石刻中的汉画像石及碑刻，都形象地突现出孝的内容。

到了魏晋南北朝时期，北方一些少数族入主中原，学习汉文化后，也重点学习儒家的孝。北魏孝文帝就是一个典型例子。他自小就尊敬父辈，其父背上生疮，他亲自吮脓，称帝前后许多事向祖母冯太后请教。即位后，进行大规模的改制，向汉族的儒家文化看齐。

隋唐以来，不但提倡读《孝经》，还在《隋律》《唐律》中对不孝的行为如何惩罚，规定的十分细致、严格。于是“忤逆不孝”便成为最大的罪名。宋元明清后，历代对孝子、孝女的表彰层出不穷，直至引导到极致的程度，出现种种不近人情的愚孝。

(三) 历代帝王提倡孝道

孝道是家庭中重要伦理道德，是维系小农经济的一种重要手段。忠孝结合在一起，孝道又是维护封建国家的基础，为此历代帝王对此皆大力提倡，其主要手法是把《孝经》当作国家规定的经典。

《孝经》一书虽然不到两千字，但从汉文帝起，便开始置《孝经》博士，昭帝时诏令贤良文学治《孝经》。宣帝时，定《孝经》为小学课本。平帝时征召天下，为讲授《孝经》等诸经者供给轺传车辆，遣送京师。到了东汉，光武帝下令连宫廷卫士也必须学习《孝经》。汉明帝时要求期门羽林介胄之士悉通《孝经》章句。因为忠、孝一体，令这些皇帝的守卫者学《孝经》后，更好地忠于皇帝。到了晋朝，出现了大量皇太子讲《孝经》的礼仪活动。甚至晋恭帝八岁在幽厄之中，仍授以《孝经》。

历代帝王不但提倡读《孝经》，还亲自动手注《孝经》。如梁武帝曾亲撰《孝经义疏》，令师傅为年仅三岁的昭明太子讲《孝经》。唐玄宗曾两次亲注《孝经》后，颁布天下，令家家收藏。宋真宗亲撰《孝经》诗，命群臣赋和。南宋高宗令各州以御书《孝经》刊石。金世宗仿效汉代羽林军通《孝经》的故事，以千部女真文《孝经》交检察司，分赐给护卫亲军。元武宗命中书右丞以蒙古文翻译《孝经》，并下令自王公至庶人，一律学习奉行。清顺治帝刚入关便亲注《孝经》，康熙帝令人翻译出版“满汉合璧”的《孝经》。

历代皇帝除颁行、注释《孝经》外，他们还多以天子之尊，亲自主持讲授《孝经》。如北魏宣武帝、孝明帝都曾主持过《孝经》的宣讲，清代各帝更在科举考试中加试《孝经》，有时从《孝经》中出题，皇帝亲自阅卷。

历代帝王通过对《孝经》的提倡，在全国上下极力灌输孝道，目的当然是以此保证自己的统治，客观上却推动了中华孝文化的开展。

(四) 历代提倡孝道的方式

为了推行孝道，历代除极力推崇《孝经》外，还采用各种方式，对孝道广泛地宣传。主要有：

其一，编写蒙书，对孝道大力普及。对《孝经》的提倡、推行，只是历代朝廷弘扬孝道的手段之一，这种方式只能在知识阶层推行，对于没有文化的大量民众及少年儿童，又采取了编写和普及有关孝的蒙书的方式。一种是专为孝亲编的蒙书，如《二十四孝图》《女孝经》《劝报亲恩篇》《劝孝歌》《劝家庭行孝文》《百孝图说》等。一种是在一般蒙书中加上孝的内容。如《三字经》："香九龄，能温席，孝于亲，所当执。"《千字文》："孝当竭力，忠则尽命。"《名贤集》："在家孝父母，何必远烧香。"《童蒙须知》："身体父母遗，奉之敢不敬。"《改良女儿经》："烧茶汤，敬双亲……妯娌们，要孝顺。"《孝儿经》："堂上父母多行孝，养儿防老为何情。"《弟子规》："亲有疾，药先尝，昼夜侍，不离床。"《朱子治家格言》："重资财，薄父母，不成人子。"《小儿论》："家有严父，须当事之。家有慈母，须当养之。"《增广贤文》："养儿防老，积谷防饥。"……这些蒙书，内容浅显，文字明白，有许多还可以朗朗上口。在儿童初入学时以及普通百姓中学习背诵，终生不忘，从而达到普及孝道的目的。

其二，利用修建孝的古迹、修建碑坊等形象形式宣传孝道。如董永尽孝，古时传说感动天女与他成亲，于是湖北便有个孝感县，山东平阴有个孝感村。为表彰曹娥为父殉难，浙江有条曹娥江。为表彰晋人王祥卧冰求鲤，山东临沂有个孝悌里。为表彰春秋时的颜文姜，山东博山有个颜母祠、孝妇河。又如孟宗哭笋、黄香温席、郭巨埋儿等古代孝亲故事，许多地方都有相应的古迹，通过这种方式让人们身临其境，直接受到孝的教育。各个朝代为了表彰当时的孝子、孝妇，立坊旌表，影响更大。如清康熙四十七年，对九十至百岁以上者，赐给建坊银两，令在其居地建坊。乾隆二十六年对广东南海县百岁的杨能启夫妇建坊双旌。乾隆三十五年，赐安徽太湖县百岁寿民朱宪章建坊，并赐"期颐偕老"四字。嘉庆十四年颁旨，不论满汉人，三品以上官员其父母妻室有年至百岁者，照例给银建坊。年过百岁，五世同堂者，亦给建坊银两。于是国内到处建有表彰寿民及对各地孝子、孝女表彰的牌坊，南方各地祠堂内，也少不了一些表彰孝子、赞颂寿星的内容。通过这些方式，令各地百姓随时看到，随时接受孝的教育。

其三，利用各种文艺形式，宣传孝道。利用讲故事、演戏曲、演奏音乐及各种绘画、雕刻等形式，对人们潜移默化地进行教育。如歌颂闵子骞的《鞭打芦花》，歌颂目连僧孝亲的《目连救母》，歌颂梁山好汉孝亲的《李逵探母》。又如将孝子与不孝之子同台反映，从对照中教育人的《吊金龟》，对不孝之子打五雷轰死的《清风亭》等。甚至一些庙内塑十殿阎罗的故事中，也把不孝之人下油锅、入地狱的说法形象表现。让人们看到毛骨悚然，不敢不孝。

其四，在一些正史、地方志书中表彰孝子、孝女。将他们的孝亲事迹载入史册、永垂后世。这方面的记载很多，不加赘述。

四、孝的现代价值

孝道作为中国传统伦理道德的重要内容，不但古代适用，现代同样适用，不但中国适用，外国也同样适用。1982年9月联合国第37届大会一致通过的《老龄问题维也纳国际行动计划》中记："尊敬和照顾年长者是全世界任何地方人类文化中的少数不变的价值因素之一，它反映了自我求存动力同社会求存动力之间的一种基本相互作用，这种作用决定了人种的生存和进步。"

21世纪以来，世界人民一致遵循着"和平、发展"的主题，进步与和谐成为世界各国人民的共识，中国传统文化中的孝道正与之契合。因而，它在今天仍有明显的社会价值。这可从几方面说起：

(一) 孝是人类社会中永恒的主题

人与一般动物最大的区别就是社会性。人在社会上所接触到的各种人际关系，小到最亲近的人，大到远方的人，通过各种形式的接触，产生一定的关系，最亲近的人就是父母与子女。

有人把人世间的各种关系分作"永恒的范畴"和"历史的范畴"两类。"永恒的范畴"是永远存在的，时时、处处体现的一种思想范畴。父母生儿女的现象，父母哺育儿女、养育儿女、教育儿女的现象是永恒的，父母与子女之间的爱是永恒的，父母对子女的慈爱、子女对父母的孝敬也是永恒的。子女对父母的感情不仅与生俱来，而且死后也长期存在。从文学艺术上说孝是永恒的主题，从社会科学上来说，孝也是一个永恒的主题。

以爱为基础，子女对父母的爱，就不是一般的任务、还愿以及把父母当成包袱，而应发自内心，躬亲诚敬，终生不渝，无任何附加条件，无任何保留地孝敬父母，把父母、老人当作社会财富、社会资源来看待，对父母应做到赡养、尊重、学习、继承、弘扬。

赡养：人类为了生存与延续，就要生儿育女。父母对子女的生育、抚养，不但付出大量精力、经济代价，令其成长、成才，还要付出精神代价，付出无私的爱心。随着岁月的流逝，父母老了，失去工作能力了，儿女理应对父母赡养、照顾。此乃事之常理。

尊重：父母抚育儿女，不只是让儿女吃饱穿暖了事，主要以一番爱心对子女的灵魂进行塑造，用各种方式对子女教育、陶冶。要求与鼓励，批评与鞭策，这都是父母对子女疼爱的方式。同样，子女对父母，也应从思想上到行动上尊重、尊敬，此乃人之常情。

学习：父母、长辈学习、奋斗一生，具备很多知识、技能。他们饱经沧桑，也积累了许多经验与教训。到了晚年，很愿意把一生中的各种学识、本领、心得、体会传授给子女及晚辈。作为子女及晚辈应虚心地向他们求教、学习。这当然应建立在父母、长辈生活可靠并受尊重的前提下。

继承：父母和长辈都是社会中的一员，他们都有一定的生活目的和理想、追求，并为之奋斗终生，也多以自己奋斗的目标教育子女，希望子女继承他们的事业（或具体行业，或理想、抱负）。尽管各种理想不同，但在继承志愿上却有共通性。

弘扬：社会在发展，人的认识在不断提高，每个父母都希望自己子女有一番造诣或干出一番事业来，都希望子女胜过自己。这不仅可对父母增光添彩，对社会也是作出贡献。俗话说“人往高处走”，做子女的应在父母前进的基础上奋力前进，“更上一层楼”，而不是坐吃山空，每况愈下。这不仅是父母的要求，也是社会的要求。

(二) 孝体现人本主义

早在记载三代的《尚书》中，就有“民惟邦本，本固邦宁”（《尚书·五子之歌》），《诗经》中有“邦畿千里，唯民所止”（《诗·商颂·玄鸟》）之说。《孝经》中则明确地提出“天地之性人为贵”（《孝经·圣治章》），可知孝道乃重人之道，爱人之道。在复杂的人际关系中，最基本的是家庭成员之间的关系。子女对父母的孝，是做人之始。中国自古以来重视孝，即重视人，这是最明显的人本主义。孔子多次提倡“仁”，“仁”最典型的表现是光照千秋的“爱人”，是被西方奉为“黄金规律”的“己所不欲，勿施于人”，是将自己与别人同等对待的“推己及人”。这正是最标准的人道主义、人本思想。至于“养民也惠”“使民也义”“使民以时”“博施于民而能济众”“使民如承大祭”等主张，则是人本主义的具体实施。“恭、宽、信、敏、惠”“温、良、恭、俭、让”“己欲立而立人，己欲达而达人”等是对民尊敬、尊重的态度。而这一切都是从自身做起，从近处做起，也就是从孝做起。

当曾子说到“大孝不匮”时，说到“博施备物”，就是广博地对民众做些事，即孔子所说的“博施于民而能济众”，为更多的民众多办些好事。一部《孝经》中，许多地方将忠、孝结合起来。孝是小忠，忠是大孝。孝是从最基本的人际关系上孝敬父母，体现人本思想，忠是从国家、社会大的方向去做，即为国尽忠，为民造福，正是扩大了的人本主义。

(三) 孝可促使社会和谐

宇宙是个统一体，其中的星球都在有规律地运行着。人类社会也是个统一体，各种现象都有其自身的规律，偶尔出现一些奇怪的事，表现出事物的个性，也是在共性的基础上出现的个性差异。孝道可使社会和谐，可由近到远说起。

其一，孝道能使自身和谐，包括身体上、精神上。曾子说：“身体发肤，受之父母，不敢毁伤。”（《孟子·尽心下》）为此一个人不要到危险的地方去，不要做冒险的事情（《大戴礼记·曾子本孝》）。要保护好自己的身体，使自己和谐成长。在精神上，“孝子恶言死焉，流言止焉，美言兴焉”（《大戴礼记·曾子本孝》）。一个孝子要远离坏话，不说没有根据的话，不说没有益处的话。甚至不随便说笑，不随便指责别人，不答应帮别人做不光明正大的事，不居高临下地乱指画。不去做那些危险的事，不贪图侥幸得来的幸福（《大戴礼记 · 曾子本孝》），等等，都能使自身心平气和，情绪稳定，达到和谐的状态。

其二，孝道可使家庭和谐。有夫妻才有家庭，生儿育女才是个完整的家庭。家庭中有横向的夫妻关系及上、下代即父母与子女的关系。孝亲是处理好家庭中上、下关系的关键。“父慈、子孝、兄友、弟恭”是家庭关系的基本要求。父母对子女慈爱，子女对父母孝敬是主要的，其次才是平级的兄弟姐妹友、恭、悌的关系。这种关系处理好，家中之人便一心一意地生产、生活、创业、守业，即所谓“家和万事兴”。古圣先贤对子女孝敬父母有很多论述，主要是物质方面和精神方面。在子女的孝敬下，父母在物质与精神上都能得到满足，天伦之乐美满，全家欢乐融融，这种和谐的气氛对每一个家庭成员来说，都是一种享受。

其三，孝道可使社会和谐。家庭是社会的最小“细胞”，家庭和谐是社会和谐的基础。《论语》中记：“其为人也孝悌，而好犯上者鲜矣。不好犯上而好作乱者，未之有也。”一个在家能孝敬父母的人，就是老老实实、循规蹈矩的人，不会越礼犯上，更不会造反作乱。人人都这样，社会便能稳定、和谐。过去民间常说“不能跟不孝顺父母的人交朋友”。因为他连最亲近、最慈爱的父母都不孝顺，对朋友就不会敦睦、恭敬。商界又常说：“不能与不孝顺父母的人做买卖。”因为这种人对父母不诚心，做生意也不会诚信，这种人会对别人坑诓拐骗，不守信用。古时又说“忠臣出于孝子之门”，是说一个“事亲孝”“事兄悌”的人，必然“事君忠”，古时忠于君就是忠于国家。一个孝敬父母的人，在社会上能够做到忠、顺、诚、敬，正确处理好人际关系，人际之间便会相互信任，一切不利于社会的丑恶行为、混乱现象便不会出现，社会便安全、和谐。一个城市如此，一个地区如此，一个国家亦如此。以此推衍到世界上，即各个国家内，大家都孝敬父母，尊敬老人，尊重知识，人人素质不断提高，在社会上，各国间便会逐渐减少不和谐因素，便会出现曾子所说“光于四海，无所不通”（《孝经 · 感应章》）的理想状态。扩而大之，在孝道的基础上，能够通向世界和平之路。

“万恶贪作首，百善孝为先。”在私有制社会里，人人希望多拥有些私有财产，是正常的。但有人用不正当的手段获取，用一种过分贪婪、贪污盗窃、损害公私利益的卑劣手段获取大量的私有财产，是万恶之首。而从近处、远处孝敬自己的父母，是一个人高尚道德品质的开始。有了这个好的开端，由此发展下去，逐渐培养出其他好的品德，便会成为一个高素质的人，便会成为一个有益于家庭、有益于社会、有益于国家的人。

“孝道”这个古老的、基础的、重要的命题，在人类社会发展中，曾不断起到过一些积极作用，时至今日，仍有其社会价值。人们在新的世纪，新的社会条件下，把这一精神瑰宝请了出来，奉行下去，对个人、对社会均利莫大焉。

论儒家孝道

徐儒宗

儒家提倡的“孝”，是中国人的最重要的传统道德之一，是中国古代社会上至天子、下至庶民所共同遵循的一项最基本的伦理规范和行为准则。而这种孝道观又是中华民族区别于世界上其他民族的最大文化特质。所以，我们谈“孝”，不仅是简单地讨论怎样去顺从或供养父母的问题，而更重要的是要研究“孝”的理论，探索“孝”的哲学，浚本清源地对“孝”的道理进行全面的考察理解，才能给“孝”以正确的评价，才能正确地继承和弘扬其中的精华。

一、“孝”的含义及其哲学基础

何谓“孝”?《说文》曰:“孝，善事父母者。从老省，从子，子承老也。”可见“孝”是个会意字，上部是省略了笔画的“老”字，下部是“子”字；子女“善事父母”，即为“孝”，质言之，就是子女敬爱、奉养父母的道德。

然而，《礼记 · 祭统》则曰：“孝者，畜也。顺于道，不逆于伦，是之谓畜。”郑《注》：“畜谓顺于德教。”据此，“善事父母”还有一个更高的前提，就是要“顺于道”或“顺于德教”。这就是说，“善事父母”也还得讲求合理性和正确性，并非片面地为了“善事父母”而可以不顾一切，连违道的事也可以干。比如说，当“善事父母”与“道”产生矛盾时，就得以“道”为准；只有合乎“道”的“善事父母”才是达到了正确、合理的“孝”。这一精神贯穿于儒学的整个“孝”的思想之中，但以前往往为谈“孝”者所忽视，导致对于儒家之“孝”的许多曲解。今特表而出之，以期对儒家之“孝”有一个较为公允的评价。

从本质上说，“孝”是人类诞生以来子女爱戴父母的一种自然感情的体现，它是由人的自然性和社会性综合而成的。“反哺”“跪乳”是动物行为，人也有这种天性；而中国古人聚居的形式和生存、生产的方式，是中国人重视家庭血缘关系的社会习惯性条件。

从“孝”的来源而言，血缘关系是萌发“孝”的观念的根源，而血亲家庭则是培养“孝”的伦理道德的温床。随着生产力的发展和社会的进步，特别是由于个体家庭和私有制的产生，人们对与自己相关的血缘亲族关系的认识逐步得到提高，“孝”的观念亦随之逐渐得以确立。由于自然地理环境的原因，我国大约自商、周以来便形成了自给自足的和分散的小农自然经济。这种经济形式的特点是，以家庭为生产或消费的基本单位。在这里，家长既有生产劳动指挥权，也有财产占有权，加之又有丰富的生产经验和技术，这就很自然地形成了家长的权威。在此基础上，又产生了崇敬、事奉家长的要求，并转化为一种道德责任和道德义务，于是“孝”的意义便大体具备了。

古代中国是一个伦理型社会，家族制度和宗法组织是维持整个社会秩序的基础，孝亲敬祖和慎终追远是华夏族人最基本的性格特征。在一切伦理关系中，父子关系是其中最重要的组成部分，是家庭伦理之主干，而“孝”乃是父子关系之核心。儒家“孝”的道德，是从社会现实和生活实践中总结出来的理论。其目的在于正确、合理地处理父母与子女之间的关系，以期达到亲爱和谐的境界。

我国先民很早就有行孝的传统。据传，虞舜事亲尽孝，其父欣悦，天下大化。《书 · 尧典》谓虞舜“瞽子，父顽、母嚚、象傲，克谐以孝”，首先为虞舜树立了一个“大孝”的形象。然而通观夏、殷两代的孝亲之心主要表现为祖先崇拜观念，主要是以虔诚、隆重而频繁的祭祖形式，发挥着维系宗族团结、协调人际关系的作用，对民众则单纯依靠鬼神的威慑力量来增加统治者的尊严。在宗法体系中，突出了人际关系中上下等级“尊尊”的一面，而忽视了血缘关系中“亲亲”的一面，其孝道显然还处于一种较低的水平。自西周始，建立了比较完善的宗法分封制度。配合政治制度的变革，在意识形态中也进行了相应的变革，使传统的宗法性向人文化的方向发展，为之增加了道德伦理方面的内容，明确提出了孝的观念。

春秋时期，三代以来的封建宗法制开始土崩瓦解，并严重影响了维系人际关系的孝道，出现了很多子弑父、臣弑君的现象，说明建立在传统宗法基础上的孝道，已经发生了动摇。若要重建道德伦理，使之能规范社会上的行动，必须首先重建人们的信仰。儒家创始人孔子，继承并发展了庶民关于“孝”的思想，强调了“孝”是子女对于父母表示感恩、敬爱、关切的真挚、深切的感情。于是对孝道进行了新的诠释和论证，从而创建了儒家的孝道伦理。

孔子创建了以“仁”为核心观念的哲学体系，并且“约礼入仁”，用仁学的观点重新解释了西周的“礼”，主张以忠恕之道作为“能近取譬”的方法，来达到以“爱人”为本质之“仁”，而把“孝”置于“仁”的本根基础之上，认为“仁”的根源则在于“孝”。也就是说，“孝”是“仁”的起点和出发点。《论语·学而》载孔子曰：“弟子入则孝，出则弟，谨而信，泛爱众，而亲仁。”《泰伯》载孔子曰：“君子笃于亲，则民兴于仁。”《孝经·开宗明义章》记孔子曰：“夫孝，德之本也，教之所由生也。”都把孝作为一切道德的根本和教化的本源。《学而》又载其弟子有若更为清晰地指出：“君子务本，本立而道生；孝弟也者，其为仁之本与。”从而明确地把“孝”看成是“为仁”之“本”。于是，为了论证“仁”的正当合理，孔子首先深刻地论证了“孝”的正当合理。《论语·阳货》所载孔子对宰我有关“三年之丧”的质疑所作的回答，即包含着“孝”的理论所以成立的基本内涵：

宰我问：“三年之丧，期已久矣。君子三年不为礼，礼必坏；三年不为乐，乐必崩。旧谷既没，新谷既升，钻燧改火，期可已矣。”子曰：“食夫稻，衣夫锦，于汝安乎？”曰：“安。”“汝安，则为之！夫君子之居丧，食旨不甘，闻乐不乐，居处不安，故不为也。今汝安，则为之！”宰我出。子曰：“予之不仁也！子生三年，然后免于父母之怀。夫三年之丧，天下之通丧也，予也有三年之爱于其父母乎！”

在孔子看来，首先，孝的根据就在于父母生养子女的血缘关系。他之所以特别强调“子生三年，然后免于父母之怀”，正是为了凸显建立在血缘关系上的父母对于子女的养育之恩就是子女孝敬父母的终极理由，“三年之丧”的依据不再是对祖先灵魂的畏惧或者祈求，而是对父母抚育之恩的怀念。其次，孝的本质就在于基乎血亲因素的情感意蕴。他之所以特别强调“予也有三年之爱于其父母乎”，正是为了凸显子女对于父母的“孝”，并非出于遵守外在的礼法，而是本乎内心感戴父母之爱的纯真感情。其三，孝的动力就在于内心情感体验的安适和悦。他之所以特别强调“夫君子之居丧，食旨不甘，闻乐不乐，居处不安，故不为也”，正是为了凸显“短丧”从根本上违背了亲子之爱，不能使君子的内心亲情处于安适和悦的状态，即所谓于心“不安”，因而属于“不仁”，所以君子“不为”。诚然，仅就“三年之丧”的外在形式而言，确有其时代局限，至今早已失去其实行的意义；但是，就其“子生三年，然后免于父母之怀”的本质精神而言，作为论证子女孝敬父母乃至永久怀念已故父母的当然性，是完全合乎天赋之“情”和人类社会之“理”的，因而也是符合科学逻辑的。在这里，正好体现了孔子主张“合情”即“合理”、“心安”即“理得”的“情”与“理”高度统一的思维方式。正是从这种依据血亲情理对于“孝”的正当合理做出的有力论证出发，孔子进一步肯定了“仁者爱人”的正当合理，主张通过“孝乎惟孝，友于兄弟，施于有政”（《论语·为政》引《尚书》语）的途径，来实现“克己复礼，天下归仁”（《论语·颜渊》）的理想目标。这样，他就凭借以“孝”释“仁”、以“仁”释“礼”的做法，把“情”与“理”的统一看成是判定一切行为是否可行(“为”或“不为”)的理由根据。从而在中国伦理史上第一次自觉地确立了“情”与“理”高度统一的哲理精神。这种重视“情”与“理”高度统一的哲理精神构成了儒家思维的基本特征。匡亚明先生在《孔子评传》中指出，孔子“很重视亲子之间的情感因素，认为孝是由父母对子女的爱引起的子女对父母的爱。在这种爱的基础上产生的尊敬的心情、愉悦的颜色，乃至奉养的行动，必然是纯真无伪的情感的流露”（南京大学出版社1990年版，第218页），可谓说中了孔子的“情”与“理”高度统一的孝道精神。

在方法论上，孔子及其后学都运用“一以贯之”的“忠恕”之道作为孝道的哲学基础而加以论证，亦即“所求乎子，以事父”。这就是说，若以“忠恕”的原则来看孝道，则人之所以要孝敬父母，一方面是发自内心的对父母养育之恩的感激之情；另一方面，人若希望自己的子女孝敬自己，首先要自己做到孝敬自己的父母。于是，孝敬父母就不再是因为社会的外在压力，鬼神的约束，而是出自人们内心的一种情感要求和道德自觉。只有这种发自内心的孝道，才能表现出尽心竭力的行为和温顺愉悦的态度。子思、孟子又进而从人性论上加以论证。《中庸》云：“仁者人也，亲亲为大。”《孟子·梁惠王上》云：“未有仁而遗其亲者也。”《离娄上》云：“仁之实，事亲是也。”孝道不仅出于血缘亲情，而且也符合社会生活中的相关逻辑。于是，孔子及其继承者使孝道的内容从以祭祀活动追孝祖先转变为主要在现实生活中孝养父母。

从人类发展的意义上讲，儒家的孝道揭示了人的生命历程中的义务和权利。一个人在其生命历程的不同阶段上具有不同的权利和义务。未成年时，要父母抚养，这是权利；成年后，赡养老人和养育幼儿，这是义务；年老后，要子女赡养，这也是权利。儒家的孝道就是从老年人的角度出发来阐述这种权利和义务的。

总之，儒家孝道观在于把孝敬父母这种源于天性的情感，化为一种系统的道德规范，使之融于社会生活内容之中，扩展到社会各阶层；并把养性之源、修身之本，乃至齐家、治国、平天下之道，都与孝有机地联系起来，使孝道成为一门完整的、系统的学科，使之成为整个仁学体系的本原和起点，并长期主导着中国文化传统的健康发展。

二、 事亲以礼

儒家为了使人们能把孝道的原则切实地贯彻到具体孝行中去，因而制定了很多具体的条文，以作为人们藉以遵循的行为规范，这就是“礼”。人们只要依“礼”而行，就自然合乎儒家的孝道原则了。据《论语 · 为政》载：

孟懿子问孝，子曰：“无违。”樊迟御，子告之曰：“孟孙问孝于我，我对曰，无违。”樊迟曰：“何谓也？”子曰：“生，事之以礼；死，葬之以礼，祭之以礼。”

无违，就是不要违背“礼”。据考，是时孟懿子之父孟僖子去世已久，而懿子之子孟武伯多违礼之事。由此可知懿子之问孝，并非请问自己如何事奉父母，而是询问子女对于自己应如何尽孝。实则懿子自己亦多违礼之事，却只看到孟武伯之跋扈不逊，而看不到自己违礼的行为正是孟武伯效法的榜样。故孔子“无违”之答，意在使孟懿子有所警觉而加以反省，不能只责怪儿子跋扈无礼，而自己的违礼僭礼，背弃了孟僖子临终时嘱其向孔子学礼的遗命，也是不孝。而孟懿子未能理解此意，故孔子欲借樊迟以转达其意。然而，孔子所说的“生，事之以礼；死，葬之以礼，祭之以礼”，确实是孔子及儒家所倡导的“孝”付诸实践时所借以遵循的根本标准。而且，“礼”贯穿于整个“孝”的全过程，无论在生前事奉抑或死后葬、祭过程的任何阶段上，都不能违背“礼”的要求。故《礼记 · 祭义》云：“君子生则敬养，死则敬享，思终身弗辱也。”

《礼记 · 祭统》对孔子之意又作了具体的发挥：“孝者，畜也。顺于道不逆于伦，是之谓畜。是故，孝子之事亲也，有三道焉：生则养，没则丧，丧毕则祭。养则观其顺也，丧则观其哀也，祭则观其敬而时也。尽此三道者，孝子之行也。”这里最值得注意的是，所谓“顺于道不逆于伦”，就是合于“道”而不违乎“伦理”，具体而言，亦即“无违”于“礼”之意。而且由此可知，所谓“养则观其顺”，并非说对父母应唯命是从，而是指“顺于道”，“无违”于“礼”。

关于事亲之“礼”，儒家经典尤其是《礼记》中有很多论述，难以细陈，这里只能试作简要的概括。

所谓“生事之以礼”，就是要做到“事父母能竭其力”。从总体上说，应该在物质赡养的基础上还须对父母怀有深深的敬意，使父母在精神上获得愉悦；若从具体而言，《礼记》还载有许多较细的条文可供遵循，今略举数条以明其义。

在日常生活上，据《礼记·曲礼上》所云：“凡为人子之礼：冬温而夏凊，昏定而晨省。”这是说，作为子女，冬天要使父母得到温暖，夏天要使父母得到凉爽；晚上要为父母整理好床铺，早晨要向父母请问身体是否舒适。总而言之，就是要随时关心父母的生活。

《曲礼上》又云：“夫为人子者，出必告，反必面，所游必有常，所习必有业。”这是说，凡子女外出时，应告诉父母知道；回来时，应与父母见面。出游时，不要随便超出向父母所告的范围，以免有事找不到。所学应有固定的专业，以期学有所成。

又云：“为人子者……不登高，不临深；不苟訾，不苟笑；孝子不服暗，不登危，惧辱亲也。”所谓“不登高、不临深、不登危”，就是遇到危险之处应多加小心，以免发生事故而使父母担忧；而“苟訾”“苟笑”则是一种轻浮无礼的失态行为，应尽力避免；所谓“不服暗”，意谓年轻人一般不宜在晚上黑暗中去办事，既不安全而使父母担心，又容易使人产生怀疑而给父母带来侮辱。

又云：“父母有疾，冠者不栉，行不翔，言不惰，琴瑟不御，食肉不至变味，饮酒不至变貌，笑不至矧，怒不至詈。疾止复故。”这是说，子女在父母生病时，由于心存忧虑，故顾不上装饰打扮，无意于琴瑟音乐，吃喝不宜过度，不宜大笑大骂，而应该把精力集中在为父母治病方面。不过，《礼记·玉藻》则谓：“亲癠，色容不盛，此孝子之疏节也。”这是说，父母病时顾不上打扮之类，不过是常行疏略之礼而已，算不上是大节。

《礼记·玉藻》又云：“父命呼，唯而不诺，手执业则投之，食在口则吐之，走而不趋。”这是说，若父母有事相呼，就应该立即应命而赴，即使正在干别的事或者正在吃饭，也应该立即停下，先去为父母办事要紧，不宜迟延。

《坊记》载孔子云：“善则称亲，过则称己，则民作孝。”又云：“君子弛其亲之过，而敬其美。”这是说，若有善誉，尽量让给父母；若有失误，尽量由自己承担责任。对于父母，还应该尽量宽容其缺点而尊重其美德。其实，儒家原本就主张严以律己，宽以待人，对别人也强调“隐恶而扬善”；而对于父母，当然就更应如此。

《孝经·纪孝行章》记孔子曰：“事亲者，居上不骄，为下不乱，在丑不争。居上而骄则亡，为下而乱则刑，在丑而争则兵。三者不除，虽日用三牲之养，犹为不孝也。”丑，同类也。这是说，居上而骄、为下而乱、同侪之间相争这三条，都将给自己和父母造成严重危害，故必须尽力加以戒除；否则，即使对父母再好，也算不上孝。

此外，要做到“生事之以礼”，还应该体谅“父母唯其疾之忧”之心而保重身体；父母若有过错，则应该“事父母几谏”；而自己还应该有志于“立身行道，扬名于后世，以显父母”，等等。对此，下文将作申论，兹不赘。

由此可知，儒家所主张的“生事之以礼”，不但强调子女奉养父母的外部行为，尤其强调子女爱敬父母的内心态度和真情实感；不但强调子女对父母的顺从，而且强调孝子对父母进行一定程度上的诤谏。这种“孝”，是基于爱心、敬意而又有一定原则的行为，是一种具有高度情感和理性精神的自觉行动。

关于“死，葬之以礼，祭之以礼”，《孝经·丧亲章》记孔子曰：“孝子之丧亲也，哭不哀，礼无容，言不文，服美不安，闻乐不乐，食旨不甘，此哀戚之情也。三日而食，教民无以死伤生，毁不灭性，此圣人之政也。丧不过三年，示民有终也。为之棺椁、衣衾而举之，陈其簠簋而哀戚之；擗踊哭泣，哀以送之；卜其宅兆，而安措之；为之宗庙，以鬼享之；春秋祭祀，以时思之。生事爱敬，死事哀戚，生民之本尽矣，死生之义备矣，孝子之事亲终矣。”这是说，孝子在丧亲之时，其哀伤悲痛之情是无穷无尽的，所以圣人以礼加以节制，使之不要因为过度哀伤死者而伤及生者的身体。以礼给以安葬，可使死者得到安息；适时以礼进行祭祀，以表示对于父母的永久怀念。这样，生前事亲能尽爱敬之心，死后丧葬、祭祀能尽哀悼、怀念之情，孝子事亲之礼就算周到了。所以儒家认为，丧礼的本质在于表达哀悼之情。《论语·子张》记子游曰：“丧致乎哀而止。”这是说，居丧时，能充分表现悲哀就可以了。又记曾子曰："吾闻诸夫子：人未有自致者也，必也亲丧乎！"这是说，人只有在父母丧中才应该充分尽情地发挥悲哀之情。所以孟子认为："养生者不足以当大事，惟送死可以当大事。"（《孟子 · 离娄下》）父母之丧，确实是人的一生中最大的变故，因而竭尽悲痛，乃人之常情。

这里值得注意的是，孔子还强调"无以死伤生，毁不灭性"。这是说，孝子之于丧亲，虽然以"戚"为本，但是，悲痛也不宜不加以节制而伤及身体。故《礼记 · 杂记下》记孔子曰："身有疡则浴，首有疮则沐，病则饮酒食肉。毁瘠为病，君子弗为也。毁而死，君子谓之无子。"孔子认为，孝子在亲丧中虽然顾不上修饰打扮，调养身体，但若脏得皮肤都生疮了，那就应该进行沐浴；身体病了，就应该吃得好一些。假若悲痛得把身体搞垮，那就是不孝。

然而，世俗往往把"葬之以礼"看作丧事要讲究排场，其实这是不对的。《论语 · 八佾》载："林放问礼之本。子曰：'大哉问！礼，与其奢也，宁俭；丧，与其易也，宁戚。'"孔子认为，就丧礼而言，与其仪文周到而缺乏悲哀之情，还不如多点悲哀为好。可见丧礼的本质在于表达哀悼之情，而不在于讲究排场。《礼记 · 檀弓下》载："子路曰：'伤哉贫也！生无以为养，死无以为礼也。'孔子曰：'啜菽饮水尽其欢，斯之谓孝；敛首足形，还葬而无椁，称其财，斯之谓礼。'"孔子认为，虽然因为家贫而使父母生前吃得不好，但只要能使父母心情愉快，这就是"孝"；死后能给以简单的安葬，这就是"礼"，其原则，乃在于"称其财"而已。故《论语 · 子罕》记孔子曰："丧事不敢不勉。"亦谓自勉于量财"尽礼"而已。

《礼记》还记有许多反对丧葬违礼的事例。如《礼记 · 檀弓下》记载有孔子弟子陈亢用巧妙的方法制止了一起违礼殉葬事件的故事：

陈子车死于卫，其妻与其家大夫谋以殉葬，定，而后陈子亢至。以告，曰："夫子疾，莫养于下，请以殉葬。"子亢曰："以殉葬，非礼也。虽然，则彼疾当养者，孰若妻与宰？得已，则吾欲已；不得已，则吾欲以二子者之为之也。"于是弗果用。

陈亢之兄陈子车死时，其妻与家大夫已选定了用以殉葬的人。适逢陈亢归，即以打算用人殉葬以奉养死者于地下之事相告。陈亢说，殉葬乃非礼之事。不过，如果可以不殉葬，那我愿意就此作罢；假若一定要殉葬，则奉养死者要算你们两位最合适了！于是，殉葬的惨剧才得以制止。陈澔《注》云："子亢若但言非礼，未必能止之；今以当养者为当殉，则不期其止而自止矣。”《檀弓下》又载：

陈乾昔寝疾，属其兄弟而命其子尊己曰：“如我死，则必大为我棺，使吾二婢子夹我。”陈乾昔死，其子曰：“以殉葬，非礼也，况又同棺乎？”弗果杀。

陈澔《注》云：“记者善尊己守正，而不从其父之乱命。”这在“父命”与“礼”发生矛盾时，体现了从“礼”不从“父命”的原则。可见儒家极力反对当时尚有遗存的人殉制度，在历史上起有巨大的进步作用。

关于“祭之以礼”，《礼记·祭义》云：“君子反古复始，不忘其所由生也，是以致其敬，发其情，竭力从事，以报其亲，不敢弗尽也。”《祭统》云：“祭者，所以追养继孝也。”儒家认为，祭礼的本质，在于严肃恭敬地向父母乃至祖先表达追思怀念之情。《论语·八佾》谓孔子“祭如在”，并记孔子曰：“吾不与祭，如不祭。”所谓“祭如在”，何晏《集解》释谓“言事死如事生”。所以孔子对于祭祀的典礼，一定要亲自参加，才觉心安。又《论语·乡党》谓孔子“君赐腥，必熟而荐之”。孔子对于国君赏赐的生肉，也一定要煮熟了供祭先祖，表示敬意。

儒家认为，所谓“葬之以礼，祭之以礼”，还应该与死者和生者的身份相称。《中庸》曰：“周公成文武之德，追王太王、王季，上祀先公以天子之礼。斯礼也，达乎诸侯、大夫，及士、庶人。父为大夫，子为士，葬以大夫，祭以士；父为士，子为大夫，葬以士，祭以大夫。期之丧，达乎大夫；三年之丧，达乎天子；父母之丧，无贵贱一也。”这是说，周公制礼规定：葬用死者之爵，祭用生者之禄。因为葬礼系就死者而言，故死者若是天子，则葬以天子之礼；死者若是庶人，则葬以庶人之礼。而祭礼则是就生者行礼而言，故生者若是天子，则不管其父母祖先是天子还是庶人，都可用天子之礼祭之；生者若是庶人，则不管其父母祖先是天子还是庶人，都只用庶人之礼祭之。诸侯、大夫、士的葬、祭之礼都可依此类推。按照这一原则，葬、祭，就是合礼的；否则就是违礼之举。关于丧服之礼，凡属周年以下的丧服，只通行于大夫以下，天子、诸侯免行；只有对于父母的三年之丧，无论诸侯乃至天子都必须执行，所谓“三年之丧，达乎天子；父母之丧，无贵贱一也”。

值得注意的是，后世的祭祀典礼中，一般只由男的主持，女的无权参加，其实，这是违背先儒之礼的。《祭统》明确指出：“夫祭也者，必夫妇亲之，所以备内外之官也；官备则具备。……外则尽物，内则尽志，此祭之心也。”可见先儒认为，在祭祖的典礼中，必须夫妇一同亲自主持，才算礼仪完备。这分明体现了原始儒家的夫妇平等的伦理观。

由上述可知，儒家所主张的“死，葬之以礼，祭之以礼”，不但强调孝子对已经去世的父母的安葬祭祀在形式上要合乎礼仪的规定，尤其强调居丧和祭祀期间的情感态度必须哀戚和恭敬。但是，这种哀戚又不是无节制的，而是以“毁不灭性”为限度的。这种哀戚和恭敬，同“生，事之以礼”一样，是来自对父母的爱心和敬意，是发自内心的诚挚的自觉行为。

儒家主张的“孝”或“事亲”，包含上述“生”“死”两个方面的内容。正如《孝经 · 纪孝行章》所云：“孝子之事亲也，居则致其敬，养则致其乐，病则致其忧，丧则致其哀，祭则致其严。五者备矣，然后能事亲。”而检验这“五者”的标准，全在于合“礼”而已。

然而有人认为，儒家之礼并不适用于现代，如“三年之丧”已不适合于现代生活，而古代土葬之礼与现代提倡火葬的政策明显冲突，等等。其实，这是不必担心的。《礼记 · 礼运》明确指出：“故礼也者，义之实也。协诸义而协，则礼虽先王未之有，可以义起也。”可见制礼的原则，应以是否合乎“义”为标准。义者，宜也。是否合乎“义”，亦即是否合乎事理之“宜”；而是否合乎事理之“宜”，则必须适应时代的变革而随时加以调整。故《礼记 · 礼器》从理论上着重提出了“礼，时为大”的观点。就是说，礼之为礼，首先在于能否适应时代的发展，这是礼的根本原则。宋儒张横渠亦曰：“时措之宜便是礼。”（《张子语录下》）故历代的通儒皆以能遵守其本代之“礼”为合理。所以，根据儒家之“礼”的精神，并非要求今人去遵守古代的“礼”，而是要求今人能自觉地遵守当代之“礼”。即此而言，孔子所说的“生，事之以礼；死，葬之以礼，祭之以礼”的原则，永远不会过时。

三、养体与养志

儒家的孝道，具体落实到践履上，可以包括物质上的孝养和精神上的孝敬两个方面。孔子明确指出“孝”不止于“养”，而且还要做到“敬”。据《论语 · 为政》载，子游问孝，子曰：“今之孝者，是谓能养。至于犬马，皆能有养；不敬，何以别乎？”这里提出“敬”作为人类跟动物的区别。因为人与动物的最大区别在于人是有思想、有情感的，所以孝子养亲，乃出于对父母养育之恩的感怀，发自至情至爱，自应毕恭毕敬，和颜悦色。“敬”是发自内心的情感流露，也是“孝”在主观精神方面的要求。在这里，孔子并不是要否定“能养”，而是以为“能养”是最低的要求，真正的“孝”应该由此更上一层楼，达到“敬”。同篇又载，子夏问孝，子曰：“色难。有事，弟子服其劳；有酒食，先生馔，曾是以为孝乎？”所谓“有事，弟子服其劳；有酒食，先生馔”，就是在物质生活上的“能养”；而在态度上的和颜悦色并怀有敬意，就是在精神上的孝敬。这里，孔子也绝不是否定“有事，弟子服其劳；有酒食，先生馔”，而是觉得这样做还不够，应该再加上和颜悦色之“敬”，才可以言孝。正如《礼记 · 祭义》云：“孝子之有深爱者，必有和气；有和气者，必有愉色；有愉色者，必有婉容。”与父母相处要和颜悦色。也就是说，从物质生活上关怀、赡养父母，这是低层次的“孝”；事奉父母能怀有崇敬的心情、愉悦的颜色，使父母能在精神上得到安慰，这是“孝”的升华，才是难能可贵的高层次的“孝”。但是，物质生活上的赡养乃是“孝”的基础，假如连这种低层次的要求都达不到，则精神上的高层次的“孝”就无从谈起。所以，两个层次能达到高度统一，才是真正的“孝”。

以孝著称的曾子，在继承孔子的孝道的基础上更作了进一步诠释。《礼记 · 内则》引曾子曰：“孝子之养老也，乐其心，不违其志，乐其耳目，安其寝处。……是故父母之所爱亦爱之，父母之所敬亦敬之，至于犬马尽然，而况于人乎？”孝养父母的关键在于意志上加以体贴而给予满足，使他们在精神上感到愉悦，人格得到尊重，心情保持愉快。《祭义》引曾子曰：“君子之所谓孝者，先意承志，谕父母于道。”这就是说，首先应体会父母的意志，秉承其思想去做，而不要让老人讲出来才去干。思想、意志、道德，正是人区别于动物的地方，因之孝不能停滞于“养”的阶段，而是还须体贴父母的意志。故又曰：“养可能也，敬为难；敬可能也，安为难；安可能也，久为难；久可能也，卒为难。”孝不只赡养父母，而且还要敬事之；不仅要敬事之，而且还应长期持久地安之若素。同书《曾子立孝》记曾子曰：“礼以将其力，敬以入其忠。饮食移味，居处温愉，著心于此，济其志也。”曾子不只是把孝道看成是一种社会的义务，而是当作不断自我反思的精神修炼过程。从曾子上述所论可以看出，他非常重视顺从父母的“志”，这显然开启了孟子的“养志”之说。《孟子 · 离娄上》记孟子曰：

曾子养曾皙，必有酒肉；将彻，必请所与；问有余，必曰“有”。曾皙死，曾元养曾子，必有酒肉；将彻，不请所与；问有余，曰“亡矣”——将以复进也。此所谓养口体者也。若曾子，则可谓养志也。事亲若曾子者，可也。

曾皙是曾子之父，曾元是曾子之子。曾子和曾元养父都“必有酒肉”，若从养口体而言，两人并无区别。然而曾子能体贴父亲的爱孙之心，故在父亲食毕将撤时，必请问剩下的食物给哪个孩子吃，并说家中还有；而曾元则只知以酒肉养父之“口体”，而不理解父亲的爱孙之心，故在父亲食毕时，不请所与，虽然家中还有也说已经没有了，其意将以所剩食物下次再给父亲吃。孟子认为，曾子和曾元养父虽然同样都有酒肉，但曾元养父仅仅是做到了“养口体”；而曾子则在养口体的基础之上还能做到“养志”。“养口体”只是物质生活上的低层次的孝；而“养志”才是精神生活上的高层次的孝，在“养口体”的基础上更应重视“养志”。所以，“养”与“敬”的高度统一，“养口体”与“养志”的高度统一，才符合儒家所提倡的孝道。

诚然，父母的养儿育女也不是没有功利目的的，一则为了“老有所养”，二则为了有人继承。这两点正是“孝”的实际内容和现实根据。子女只要能够在这两点上满足父母的希望与要求，就算是孝了。然而，养亲事亲，则决不能抱着图利的目的。因为事亲养亲完全是义务性质的，是回报父母养育的行为。孟子很反对“为人子者怀利以事其父”，而主张“为人子者怀仁义以事其父”（《孟子 · 告子下》）。有的人看到父母有遗产，便极力侍候；更有甚者，为了早日继承遗产而置父母于死地。有些父母没有遗产，子女便对其弃之不顾，当作累赘；有的父母在兄弟之间轮流居住，有病了兄弟之间互相推诿而不救。这些行为，都是违背儒家孝道的恶德，也是有违中华民族传统美德的恶劣行为。

《盐铁论 · 孝养篇》云：“善养者不必刍豢也。以己之所有，尽事其亲，孝之至也。故匹夫勤劳，犹足以顺礼；歠菽饮水，足以致敬。……故上孝养志，其次养色，其次养体。贵其体，不贪其养，体顺心和，养虽不备可也。”子女即使生活贫困，但眷念父母生我、育我的恩情，发自内心的真情，尽心尽力奉养父母；从思想上敬爱父母，并兢兢业业为人，不给父母带来羞耻和恶名，使父母精神上得到慰藉、满足和快乐。生时心“安”，“体顺心和”，死后无遗憾，这就可以说是“孝”了。

四、 养志之孝举要

关于“养体”之孝，一般人都容易理解，毋容详论；而对于“养志”之孝，则比较抽象，颇难达到正确的理解，有必要略加阐发。基于“事亲以礼”的原则，“养志”主要包含如下几项内容：

(一) 父母唯其疾之忧

《论语 · 为政》载，孟武伯问孝，子曰：“父母唯其疾之忧。”“唯其疾”之“其”是指父母还是指子女？历来看法不一。王充《论衡 · 问孔》云：“武伯善忧父母，故曰，唯其疾之忧。”《淮南子 · 说林训》：“忧父之疾者子，治之者医。”高诱注云：“父母唯其疾之忧，故曰忧之者子。”可见王充、高诱都以为“其”字是指代父母而言。马融则云：“言孝子不妄为非，唯疾病然后使父母忧。”朱《注》则云：“言父母爱子之心，无所不至，唯恐其有疾病，常以为忧也。人子体此，而以父母之心为心，则凡所以守其身者，自不容于不谨矣，岂不可以为孝乎？”这是说，父母为子女的疾病担心，故子女应保护好自己的身体，以解除父母的担忧，这就是孝心。马、朱释义虽异，但都认为“其”字是指代孝子而言。若从本句的语境看，似以朱说为长；但从父慈子孝的相互关系来看，无论是父母忧子女或子女忧父母都符合孔子的孝亲之道。子女担忧父母的疾病，平时能对父母的身体多加关心，有病时能及时延医诊治，这属于“养体”的范围；子女若能随时保重自己的身体不生疾病，以免父母担心，这属于“养志”的范围。两者都属孝道应有之义。故鄙意窃谓，子女完全应该把“疾”作为关注的焦点。

《论语 · 述而》载：“子之所慎：斋、战、疾。”《雍也》又载：“伯牛有疾，子问之，自牖执其手，曰：‘亡之，命矣夫！斯人也而有斯疾也！斯人也而有斯疾也！’”表现出孔子对疾病的深恶痛绝。因此，孔子对医道是十分留意的，对于人的生理、病理以及药理等各方面知识都有相当的了解。《乡党》又载：“康子馈药，拜而受之。曰：‘丘未达，不敢尝。’”朱《注》引杨氏曰：“未达不敢尝，谨疾也。”这里明显地体现了孔子对于药物所持的谨慎态度和科学理性精神。虽然是对康子所赠的某种药物的功效不甚明了，但从反面证明孔子具有一定的药物学素养。因此说，无论是事亲、养身，都必须担心疾病的威胁而多加注意。孟子则有“仁术”之说，原意是指将恻隐之心付诸实施的具体方法，后来人们专门将医术称为“仁术”，想必与医术确实能够体现孔孟的仁孝之道有关。

孔孟的“唯其疾之忧”的仁孝观，对古代医学的发展产生了一定的影响，历代不少著名医家都提出了“知医为孝”的观点。如被后人尊为“医圣”的汉代张仲景《伤寒论 · 自序》云：“留神医药，精究方术，上以疗君亲之疾，下以救贫困之厄。”唐人孙思邈《备急千金要方序》云：“君亲有疾不能疗，非忠孝也。”这些言论都认为孝子忠臣要时刻保证君父的身体康健，就必须精究医术，可谓在历史上开了医孝合一论的先河。宋代理学先驱之一的范仲淹年少时即有“不为良相，则为良医”的愿望。而理学大家程颢、程颐兄弟进一步发展了“知医为孝”的观点。程颢云：“病卧于床，委之庸医，比于不慈不孝。事亲者，亦不可不知医。”（《二程外书》卷十二）侍奉双亲自己必须要懂医道，否则交由庸医乱治，自然是“不孝”；即使是自己有病，也不可如此轻率，否则就会使父母背上“不慈”的恶名。程颐也认为人子事亲学医“最是大事”，他说：“今人视父母疾，乃一任医者之手，岂不害事？必须识医药之道理，别病是如何，药当如何，故可任医者也。”（《二程外书》卷十八）故“二程”都具有丰富的医学与养生学知识。“二程”援医入儒的“知医为孝”说，对后世有其巨大影响。宋代以后，医家无不谈“孝”，甚至以“孝”治医。“金元四大家”之一的张从正写有一部名为《儒门事亲》的医著，其取义乃“以为惟儒者能明辨之，而事亲者不可以不知医也”（《金史 · 张从正传》）。认为知医乃儒者分内事，作为孝子更应该懂医。这说明知医为孝的观念已相当普及。应该说，医孝合一说曾起到过促进医者钻研医术之积极作用。基于亲情而习医，进而济世，体现了儒家“父母唯其疾之忧”的仁孝思想。

（二）事父母几谏

《礼记 · 祭统》有云：“生则养”，“养则观其顺也”。孟子亦曰：“不顺乎亲，不可以为子。”（《孟子 · 离娄上》）都强调了一个“顺”字。这个“顺”字，世人往往把它理解为片面地、无条件地顺从父母之命，后世甚至曲解为所谓“父令子亡，子不得不亡”之类的极端思想。这种理解是绝对错误的。其实，《祭统》对于“顺”的明确解释是：“无所不顺者，谓之备，言内尽于己，而外顺于道也。”这是说，只有做到“内尽于己，外顺于道”，才能达到“无所不顺”之“备”。显然，这个“顺”，应以“内尽于己”为基础，而以“外顺于道”为原则。所谓“内尽于己”，对心对性而言，就是《中庸》所提出的“诚”；对人对事而言，就是曾子用以解释“一贯之道”的“忠恕”之“忠”。所谓“外顺于道”，因为“道”是一个形而上的抽象的名词，只有将“顺于道”的理论具体落实到顺于“礼”的规范中时，才能从实践中体现出来。所以，从实质上说，“外顺于道”也就是外顺于“礼”之意。故《祭统》又云：“孝者，畜也。顺于道不逆于伦，是之谓畜。”这里把“孝”解释为“畜”，而最值得注意的是所谓“畜”，就是“顺于道不逆于伦”，就是合于“道”而不违乎“伦理”，具体而言，亦即“无违”于“礼”之意。由是观之，《祭统》所谓“养则观其顺”，并非说对父母应唯命是从，而是指“顺于道”，“无违”于“礼”。归根到底就是体现了“生，事之以礼”的孝道精神。

诚然，如果父母的言行都是合“道”或合“礼”的，那么子女的顺从父母之命与“顺于道”或“事之以礼”是完全一致的。然而问题在于，如果父母的言行并不合“道”或并不合“礼”，甚至是严重违“道”或非“礼”的，那怎么办呢？儒家认为，作为子女，若处于从父与从道产生矛盾时，就应该进行谏诤，挽回父母的过错，使之回到正道上来。对此，《孝经·谏诤章》对孔子回答曾子的话作了明确的论述：

曾子曰：“……敢问从父之令，可谓孝乎？”子曰：“……父有争子，则身不陷于不义。故当不义，则子不可以不争于父……从父之令，又焉得为孝乎！”

孔子认为，子女无原则地“从父之令”，并不是孝。而是应该做一个“争子”，只有做到“当不义，则子不可以不争于父”，才是真正的孝。而“争于父”的本意，就是要纠正父母的过错，使之合乎“义”和“道”。对此，《周易》中的《蛊》卦，就是专讲子女纠正父母过错的道理：第一，纠正父母的过错，乃是子女义不容辞的责任；第二，纠正父母的过错，既要及时（或等待适宜之时），又要掌握适中的方法；第三，纠正父母过错的目的，是为了能以正道和美德来继承祖先的事业。在这里，最关键的问题，在于如何掌握适中的方法。对此，孔子提出了“几谏”的方法。《论语·里仁》载：

子曰：“事父母几谏。见志不从，又敬不违，劳而不怨。”

朱《注》云：“几，微也。”故所谓“几谏”，就是轻微婉转地劝止。对此，不妨参照《礼记·内则》所论，以便理解。《内则》云：“父母有过，下气怡色，柔声以谏。谏若不入，起敬起孝，悦则复谏。不悦，与其得罪于乡党、州闾，宁熟谏。父母怒不悦，而挞之流血，不敢疾怨，起敬起孝。”这里，所谓“下气怡色，柔声以谏”，就是“几谏”所应具备的婉转的态度；所谓“谏若不入，起敬起孝，悦则复谏”，就是“见志不从，又敬不违”之意；所谓“父母怒不悦，而挞之流血，不敢疾怨，起敬起孝”，就是“劳而不怨”之意。《礼记 · 曲礼下》云：“子之事亲也，三谏而不听，则号泣而随之。”也是“劳而不怨”之意。《坊记》亦记孔子云：“从命不忿，微谏不倦，劳而不怨，可谓孝矣。”为什么要如此“劳而不怨”地进行“几谏”呢？因为父母严重的过错，必将“得罪于乡党、州闾”，而“与其得罪于乡党、州闾”，毋宁对父母进行“熟谏”为妙。对此，孔颖达《疏》云：“宁熟谏者，犯颜而谏。使父母不悦，其罪轻；畏惧不谏，使父母得罪于乡党、州闾，其罪重。二者之间，宁可熟谏，不可使父母得罪。”而所谓“熟谏”，《疏》云：“熟谏，谓纯熟殷勤而谏，若物之成熟然。”由是观之，子女对于父母的过错，首先应进行轻微婉转地“几谏”；若反复“几谏”而父母仍然不从，则不得不继之以“纯熟殷勤”的“犯颜而谏”；即使“父母怒不悦，而挞之流血”，仍不要灰心，还得“起敬起孝”地进行谏诤，要之必须把真理坚持到底。

有人认为，若从现代的文明观点而言，父子之间是应该互相尊重的，如果父母“挞之流血”也“不敢疾怨”，还算互相尊重吗？这话自然不错，不过鄙意窃谓，父子互相尊重的前提，在于全民文化素质的普遍提高，则父母把子女“挞之流血”的现象就自然不存在了。然而，万一不幸而出生于素质较差且又不讲道理的父母膝下将怎么办呢？难道父母不听谏诤就与之顶嘴吗？不对。被父母“挞之流血”时就与之相打吗？更不对！因为这样不但不能解决问题，反会把事情弄得更糟；而且自己也跟着父母犯错误了。那又怎么办呢？窃谓最好的办法，莫过于坚持孔子所说的“几谏”，就是要轻微婉转而又带有艺术性地进谏。用现在的话说，就是要不动气，不灰心，耐心细致地做父母的思想工作。

从人的心理而言，即使朋友之间，甚或上级对于下级之间，假若当面直指其过，必将使人难堪而不利于改正错误，何况作为长辈的父母？所以，只有采取轻微婉转而又富有艺术性的方法反复进谏，使父母既不得不改正错误，又生不起气来，这才是成功的谏诤。因而可以说，孔子提出的“几谏”的进谏方法，乃是一种高水平的进谏方法，至今仍有其现实意义。诚然，这一境界说起来容易，实行起来是很难达到的。

至于碰上父母暴怒而将子女“挞之流血”之事，按照孔子的建议，最好是学习虞舜那种“小棰则待，大棰则走”的办法。据《说苑》所载，孔子的弟子曾参，有一次铲瓜而误伤其根，其父曾皙怒而用大棍打他。曾参昏倒在地。醒后，去见孔子。孔子责备他不孝。孔子说：“舜之事父也，索而使之，未尝不在侧；求而杀之，未尝可得。小棰则待，大棰则走，以逃暴怒也。”孔子认为，父母用小棒敲几下，子女是可以接受的；假如父母在盛怒之下用大棍打来，子女就应该避开以免受伤。最理想的办法是像虞舜那样“索而使之，未尝不在侧；求而杀之，未尝可得”，才算是大孝。可见后世那种死也要服从父命的说法，和孔子的思想是背道而驰的。

《大戴礼记 · 曾子事父母》记曾子曰：“爱而敬父母之行，若中道则从，若不中道则谏，谏而不用，行之如由己。”《荀子 · 子道》亦云：“从道不从君，从义不从父，人之大行也。”“故可以从而不从，是不子也；未可以从而从，是不衷也；明于从不从之义，而能致恭敬、忠信、端悫以慎行之，则可谓大孝矣。”朱子亦曰：“阿意曲从，陷亲不义，是不孝也。”这些论述，都一致体现了“从义不从父”的事亲原则。

综上所述，荀子所谓“从义不从父”，乃是儒家事亲的基本原则；而孔子所谓“事父母几谏”，则是儒家劝告父母使之合乎“义”的最佳方法。由是观之，儒家所提倡的“孝”，跟后世所提倡的那种片面要求子女的所谓“父令子亡，子不得不亡”的愚孝是绝对不同的。

(三) 立身行道，扬名显亲

儒家论孝，并非用孤立的、静止的、片面的眼光来看待孝，而是用联系的、发展的、整体的眼光来看待孝。儒家认为，孝不是一种孤立的品德，而是与各种德目都有联系的。任何一种品德的缺陷，都会有损于孝的品德的完美性。《大戴礼记 · 曾子大孝》记曾子曰：“居处不庄非孝也，事君不忠非孝也，莅官不敬非孝也，朋友不信非孝也，战阵无勇非孝也。”这说明孝与庄、忠、敬、信、勇各种德目都有密切的联系。举例说，假若一个人“事君不忠”而成为奸臣，或者“莅官不敬”而成为赃官，道德败坏，名声扫地，这就是给父母的脸上抹黑，使父母精神上受到损害。那么即使养得再好，也不足以为孝。其余德目亦可类推。所以，在儒家看来，笃行孝道，还必须有道德上、事业上的追求。因而儒家的孝道，不仅要求子女对父母要尽孝养和孝敬的义务，而且还进而要求子女自身要立德、立功、立言，修身行道，成就事业，以达到扬名显亲、光宗耀祖的目标，才算达到较高层次的孝。《孝经 · 开宗明义章》记孔子曰：

身体发肤，受之父母，不敢毁伤，孝之始也；立身、行道，扬名于后世，以显父母，孝之终也。夫孝，始于事亲，中于事君，终于立身。

这是说，子女的身体受之于父母，既是父母关爱担忧的对象，又是本身赖以成就事业的根本，所以从小保持健康的身体，不使无故受伤致残，这是立身的先务，也是实行孝道的基础；而所谓“扬名”，决非利欲熏心地去追逐名利，而是修养道德，探究学问，事君以道，为官以正，以期建立利国利民的事业，自然得到人民的爱戴，获得好的荣誉，从而也为父母争得了荣誉，甚至上及祖先、下及子孙都沾到了光彩。古代蒙书《三字经》亦云：“扬名声，显父母；光于前，裕于后。”古人以此来鼓励幼儿从小就树立起“立身、行道”的建功立业之大志。

在“立身、行道，扬名于后世，以显父母”这条孝行中，立足点显然是“立身”和“行道”，而“扬名”与“显父母”则是由“立身、行道”而来的自然而得的效果。所以历代儒家在如何“立身”和“行道”方面都着重加以论述。

孟子把“守身”与“事亲”直接联系起来加以论证。他说：“事孰为大？事亲为大；守孰为大？守身为大。不失其身而能事其亲者，吾闻之矣；失其身而能事其亲者，吾未之闻也。孰不为事？事亲，事之本也；孰不为守？守身，守之本也。”（《孟子 · 离娄上》）朱《注》云：“守身，持守其身，使不陷于不义也。一失其身，则亏体辱亲，虽日用三牲之养，亦不足以为孝矣。”“事亲孝，则忠可移于君，顺可移于长。身正，则家齐、国治而天下平。”由此可见，儒家的“孝”，是“守身”“立身”与“事亲”“事君”乃至“治国”“平天下”的统一。行“孝”不单纯是对父母的态度问题，而且与道德修养和事业上的追求都有密切的联系。

儒家在“立身”方面的要求，主要包括两方面的内容：一是向内反省以提高道德境界，二是向外博学以求取文化知识。《中庸》将两方面概括为“尊德性而道问学”。两方面的结合，乃成为德才兼备的有用之才，才可以自立于世，并为进一步“行道”打下坚实的基础。这就是儒家的“修身”之道，亦即“立身”之道。

由于儒家哲学是一种主张身体力行以经世致用的实践哲学，其“立身”的目的还在于“行道”。故《大学》把“修身”作为齐家、治国、平天下之本；而齐家、治国、平天下则是在“修身”的基础上实行“行道”的具体实践。因而儒者应具有积极入世、治国安民、拯民于水火的以天下为己任的博大胸怀和崇高理想。

然而在现实当中，每个人的能力、身份和所处环境互有差异，因而在“立身”“行道”的实践中所取得的成就及其对社会所作出的贡献亦有差距。这无疑在“扬名”和“显父母”方面所形成的影响也会有大小、广狭、远近之分。所以儒家并不主张好高骛远，而是主张每个人都根据自己的能力、身份以及所处的环境踏踏实实地“行道”。质言之，就是从自己力所能及的最切近的事物开始，然后循序渐进，逐步扩大和提高。一个人只要能在自己力所能及和条件容许的范围之内尽到了自己的努力，那么无论其“扬名”和“显父母”的影响大小，都是值得嘉许的孝行。

(四) 继志述事之为“达孝”

在父母去世之后，最基本的孝行是“葬之以礼，祭之以礼”。而在此基础之上，还有更高层次的孝行，就是还要做到继承父母的遗志，弘扬父母的道德，光大父母的事业。对此，《中庸》引孔子的话特别称誉了几位古代圣王善于继承父母遗志的事迹：

子曰：“舜其大孝也与！德为圣人，尊为天子，富有四海之内。宗庙飨之，子孙保之。故大德必得其位，必得其禄，必得其名，必得其寿。故天之生物，必因其材而笃焉。故栽者培之，倾者覆之。……故大德者必受命。”

虞舜本来出身于庶人，但由于他具有崇高的道德和卓越的才智，辅佐唐尧治理天下，全心全意为民办事，受到全民的爱戴。民心所向，天命攸归，故在唐尧逝世之后，被天下推戴为天子。于是，在受到天下之民的爱戴的同时，也使父母获得了最高的享受和荣誉。孟子认为，孝子最高的孝行，就是“尊亲”。他说：“孝子之至，莫大乎尊亲；尊亲之至，莫大乎以天下养。为天子父，尊之至也；以天下养，养之至也。”（《孟子 · 万章上》）可以说，虞舜是以“爱民”的实际行动来躬行“孝亲”的，因而是儒家心目中“爱民”与“孝亲”高度统一的最高典范。故孔子称之为“大孝”，并给予尽情地赞颂。

而周代的列祖列宗，则是以世代相继的形式来实现“孝亲”的品德的：

子曰：“无忧者其惟文王乎！以王季为父，以武王为子，父作之，子述之。武王缵太王、王季、文王之绪。一戎衣而有天下，身不失天下之显名。尊为天子，富有四海之内。宗庙享之，子孙保之。武王末受命，周公成文武之德，追王太王、王季，上祀先公以天子之礼。”

这是说，文王之父王季继承了太王的遗志，文王继承了王季的遗志，而武王、周公又继承了文王的遗志，都对父母、祖先的事业作了开拓和发展。尤其是周武王，在继承太王、王季、文王历代所开创的事业的基础上，又能一举灭商而建立周朝，把祖宗的事业提高到无以复加的至尊、至显的地位。但是，周武王到老年时才受命为天子，未及制礼而已逝世，故王弟周公在辅佐成王的摄政期间，又能成就文王、武王之德而制作礼乐，并追尊太王、王季以王号，而以天子之礼祭祀历代祖宗。所以《中庸》又引孔子的话加以尽情地赞颂：

子曰：“武王、周公，其达孝矣乎！夫孝者，善继人之志，善述人之事者也。春秋修其祖庙，陈其宗器，设其裳衣，荐其时食。……践其位，行其礼，奏其乐；敬其所尊，爱其所亲；事死如事生，事亡如事存——孝之至也！”

孔子认为，像武王和周公这样善于继承父母遗志，善于开拓祖宗事业，使父母乃至祖先都能享受最高的祭祀和荣誉，可以算是普天之下所公认的“达孝”了。这是由于他们心中时刻怀着“事死如事生，事亡如事存”的真诚孝心，所以平时还能做到敬父母之所尊，爱父母之所亲，对父母的遗志体贴得无微不至。这确实已达到了孝道的最高境界。

诚然，像虞舜和文、武、周公这样的“大孝”或“达孝”，一般人是没有条件做到的。虞舜虽然出身庶民，但他刚好出身在让禅之世，而且又刚好碰上唐尧这位圣君，破格把他提拔到继承人的位置上，他的道德智能才得以施展。否则，也只能安分守己地处在庶民位置躬行其“庶民之孝”。周武王虽然继承有祖宗的基业，但如果不是碰上商纣王的暴虐无道，也只能局限在西伯的范围内躬行其“诸侯之孝”，否则就难逃“犯上作乱”的“弑君”之名，而招来遗臭万年的最大的“不孝”。然而正因为适逢商纣王的无道之世，他才得以“兴吊民伐罪之师”，“恭行天罚”。正如《易·革象》所云：“汤武革命，顺乎天而应乎人。”于是才得以建立周朝而恭行其“天子之孝”。由此可见，像虞舜和周武王这样的“大孝”或“达孝”，是需要一定的客观条件的。所以儒家认为，要实行孝道，一定要根据自己的能力、身份和所处的客观条件去继承父母的遗志和发展祖宗的事业，这才是符合“礼”的“孝”；而决不能超出“礼”所容许的范围去作非分之想，因为这样只会适得其反而带来“不孝”之名。因此，《孝经》就引述孔子的话，依次给天子、诸侯、卿大夫、士和庶人等不同的阶层如何继承遗志和开拓事业分别作了具体的论述。最后总结道：“故自天子至于庶人，孝无终始。而患不及者，未之有也。”孔子认为，从天子到庶人，虽然在地位上有高低之分，在事业上善继、善述的规模也有大小之别，但对于父母的孝都是无穷尽的。只要根据自己的条件加以努力，都是孝的表现。

当然，《孝经》所引孔子的论述，是就春秋以前的情况而言的。到了春秋末期，商周以来的封建宗法制行将崩溃，加之孔子首创私学，文化逐渐下移，庶人出仕从政的机会也就逐渐多起来。汉唐以后，出身贫民，通过苦学努力而位至公侯将相的事例已较为常见。所以，庶民实现“善继人之志，善述人之事”的“达孝”，也已成为可能。

然而，根据儒家的思想，获得政治地位，并非就算“达孝”，而仅仅是为更好地善继、善述创造了更为开阔的条件。若要实现“达孝”，其本质乃在于能在所处的地位上作出与之相应的利国利民的巨大贡献。假若利用所处的政治地位而做危国害民之事，则不仅不是“达孝”，而且还将成为败坏父母名声的千秋罪人！

现在，社会制度虽已起了根本的变化，但儒家的这一精神仍然值得继承和弘扬。每个人只要能常念父母的遗志和胸怀为国为民之心，在所处的工作岗位上作出应有的贡献，为父母争光，以此来报答已故父母的养育之恩，就都可称之为“达孝”。而那些损公肥私、贪赃枉法，从而导致家风败坏、家学失传、家道衰落的人，就是典型的不孝之子。

《中庸》云：“舟车所至，人力所通，天之所覆，地之所载，日月所照，霜露所坠，凡有血气者，莫不尊亲，故曰配天。”孟子亦曰：“孝子之至，莫大乎尊亲。”（《孟子·万章上》）父母与子女之间的感情乃人之天性，因而不管出生在什么地方，这种感情都是天然具有的。而且，对于每个人来说，父母之恩确实如同天地，凡是怀有正义感的人，都必然怀有为父母争光的“尊亲”之心。因此，若能把继承父母的遗志与事业上的贡献高度统一起来，就是现代值得提倡的“达孝”！

（徐儒宗：浙江省社会科学院研究员）

跟《孝经》学教子

阎合作

《孝经》谈“孝”，分为天子之孝、诸侯之孝、卿大夫之孝、士之孝、庶人之孝。有人批判说这些都是封建孝道，不宜在现代社会阅读。而今人读《孝经》，可读为教育孩子的次第品质：天子所需之品质最重要，诸侯所需之品行次之，卿大夫所需之品行又次之，士所需之品行又次之，庶人之孝行，最简单。作为家长，可以从中学到教育孩子的内容和方法。

《孝经》是一部教育人如何做人的经典，是第一本关于家庭教育的书。家庭教育非常重要，《孝经》中记：“君子之事亲孝，故忠可移于君；事兄悌，故顺可移于长；居家理，故治可移于官。是以行成于内，而扬名于后世矣。”（《孝经 · 广扬名章》）君子扬名于后世的能力，古代多是在家庭教育中培养的。《大学》也有同样的论述：“所谓治国在齐其家者，其家不可教而能教人者，无之。故君子不出家而成教于国。孝者，所以事君也；悌者，所以事长也；慈者，所以使众也。”一个人的治国能力基本上是在家庭中养成的。

孩子孝不孝，将来成为什么样的人，不是取决于孩子，主要取决于父母对孩子的教育。《孝经》是一本最古老、最系统、最实用的家庭教育的书。其关于如何做人的论述，正是家长教育孩子的关键内容。因此《孝经》不仅是孩子的必读经典，更是家长的必读经典，从《孝经》中学教子，更易培养出家长希望的孩子。

每个父母都希望自己的孩子成才，成为对社会有大用而不只是孝顺父母的人。跟《孝经》学教子，就要从这一着眼点来读《孝经》，看如何培养出优秀的孩子。

《孝经 · 开宗明义章》载：

仲尼居，曾子侍。子曰：“先王有至德要道，以顺天下，民用和睦，上下无怨。汝知之乎？”曾子避席曰：“参不敏，何足以知之？”子曰：“夫孝，德之本也；教之所由生也。复坐，吾语汝：身体发肤，受之父母，不敢毁伤，孝之始也。立身行道，扬名于后世，以显父母，孝之终也。夫孝，始于事亲，中于事君，终于立身。《大雅》云：‘无念尔祖，聿修厥德。’”

这章称为开宗明义，就是开门见山，说明要谈的宗旨、道理。宗就是根本，这根本就是孝。开篇谈了孝的四大作用：“至德要道，以顺天下，民用和睦，上下无怨。”

“至德”有两种理解，一是指最高的德；一是指达到德。“要道”相应也有两种理解，一是重要的道德；一是重要的途径。“至德要道”一指孝是最高的德与最高的道；一指孝是达到德的重要途径。既然下文说：“夫孝，德之本也。”说明孝不是最高的德，而只是达到德的根本或途径。

孝的第二大作用是孝自然。“以顺天下”就是顺应自然，保护自然。孔子在《三才章》谈了什么是“以顺天下”：“则天之明，因地之利，以顺天下。”用《易经》中的话就是：“夫大人，与天地合其德，与日月合其明，与四时合其序，与鬼神合其吉凶。”能尽孝于父母的人，也孝敬自然，博爱万物生灵。

孝的第三大作用是治国安民。“民用和睦”指百姓用之则邻里和睦。和是附和，说好听的话；睦是目顺，看顺眼的事。嘴说好听话，眼看顺眼事，绝对可以和平相处。

孝的第四大作用是协调尊卑。“上下无怨”指官员中的上下级，也指家庭中的长晚辈。上慈下孝，“君子之事上也，进思尽忠，退思补过；将顺其美，匡救其恶，故上下能相亲也。”（《孝经·事君章第十七》）有尊卑关系的人能和谐相处，各无怨言。

孔子在这里谈了孝的四大作用。《三才章》论述得更明确：“夫孝，天之经也，地之义也，民之行也。天地之经，而民是则之。”孝是天经地义的人的行为。孝不仅是治家之本，也是治国之本。“是以其教不肃而成，其政不严而治。先王见教之可以化民也，是故先之以博爱，而民莫遗其亲；陈之于德义，而民兴行；先之以敬让，而民不争；导之以礼乐，而民和睦；示之以好恶，而民知禁。”这都是孝的好处。

孝不是天性，需要教育。“夫孝，德之本也。教之所由生也。”孝是德的根本，通过教育才能形成。“教之所由生也”也有人理解为“教化由此而生”。

孔子谈至德要道就是孝，人需要教育才能达到孝。孔子说：“君子之教以孝也，非家至而日见之也。”（《孝经·广至德章第十三》）也明确传达了孝是需要教的。父母爱子女是天性，而子女孝顺父母并不是天性，需要教育。

孝从老省，从子，子承老为孝。承老不是自己承，而是“教之所由生也”，需要教育才能承老。孝是子承老，也是老传子。因此说是“教之所由生也”。

父母要教育孩子孝的内容是什么呢?

孔子说，孝分为大孝、中孝、小孝。大孝报国，中孝立业，小孝事亲。

首先教育孩子要爱自己。“身体发肤，受之父母，不敢毁伤，孝之始也。”

其次教育孩子要成人成才。“立身行道，扬名于后世，以显父母，孝之终也。”

孝分三个层次：“夫孝，始于事亲，中于事君，终于立身。”也就是小孝事亲，中孝事君，大孝立身。小孝是安亲，事父母，养亲人；中孝事君，“扬名声，显父母”；中孝的贡献在当世，大孝立身的贡献在万世。孔子称舜为大孝：“子曰：舜其大孝也与。德为圣人，尊为天子，富有四海之内，宗庙飨之，子孙保之。故大德必得其位，必得其禄，必得其名，必得其寿。”（《中庸》）

《孝经》开篇讲孝很重要，其实是讲家教很重要。“君子之事亲孝，故忠可移于君。事兄悌，故顺可移于长。居家理，故治可移于官。是以行成于内，而名立于后世矣。”（《孝经 · 广扬名章第十四》）家庭教育做好了，孩子才能“名立于后世”。

天子式品行的孩子可建伟功，造福天下，需培养博爱广敬的品质；诸侯式品行的孩子立大业，于国有益，需培养不骄不溢的品质；卿大夫式品行的孩子成大事，光宗耀祖，需培养言行无择的品质；士式品行的孩子能成事，得人赏识而能成事，需培养忠顺的品质；庶人式品行的孩子只是种田出力，养家糊口。简单地说，培养孩子可分为五个层次的品质：慈爱恭敬、不危不溢、言行无择、忠顺事人和节用养亲。

一、天子式品行：慈爱恭敬

天子式品行就是爱、敬，曾子称之为“慈爱、恭敬”（《孝经 · 谏诤章第十五》）。此内容的论述除《天子章第二》外，还有《圣治章第九》《广要道章第十二》《广至德章第十三》《丧亲章第十八》。

“爱亲者，不敢恶于人；敬亲者，不敢慢于人。爱敬尽于事亲，然后德教加于百姓，刑于四海。盖天子之孝也。”（《孝经 · 天子章第二》）

“爱亲者不敢恶于人，敬亲者不敢慢于人。”爱与敬是人最重要的品质，是成就大业之品质，也是幸福人生之品质。

什么是爱？爱不完全是感情，主要是行动。没有付出行动的爱是虚伪的，是假的，不是真爱。

父母爱孩子，可以说是天性，而孩子爱父母，必需培养。如何培养，不是说教，而是让孩子为父母多做事。

爱孩子的父母会为孩子付出很多，而想让孩子爱父母，也要让孩子从小为父母付出。没有小时候的付出，就不会有长大后的孝敬。

培养孩子爱的感情很简单，就是让孩子在家庭多为亲人付出，出门多为别人付出。没有付出的孩子不会有爱心，没有爱心的孩子不会受人欢迎，不受欢迎的孩子不会做成大事。

而“敬”的品质是什么呢？

人们通常认为爱在心，敬在外，实际是爱在外，敬在心。“在貌为恭，在心为敬。”（《礼记正义 · 曲礼》孔疏）恭在外表，敬存内心。敬与慢相对，不怠慢、不怠惰为敬。可以说敬人就是从人。

敬一个人，就是要敬畏、敬重、完全地相信、坚决地顺从。

当我们敬人时，看到的都是正确的、好的，能学习更多的东西。当我们敬事时，就会想方设法、兢兢业业、有始有终地去做。

敬人还有个大好处，《广要道章第十二》：“礼者，敬而已矣。故敬其父，则子悦；敬其兄，则弟悦；敬其君，则臣悦；敬一人，而千万人悦。所敬者寡，而悦者众，此之谓要道也。”

如何培养恭敬品质呢？

“故亲生之膝下以养，父母日严。圣人因严以教敬，因亲以教爱。”（《孝经 · 圣治章第九》）

这是慈爱恭敬品质的培养之道。

“严”在这里是严格，是尊崇。人们常说棍棒底下出孝子，是一种极端的行为。真正孝子的培养，是培养孩子对父母的崇敬。“严师出高徒”，这是说令人崇敬的老师能培养出高徒，严格的老师能培养出高徒。一个老师如果令学生崇敬，学生的学习是自觉的，是自动自发的，学习可以事半功倍。而家长要培养孩子崇敬之心，要用尊崇来培养崇敬。人对神秘的力量是崇敬的，烧香拜神也是培养崇敬之心的一种方式。

《孝经》中专门有一章论述要重视丧葬，这也是培养人敬心的一种方式。

“因亲以教爱”，靠孩子小时候对父母的依赖来培养孩子的爱心——付出的习惯。“故亲生之膝下以养，父母日严。”如果孩子大了，对父母的依赖和崇敬减少了，这时培养就晚了。

因此爱与敬的培养，是在孩子小时候。俗话说：“三岁看大，六岁看老。”看什么来判断的，就是看孩子的爱、敬品质。

《广至德章第十三》：“教以孝，所以敬天下之为人父者也。教以悌，所以敬天下之为人兄者也。教以臣，所以敬天下之为人君者也。”一个能敬天下之人的人，必然愿意为天下人付出，也必然得到天下人的爱戴。

二、诸侯式品行：不危不溢

诸侯式品行是不危不溢。“在上不骄，高而不危。制节谨度，满而不溢。”关于此品行的论述除《诸侯章第三》外，还有《孝治章第八》《圣治章第九》《感应章第十六》。

《诸侯章第三》载：

居上不骄，高而不危；制节谨度，满而不溢。高而不危，所以长守贵也。满而不溢，所以长守富也。富贵不离其身，然后能保其社稷，而和其民人。盖诸侯之孝也。诗云：“战战兢兢，如临深渊，如履薄冰。”

“居上不骄，高而不危”是指做人要虚怀若谷，不自视、不自彰。骄是骄傲、骄奢，趾高气扬的样子。“危”是直起身子让人敬拜。古人是席地而坐，跪在地上，臀部坐在脚跟上，身体微微前倾，自然放松。当受人敬拜时，要直起身子，这时候就叫“危”，如正襟危坐。“高而不危”就是无论多高的身份，也不要时时摆着叫人敬拜的架子。高而不自视高，能与人打成一片。

“制节谨度，满而不溢”是指做事能够把握分寸，不偏不倚。

“制节谨度”是注重细节，时时注意把握分寸。说话做事关键是度的把握，稍有差错，前功尽弃。《中庸》所谈，就是做事分寸的把握，中和之用也。

“满而不溢”最难把握。不满而不溢谁都能做到，而刚好满又不溢出来的

“度”却不好把握，能够做到的人必然能成大事。

因此说：“高而不危，所以长守贵也；满而不溢，所以长守富也。”贵是指做官，富是指有财。官财不离其身的人，必可“保其社稷，而和其民人”。这是诸侯之孝。换句说，就是拥有这样品行的人，可以做诸侯。

三、卿大夫式品行：言行无择

卿大夫式品行：言行无择，“言满天下无口过，行满天下无怨恶”。除《卿大夫第四》的论述外，还有《圣治章第九》《谏诤章第十五》等。《卿大夫第四》载：

非先王之法服不敢服，非先王之法言不敢道，非先王之德行不敢行。是故非法不言，非道不行，口无择言，身无择行；言满天下无口过，行满天下无怨恶；三者备矣，然后能守其宗庙。盖卿大夫之孝也。《诗》云：“夙夜匪懈，以事一人。”

诸侯之孝谈的是做人的态度和做事的尺度。卿大夫之孝谈的是穿衣、说话、行为，重点谈的是言行。

“非先王之法服不敢服，非先王之法言不敢道，非先王之德行不敢行。”就是服、言、行要有章可循。衣服只穿可穿的，说话只说可说的，行为只做可做的。穿戴适宜易做到，而言行适宜不容易。

“非法不言，非道不行。”此话好说，此理好懂，然而要做到却不容易。因为人总是有欲望的，而欲望却不免非法非道。

如果真的可以做到，那么“口无择言，身无择行；言满天下无口过，行满天下无怨恶”。说什么都是对的，做什么都不会错。

把话说好很不容易。孔子在《论语》中把说话的能力分为两种，要会说还要会不说。会说分为三种能力：知、中、喻。

知是要有表达能力。知字形从口从矢，表义为出口如矢，有表达能力。孔子非常注重培养学生的表达能力，他说，“学之不讲”“是吾忧也”。能表达出自己的思想，是人的基本能力。

中是要表达准确，话能说到点上。孔子说：“夫人不言，言必有中。”人要么不说，要说就要说到点上。

喻是要“善道之”，有适宜的表达方式。《礼记·学记》：“君子之教，喻也。”喻是最重要的表达方式，就是打比方、讲故事、举例子，举一而使对方能反三。孔子说：“举一隅不以三隅反，则不复也。”一种理解是举一学生不能反三，就不再重复教他了。其实孔子在这里是强调讲说的能力，举一而不能使人反三，就不重复举这个“一”。因为讲者举好“一”，任何人都可以反三；如果举不好“一”，谁也不能反三。举一而使人反三，最好的方法就是喻。

说话除了会说，还要会不说。《论语》中谈到的三种会不说能力：隐、愚、顺。

隐是知道而不说，保持沉默。孔子说：“知及之而不言谓之隐。”知道而不说，保持沉默。隐士就是把什么都看透而不说的人。《论语》载：“父为，子隐；子为，父隐。”父亲做了什么事，儿子有权保持沉默；儿子做了什么事，父亲有权保持沉默。现代法律也规定，直系亲属可以免除举证之责。

愚是知道而装傻不说。隐是保持沉默，而愚是装傻，装不知道。孔子说：“宁武子，其知可及也，其愚不可及也。”直言易学，不说不易学。如果说知是能力，那么愚就是修养。

顺是别人说什么跟着说什么。如果碰到不愿意多交流的人，或意见相左的人，怎么办？不是争论不休。可以采取隐或愚，如果这两者都无法做，还有一种方法就是“顺”，别人说什么，一律是是是，对对对，对方什么话也没有了。孔子对待阳货，用的就是这种方法，不管阳货说什么，孔子一律说是，不必再说第二句话。

如何才能“行满天下无怨恶”呢？依《中庸》来说，需三达德：智、仁、勇。以《孝经》言，则是孝。“君子之教以孝也，非家至而日见之也。教以孝，所以敬天下之为人父者也；教以悌，所以敬天下之为人兄者也；教以臣，所以敬天下之为人君者也。”敬天下所有的人，则行无失。

“居上不骄，为下不乱，在丑不争。居上而骄则亡，为下而乱则刑，在丑而争则兵。”（《孝经·纪孝行章第十》）不骄、不乱、不争是行满天下无怨恶的根本。

“君子则不然，言思可道，行思可乐，德义可尊，作事可法，容止可观，进退可度，以临其民。是以其民畏而爱之，则而象之。故能成其德教，而行其政令。《诗》云：‘淑人君子，其仪不忒。’”（《孝经·圣治章第九》）言行要有度。

“昔者天子有争臣七人，虽无道，不失其天下；诸侯有争臣五人，虽无道，不失其国；大夫有争臣三人，虽无道，不失其家；士有争友，则身不离于令名；父有争子，则身不陷于不义。故当不义，则子不可以不争于父，臣不可以不争于君；故当不义，则争之。”（《孝经 · 谏诤章第十五》）有诤臣，有诤友，有诤子，也可以使言行少错失。

四、士式品行：忠顺事人

士式之品行是忠顺，忠顺事人，以养亲人。其论述除《士章第五》外，还有《纪孝行章第十》《广扬名章第十四》《事君章第十七》。《士章第五》载：

资于事父以事母，其爱同；资于事父以事君，其敬同。故母取其爱，而君取其敬，兼之者父也。故以孝事君则忠，以敬事长则顺。忠顺不失，以事其上，然后能保其禄位，而守其祭祀。盖士之孝也。

士是什么样的人？《毛诗传》曰：“士者事也。”《白虎通》曰：“士者事也，任事之称也。”也就是说士是做事的人。士是有一技之长，负责做具体事的人。古代指官吏、武士等，现在是下层公务员和白领阶层的人。士是跟人做事的人，因此强调忠顺。忠顺是爱敬的低层次表现。可以说爱敬是自觉的，忠顺是非自觉的，是不得不如此做。

小时候被管制较多的孩子，容易培养出忠顺的性格，而忠顺性格的人，人生可能平平稳稳，但没有创新能力，难以独当一面。

子曰：“孝子之事亲也，居则致其敬，养则致其乐，病则致其忧，丧则致其哀，祭则致其严。五者备矣，然后能事亲。事亲者，居上不骄，为下不乱，在丑不争。居上而骄则亡，为下而乱则刑，在丑而争则兵。三者不除，虽日用三牲之养，犹为不孝也。”（《孝经 · 纪孝行章第十》）这谈的就是士的品格的培养。

五、庶人式品行：节用养亲

庶人式之品行：谨身节用，以养父母。在《孝经》中除《庶人章第六》谈了四句十六个字，再无论述。因为庶人式孩子几乎无需培养，只要有力气就行。

用天之道，分地之利，谨身节用，以养父母。此庶人之孝也。

庶人就是指大众，靠出力气种田、做工以养家糊口的人。

用天之道，就是根据天道，春种、夏长、秋收、冬藏，根据四季变化而种庄稼或做工，是谓用天之道。

分地之利，是指从土里刨食，下力气种植农作物以谋食。

“用天之道，分地之利”与“则天之明，因地之利”虽只三个字不同，意思却迥然不同。前者是靠力气干活，后者谈的是“以顺天下”之理。

“谨身节用”与“制节谨度”也完全不同。谨身节用是言行小心、胆怯，不敢有非分之想，只求节约用度，以养家糊口，而制节谨度则是指修养身心，言行有节，谈的是做人。

庶人之孝几乎不需要培养，因为这样的孩子将来只是下力气干活，而不需靠智力谋生。能够养家糊口足矣。

（阎合作：河南孔子学会副会长）

诚敬孝亲反愚孝

骆承烈

发生于1919年的“五四”运动，是我国历史上划时代的一次革命运动。毛泽东同志说：“当时以反对旧道德，提倡新道德，反对旧文学，提倡新文学，为文化革命的两面旗帜，立下了伟大的功劳。”“五四”时期文化界的勇士们，真的是反对传统的孝文化吗？不是。他们反对的是中华孝道走向反面的内容——愚孝。鲁迅在《我们现在怎样做父亲》一文中说：“他们以为父对于子，有绝对的权力和威严。若是老子说话，当然无所不可。儿子有话，却在未说之前就错了。”“三年无改于父之道，可谓孝矣。”不变革就是孝，他认为不对。他认为“割股的人物，究属寥寥”，他举出一些标榜“孝廉方正”“孝悌力田科”的人，搞些虚伪活动，混个官做。鲁迅所批判的这几种“孝”行，显然都不是真孝。

孝敬父母是传统伦理道德中的重要内容，是人类作为万物之灵的优秀品德。父母生养了儿女，把大量的爱倾注给儿女，儿女对年老的父母理应赡养、尊重、学习，继承和弘扬父母的美德。百善孝为先。

孝亲的行为自古以来就在人类中出现，到了春秋时期，孔子及曾子等人提倡，并有《孝经》问世，使一般的孝行演化为人们伦常关系中重要的一项——孝道。孝敬父母的行为也逐渐成为中华伦理中的重要组成部分。汉代以孝治天下，《孝经》多次被列入“七经”“九经”“十三经”之中，中华民族的这一美德，不断得以发扬光大。诸子百家中多论到“孝”，日后“二十四史”中更多有《孝义传》《孝友传》，元朝以来编成的《二十四孝图》，更用通俗的手法宣传孝。这些做法都对家庭和谐、社会和谐起到过积极作用。

随着孝文化的广泛传播，在孝敬父母上也逐渐产生了一些不合适的行为，即传统的孝道逐渐发生了变异，向着不合理的方向发展，变成了愚孝。成为自“五四”以来人们批判的对象。

综观历史上的愚孝，大致有这样几种：

一、割肉医亲

“天地之中人为贵”，人不是一般的动物。动物的肉一般可食，但如果吃人肉，那是很大的残酷行为。春秋时楚国长期围困宋国，城内粮尽柴绝，宋国人“易子而食，析骸而炊”，是人们对残酷战争的诅咒。齐桓公的宠臣易牙，把儿子杀了给桓公做菜，被人们当作阿谀奉承的典型。晋国重耳（日后晋文公）早年四处流浪，食不果腹时，介子推割肉敬重耳，也是一种传说。过去多人迷信鬼神、相信术士，一些巫师、术士们，为了邀宠得利，往往故作奇笔，言人肉能够医病，晚辈如果割下自己的肉给长辈熬药，便可药到病除。如元朝京兆兴平人肖道寿，“事亲尽礼”，其母生病，数月未能治好，他便割下肉来给母亲吃，据史书记载治好了病后，至元八年，皇帝还“赐羊酒，表其门”（《元史》卷一百九十一）。又如清朝宛平曹德亭妻夏氏“事姑纯孝”，因为儿子染疫死去，婆婆号哭数十日，致双目失明。医治无效，夏氏向天祷告后，用剪刀剪割股肉，瞒着婆婆熬了药，婆婆服药后，眼竟复明（《纪晓岚日记》）。在清代才子纪晓岚写给他次子的信中，也说到其媳在婆母病时，背着别人割下臂肉入药以进，婆婆得以痊愈。对此事明确说作“至诚格天”，鬼神有感于她的一片孝心，不肯摄取病人的魂魄。这些掺杂迷信的传说与记载，都不正确。割肉医病之说乃是愚孝。明、清以来，一些皇帝曾下令制止及严厉地责备这种做法，自然也不予表彰。

二、哀痛致死

父母死后或葬后，子女予以哀悼，乃人之常情。亲情萦回于怀，逐渐平静，由不适应到适应，有个过程，是很正常的。古时对于父母死后哀痛过度，影响了健康，并不正确，甚至哀痛致死的做法更不应该，过去对此极力表彰，显然不对。例如三国时吴人顾雍，父亲死后，“饮浆不入口五日”（《三国志·吴志·顾雍传》），北齐人徐孝肃“母终，孝肃茹蔬饮水，盛冬单缞，毁瘠骨立”。其祖父母死后也是这样。为此持续四十余载，“被先徒跣，遂以终身”（《北史》卷八十四）。这种因父辈死去，几十年来艰苦守孝，不事生产的做法，不值得提倡。南朝梁时颍阴人荀匠，为居父丧，“不复栉沐，发皆秃落。哭无时，声尽则系之以泣，目眦皆烂，形体枯悴，皮骨裁连，虽家人不复识”（《梁书》卷四十七）。为了守孝，把自己折磨得不像人样子，也不应提倡。更有甚者，父母死后，痛哭致死，如东汉吴郡人“孝廉”张武，父亲死后，自己“哀恸绝命”（《后汉书》卷八十一）。北朝梁时彭城人刘昙净，母亲死后，穿着单衣，哭不绝声，不到十天自己竟然哭死（《北史》卷八十四）。明朝吴县人顾琇，父亲死后，五天不吃不喝，“不胜丧而死”（《明史》卷二百九十六）。有的悲痛致死者不止一人，如北朝人田翼，母亲死后，不但他“一痛而绝”，其妻也“不胜哀而死”。这些行为在历代都被认为是纯孝而予以表彰，显然不对。亲人死后，后辈还活在世上，还应对社会作些贡献。如果人人动辄为亲丧命，不仅对社会不利，对个人有害，假设死去的父母地下有知，也会坚决反对的。

三、为亲自戕

古时为孝敬父母哀恸过哀，甚至死去，当然不好。如果为了对父母尽孝，主动去死，更不应该。这样的例子古时也还不少。例如东汉时犍为人叔先雄，人称孝女。其父任巴郡太守，乘船时溺于水中。叔先雄昼夜号哭，常有自沉的想法。直至后来成婚后生下子女二人，仍然想去追随死去的父亲。她缝了两个布袋，里面放进珠环及对子女诀别之词，家中人知道后时时防备她追父寻死。过了几个月，家人稍加松懈，她乘着小船，到了父亲溺死处，痛哭一场，投水而死。地方官还为此举动立碑表彰（《后汉书》卷八十四）。唐朝乐平人饶娥，父亲打鱼时遇到风浪，船沉人亡。饶娥当时十四岁，在水上痛哭三天，不食而死。县令亦为其建墓立碑，予以表彰（《新唐书》卷二百五）。宋朝会稽人蔡定，其父教书为生，犯了罪，蔡定愿以身赎，未获准。其父死后，亦“自赴河死”（《宋史》卷四百五十六）。浙江有条曹娥江，是为了纪念孝女曹娥命名的。东汉时会稽上虞人曹娥，父亲是一名巫祝，在县里一次迎神活动中溺死，后未寻到尸体。十四岁的曹娥沿江痛哭，昼夜不绝。如此过了十几天，自己投江而死。汉顺帝元嘉元年（151）地方官将其改葬于江南道旁，为其立碑（《后汉书》卷八十四），这条江后人也以曹娥的名字命名。以上几例，在封建社会都认为是孝亲的上好榜样。其实这种为孝自戕的办法，对已故的父母既无好处，对自己更是莫大的损失。又如山东一带为祈求父母病愈，子女到泰山之巅舍身跳崖的举动等，都是与此相类的愚蠢行为。

四、为亲复仇

在复杂纷扰的社会中，人们难免出现冲突，甚至发展为凶杀。理想的方式是“冤家宜解不宜结”，但在过去，子辈承袭父业，一切为父辈着想，一旦父辈出现凶恶案后，子辈往往以凶杀对凶杀，为父辈复仇。这在过去被称为孝亲行为，其实不好。这种复仇行为，只能加深社会矛盾。而历代朝廷却单从孝亲方面考虑，对这种行为不但容忍，乃至表彰。这种例子也有不少。如唐高宗时，绛州人赵师举年幼时其父为人所杀，母亲改嫁。时间过了很久，仇家已经不疑。他长大后，到这家为佣，夜里把仇人杀死以后，自己赴官自首。此事传到高宗那里，赦免了他杀人之罪（《新唐书》卷一百九十五）。又如宋朝初年河间人李璘，他父亲被一个叫陈友的小校杀死。二人相遇于京师宝积坊之北。李璘手刃陈友后，并不逃遁，声言系为父报仇。宋太祖念其孝心，将其释放（《宋史》卷四百五十六）。宋太宗雍熙时期，京兆雩县有个名叫甄婆儿的人，与同里人董知政积怨，董击杀其母。当时甄婆儿才十岁，便立志复仇。长大后，发誓“大仇不报，何用生为？”在一年的寒食节，甄婆儿祭奠过亡母回来，见董知政正与小儿玩耍，甄拔出事先准备好的斧头，“以斧斫其脑杀之”。地方官得知此事后，不但不予惩办，反而上奏朝廷，得到宋太宗的嘉奖（《宋史》卷四百五十六）。这种以眼还眼、以牙还牙的复仇行为，发展了积怨，造成了社会上更多的不稳定因素，名为孝亲行为，实际上对社会并没有好处。

五、孝感灵异

孝敬父母本来是人间的至理名德，有人为了强调此事，过去许多地方与迷信联系起来，其实没有必要。这种事例在旧日史书、话本、戏曲中举不胜举。如南朝人徐份，父亲有病，他“烧香泣涕，跪诵《孝经》，日夜不息”。如是者三日，其父的疾病“豁然而愈。亲戚皆谓份孝感所至”（《南史》卷六十二）。南朝庾沙弥，丁母忧，扶丧还都时，江中狂风大作，船将覆没，沙弥抱柩痛哭，“俄而风静，咸以为孝感所致”（《南史》卷七十三）。南朝司马暠将其亡父庐于山野，“旧多猛兽，暠结庐数载，豺狼绝迹”。（《南史》卷七十四）唐朝崔玄玮，事母至孝，母亡后“甘露降庭树”（《新唐书》卷一百二十）。唐朝孝子程袁师葬母后，“尝有白狼、黄蛇驯扰墓左。每哭，群鸟鸣翔”（《新唐书》卷一百九十五）。孝子梁文贞为亲庐墓时，“有甘露、嘉禾、灵芝、木连理、白兔之祥”（《新唐书》卷一百九十五）。宋朝周尧卿葬母以后“慈乌百余衔垅上，人以为孝感所致”（《宋史》卷四百三十二）。宋朝陈思道为其父母守墓时“昼则白兔驯狎，夜则虎豹环其庐而卧”（《宋史》卷四百三十二）。以各种灵异加诸孝道者，均系好心为表彰孝子的孝行而言。这种做法动机很好，但过多地宣扬灵异，更多地强调神灵的力量、神异的回报，对于人间亲情的孝道，明显起到冲淡的作用。也不宜提倡。

历史上愚孝的表现很多。如东汉人鲍永，事后母至孝，因为妻子在母亲面前叱狗，就将妻子休去（《后汉书·鲍永传》），显然有些过分。更多的是儿女在父母面前唯唯诺诺，不但不敢提意见，更在父辈的约束下，不敢越雷池一步。《红楼梦》中贾政怒责贾宝玉时说“打死你，我也不犯王法”，就明确暴露出旧日的父权。

1919年的“五四”运动中，“反对旧道德”的重要内容，是反对旧日的“三纲”。其中反对的“父为子纲”主要是父辈对子辈的统治与约束，子辈对父辈的愚孝。旧日《二十四孝图》中的“郭巨埋儿”等也是宣传愚孝。历史上一些愚孝的典型形象，不但亵渎了孝的美德，对人们也起了很坏的导向作用。为此，应大力批判，认真消除。

也是“五四”时期，当时的《少年中国》发表了一篇《我对于“孝”的观念》（《少年中国》第一卷第10期）的文章，其中谈到为什么要孝：

第一，“孝”是相对的名词，父与子是平等的关系，“父不慈则子不孝”，即孔子的“父父，子子”。

第二，孝是施教于父母的一种好感情。人类有了好感情，才能和好。这种感情，施之于兄弟就是悌，施之于子女就是慈，施之于父母就是孝。

第三，孝是宗法社会遗留的偶像。随着社会的文明进化，“一定会消灭于无形的”。目前却只好退一步想，提倡孝的真正观念，使我辈青年：一、不可有虚荣心，孝也者，德之大者也。二、不可丧失自己的人格。三、莫为无礼的压制所屈。

依此例来看，“五四”时期有人对孝也有些正确的看法，只是未为人们重视而已。

由于多年来有些人对传统文化的破坏和误导，人们往往把一些愚孝等行为归罪到孔子身上，显然不对。且不说“三纲”之说起于《韩非子》，形成于孔子死后六七百年的《白虎通义》，即使孔子生时，对于曾子耘瓜其父重责曾子不逃一事也予以反对（《孔子家语 · 六本》）。应该说历史上第一个态度鲜明反对愚孝的是孔子。后人继承孔子的优秀思想时，当然更应该反对愚孝了。

诚敬孝亲　厚养薄葬

骆承烈

《韩诗外传》卷七记曾子曰：

往而不可还者亲也，至而不可加者年也。是故孝子欲养，而亲不待也……是故椎牛而祭墓，不如鸡豚待亲存也。

《百孝图说》中记着仲由一件往事：仲由少时家贫，他对父母很孝敬，常百里以外负米，孝敬双亲，父母死后，他南游于楚，楚王授以要职，声势极为煊赫。但他抚今追昔，泪如雨下。对人曰："我今贵矣，父母安在？虽想如当日奉亲命负米百里，亦不可得。"他又常说"树欲静风不息，子欲养亲不在。今始知椎牛祭墓，不如鸡豚之奉于生前也"。孔子听后对他这段话予以肯定，并夸奖了一番。

以上两段话体现了一种厚养薄葬的思想。现就此事略加分析。

一

《论语·为政》记孟懿子问孝，孔子回答"无违"，弟子樊迟不甚了解，问到孔子时，孔子回答"生，事之以礼；死，葬之以礼，祭之以礼"。古时在对父母孝敬的三项内容中，生前一项，死后两项。过去，人们重视死后是灵魂的归宿，故对葬和祭很重视。例如孔子，他母亲死后，照例一定要与父亲合葬。因不知父亲葬地，于是将母亲的棺材殡于五父之衢，挽父之母告诉他父亲葬地后，才将父母合葬于梁公林。《百孝图》记"高柴执丧三年哀"。孟子母死后，予以厚葬。有人提出疑义，孟子说父亲死时家贫，无条件厚葬，厚葬母亲也是对父亲尽哀思。汉代"以孝治天下"，也强调对父母死后的葬、哀、祭等活动。《后汉书》卷三十九中就记几名孝子父母死后的活动，如汝南薛包，父母死后"丧过乎哀"。王琳母死，"独守冢墓，号泣不绝"。蔡顺闻雷泣墓，被举为孝廉后，仍不能远离坟墓。明、清以来，对父母死后的孝敬，更不绝于书，如《明史》记师达“母忧去官，庐墓侧，不饮酒食肉者三年”（《明史》卷一百五）。李茂母死“结庐墓旁，朝夕悲泣……父卒，庐墓如之”（《明史》卷二百九十六）。颜瑾父死后，“水浆不入口五口，不胜哀而死”（《明史》卷二百九十六）。张钧父死后“水浆不入口三日，不胜悲痛而卒”（《明史》卷二百九十七）。清代何复汉母死“葬乃父庐墓侧，日夜悲号，丧终犹庐居”（《清史稿》卷四百九十七）。许季觉“居亲丧，水浆不入口者七日，杖而后起，合殓、殡葬、虞柎、卒哭，禫皆用古礼。葬躬负土，庐于侧，朝夕哭不辍”（《清史稿》卷四百九十七）。吴藩昌居丧，“水浆不入口，既殡啜粥，不茹蔬果，寝苫不脱衰绖。比葬，呕血数升，逾小祥遂卒”。刘宗洙遭父丧，哀毁呕血……

古时父母死后，厚葬之风一直很浓，单以葬死者的棺椁来说，《礼记·檀弓上》和《丧大礼》两处都记载天子之棺器重，棺外有“柏椁以端长四尺”，即一棺四椁。国君用一棺三椁，士大夫用一棺二椁，士用一棺一椁。《庄子·杂篇·天子》中记：“天子棺椁七重，诸侯五重，士再重。”《荀子·礼论》甚至记“天子棺椁十重”（历代学者多谓“十”为“七”字之误）。到了后代，贵族之家在葬礼上有的也十分奢华。如曲阜衍圣公府曾规定：历代衍圣公及夫人丧葬之后，不但其子要“丁忧”，连合府员役人等也必须“素服摘缨”。庙佃户人等也应依此。贵族的葬礼，更是奢华、烦琐。以衍圣公孔令贻为例：

七十六代衍圣公孔令贻，生于清同治十一年（1872），民国八年（1919）11月8日病逝于北京太仆寺街衍圣公府内。死后不久，大总统徐世昌令国务院给治丧费三千元，派王达前往致祭。还派出专列火车将灵枢运往家乡曲阜。所经路线，由各县县署专门派员勘察整理。由姚村站下车，衍圣公府派要员带仪仗队到火车站迎接后，运至衍圣公府。日后北洋军阀政府又派陆荣启于公爵灵柩回籍营葬时前往致祭。当时接灵柩的仪仗队有马队四十名，鼓乐一班。除清政府当年特赐的十几个体现其特权的大匾外，各种仪仗、扎彩数百余种，还有六十四人抬的金棺等。仅棺木就用洋2370多元，钱1040千文。丧葬衣食用洋5000多元。出殡时更是声势煊赫，动用千人以上。直到多年后，曲阜还有个歇后语，形容一个人办事不应有的过分讲究时说“和孔令贻发大丧似的”。

二

对于厚葬一事，有识之士从来是反对的。《墨子》中专有一篇《节葬》，已明确表示人死后不应大操大办。对此予以实践，最早记载的却是孔子。宋国执政大夫司马桓魋，要为自己死后造个巨型石椁。由于施工艰巨，三年还没完成，累病了许多工匠，甚至有的累死。孔子对这种厚葬的方式十分恼火，他气愤地说：“与其这样奢侈，不如早些叫他烂掉。”这句话传到他耳朵里，致使孔子周游列国到宋国时，司马桓魋派人砍伐大树向孔子示威，迫使孔子“微服过宋”。

其实在此以前，孔子早就反对厚葬了。在他五十一岁任中都宰时，进行的一些改革措施中，就有“四寸之棺，五寸之椁”的规定。这一规定的内容是：允许人们一律按当时的低标准，即“士”的标准，一棺一椁，不许多重。二是规定具体的厚度，不许过厚。至于“四寸”“五寸”有多厚，当时周制每尺折合今19.91厘米，即当时一尺不足今六市寸。“四寸”是不到2.4市寸，“五寸”也不过3市寸（以一公尺等于三市尺计算，“五寸”不到10厘米）。这种规定显然是对当时奢靡之风的严厉打击。

历史上反对厚葬还有一些记载，在孔子所作《易·系辞》中记：

古之葬者，厚衣以为薪，葬之中野，不封不树，丧期无数。后世圣人，易以棺椁。

东汉王符力主薄葬，并举出许多例子：

古者墓而不坟，中世坟而不崇。仲尼丧母，冢高四尺，遇雨而崩，弟子请修之，夫子泣曰：“古不修墓。”及鲤也死，有棺无椁。文帝葬芷阳，明帝葬洛南，皆不藏珠宝，不起山陵，墓虽卑而德最高。（《后汉书》卷七十九）

文中对当时厚葬的奢靡之风极力批判后，又说：

案鄗毕之陵，南城之冢，周公非不忠，曾子非不孝，以为褒君爱父，不在于聚财；扬名显亲，无取于车马。

文中说明，一个人孝不孝的表现，不在于死后对父母怎样埋葬，怎样广修坟墓。真正的孝子，是在父母生前尽孝。

三

孔子在回答弟子林放问“礼之本”时，说：“礼，与其奢也宁俭；丧，与其易也宁戚。”（《论语 · 八佾》）是说行礼不一定要求复杂，只要礼数到了，符合规定就行。孔子又说“礼云、礼云，玉帛云乎哉。乐云、乐云，钟鼓云乎哉”（《论语 · 八佾》）也是这个意思。家中老人死后办丧事时，作为后辈，主要应念及先人的功德，心中悲戚，而不要在形式上下功夫。近世以来，有的大贵族之家养着“嚎丧户”，专门在这家办丧事时替孝子痛哭，则完全失去孝亲的意义了。

古时，贵族的家人死后，修起高墓大冢，埋进金银财宝。近世以来，仍有这种陋习，表现为大办丧事。父母死后，扎灵棚，请僧道，置备高级木料的棺木，棺内放进大量财宝。入殓及发丧之时，动用大量人力，各种讲究，有的人依仗自己的职权，大量调动属下，用各种方式介入自家的丧事，闹起哄动效应，实际上这种人有的在父母生前并未尽孝道。南方许多地方有人生前就修下“太师椅型”的坟墓。主墓像一把太师椅，两旁还伸展出去，前后还种树，立上石碑、石案，占用大量土地。这些做法既违背了目前提倡的火葬，更是死人与活人争地，当然是十分错误的。

各代、各族人死后有各种葬法：火葬、水葬、天葬，等等，都要死者有个归宿。人死后没有灵魂，对死者身后的处理，主要是生者心理的安慰，历史上各族的葬式应该尊重，但目前政府推行的火葬还是科学的、正确的。有的名人遗嘱将自己的骨灰洒进大江大河或自己战斗、活动过的地方，也很有意义。

人们对死者身后的事不必做文章，重要的是对父母生前的孝敬。现在农村中，子女不孝敬父母、不照顾老人的现象仍较普遍，许多老人住的很差，吃的很差，医疗更无保障，子女少的不管不问，子女多的相互推诿，农村中多次上演新的《墙头记》，已很不对；城市中的一些风云人物，平时只顾忙自己的工作，忙着挣钱，对父母很少照顾、关怀，也是一种社会问题。几年前，一曲《常回家看看》，为什么风行全国？就因为它体现了现代人最起码的孝心。作为子女，理应在父母生前好好地赡养、尊敬、关怀，不要在父母死后大办丧事，应该厚养薄葬。有的人父母死后，发现自己未能及时尽孝，徒留遗憾。

奉劝天下的子女，趁父母在时尽孝，不要等父母死后再后悔莫及。整个社会都应贯彻厚养薄葬的精神。这既是真正的孝亲，又是真正的人道主义。

泰山石刻《孝经》考

周 郢

提起《孝经》石刻，首先使人想到的当是唐玄宗御注书的《石台孝经》（今存西安碑林）。但人们尚不一定知悉：在泰山之上，也曾有一方镌有《孝经》章节的碑石。今试对其经镌刻情况及文化背景略作考述。

泰山镌刻《孝经》之事，见于众多明清学者关于泰山的记述中。如：

明王思任《观泰山记》："窥舍身崖，有大人先生以《孝经》作法律，巨书于石。"

清孔贞瑄《泰山纪胜》："舍身崖奇险……一先正刻经语其旁曰：'身体发肤，受之父母，不敢毁伤。'是仁人之意哉！"

根据上述，可知明代曾将《孝经》中部分内容镌之于岱顶之舍身崖。今考：泰山这一《孝经》石刻，实出山东布政司参政分守济南道汪应蛟之手。据《泰山石刻记》所记汪应蛟刻辞云：

子曰：身体发肤，受之父母，不敢毁伤。父母全而生之，己当全而归之。不登高，不临深。万历癸巳，岱宗主人汪应蛟书。

按"身体发肤"一节出自《孝经 · 开宗明义章第一》经文及注，而"不登高"一节则出自《礼记 · 曲礼上》。作为儒家重要经典的《孝经》，何以刊石泰山，实有独特的文化背景。

泰山自秦汉以来，便被视为"主生主死"之山。晋之《博物志》云："泰山一曰天孙，言为天帝之孙也。主召人魂，东方万物之始，故知人命之长短。"民间更广泛流传有汉武帝探策获寿等神异故事。因之，很早便形成在泰山"祈寿"与"祈嗣"的习俗。宋元碧霞元君信仰兴起后，更促进这一信仰风俗的盛行，在民间影响深远。其中为亲祈寿之风更成为"孝道"的一大体现，信众在春日争赴泰山，献呈香烛，向泰山神或碧霞元君为父母亲人祈祷长寿平安。嘉靖朝诗人谢榛便有《送吴君搢登岱为亲祈寿》诗："岱岳初登眺，秦松不可攀。欲将千古色，长比二亲颜。心切支相依，行迟鹤共还。仙童授芝草，灵秀到人间。”[1]又万历朝首辅张居正《寄山东巡抚杨本庵》中云：“今病虽除，而摁气亏损已甚……揆之生理，尚属艰难。前梦皇上使仆持节往祀一女神，盖欲领神力以祈祐云。窃思女神之贵者莫如泰安之仙妃，今遣小儿持香帛往祀焉。”（《张太岳文集》卷三十三）又“万历朝礼部尚书于慎行疾，子于纬往醮于岱”（明·邢侗《于文定公年谱》）。从中均可见当时风俗之一斑。

这一充满家庭亲情、人伦温馨的“祈寿”风俗，后来因受到佛教等“舍身”观念的浸染（清张奇逢《禁止舍身碑》云：“泰山顶偏东高崖，不知作俑何人，假南朝梁武帝舍身同泰寺之说，立名舍身崖”），竟然走向极端，演变成一系列行为过激且愚昧荒唐的“泰山舍身”。

关于此类为孝舍身的事件最早的记载见于元代，据《元典章》卷五节《刑部》十九《禁投醮舍身烧死赛愿》云：“皇庆二年正月某日，福建廉访司承奉行台准御史台谘，承奉中书省答付呈据：山东京西道廉访司，申本道封内有东岳泰山，已有皇朝颁降祀典，岁时致祭，殊非细民谄渎之事。今士农工商至于走卒、相扑、俳优、娼妓之徒，不谙礼体，每至三月，多以祈福赛还口愿，废弃生理，敛聚钱物金银器皿，鞍马衣服匹缎，不以远近，四方辐凑，百万余人，连日纷闹。近为刘信酬愿，将伊三载痴儿，抛投醮纸火池，以至伤残骨肉，灭绝天理，聚众别生余事。岳镇海济，圣帝明王，已蒙官破钱物，命有司岁时致祭。民间一切赛祈，并宜禁绝。”

类似的杀儿寿母惨剧，在后世一再上演。据《明史》卷一三七《任亨泰传》：“日照民江伯儿以母病杀其三岁子祀岱岳。有司以闻。帝怒其灭绝伦理，杖百，戍海南。因命亨泰安旌表孝行事例。亨泰议曰：‘人子事亲，居则致其敬，养则致其乐，有疾则谨其医药。卧冰割股，事非恒经。割股不已，至于割肝，割肝不已，至于杀子。违道伤生，莫此为甚。堕宗绝祀，尤不孝之大者，宜严行戒谕。倘愚昧无知，亦听其所为，不在旌表之例。’诏曰‘可’。”明王弘撰《山志》初集卷三载：“洪武二十七年，青州府日照县民江伯儿，以母病……祷于岱岳，愿母病愈，则杀子以祭。已而母愈，遂杀其三岁子祭。有司以闻，太祖大怒曰：‘父子天伦，百姓无知，乃杀其子，灭绝伦理。’遂捕伯儿，杖之百，谪海南。”

这种“郭巨埋儿”式的人伦惨祸，虽屡遭当朝的严令禁止，但在市井却传

1．《谢榛全集》卷六，217页，齐鲁书社2000年版。

为孝道美谈。元杂剧《小张屠焚儿救母》便是以“刘信案”为素材，对此近代戏曲史家王国维论称：“泰山焚儿还愿，元时乃真有此事，不过剧中易刘信为张屠，又谬悠其事实。元时火葬之风最盛，乃至焚及生人，迷惑之酷竟至于此。”[1]然此事被搬演舞台，誉为至孝纯孝而大力讴歌，实际上这种愚孝观念并非限于刘信一身，而是有着异常广泛的社会基础。在此社会群体心态下，自元至明，泰山舍身之风愈演愈烈，而实施“舍身”的地点也渐渐“锁定”在岱顶舍身崖。弘治《泰安州志》卷一《山川》云：“舍身崖：在岳顶东南，峭壁直下约千丈余，四方愚民惑于不经之说，多于此舍身。”明《泰山志》卷一《山川》云：“舍身崖、其北联属日观峰下，余三面崖壁，陡削数百仞，其上平，广半亩许，中有石凸起丈许，岳之奇胜处也。愚民往往舍身投崖，徼轮回之福。”泰山从一座神府仙闾，竟一变而成为阴森恐怖的“自杀之山”[2]。

对此，明代的各级官府多次发布谕令或设制阻隔，严禁众人在泰山舍身。如：

正统四年（1439）十一月，山东按察副使王裕以四方愚民登山烧香，舍身跳崖，毁伤肢体，秽恶亵渎，有伤和气。奏请令巡按御史、按察司并泰安州官严加禁约。得到允准。（《明英宗实录》卷六一）

成化元年（1465），山东按察使李裕与御史李景贤泰安州官堵塞岱顶通往舍身崖的路径，以防游人投崖轻生。（明李裕《登泰山记》）

成化时期，吏部尚书尹旻因四方愚昧之民惑于不经之说，多于岱顶舍身崖投谷自殉，因命有司设置藩篱以阻断其处。（弘治《泰安州志》卷一《山川》）

嘉靖四年（1525），总巡泰山香税、东昌通判姚奎严禁在泰山舍身。（明李镕《姚别驾总巡泰山记》，明《泰山志》卷三）

嘉靖三十二年（1553），总巡泰山香税济南府同知王乾元，岱顶舍身崖镌刻告示，严禁投崖舍身。（明《泰山志》卷一《山川》）

万历七年（1579），山东巡抚何起鸣命在泰山舍身崖筑建垣墙，严禁投崖舍身，并更崖名为“爱身崖”。（《岱史》卷四《山水表》）

1．《王国维学术随笔》，第68页，社会科学文献出版社，2000年。

2．详法国载密微（Paul Demi ville）《泰山——自杀之山》（Le Tai’-chanou Montagnedusuici de），《阿尔卑斯回音报》，1924年，收入1973年《汉学论文选》；及日本泽田瑞穗《请命·借寿·舍身》，见《中国 泰山：世界圣城别卷1》，东京讲谈社，1982年。

不过，对于源于心灵愚昧的行为，只凭行政手段很难彻底禁绝——当信众决意以放弃生命来赢得虚幻的天国幸福时，早已对世俗的严厉惩罚视若无物。“破山中贼易，破心中贼难”，这是古今制止各种愚昧行为时难解的死结。于是便有一些官员试图从精神层面入手，对流俗“舍身”之说进行匡谬批驳。舍身崖因之成为一处“哀愚”与“警愚”的论台。

由于“舍身”的一个主要因素，是基于所谓的“孝”。众多信众坚定认为，通过自己或子嗣肉身的奉献，定能换取父母的康复与长寿，甚至能以此“孝行”赢得“升仙”或“永生”。这与当时流行用割股、挖乳、刲肝为亲疗病的愚孝行为同出一辙。朝野流传的众多异闻，都曲折反映出这一“孝亲观”。如清王士禛《池北偶谈 · 谈异》“泰山孝子”条所记传闻云：“顺治十年四月，泰安州知州某于泰山下行，忽见片云自山巅下，云中一人，端然而立，初以为仙，及坠地，则一童子也。惊问之，曰：‘曲阜人，孔姓，方十岁。母病，私祷太山府君，愿殒身续母命。母病寻愈，私来舍身岩，欲践夙约，不知何以至此。’知州大咩异，以乘舆载之送归。”这种不经之谈的广泛流播，又大大鼓励了“舍身”的行为。

对于这一荒谬愚昧之“孝亲观”，正统儒者起而进行多方匡谬辟邪，其中所用一点，便是以“正孝”来辟“愚孝”。汪应蛟之刻《孝经》于舍身崖，正是基于这一动因。

汪应蛟（？—1627），字潜夫，号登原，徽州婺源（今属江西）人。明万历二年（1574）进士，授南京兵部主事。历官至兵部尚书。《明史》卷二四一有传。应蛟万历二十一年（1593）前后任山东布政司参政，分守济南道，驻扎泰安，故其自称“岱宗主人”。汪氏出守泰山时，正值明朝国运转衰之际，民间秘教的兴起，社会矛盾的激化，都加剧了舍身行为的发生。汪氏“居家究心性命之学，与理学诸君子往还无间”，后人称其“学宗诚敬，不希顿悟，士之游其门者，有庄敬日严之感”[1]，是一清介自守的正统儒家。当此愚行层出屡禁不绝之况，作为“岱宗主人”之汪氏亟须移风易俗，以止愚风，以安社会。作为体现孔子思想的《孝经》，无疑是批驳陋俗的有力武器。

汪刻前段选自《孝经》，后段选自《礼记》，实先后照应、互为关合。《孝经》之文揭出的“身体发肤，受之父母，不敢毁伤，孝之始也”，是孔子

1．清陈鼎《东林列传》卷十四。

孝理论的一大主旨，唐玄宗注引乐正子春之言释曰：“父母全而生之，己当全而归之，故不敢毁伤。”此即“不辱之孝”。这一理念的前提是：世人皆为父母所生养，人之躯体乃父母之赐予，“身也者，父母之遗体也，行父母之遗体，敢不敬乎？”（《礼记 · 祭义》）人们承受着“父母之遗体”，自然应百般爱惜，所谓“父母全而生之，子全而归之，可谓孝矣”（《礼记 · 祭义》）。因此保护自身免受伤害乃是“不辱之孝”的率先之义。而《礼记》所言“不登高，不临深，不苟訾，不苟笑。孝子不服暗，不登危，惧辱亲也”，则是对“不辱之孝”的具体行为规范。今天看来，这种尊重生命、重视生命并将之视为一切“孝义”的基础的观念，无疑是儒学思想的一大精华。“舍身”观念用毁伤自己的肉体来行“孝”，从儒者来看，已属最大的“不孝”。所谓“五刑之属三千，而罪莫大于不孝”。早在唐代，韩愈就特地写《鄠人对》，认为“父母疾，亨药饵，以是为孝，未安毁肢体者也。苟不伤义，则圣贤先众而为之。是不幸因而且死，则毁伤灭绝之罪有归矣，安可旌其门以表异之？”痛斥为父母而毁伤肢体是深负“害义”之罪。而泰山舍身之俗，不仅有违于伦常，也全背于儒家圣训。舍身者已负莫大之罪，而欲借此邀来生之福，换亲人之寿，岂不谬哉！汪应蛟援《孝经》此节，已从根本上驳斥舍身之说的背理、荒谬与不经。在后世之“舍身论辩”中，汪应蛟所倡《孝经》“不辱不孝”有深远影响。如清初张奇逢《禁止舍身碑》中云：“其吾人之身，父母之身也。古孝子不登高，不临深，惟爱其身，斯爱其亲，奈何以父母之身轻试万仞之下，形神俱丧，而尚得谓之成仙，尚得谓之报亲耶？”即是发挥了汪氏所倡之论。又清陈康祺《郎潜纪闻初笔》卷六记清人计东逸事云：“吴江计甫草东……游泰山，至日观峰，见丰碑屹立，大书‘人子不登高，不临深’，即杖策而下。还吴，见黄孝子向坚，自称弟子。”亦可见汪刻感悟人心之深。

附带指出，在儒家观念中，也有“舍身”的理念，所谓“杀身成仁，舍生取义”，正是对此的集中概括。但舍弃生命所换取的乃是“仁义”的政治思想，而非一己一家之福祉。对此《孝经》中已有揭示：“始于事亲，中于事君，终于立身。”首次将孝亲与忠君联系起来，认为“忠”是“孝”的发展和扩大。明人在舍身论辩中，有的便汲取了《孝经》这一“移忠作孝”的理念，如王越《泰山舍身崖》诗云：“舍身崖下深难测，每怪轻生世上人。我亦有身偏自重，舍时除是为君亲。”[1]这既是对《孝经》“事君”说的传承，也是对“舍身”之义的全新解读与升华。所以明人俞弁《山樵暇语》卷五在评论王越此诗称：“泰山有舍身崖，岁有男妇往焉，以身投于崖下，谓之舍身。太傅王世昌诗云：……诗有关世孝，非为徒作。”较之汪应蛟仅标举“不辱之孝”，应该说后者对《孝经》的借鉴与发挥更为深刻与高远。

明乎此，则可知明末在泰山出现《孝经》石刻，并非单纯地传播经典、弘阐圣学，而是寓有辟愚正俗的社会功用，所以明人王氏于舍身崖上针对汪碑，大书刻石：“以《孝经》作法律。”[2]清初儒者孔贞瑄在《泰山纪胜》中也对此特笔揭出：《孝经》之刻，“是仁者之用意也”！

但历史到了封建社会晚期后，正统儒学在民间已日渐失去其影响力，故有官府的历禁与儒者的匡谬，而“舍身”之风仍屡禁不止，屡辟不息。故时人王思任于《观泰山记》中讥评汪氏：“死之人愚而挺，劝之人古而迂。”邓拓先生在《燕山夜话》中亦论禁舍身之举称：“用意是很好的。可是，在过去那样黑暗的时代，有许多人为现实生活所迫，不得不走上了舍身崖，企图摆脱一辈子的痛苦，避免所谓轮回的厄运，追求虚空的未来幸福。那些舍身投崖的人，并不因为何起鸣等人的告示而有所悔悟。所以后来的《山东通志》又写道：‘……四方愚民惑于轮回之说，多舍身其中。官设藩篱御之，亦不能禁。’这就证明，那些跳崖舍身的行为，并非一段围墙和一纸布告就能阻止的。”关于“舍身”的论辩，也一直延续到清代后期[3]。此是后话。

《孝经》石刻之形制，泰山史志中均未载录。据《郎潜纪闻初笔》“至日观峰，见丰碑屹立”之语，应系碑石而非摩崖。今笔者于舍身崖上作实地考察，未发现石碑遗存。是其刻早已湮没历史风尘之中。但考证《孝经》曾刻于泰山这一史实，对思考儒学在泰山影响及历史上“愚孝”与“反愚孝”的斗争，仍不无参考意义。

（周郢：泰山学院研究员）

1．《黎阳王太傅诗文集》卷上。
2．《泰山石刻记》。
3．清道光年间，徐宗干有《爱身崖说》。

《女孝经》评介

骆承烈

《女孝经》为唐代朝散郎侯莫陈邈的妻子郑氏编成。郑氏的侄女策为永王妃，郑氏为了规劝其侄女的言行举止合于礼法而作此文。全文仿《孝经》的形式，也分为十八章。甚至连每章的题目也大都与《孝经》相同、相近或相似。全书假借东汉史学家曹大家给其侄女讲道德的名义，告诫女子应如何立身处世，女子日常的言行举止怎样做才能符合礼仪，叙述很详细。自此以后历代流行。

曹大家，即班昭，东汉史学家班彪之女。一名姬，字惠姬，曾嫁给曹世叔。世叔死后，被和帝召入宫中，为皇后、贵人之师，号曹大家（“家”音“姑”，同姑）。她作《女诫》七章。其兄班固著《汉书》未完死去，皇帝令她继续完成，故此女亦为东汉时的史学家。

《女孝经》凡十八章

开宗明义章第一

曹大家闲居，诸女侍坐。大家曰：“昔者圣帝二女有孝道，降于妫汭，卑让恭俭，思尽妇道，贤明多智，免人之难，汝闻之乎？”诸女退位而辞曰：“女子愚昧，未尝接大人余论，曷得以闻之？”大家曰：“夫学以聚之，问以辩之，多闻阙疑，可以为人之宗矣！汝能听其言，行其事，吾为汝陈之。夫孝者，广天地，厚人伦，动鬼神，感禽兽，恭近于礼，三思后行，无施其劳，不伐其善，和柔贞顺，仁明孝慈，德行有成，可以无咎。《书》云：‘孝乎惟孝，友于兄弟。’此之谓也。”

后妃章第二

大家曰："关睢麟趾，后妃之德，忧在进贤，不淫其色，朝夕思念，至于忧勤。而德教加于百姓，刑于四海，盖后妃之孝也。《诗》云：'鼓钟于宫，声闻于外。'"

夫人章第三

居尊能约，守位无私，审其勤劳，明其视听，诗书之府可以习之，礼乐之道可以行之，故无贤而名昌，是谓积殃；德小而位大，是谓婴害。岂不诫欤！静专动直，不失其仪，然后能和。其子孙保其宗庙，盖夫人之孝也。《易》曰："闲邪！存其诚，德博而化。"

邦君章第四

非礼教之法服，不敢服；非诗书之法言，不敢道；非信义之德行，不敢行。欲人不闻，勿若勿言；欲人不知，勿若勿为；欲人勿传，勿若勿行。三者备矣，然后能守其祭祀，盖邦君之孝也。《诗》云："于以采蘩，于沼于沚。于以用之，公侯之事。"

庶人章第五

为妇之道，分义之利，先人后己，以事舅姑，纺绩衣裳，社赋蒸献，此庶人妻之孝也。《诗》云："妇无公事，休其蚕织。"

事舅姑章第六

女子之事姑舅也，敬与父同，爱与母同。守之者义也，执之者礼也。鸡初鸣，咸盥漱，衣服以朝焉。冬温夏清，昏定晨省，敬以直内，义以方外，礼信立而后行。《诗》云："女子有行，远兄弟父母。"

三才章第七

诸女曰："甚哉！夫之大也。"大家曰："夫者天也，可不务乎！古者女子出嫁曰归，移天事夫，其义远矣。天之经也，地之义也，人之行也，天地之性而人是则之。则天之明，因地之利，防闲执礼，可以成家。然后先之以泛爱，君子不忘其孝慈；陈之以德义，君子兴行；先之以敬让，君子不争；道之以礼乐，君子和睦；示之以好恶，君子知禁。《诗》云：'既明且哲，以保其身。'"

孝治章第八

大家曰："古者淑女之以孝治九族也，不敢遗卑幼之妾，而况于娣侄乎！故得六亲之欢心以事其舅姑。治家者不敢侮于鸡犬，而况于小人乎！故得上下之欢心以事其夫。理闺者，不敢失于左右，而况于君子乎！故得人之欢心以事其亲。夫然，故生则亲安之，祭则鬼享之，是以九族和平，萋菲不生，祸乱不作。故淑女之以孝治上下也如此。《诗》云：'不愆不忘，率由旧章。'"

贤明章第九

诸女曰："敢问妇人之德，无以加于智乎？"大家曰："人肖天地，负阴抱阳，有聪明贤哲之性，习之无不利，而况于用心乎！昔楚庄王晏朝，樊女进曰：'何罢朝之晚也，得无倦乎？'王曰：'今与贤者言乐，不觉日之晚也。'樊女曰：'敢问贤者谁欤？'曰：'虞丘子'。樊女掩口而笑。王怪问之。对曰：'虞丘子贤则贤矣，然未忠也。妾幸得充后宫，尚汤沐，执巾栉，备扫除，十有一年矣。妾乃进九女，今贤于妾者二人，与妾同列者七人。妾知妨妾之爱，夺妾之宠，然不敢以私蔽公，欲王多见博闻也。今虞丘子居相十年，所荐者非其子孙，则宗族昆弟，未尝闻进贤而退不肖，可谓贤哉？'王以告之，虞丘子不知所为，乃避舍露寝，使人迎孙叔敖而进之，遂立为相。夫以一言之智，诸侯不敢窥兵，终霸其国，樊女之力也。《诗》云：'得人者昌，失人者亡。'又曰：'辞之辑矣，人之洽矣。'"

纪德行章第十

大家曰："女子之事夫也，及笄而朝，则有君臣之严；沃盥馈食，则有父子之敬；报反而行，则有兄弟之道；受期必诚，则有朋友之信；言行无玷，则有理家之度。五者备矣，然后能事夫。居上不骄，为下不乱，在丑不争。居上而骄则殆，为下而乱则辱，在丑而争则乖。三者不除，虽和如琴瑟，犹为不妇也。"

五刑章第十一

大家曰："五刑之属三千，而罪莫大于妒忌，故七出之状标其首焉。贞顺正直，和柔无妒，理于幽闺，不通于外，目不徇色，耳不留声，耳目之欲，不越其事，盖圣人之教也，汝其行之。《诗》云：'令仪令声，小心翼翼。古训是式，威仪是力。'"

广要道章第十二

大家曰："女子之事舅姑也，竭力而尽礼，奉娣姒也，倾心而罄义。抚诸孤以仁，佐君子以智，与娣姒之言信，对宾侣之容敬，临财廉取与让，不为苟得。动必有方，贞顺勤劳，勉其荒怠。然后慎言语，省嗜欲。出门必掩蔽其面，夜行以烛，无烛则止。送兄弟不逾于阈。此妇人之要道，汝其念之。"

广守信章第十三

立天之道，曰阴与阳；立地之道，曰柔与刚。阴阳刚柔，天地之始；男女夫妇，人伦之始。故乾坤交泰，谁能间之。妇地夫天，废一不可。然则丈夫百行，妇人一志。男有重婚之义，女无再醮之文，是以《芣苡》兴歌，蔡人作诫。匪石为叹，卫主知惭。昔楚昭王出游，留姜氏于渐台，江水暴至，王约迎夫人必以符合，使者仓促，遂不请行。姜氏曰："妾闻贞女义不犯约，勇士不畏其死，妾知不去必死，然无符，不敢犯约；虽行之必生，无信而生，不如守义而死。"会使者还取符，则水高台没矣！其守信也如此，汝其勉之。《易》曰："鹤鸣在阴，其子和之。"

广扬名章第十四

大家曰："女子之事父母也孝，故忠可移于舅姑；事姊妹也义，故顺可移于娣姒；居家理，故理可闻于六亲。是以行成于内，而名立于后世矣。"

谏诤章第十五

诸女曰："若夫廉贞孝义，事姑敬夫，扬名则闻命矣！敢问妇从夫之令，可谓贤乎？"大家曰："是何言欤？昔者周宣王晚朝，姜后脱簪珥待罪于永巷，宣王为之夙兴。汉成帝命班婕妤同辇，婕妤辞曰：'妾闻三代明王，皆有贤臣在侧，不闻与嬖女同乘。'成帝为之改容。楚庄王耽于游畋，樊女乃不食野味，庄王感焉，为之罢猎。由是观之，天子有诤臣，虽无道，不失其天下；诸侯有诤臣，虽无道，不失其国；大夫有诤臣，虽无道，不失其家。士有诤友，则不离于令名；父有诤子，则不陷于不义；夫有诤妻，则不入于非道。是以卫女矫齐桓公不听淫乐，齐姜遣晋文公而成霸业。故夫非道则谏之，从夫之令，又焉得为贤乎！《诗》云：'猷之未远，是用大谏。'"

胎教章第十六

大家曰："人受五常之理，生而有性习也，感善则善，感恶则恶，虽在胎养，岂无教乎！古者妇人妊子也，寝不侧，坐不边，立不跛；不食邪味，不履左道，割不正不食，席不正不坐，目不视恶色，耳不听靡声，口不出傲言，手不执邪器；夜则诵经书，朝则讲礼乐。其生子也，形容端正，才德过人，其胎教如此。"

母仪章第十七

大家曰："夫为人母者，明其礼也。和之以恩爱，示之以严毅，动而合礼，言必有经。男子六岁教之数与方名，七岁男女不同席，不共食，八岁习之以小学，十岁以从师焉。出必告，反必面，所游必有方，所习必有业。居不主奥，坐不中席，行不中道，立不中门。不登高，不临渊，不苟訾，不苟笑。不有私财，立必正方；耳不倾听，使男女有别；远嫌避疑，不同巾栉。女子七岁教之以四德，其母仪之道如此。皇甫士安叔母有言曰：孟母三徙，以教成人，买肉以教存信，居不卜邻，令汝鲁钝之甚。《诗》云：'教诲尔子，式谷似之。'"

举恶章第十八

诸女曰："妇道之善，敬闻命矣！小子不敏，愿终身以行之。敢问古者亦有不令之妇乎？"大家曰："夏之兴也以涂山，其灭也以妺喜；殷之兴也以有莘氏，其灭也以妲己；周之兴也以太任，其灭也以褒姒。此三代之王，皆以妇人失天下，身死国亡，而况于诸侯乎！况于卿大夫乎！况于庶人乎！故申生之亡，祸由骊女，愍怀之废，衅起南风。由是观之，妇人起家者有之，祸于家者亦有之。至于陈御叔之妻夏氏，杀三夫，戮一子，弑一君，走两卿，丧一国，盖恶之极也。夫以一女子之身，破六家之产，吁！可畏哉！若行善道，则不及于此矣！"

一、各章内容简介

开宗明义章第一：仿孔子与曾子讲述的样子，曹大家与皇宫内后妃讲古代尧的女儿娥皇、女英二人是女子中行孝的典范。大家认真地听，知道孝道能"广天地，厚人伦，动鬼神，感禽兽"，是一种十分好的德行。

后妃章第二：曹大家要后妃们认真学习《诗经·关雎》，因为此篇中体现后妃之德。自己首先学好，后妃们品德提高后，才能传到百姓中去。

夫人章第三：曹大家告诉处在崇高地位的夫人们，要保持尊位。要大公无私，也要辛勤劳作，才能耳聪目明。有人德行不好，还沽名钓誉，很不应该。一个女子也要保持堂堂正正做人的原则。

邦君章第四：一个邦君之妻，不合礼的话不要说，不合礼的行为不要做，也不要传播不合礼的消息，才能保住自家国君的地位，做到邦君应做的孝道。

庶人章第五：一个女子处世的原则，要分清义和利。要先别人，后自己，以此精神侍奉公婆。要精于纺织、缝纫、做饭等事，还要会做祭祀祖先及神灵的准备，这正是普通百姓人家的孝道。

事舅姑章第六：一个女子侍奉公（舅）婆（姑），要像对待自己的父母一样。要坚持贞操，执行礼仪。如按时起床，到公婆处请安，冬天使公婆温暖，夏天使公婆凉爽。从起床到睡眠，对公婆都要无微不至地照顾。

三才章第七：侄女听了，觉得很好。曹又说丈夫是妻子的“天”，“归”是归附于丈夫的意思，妻子和丈夫一起行孝，十分应该。孝是天经地义的事，然后推衍到人。一个人成了家后，要泛爱，要孝慈，要陈之以德义，才能使礼乐入人心，人人都和睦。

孝治章第八：古代女子用孝道去治理九族，故能博得家族六亲的欢心。以孝道上对公婆，下对侍女，就能得到更多人的欢心。一个女子用孝的德行处理家庭内上下的关系，便能使家庭和睦、兴旺、发达。

贤明章第九：人应有聪明、善良的本性，从前一个樊姓宫女向楚王问起大臣虞丘子事。虞丘子为相十几年，未能唯才是举，后来又推荐了公孙敖。樊姓宫女说话不多，却为国家办了好事。正如《诗经》中说的那样，得人心者才能得到周公、吕尚那样的贤才，国家才能强盛。

纪德行章第十：女子出嫁后做了妻子，就要服侍丈夫，孝敬公婆。受丈夫之托办事一定要忠诚、尽力。丈夫地位高时不要骄傲，丈夫地位低时不得乱行，丈夫处于卑贱仆从地位时，不要抗争。如果不这样做，便不是一个好妻子。

五刑章第十一：五种刑罚中的刑律共有三千条，最大的罪行没有超过嫉妒的。所以丈夫休妻子的七条理由中，嫉妒就占一条。女子的贞顺、正直、柔和及不嫉妒等较高的修养，都是从小养成的。有好品德的人，视、听、言、行都是美好的，对一切丑恶行为都是排斥的。

广要道章第十二：女子敬奉公婆时，礼节要周到。与妯娌相处要友爱，对孤儿寡妇要有慈爱之心。对人讲礼貌，不要贪财。要辛勤劳作，要谨慎处事，出门要遮住脸，夜里行走要点着火，不点火不能出门。一切行为都要循规蹈矩。

广守信章第十三：天的法则是阴阳互补，地的法则是刚柔相济，天地的法则也是男女的法则。男女如天地，废除一方也不行。为此男人可有百种品行，女子则有一种志向和操守。蔡叔度之子改其父的性情已属难得，楚昭贞姜的守信，淹死于渐台更为难得。

广扬名章第十四：女子在家孝敬父母，出嫁后就能孝敬公婆。在家里能用义理对待姐妹，出嫁后便会顺利地转移到对待妯娌上。一个女子做到孝敬、仁义，她的好名声便会远播，然后为世人传颂。

谏诤章第十五：侄女听说了上面一些道理，明白了许多。又问如果一切都顺从，算最贤良吗？曹大家说不是。当年周宣王的夫人姜氏对王劝谏，宣王改了错。汉成帝听到班婕妤的劝谏，楚庄王听了樊姓宫女的劝谏，也都改了错。妻子敢于劝谏，纠正丈夫的错误，才能算真正的贤明。

胎教章第十六：一个人接受仁义礼智信的道理，便能养成好习惯，不接受便养成坏习惯。婴儿在母亲肚里时，也要接受好习惯。因此孕妇要走得正，站得直，不吃有邪味的东西，不走邪道，不看污秽，不听污言，不说脏话……以一切好习惯让婴儿接受胎教，才能生出好孩子。

母仪章第十七：作为孩子的母亲，应通晓礼节。以亲和的态度、整洁的衣着和果断利落的处事态度来展示自己，给孩子们做出榜样。对不同年龄、不同性别的孩子应给予不同的教育，教他（她）们学习“六艺”以及各种处世的本领。“孟母三迁”“曾子杀猪”的故事对人很有启发，用好方式教育孩子，正是为了叫他们继承先人的美德。

举恶章第十八：侄女又问起历史上不好的妇女，曹大家向她讲了夏代有贤明的涂山氏帮助夏禹，妹喜却助桀为虐。商代有莘氏协助商汤，纣王却宠信妲己，自取灭亡。周朝文王母太任贤明，褒姒却使幽王亡国。天子如此，诸侯、大夫同样如此。晋国太子申生被杀，是骊姬所害。这些女子的恶行都要记取啊！

二、简要评析

(一) 阐明孝的地位与作用

《女孝经》一开始就明确亮出“夫孝者，广天地，厚人伦，动鬼神，感禽兽”。女子孝亲还能使“恭近于礼，三思后行，无施其劳，不伐其善，和柔贞顺，仁明孝慈，德行有成，可以无咎”。孝是天地间的大事、正事，涵盖整个自然、人类以及鬼神。如果做到孝，便可从各个方面协调人际关系，使人人得益，社会安宁。文中阐明此段后，引用《尚书》：“孝乎，唯友于兄弟，此之谓也。”意思是女子之孝，主要能以维系家庭关系。每个女子在家中做到孝，家中便可安宁。家中安宁了，国也就安宁了，因此孝为“人之宗”。

(二) 阐明女子孝的作用

在二、三、四、五章中分别说明孝在不同范围内的作用。《孝经》中分别讲到天子、诸侯、卿大夫、士、庶人之孝，《女孝经》则分别对后妃、夫人、邦君和庶人几个层次论孝。“后妃”之孝是将《诗经》之《关雎》《麟之趾》等高尚的道德和品行教育天下百姓。“夫人”（诸侯之妻）之孝应“守位无私，审其勤劳，明其视听”，做到“静专动直，不失其仪，然后能和”。目的是“保其宗庙”，让一个个诸侯国永远保持下去。“邦君”（大夫）之孝则是在信义德行方面做出榜样。“欲人不闻，勿若勿言；欲人不知，勿若勿为；欲人勿传，勿若勿行。”在言行方面做出榜样，就可以“守其祭祀”，使大夫、士这一阶层的地位永远维持下去。

至于“庶人”之孝，则与以上几层贵族大不相同。对她们只要求在家中能“分义之利，先人后己，以事舅姑”。具体地说，在家“纺绩衣裳，社赋蒸献”，即能纺线织布，做衣做饭，供奉神灵，就算达到要求了。文中对不同阶级女子不同的要求，正说明《女孝经》的作者站到统治者立场上，是为当时的统治者服务的。

(三) 女子的任务

大量内容明确表示，出嫁后，女子的主要任务是伺候公婆（舅姑或翁姑）。首先要求女子要像爱自己的父母一样爱翁姑，依礼、依义对待公婆。鸡一叫就和丈夫一同起床，洗脸漱口后，向公婆请安。要使公婆冬暖夏凉，晚上为公婆铺好被褥，侍候公婆安寝，这些都是分内的事。女子在家的忠义，不但表现在侍奉公婆上，也可移于婆家的其他人，如家内妯娌，进而发展到六亲。

(四) 崇尚女子的德行

文中认为女子仿男子“君臣、父子、兄弟、朋友”之道，以新的内容具体执行。“君臣之道”表现为净手后供奉祖先、鬼神，“父子之敬”表现为对先人受恩报恩，“兄弟之道”表现为按照丈夫的嘱托去办事，“朋友之信”表现为言行规范，不妄言妄动。这些是女子最基本的德行，这些事情做好以后，再说怎样尽力侍奉丈夫。

（五）反对女子的恶行

文中认为一个合格的女子，不但要有好的德行，也要摒弃一些恶行。《纪德行章》中认为“居上而骄则殆，为下而乱则辱，在丑而争则乖”。即居于高位的人如果骄傲，早晚要受打击，出危险；居于低位的人如果乱来，就会遭受耻辱；地位很低当了仆人以后还去抗争，将会遭到更大的欺辱。《五刑章》中特别提出“五刑之属”有三千种，作为女子来说，最大的恶行是妒忌。这一错误和贞顺、正直、柔和相反，一个女子有了这种毛病，会办出许多坏事来。

（六）举出许多事例教育女子

《女孝经》不仅讲了许多道理，还举出一些历史上的实例，对女子形象地进行教育。如《贤明章》记樊姓宫女谏楚庄王说虞丘子不贤明，《广守信章》记楚昭王之妃贞姜为守信用被淹死在渐台上。《谏诤章》记周宣王之妃谏宣王，班婕妤谏汉武帝，还有“孟母三迁”“曾子杀猪”的故事等，都使当政的王侯改正错误，做出对国家有利的事。最后一章《举恶章》则举出一些办坏事的女子。如夏朝的妹喜，商朝的妲己，西周时的褒姒，春秋时的骊姬，她们的恶行，导致一个个国家灭亡。这些例子生动、具体，既能做到以理服人，又可以事动人。

（七）重视胎教

这是结合女子特点提出的主张。文中认为不但女子要修德，生的孩子也要成德成才。在孩子出生前就要给他们好的影响、好的教育，这就是孕妇的胎教。《胎教章》要求女子怀孕时，“寝不侧，坐不边，立不跛，不食邪味，不履左道。割不正不食，席不正不坐，目不视恶色，耳不听靡声，口不出傲言，手不执邪器。夜则诵经书，朝则讲礼乐”。如果这样做，生下来的孩子就可以“形容端正，才德过人”。这些说法，当然是些旧日的主张，但依现代科学观来看，还是有一定道理的。

（八）明确强调夫权

文中除多次说到女子出嫁后应侍奉丈夫以外，在《三才章》中明确记载“夫者天也，可不务乎”？夫是妻的天，妻能不为夫尽力吗？又记“古者女子出嫁曰归”，归就是投奔、依附之意。《广守信章》中又记：“立天之道，曰阴曰阳；立地之道，曰柔曰刚。阴阳刚柔，天地之始，男女夫妇，人伦之始。”依此理论得出的结论是“妇地夫天，废一不可。然则丈夫百行，妇人一志”。丈夫可以有百种行为，妻子对丈夫只能有一种志向和操守。至于女子平时在家，也要“不为苟得，动必有方。贞顺勤劳，免其荒怠”。然后“慎言语，省嗜欲，出门必掩其面，夜行以烛，无烛则止”。这些规定，都是对女子从思想到行为上的束缚。

《女孝经》产生于我国封建社会高峰时期的唐朝。实际上继汉代重儒的思想而来，文中封建社会中男尊女卑的观点暴露无遗。作《女孝经》以此教育女子的目的，正是为了从另一个角度巩固封建统治。在当时小农经济的条件下，男子是社会上的主要劳动力，女子从属于男子，是当时经济基础决定的。《女孝经》一文则在思想上、行为上为女子定下服从男子的规范。今天看来很不合理，但却是当年时代的产物，不足为怪。文中一方面体现男尊女卑，另一方面也体现出居于统治地位的女子和居于被统治地位，即劳动人民的女子，各有不同要求，即一个“孝”字，也明确地灌输以阶级性，这又体现出当时的时代特点。

第二卷　各家论孝

孔、曾、孟孝亲箴言

骆　明／整理

曾子以孝名闻古今。其孝的思想，上承孔子，下传孟子，成为儒家思想的重要组成部分。现将此三位儒学大师对孝的主要论述集中列出，由此可看出其继承、发展的关系。

一、孔子

子曰：“弟子入则孝，出则悌；谨而信，泛爱众，而亲仁。行有余力，则以学文。”

子曰：“父在，观其志，父没，观其行，三年无改于父之道，可谓孝矣。”

《论语 · 学而》

孟懿子问孝，子曰：“无违。”……樊迟曰：“何谓也？”子曰：“生，事之以礼。死，葬之以礼，祭之以礼。”

孟武伯问孝。子曰：“父母唯其疾之忧。”

子游问孝。子曰：“今之孝者，是谓能养。至于犬马，皆能有养。不孝，何以别乎？”

子夏问孝。子曰：“色难。有事，弟子服其劳；有酒食，先生馔，曾是以为孝乎。”

季康子问：“使民敬、忠以劝，如之何？”子曰：“临之以庄，则敬；孝慈，则忠；举善而教不能，则劝。”

《论语 · 为政》

子曰：“事父母，几谏。见志不从，又敬不违，劳而无怨。”

子曰：“父母在，不远游。游必有方。”

子曰：“三年无改于父之道，可谓孝矣。”

子曰："父母之年，不可不知也。一则以喜，一则以惧。"

《论语 · 里仁》

子曰："出则事公卿，入则事父兄。丧事不敢不勉，不为酒困，何有于我哉？"

《论语 · 子罕》

子曰："孝哉！闵子骞。人不间于其父母昆弟之言。"

《论语 · 先进》

樊迟从游于舞雩之下，曰："敢问崇德、修慝、辨惑。"子曰："善哉问！先事后得，非崇德与？攻其恶，无攻人之恶，非修慝与？一朝之忿，忘其身，以及其亲，非惑与？"

《论语 · 颜渊》

叶公语孔子曰："吾党有直躬者，其父攘羊，而子证之。"孔子曰："吾党之直躬者异于是：父为子隐，子为父隐，直在其中矣。"

《论语 · 子路》

宰我问："三年之丧，期已久矣。君子三年不为礼，礼必坏；三年不为乐，乐必崩。旧谷既没，新谷既升，钻燧取火，期可已矣。"

子曰："食夫稻，衣夫锦，于汝安乎？"

曰："安"。

"汝安，则为之。夫君子之居丧，食旨不甘，闻乐不乐，居处不安，故不为也。今汝安，则为之。"

宰我出。子曰："予之不仁也！子生三年，然后免于父母之怀。夫三年之丧，天下之通丧也。予也有三年之爱于其父母乎！"

《论语 · 阳货》

凯风自南，吹彼棘心。棘心夭夭，母氏劬劳。
凯风自南，吹彼棘薪。母氏圣善，我无令人。
爰有寒泉，在浚之下。有子七人，母氏劳苦。
睍睆黄鸟，载好其音。有子七人，莫慰母心。

《诗 · 邶风 · 凯风》

陟彼岵兮，瞻望父兮。父曰："嗟！予子行役，夙夜无已。上慎旃哉，犹来无止。"

陟彼屺兮，瞻盼母兮。母曰："嗟！予季行役，夙夜无寐。上慎旃哉，犹来无弃。”

陟彼冈兮，瞻望兄兮。兄曰：“嗟！予弟行役，夙夜必偕。上慎旃哉，犹来无死。”

《诗 · 魏风 · 陟岵》

肃肃鸨翼，集于苞棘。王事靡盬，不能艺稷黍，父母何怙？悠悠苍天！曷其有所？

肃肃鸨羽，集于苞栩。王事靡盬，不能艺黍稷，父母何食？悠悠苍天！曷其有极？

肃肃鸨行，集于苞桑。王事靡盬，不能艺稻粱，父母何尝？悠悠苍天！曷其有常？

《诗 · 唐风 · 鸨羽》

翩翩者雏，载飞载下，集于苞栩。王事靡盬，不遑将父。

翩翩者雏，载飞载止，集于苞杞。王事靡盬，不遑将母。

加彼四骆，载骤骎骎。岂不怀归？是用作歌，将母来谂。

《诗 · 小雅 · 四牡》

我心忧伤，念昔先人。明发不寐，有怀二人。

《诗 · 小雅 · 小宛》

维桑与梓，必恭敬止。靡瞻匪父，靡依匪母。

不属于毛，不罹于里。天之生我，我辰安在。

《诗 · 小雅 · 小弁》

蓼蓼者莪，匪莪伊蒿。哀哀父母，生我劬劳。

蓼蓼者莪，匪莪伊蔚。哀哀父母，生我劳瘁。

瓶之罄矣，维罍之耻。鲜民之生，不如死之久矣。

无父何怙？无母何恃？出则衔恤，入则靡至。

父兮生我，母兮鞠我。拊我畜我，长我育我。

顾我复我，出入腹我。欲报之德，昊天罔极。

南山烈烈，飘风发发，民莫不谷，我独何害。

南山律律，飘风弗弗，民莫不谷，我独不卒。

《诗 · 小雅 · 蓼莪》

先祖是皇，神保是飨。孝孙有庆，报以介福，万寿无疆……

我孔熯矣，式礼莫愆，工祝致告，徂赉孝孙……

礼仪既备，钟鼓既戒。孝孙徂位，工祝致告，神具醉止。

《诗 · 大雅 · 楚茨》

成王之孚，下土之式。永言孝思，孝思维则。

媚兹一人，应侯顺德。永言孝思，昭哉嗣服。

《诗 · 大雅 · 下武》

筑城伊淢。作丰伊匹。匪棘其欲，遹追来孝。

《诗 · 大雅 · 文王有声》

威仪孔时，君子有孝子。孝子不匮，永锡尔类。

《诗 · 大雅 · 既醉》

有冯有翼，有孝有德，以引以翼，岂弟君子，四方为则。

《诗 · 大雅 · 卷阿》

假哉皇考，绥予孝子。

《诗 · 周颂 · 雍》

于乎皇考！永世克孝。念兹皇祖，陟降庭止。维予小子，夙夜敬止。

《诗 · 周颂 · 闵予小子》

允文允武，昭假烈祖。靡有不孝，自求伊祜。

《诗 · 鲁颂 · 泮水》

以三德教国子：……三曰孝德，以知逆恶……

教三行：一曰孝行，以亲父母。

《周礼 · 地官 · 施氏》

凡为人子之礼，冬温而夏清，昏定而晨省，在丑夷不争。

凡为人子者，三赐不及车马。故州闾乡党称其孝也，兄弟亲戚称其慈也，僚友称其弟也，执友称其仁也，交游称其信也。见父之执，不谓之进不敢进，不谓之退不敢退，不问不敢退，此孝子之行也。

夫为人子者，出必告，反必面，所游必有常，所习必有业，恒言不称老。年长以倍，则父事之。十年以长，则兄事之。五年以长，则肩随之。群居五人，则长者必异席。

为人子者，居不主奥，从不中席，行不中道，立不中门，食飨不为既，祭祀不为尸。听于无声，视于无形，不登高，不归深，不苟訾，不苟笑。

孝子不服暗，不登危，惧辱亲也。父母存，不许友以死，不有私财。

为人子者，父母存，冠衣不纯素。孤子当室，冠衣不纯采。

父母有疾，冠者不栉，行不翔，言不惰，琴瑟不御，食肉不至变味，饮酒不至变貌，笑不至矧，怒不至詈。疾止复故。

《礼记 · 曲礼上》

子云："君子弛其亲之过而敬其美，《论语》曰：三年无改于父之道，可谓孝矣。"

子云："从命不忿，微谏不倦，劳而不怨，可谓孝矣。"

子云："睦于父母之堂，可谓孝矣。故君子因睦以合族。诗云：'此令兄弟，绰绰有裕。不令兄弟，交相为愈。'"

子云："于父之执，可以乘其车，不可以衣其衣，君子以广孝也。"

子云："小人皆能养其亲，君子不敬何以辨。"

子云："父子不同位，以厚敬也。"

子云："父母在，不称老，言孝不言慈。"

子云："长民者、朝廷敬老，则民作孝。"

《礼记 · 坊记》

子曰："舜其大孝也与！德为圣人，尊为天子，富有四海之内。宗庙飨之，子孙保之。故大德必得其位，必得其禄，必得其名，必得其寿。"

子曰："武王、周公，其达孝矣乎！夫孝者，善继人之志，善述人之事者也……事死如事生，事亡如事存，孝之至也。"

子曰："天下之达道五，所以行之者三。曰：君臣也，父子也，夫妇也，昆弟也，朋友之交也。五者，天下之达道也。知、仁、勇三者，天下之达德也，所以行之者一也。"

践其位，行其礼，奏其乐。敬其所尊，爱其所亲。事死如事生，事亡如事存，孝之至也。

《礼记 · 中庸》

子曰："子生三年，然后免于父母之怀。夫三年之丧，天下之通丧也。"

子曰："立爱自亲始，教民睦也。立教自长始，教民顺也。教以慈睦而民贵有亲，教以敬长而民贵用命。孝以事亲，顺以听命。错诸天下，无所不行。"

《礼记 · 祭义》

孔子蹴然辟广而对曰："仁人不过乎物，孝子不过乎物。是故仁人之事亲也如事天，事天如事亲，是故孝子成身。"

《礼记 · 哀公问》

传曰："鲁有父子讼者，康子欲杀之。"孔子曰："未可杀也。夫民不知父子讼之为不义久矣，是则上失其道，上有道，是人亡矣。"讼者闻之，请无讼。康子曰："治民以孝，杀一人以僇不孝，不亦可乎？"孔子曰："否。不孝而听其狱，杀不辜也。"

《韩诗外传 · 卷三》

孔子谓曾子曰："君子不以义害利，则耻辱安从生哉！官怠于宦成，病加于少愈，祸生于怠惰，孝衰于妻子。察此四者，慎终如始。

《邓析子》

二、曾子

曾子曰："慎终追远，民德归厚矣。"

《论语 · 学而》

曾子曰："吾闻诸夫子，人未有自致者也，必也亲丧乎？"

曾子曰："吾闻诸夫子，孟庄子之孝也，其他可能也。其不改父臣与父之政，是难能也。"

《论语 · 子张》

曾子谓子思曰："伋，吾执亲之丧也，水浆不入于口者七日。"子思曰："先王之制礼也，过之者俯而就之，不至焉者，跂而及之。故君子之执亲之丧也，水浆不入于口者三日，杖而后能起。"

曾子曰："小功不税，则是远兄弟终无服也，而可乎？"

曾子与客立于门侧，其徒趋而出。曾子曰："尔将何之？"曰："吾父死，将出哭于巷。"曰："反，哭于尔次。"曾子北面而吊焉。

啜菽饮水尽其欢，斯之谓孝。

《礼记 · 檀弓上》

所以治国必先齐其家。其家不能，而能教人者，无之。故君子不出家而成于国。孝者，所以事君也；悌者，所以事长也；慈者，所以使众也。

《诗》云：为人君止于仁，为人臣止于敬，为人子止于孝，为人父止于慈，与国人交止于信。

《礼记 · 大学》

曾子曰："孝子之养老也，乐其心，不违其志。乐其耳目，乐其寝处，以其饮食忠养之，孝子之身终。终身也者，非终父母之身，终其身也。是故父母之所爱亦爱之，父母之所敬亦敬之。至于犬马尽然，而况于人乎？"

《礼记 · 内则》

曾子曰："孝有三：大孝尊亲，其次弗辱，其下能养。"公明仪问于曾子曰："夫子可以为孝乎？"曾子曰："是何言与？是何言与？君子之所谓孝者，先意成志，谕父母于道，参直养者也，安能为孝乎？"曾子曰："身也者，父母之遗体也。行父母之遗体，敢不敬乎？居处不庄，非孝也，事君不忠，非孝也；莅官不敬，非孝也；朋友不信，非孝也；战阵无勇，非孝也。五者不遂，灾及于亲，敢不敬乎？亨熟羶芗，尝而荐之，非孝也；养也，君子之所谓孝也者。国人称愿然，曰：'幸哉，有子如此。'所谓孝也已，众之本教曰孝，其行曰养。养可能也，敬为难。敬可能也，安为难。安可能也，卒为难。父母既没，慎行其身，不遗父母恶名，可谓能终矣。"

曾子曰："夫孝，置之而塞乎天地，溥之而横乎四海，施诸后世而无朝夕，推而放诸东海而准，推而放诸西海而准，推而放诸南海而准，推而放诸北海而准。《诗》云：'自西自东，自南自北，无思不服。'此之谓也。"

曾子曰："树木以时伐焉，禽兽以时杀焉，夫子曰：'断一树，杀一兽，不以其时，非孝也。"孝有三：小孝用力，中孝用劳，大孝不匮。思慈爱忘劳，可谓用力矣；尊仁安义，可谓用劳矣；博施备物，可谓不匮矣。父母爱之，喜而弗忘，父母恶之，惧而无怨，父母有过，谏而不逆；父母既没，必求仁者之粟以祀之，此之谓礼终。"

《礼记 · 祭义》（《大戴礼记 · 曾子大孝》与此略同）

乐正子春下堂而伤其足，数月不出，犹有忧色。门弟子曰："夫子之足瘳矣，数月不出，犹有忧色，何也？"乐正子春曰："善如尔之问也！善如尔之问也！吾闻诸曾子，曾子闻诸夫子曰：'天之所生，地之所养，无人为大。父母全而生之，子全而归之，可谓孝矣。不亏其体，不辱其身，可谓全矣。故君子顷步而弗敢忘孝也。'今予忘孝之道，予是以有忧色也。一举足而不敢忘父母，一出言而不敢忘父母。一举足而不敢忘父母，是故道而不径，舟而不游，不敢以先父母之遗体行殆。一出言而不敢忘父母，是故恶言不出于口，忿言不及于身。不辱其身，不羞其亲，可谓孝矣。"

《礼记 · 祭义》

曾子曰："忠者，其孝之本与！孝子不登高，不履危，痺亦弗凭，不苟笑，不苟訾，隐不命，临不指，故不在尤之中也。孝子恶言死焉，流言止焉，美言兴焉，故恶言不出于口，烦言不及于己。"

故孝子之事亲也，居易以俟命，不兴险行以微幸。孝子游之，暴人违之，出门而使不以，或为父母忧也。险涂隘巷，不求先焉，以爱其身，以不敢忘其亲也。

孝子之使人也，不敢肆，行不敢自专也。父死三年，不敢改父之道。又能事父之朋友，又能率朋友以助敬也。

君子之孝也，以正致谏；士之孝也，以德从命；庶人之孝也，以力恶食。任善不敢臣三德。

故孝之于亲也，生则有义以辅之，死则哀以莅焉。祭祀则莅之，以敬如此，而成于孝子也。

曾子曰："君子立孝，其忠之用，礼之贵，故为人子而不能孝其父者，不敢言人父不能畜其子者，为人弟而不能承其兄者，不敢言人兄不能顺其弟者，为人臣而不能事其君者，不敢言人君不能使其臣者也，故与父言，言畜子；与子言，言孝父；与兄言，言顺弟；与弟言，言承兄；与君言，言使臣；与臣言，言事君。"

君子之孝也，忠爱以敬，反是乱也，尽力而有礼，庄敬而安之，微谏不倦，听从而不怠，欢欣忠信，咎故不能，.可谓孝矣。

子曰："可人也，吾任其过；不可人也，吾辞其罪。"诗云："有子七人，莫慰母心。"子之辞也。"夙兴夜寐，无忝尔所生。"言不自舍也，不耻其亲，君子之孝也。

是故未有君而忠臣可知者，孝子之谓也；未有长而顺下可知者，弟弟之谓也；未有治而能仕可知者，先修之谓也。故曰孝子善事君，弟弟善事长。君子一孝一弟，可谓知终矣。

《大戴礼记 · 曾子立孝》

单居离问于曾子曰："事父母有道乎？"

曾子曰："有。爱而敬。父母之行，若中道则从，若不中道则谏。谏而不用，行之如由己。从而不谏，非孝也。谏而不从，亦非孝也。孝子之谏，达善而不敢争辩。争辩者，作乱之所由兴也。由己为无咎则宁，由己为贤人则乱，孝子无私乐，父母所忧忧之，父母所乐乐之。孝子惟巧变，故父母安之。若夫坐如尸，立如齐，弗讯不言，言必齐色，此成人之善者也，未得为人子之道也。”

《大戴礼记 · 曾子事父母》

曾子曰：“往而不可还者亲也，至而不可加者年也。是故孝子欲养，而亲不待也。木欲直，而时不待也。是故椎牛而祭墓，不如鸡豚待亲存也。故吾尝仕为吏，禄不过钟釜，尚犹欣欣而喜者，非以为多也，乐其逮亲也。即没之后，吾尝南游于楚，得尊官焉。堂高九仞，榱题三围，转毂百乘，犹北向而泣涕者，非为贱也。悲不逮吾亲也。故家贫养老不择官而仕，若夫信其志，约其亲者，非孝也。”

《韩诗外传》卷二

曾子曰：“身者，父母之遗体也。行父母之遗体，敢不敬乎？居处不庄，非孝也；事君不忠，非孝也；莅官不敬，非孝也；朋友不笃，非孝也；战阵无勇，非孝也。五行不遂，灾及乎亲，敢不敬乎？”

曾子曰：“先王之所以治天下者五：贵德、贵贵、贵老、敬长、慈幼。此五者，先王所以定天下也……所谓贵老，为其近于亲也。所谓敬长，为其近于兄也，所谓慈幼，为其近于弟也。”

曾子曰：“父母生之，子弗敢杀。父母置之，子弗敢废。父母全之，子弗敢阙。故舟而不游，道而不径。能全肢体，以守宗庙，可谓孝矣。”

乐正子春下堂而伤足，瘳而数月不出，犹有忧色。门人问之曰：“夫子下堂而伤足，瘳而数月不出，犹有忧色，敢问其故？”乐正子春曰：“善乎而问之。吾闻之曾子，曾子闻之仲尼，父母全而生之，子全而归之。不亏其身，不损其形，可谓孝矣。君子无行咫尺而忘之。余忘孝道，是以忧。”故曰：身者非其私有也，严亲之遗躬也。

《吕氏春秋 · 孝行》

三、孟子

孟子曰：“老吾老，以及人之老。幼吾幼，以及人之幼。”

《孟子 · 梁惠王上》

景子曰：“内则父子，外则君臣，人之大伦也。父子主恩，君臣主敬，丑见王之敬子也，未见所以敬王也。”

景子曰："否，非此之谓也。礼曰：'父召，无诺。君命召，不俟驾。'"

《孟子 · 公孙丑下》

然友之邹，问于孟子。

孟子曰："不亦善乎！亲丧，固所自尽也。曾子曰：'生，事之以礼；死，葬之以礼，祭之以礼，可谓孝矣。'诸侯之礼，吾未之学也；虽然，吾尝闻之矣，三年之丧，斋疏之服，饘粥之食。自天子达于庶人，三代共之。"

《孟子 · 滕文公上》

孟子曰："……人人亲其亲，长其长，而天下平。"

孟子曰："……信于友有道，事亲弗悦，弗信于友矣。悦亲有道，反身不诚，不悦于亲矣。诚身有道，不明乎善，不诚其身矣。"

孟子曰："事，孰为大？事亲为大；守，孰为大？守身为大。不失其身而能事其亲者，吾闻之矣；失其身而能事其亲者，吾未之闻也。孰不为事？事亲，事之本也。孰不为守？守身，守之本也。曾子养曾皙，必有酒肉；将彻，必请所与；问有余，必曰'有'。曾皙死，曾元养曾子，必有酒肉；将彻，不请所与，问有余，曰：'亡矣'——将以复进也。此所谓养口体者也。若曾子，则可谓养志也。事亲若曾子者，可也。"

孟子曰："不孝有三，无后为大。舜不告而娶，为无后也。君子以为犹告也。"[1]

孟子曰："天下大悦而将归己，视天下悦而归己，犹草芥也，惟舜为然。不得乎亲，不可以为人。不顺乎亲，不可以为子。舜尽事亲之道而瞽叟底豫，瞽叟底豫而天下化。瞽叟底豫而天下之为父子者定，此之谓大孝。"

《孟子 · 离娄上》

孟子曰："养生者不足以当大事，惟送死可以当大事。"

孟子曰："世俗所谓不孝者五：惰其四肢，不顾父母之养，一不孝也；博弈好饮酒，不顾父母之养，二不孝也；好货财，私妻子，不顾父母之养，三不孝也；纵耳目之欲，以为父母戮，四不孝也；好勇斗狠，以危父母，五不孝也。"

《孟子 · 离娄下》

1．赵岐注："于礼有不孝者三者，谓阿意曲从，陷亲不义，一不孝也；家贫亲老，不为禄仕，二不孝也；不娶无子，绝先祖祀，三不孝也。"

万章问曰："舜往于田，号位于旻天，何为其号泣也？"

孟子曰："怨慕也。"

万章曰："（曾子曰）'父母爱之，喜而不忘。父母恶之，劳而不怨'，然则舜怨乎？"

（孟子）曰："长息问于公明高曰：'舜往于田，则吾既得闻命矣。号泣于旻天，于父母，则吾不知也。'公明高曰：'是非吾所知也'。夫公明高以孝子之心，为不若是恝，我竭力耕田，其为子职而已矣，父母之不我爱，于我何哉？……惟顺于父母可以解忧。人少，则慕父母……大孝终身慕父母。五十而慕者，予于大舜见之矣。"

万章问曰："《诗》云：'娶妻如之何？必告父母'。信斯言也，宜莫如舜。舜之不告而娶，何也？"

孟子曰："告则不得娶。男女居室，人之大伦也。如告，则废人之大伦，以怼父母，是以不告也。"

万章曰："舜之不告而娶，则吾既得闻命矣，帝之妻舜而不告，何也？"

（孟子）曰："帝亦知告焉不得妻也。"

万章曰："父母使舜完廪，捐阶，瞽叟焚廪。使浚井，出，从而掩之。象曰：'谟盖都君，咸我绩，牛羊父母，仓廪父母，干戈朕，琴朕，弤朕，二嫂使治朕栖。'象往入舜宫，舜在床琴。象曰：'郁陶思君尔。'忸怩。舜曰：'惟兹臣庶，汝其于予治。'不识舜不知象之将杀己与？"

《孟子·万章上》

（孟子曰：）"尧舜之道，孝悌而已矣。"

孔子曰："舜其至孝矣，五十而慕。"

《孟子·告子下》

孟子曰："亲亲而仁民，仁民而爱物。"

《孟子·尽心上》

曾皙嗜羊枣，而曾子不忍食羊枣。公孙丑问曰："脍炙与羊枣孰美？"

孟子曰："脍炙哉！"

公孙丑曰："然则曾子何为食脍炙而不食羊枣？"

曰："脍炙所同也，羊枣所独也。讳名不讳姓。姓所同也，名所独也。"

《孟子·尽心下》

论《孔子家语》中的孝道

李治中

孔子生前推行“仁”道与礼乐治世，“孝”是其中的重要概念。《孔子家语》作为记载孔子思想的重要文献，“孝”是反复被提及的，不仅涉及“孝”的概念提出，还有“孝”所以成立的社会要件、“孝”在日常生活中的实现方法、“孝”的理论价值与实践价值等。《孔子家语》对“孝”的概念提出和理论建构，对我们了解孔子的“仁”道思想，构建社会主义文明、和谐社会等具有重要价值。

一、“孝”的概念范畴

一般以为，“孝”即是尽心奉养和顺从父母，孔子对“孝”有着更深入的理解。孔子曰：“孝，德之始也；悌，德之序也；信，德之厚也；忠，德之正也。参中夫四德者也。”（《孔子家语·弟子行》）孔子将 “孝”与“德”联系在一起，把“孝”视为修养道德品行的起点，即孝敬父母是在各种美德中占第一位的，所谓“百善孝为先”。

孔子论“孝”，是以“仁”为理论基础的，《礼记·中庸》：“仁者人也，亲亲为大。”“仁”与人的行为有关系，其中最重要的是尽心奉养自己的父母。由此可见，“孝”作为一种行为，与孔子提出的“仁”有密切关联，是对“仁”的践行。“仁”和“孝”的密切关系落实到实践层面，孔子间接给出了一个例证，当鲁哀公问孔子“君子何贵乎天道也”，即君子为何以天道为贵，并自称冥顽不通时，“孔子蹴然避席而对曰：‘仁人不过乎物，孝子不过乎亲。是故仁人之事亲也如事天，事天如事亲。此谓孝子成身。’”（《孔子家语·大婚解》）孔子指出，对于他人的仁爱主要表现在物质方面，对于行孝的人主要表现在其父母身上。有仁爱的人侍奉父母如同侍奉皇天上帝一样，反之，侍奉皇天上帝如同侍奉父母一样。只有这样，才算是成就孝子的名声。

孔子论“孝”，并非后世理解的无条件顺从父母，所谓顺从，是建立在仁道之上的。“子贡问于孔子曰：‘子从父命，孝；臣从君命，贞矣。奚疑焉。’孔子曰：‘鄙哉赐！汝不识也！昔者明王万乘之国，有争臣七人，则主无过举；千乘之国，有争臣五人，则社稷不危也；百乘之家，有争臣三人，则禄位不替；父有争子，不陷无礼；士有争友，不行不义。故子从父命，奚讵为孝臣从君命，奚讵为贞夫能审其所从，之谓孝，之谓贞矣。’”（《孔子家语·三恕》）子贡以不容置疑的语气表明自己的观点，认为子女顺从父母即为孝，却得到了孔子严厉的批评，称其观点浅陋。孔子明确指出，当父母做了违背礼制或仁德的事，身为子女的应当直言予以规劝。说明当“孝”与“仁”冲突起来的时候，孔子是以“仁”为大的。

二、“孝”的践行条件

“孝”本是一个家庭内部的行为，孔子强调其外部影响因素，提出其在家庭得以成立或践行的社会外部条件，其中最为重要的就是来自统治阶级上层的政治因素。《孔子家语·始诛》记载：

孔子为鲁大司寇，有父子讼者，夫子同狴执之，三月不别。其父请止，夫子赦之焉。季孙闻之，不悦，曰：“司寇欺余。曩告余曰：‘国家必先以孝。’余今戮一不孝以教民孝，不亦可乎而又赦，何哉？”冉有以告孔子。子喟然叹曰：“呜呼！上失其道而杀其下，非理也。不教以孝而听其狱，是杀不辜。三军大败，不可斩也；狱犴不治，不可刑也。何者上教之不行，罪不在民故也。”

这段文字是说，在孔子出任鲁国大司寇的时候，有父子两人打官司，都被收押在监狱里。后来父亲请求中止诉讼，孔子就把其儿子释放了。季孙对孔子的做法提出质疑。在孔子看来，“国家必先以孝”，即治理国家的时候一定要先实行孝道，但是“上失道而杀其下，非理也”，那些身居高位的人没有履行自己教导百姓的职责，反而滥杀百姓，这种做法违背常理。孔子之所以没有杀掉与父亲争讼的儿子，只是由于统治者上层“失其道”，以及“不教以孝”。

统治者上层应当怎样做呢？当孔子陪侍鲁哀公，哀公问道：“敢问人道孰为大？”即人道中最重要的是什么？孔子对曰：“人道，政为大。夫政者，正也。君为正，则百姓从而正矣。君之所为，百姓之所从。君不为正，百姓何所从乎？”（《孔子家语·大婚解》）孔子认为，人道中最重要的是政治，所谓政，就是正，君王如果做得正，百姓就会随之做得正，否则，上梁不正下梁歪，社会秩序就要乱掉了。另外，孔子在回答曾子提出的“七教”问题时，孔子认为“上敬老则下益孝”（《孔子家语·始诛》），又认为“立敬自长始，教民顺也”（《孔子家语·弟子行》），统治阶级应当弘扬尊老敬老的社会风尚，让百姓从中学会顺从自己的父母。这样，在处理原本属于家庭内部的“孝”的问题上，孔子强调了统治阶级上层的身体力行，以及履行起教导百姓行孝的职责。这是孝道得以普及施行的重要条件，今天仍然具有重要的借鉴意义。

孝道得以践行的家庭内部因素，具体表现在家庭中父亲角色身上。据《孔子家语·三恕》，孔子曰：“君子有三恕。有君不能事，有臣而求其使，非恕也；有亲不能孝，有子而求其报，非恕也；有兄不能敬，有弟而求其顺，非恕也。士能明于三恕之本，则可谓端身矣。”在孔子看来，一个家庭之中，如果身为父亲不能做到奉养双亲，反而要求子女孝顺自己，是不符合忠恕之道的。

三、“孝”的社会实践

“孝”作为一种社会礼制，孔子先强调过一种合乎礼制的日常生活，以此为基础，才能实现孝道。《孔子家语·致思》记载，子贡问于孔子曰：“死者有知乎，将无知乎？”子曰：“吾欲言死之有知，将恐孝子顺孙妨生以送死；吾欲言死之无知，将恐不孝之子弃其亲而不葬。赐欲知死者有知与无知，非今之急，后自知之。” 当子贡问孔子死去的人还有无知觉，孔子避而不谈，并说明自己的理由：如果说死者有知觉，担心孝子顺孙在殓葬时不尽心；如果说死者无知觉，则担心不孝之子抛弃遗体不予安葬。孔子这样应对，不仅是从现世的角度进行考虑，而且出于对生者合乎礼制或健康的体察。

遵循孝道并非一件容易的事，子贡询问孔子，说自己已经厌倦求学，追求仁道又非常艰难，愿意在侍奉父母这件事上得以休息，问能否做得到。孔子曰：“《诗》云：‘孝子不匮，永锡尔类。’事亲之难也，焉可以息哉？”（《孔子家语·困誓》）孔子引用《诗·大雅·既醉》的诗句指导子贡说，侍奉父母是没有穷尽的，上天会恩赐福祉给孝子；侍奉父母也是很困难的，怎能谈得上休息呢？孔子将“事亲”与求学、问道、“事君”遇到的困难对等起来，同样强调了其他事项的重要性。

孔子还认为，家庭的贫富并不影响人们遵循孝道。子路问于孔子曰：“伤哉贫也！生而无以供养，死则无以为礼也。”孔子曰：“啜菽饮水，尽其欢心，斯谓之孝乎。敛手足形，旋葬而无椁，称其财，为之礼。贫何伤乎？”（《孔子家语 · 曲礼 · 子贡问》）孔子纠正了子路只有富裕才能行孝的错误认识，认为在家庭贫困的条件下，只要能使父母生活愉快，丧葬不失于礼节就能尽孝道，贫穷不能成为不孝的借口。

（李治中：河南周口师范学院教授）

《管子》的孝文化及与孔子之比较

孙君恒

《管子》里直接论述“孝”的地方有四十二处。我们将考察它的孝思想的意义、实践方式，说明与孔子孝的异同，并论证它是传统孝文化的组成部分。

一、孝的意义

（一）国家安定的需要

社会稳定和安宁，需要道德体系支撑，孝敬是不可缺少的。“爱施之德，虽行而无私，内行不修，则不能朝远方之君；是故正君臣上下之义，饰父子兄弟夫妻之义，饰男女之别，别疏数之差，使君德臣忠，父慈子孝，兄爱弟敬，礼义章明，如此，则近者亲之，远者归之，故曰：‘召远在修近。’”（《版法解》，为《管子·版法解第六十六》之简称，下同）

君臣关系和父子关系可以类比，管子曰：“君不高仁，则国不相被，加不高慈孝，则民简其亲而轻过，此乱之至也。则君请以国筴十分之一者，树表置高，乡之孝子聘之币，孝子兄弟众寡，不与师旅之事。树表置高，而高仁慈孝，财散而轻，乘轻而守之以筴，则十之五有在上，运五如行事，如日月之终复，此长有天下之道，谓之准道。”（《山权数》）

政府的政策和活动导向，都与孝敬父母有关。“清神生心，心生规，规生矩，矩生方，方生正，正生历，历生四时，四时生万物，圣人因而理之，道遍矣。以冬日至始，数四十六日，冬尽而春始，天子东出其国四十六里而坛，服青而絻青，搢玉总，带玉监，朝诸侯卿大夫列士，循于百姓，号曰祭日。牺牲以鱼，发令曰：‘生而勿杀，赏而勿罚，罪狱勿断，以待期年，教民樵室钻隧，墐灶泄井，所以寿民也。耟耒耨怀，铊饴叉橿，权渠缉緤，所以御春夏之

事也。必具教民为酒食，所以为孝敬也。’”（《轻重己》）

孝敬父母是人类延续所必需的，没有这样的道德，严重时，可导致国家灭亡。“不恭祖旧，则孝悌不备；四维不张，国乃灭亡。”（《牧民》）

（二）家庭和谐的需要

家庭和谐是社会和谐的前提，家和万事兴，社会治理的好坏，在很大程度上看家庭关系是否融洽。只有孝敬父母，才能家庭和睦；只有家庭和睦才能社会安定；只有社会安定才能经济繁荣；只有经济繁荣才能国富民强。家庭在社会中是不可分割、也是一个非常重要的组成部分。家庭生活与社会生活密切相关，家庭和睦有利于社会和谐、国泰民安。只有家庭和睦才有社会和谐，而家庭的和谐又是以慈孝为基石的。因此，慈孝文化有利于社会和谐。“孝悌慈惠，以养亲戚。恭敬忠信，以事君上，中正比宜，以行礼节。整齐撙诎，以辟刑僇。纤啬省用，以备饥馑。敦懞纯固，以备祸乱。和协辑睦，以备寇戎。凡此七者，义之体也。夫民必知义然后中正，中正然后和调，和调乃能安，处安然后动威，动威乃可以战胜而守固，故曰义不可不行也。曰：民知义矣，而未知礼，然后饰八经以导之礼。所谓八经者何？曰：上下有义，贵贱有分，长幼有等，贫富有度，凡此八者，礼之经也。故上下无义则乱，贵贱无分则争，长幼无等则倍，贫富无度则失。上下乱，贵贱争，长幼倍，贫富失，而国不乱者，未之尝闻也。是故圣王饬此八礼，以导其民；八者各得其义，则为人君者，中正而无私。为人臣者，忠信而不党。为人父者，慈惠以教。为人子者，孝悌以肃。”（《五辅》）

管子强调子女孝与父母慈的有机结合，不是单一的，而是双向的。尊老敬老是子女应尽的责任和义务，父母对子女也有慈爱与教育的义务。亲子关系双向良性互动，父母应以慈养孝，子女应以孝养慈。在互爱、互尊、互重、互敬的关系中，慈与孝才能有效运作，良性循环，从而促进和谐家庭伦理关系的形成。虽然现代亲子关系较之古代已有重大变化，但家庭维系社会生活的组织形式和作用依然存在。加强慈孝文化建设不仅对于实现家庭养老有保障作用，促进社会稳定与经济发展，而且对建立和谐融洽的家庭人际关系、维护社会安定具有重要的现实意义。

二、孝的实施方法

（一）认识孝的重要意义

广大群众的认同和遵守，是孝德实现的首要环节。“孝弟者，仁之祖也。”（《戒篇》）实行孝，是国家为民除害兴利的正义体现，是明君维护良好统治应该进行的活动，是国君以德治国的需要。“夫五帝三王所以成功立名，显于后世者，以为天下致利除害也。”（《治国》）“为民除害兴利，正民之德，而民师之。”（《君臣》下）君主要治国安邦，就要为民兴利除害，让民众“饥者得食，寒者得衣，死者得葬，不资者得赈，则天下之归我者若流水”（《轻重甲》）。

（二）造成孝的良好环境

对孝的提倡很重要，它不是简单自发的存在，需要社会引导。在父子关系中，不能因为儿子不孝就改变父子关系。儿子不孝有时很被动，也无可奈何。“在子期年，子不孝，父不能夺。”提倡孝的思想和行为，对于良好社会风气的形成很重要。“凡孝悌忠信、贤良□材，若在长家子弟臣妾属役宾客，则什伍以复于游宗，游宗以复于里尉。”（《立政》）

（三）国家推行孝的相关政策

老百姓安居乐业，才能社会稳定，统治阶层才得心应手。“故德泽加入天下，惠施于成发物，父子得以安，群生得以育，故万民欢尽其力，而乐为上用。”（《形势解》）孝为道德要求之一，应该发扬光大。“百姓皆说为善于，则暴乱之行无由至矣。”（《权修》）

具体地说，以下几个方面尤为重要：

1．照顾好老年人，是一项社会保障和公益事业，应该成为一种管理理念。“尊老养老”“慈养幼儿”“救助幼孤”“供养残疾人”“给鳏寡以婚配”“对年老病重者慰问”“对没有居处者给予救济”“救济穷困之人”“对死于国事者祭祀”等，是政府应该有倾斜政策优惠的，体现社会的关心和对普遍人性的尊重。“衣冻寒，食饥渴，匡贫窭，振罢露，资乏绝，此谓赈其穷。养长老，慈幼孤，恤鳏寡，问疾病，吊祸丧，此谓匡其急。”（《五辅》）国家应该注意救助事业建设。“入国四旬，五行九惠之教。一曰老老；二曰慈幼；三曰恤孤；四曰养疾；五曰合独；六曰问疾；七曰通穷；八曰赈困；九曰接绝。”（《入国》）

2．免除家属的征役，并给予一定的补助。对孝子兄弟免兵役，目的是为了更好地照顾老年人，对于不孝子孙，给予严厉惩治。“年七十以上，一子无征，三月有馈肉；八十以上，二子无征，月有馈肉；九十以上，尽家无征，日有酒肉，死，上供棺椁。”（《入国》）“孝子兄弟众寡不与师旅之事。”（《山权数》）

3．对老人、弱者刑法豁免权利。“孤幼不刑。”（《霸形》）“老弱勿刑，参宥而后弊。”年老体弱者和未成年人不处刑，犯罪者可得三次宽宥后再治罪。这些都体现了社会对老年人和未成年人的照顾保护。

三、管子与孔子孝之对比

（一）相同点

孝是人类的永恒价值，孔子和管子在孝的价值、内涵、要求、根据等方面，都有基本的认同。

孔子的《论语》对管仲高度评价，认为他为了老百姓利益，管理国家好，是仁的化身：“管仲九合诸侯，不以兵车，管仲之力也。如其仁，如其仁！……管仲相桓公，霸诸侯，一匡天下，民到于今受其赐。微管仲，吾其被发左衽矣。岂若匹夫匹妇之为谅也，自经于沟渎，而莫之知也。”他是有才干的人，把伯氏骈邑的三百家夺走，使伯氏终生吃粗茶淡饭，直到老死也没有怨言。桓公多次召集各诸侯国的盟会，不用武力，都是管仲的力量啊。这就是管子的仁德，这就是他的仁德。管仲辅佐桓公，称霸诸侯，匡正了天下，老百姓到了今天还享受到他的好处。如果没有管仲，老百姓的生命和安宁都不能保证。因此，不能按照普通人的评价标准来看待管子为了社会利益的伟大行为。据此，康有为在《论语注》中说：“管仲真有存中国之功，虽夺人邑而人不怨言，功业高深，可为一世之伟人也。”《孟子》书中，曾引用过齐桓公与诸侯会葵丘的记事，其中如“诛不孝”“尊贤育才以彰有德”等内容，也均见于《管子》书《大匡》《霸形》等篇。

人类要延续、传递，就需要敬老爱幼，不能忽视孝。《管子·戒篇》指出：“孝弟者，仁之祖也。”在许多儒家经典里，也都有相近的表述：“孝，仁之冕也。”（郭店楚简《唐虞之道》第七简）“夫孝，德之本也，教之所由生也。”（《孝经·开宗明义章》）“众之本教曰孝……仁者仁此者也，礼者履此者也；义者宜此者也，信者信此者也，强者强此者也。”（《礼记·祭义》）后来的儒家也都奉这一思想为圭臬，明末儒家朱舜水就说：“圣贤千言万语，无非教人以孝而已。夫岂无他道以言哉？盖以孝之道，大而能周，约而能博，微而能着，积厚而生生不息，足以与天地而无敝也。”（《朱舜水集·孝说》）而在中国民间，最朴素最通俗最深入人心的表达就是：“万恶淫为首，百善孝为先。”为什么人们一直重视孝？冯友兰说：“盖人所生之子孙，即其身体一部之继续存在生活者；故人若有后，即为不死。凡生物皆如此，更无须特别证明。此种不死可名为生物学的不死。再则某人之于某时曾经生于某地，乃宇宙之一固定的事实，无论如何，不能磨灭；盖已有之事，无论何人不能使之再为无有。就此方面说，孔子时代之平常人与孔子同为不可磨灭，其差异只在受人知与不受人知。亦犹现在之人，同样生存，而因其受人知之范围大小而有小大人物之分。然而绝不受人知之人物，吾人亦不能谓其不存在。盖受人知与否，与其人之存在与否固无关系也。就此方面说，则人皆不死。不过此等不死，与生物学的不死性质不同，可名为理想的不死，或不朽。”[1]

孝的道德哲学基础在于人性论。先秦哲人的道德认识中，很重视礼，以“人兽之辨”来论述人的独特性，从根本上说明了人之为人的本性，蕴含了人讲孝道的理由。孟子曾提出过“人之所以异于禽兽者”的哲学命题。孟子认为，人必须讲道德，知礼义，否则便是禽兽。孟子说：“人之有道也，饱食暖衣，逸居而无教，则近于禽兽。”（《孟子·滕文公上》）孟子曾骂杨朱、墨翟为禽兽，理由是：“杨氏为我，是无君也；墨氏兼爱，是无父也。无父无君，是禽兽也。”（《孟子·滕文公下》）他把君臣父子之礼视为“人之所以异于禽兽”的重要标志。荀子说，人若无礼义，便同禽兽无异。《管子》云：“倍

1. 冯友兰：《儒家对于婚丧祭礼之理论》，载顾颉刚：《古史辨》（二），226页，上海古籍出版社，1982年3月第1版。

(背弃)人伦而禽兽行，十年而灭。”也把违背人伦视为禽兽之行。概言之，孟、荀、管子都把是否遵守礼义人伦作为人兽之别的标志，孝是保证为人、人伦延续的必要环节。

(二) 不同点

管子强调孝的社会、外在条件，是功利主义者。他强调道德的物质基础，《管子 · 牧民》里说：“仓廪实则知礼节，衣食足则知荣辱。”他的方法比较注重客观的条件，前面谈到管子为国家推行的孝政策，就是外部环境改变和形成道德风气的必要程序。管子希望通过刑法豁免老人、减免徭役，都是从外部的强化，甚至用法律的手段促进孝德的发扬光大。

孔子大力主张自我、内在修养，是道义论者。他不仅要求进行社会教化，而且更多地要求每个人进行自我修养，使孝逐渐成为每个人的潜在意识和自觉行为。以孔孟为代表的先秦儒家设计了一套行之有效的自我修养、自我完善、自我实施的道德修养理论，有以下六个环节：(1) 自省。通过自我反省随时认识自己，反躬自问。孔子的弟子曾参关于自省有一段着名的论述：“吾日三省吾身，为人谋而不忠乎？与朋友交而不信乎？传不习乎？”（《论语 · 学而》）(2) 克己。自我克制、自我约束。孔子说：“一日克己复礼，天下归仁焉。”（《论语 · 颜渊》）(3) 忠恕。根据自己内心的体验来推测别人的思想感受，达到推己及人。“己所不欲，勿施于人。”（《论语 · 卫灵公》）(4) 慎独。对个人内心深处比较隐蔽的意识、情绪进行管理和自律修养。《中庸》有：“莫见乎隐，莫显乎微，故君子慎其独也。”(5) 中庸。既是儒家对事物发展规律的一种认识，也是维持人际关系和谐的一种态度。(6) 力行。

孝道作为中华民族的传统美德，不管社会如何进步，社会文明如何发达，什么时候都不应该丢弃。然而，现在的事实是，随着改革开放形势的发展，我国家庭养老的功能有日益弱化的趋势，传统的孝道观念也开始淡化，歧老、虐老的事件也不时发生。乌鸦尚有反哺之义，羊亦有跪乳之恩。但现代的有些人，在金钱至上、拜金主义等西方价值思想的影响下，丢弃了孝文化，走向不孝，甚至大逆。这是中国传统孝文化缺失的体现，也反映出我们在继承优秀传统文化方面做得还不够。孝敬父母绝不是一件小事情。一个人，如果连养育自己的父母都不关心、不照顾、不尊敬，怎么能去爱他人爱集体呢？所以，提倡并弘扬孝道，应该作为社会主义精神文明建设的一项基本内容来抓，切实让孝道这一传统文化在新的形势下得以发扬光大。管子的孝思想，是我们的优秀传统孝文化的一个重要部分，具有极强的现实意义。

（孙君恒：武汉科技大学教授）

《墨子》孝文化的主旨和当代意义

孙君恒

一、原典

经过电脑查找、统计，发现《墨子》有四十二处直接谈到孝。

1．是以入则不慈孝父母，出则不长弟乡里，居处无节，出入无度，男女无别。

《尚贤中第九》

2．臣子之不孝君父，所谓乱也。

3．若使天下兼相爱，爱人若爱其身，犹有不孝者乎？视父兄与君若其身，恶施不孝？犹有不慈者乎？

4．故不孝不慈亡有，犹有盗贼乎？

5．若使天下兼相爱，国与国不相攻，家与家不相乱，盗贼无有，君臣父子皆能孝慈，若此则天下治。

以上《兼爱上第十四》

6．今若国之与国之相攻，家之与家之相篡，人之与人之相贼，君臣不惠忠，父子不慈孝，兄弟不和调，此则天下之害也。

7．是故诸侯不相爱则必野战，家主不相爱则必相篡，人与人不相爱则必相贼，君臣不相爱则不惠忠，父子不相爱则不慈孝，兄弟不相爱则不和调。

8．是故诸侯相爱则不野战，家主相爱则不相篡，人与人相爱则不相贼，君臣相爱则惠忠，父子相爱则慈孝，兄弟相爱则和调，天下之人皆相爱，强不执弱，众不劫寡，富不侮贫，贵不敖贱，诈不欺愚。

以上《兼爱中第十五》

9．又与为人君者之不惠也，臣者之不忠也，父者之不慈也，子者之不孝也，此又天下之害也。

10．意不忠亲之利而害为孝乎？

11．姑尝本原之孝子之为亲度者，吾不识孝子之为亲度者，亦欲人爱利其亲与？意欲人之恶贼其亲与？以说观之，即欲人之爱利其亲也。

12．然即之交孝子者，果不得已乎？毋先从事爱利人之亲与？意以天下之孝子为遇，而不足以为正乎？

13．为人君必惠，为人臣必忠，为人父必慈，为人子必孝，为人兄必友，为人弟必悌。

14．故君子莫若欲为惠君、忠臣、慈父、孝子、友兄、悌弟，当若兼之，不可不行也，此圣王之道，而万民之大利也。

以上《兼爱下第十六》

15．故孝子不以食其亲，忠臣不以食其君。

《非攻中第十八》

16．子墨子言曰：仁者之为天下度也，辟之无以异乎孝子之为亲度也。

17．今孝子之为亲度也，将奈何哉？

18．若三务者，孝子之为亲度也，既若此矣。

19．今逮至昔者三代圣王既没，天下失义，后世之君子，或以厚葬久丧以为仁也，义也，孝子之事也，或以厚葬久丧，以为非仁义，非孝子之事也。

20．义也，孝子之事也，为人谋者，不可不劝也。

21．意亦使法其言，用其谋，厚葬久丧，实不可以富贫众寡，定危理乱乎，此非仁非义非孝子之事也，为人谋者不可不沮也。仁者将求除之天下，相废而使人非之，终身勿为。

22．若苟不足，为人弟者，求其兄而不得，不弟弟必将怨其兄矣，为人子者，求其亲而不得，不孝子必是怨其亲矣，为人臣者，求之君而不得，不忠臣必且乱其上矣。

23．意亦使法其言，用其谋，若人厚葬久丧，实不可以富贫众寡，定危治乱乎，则非仁也，非义也，非孝子之事也，为人谋者，不可不沮也。

24．楚之南有炎人国者，其亲戚死，朽其肉而弃之，然后埋其骨，乃成为孝子。

25．秦之西有仪渠之国者，其亲戚死，聚柴薪而焚之，熏上谓之登遐，然后成为孝子。

26．哭往哭来，反从事乎衣食之财，佴乎祭祀，以致孝于亲。

以上《节葬下第二十五》

27．内有以食饥息劳，持养其万民，则君臣上下惠忠，父子兄弟慈孝。

《天志中第二十七》

28．故凡从事此者，圣知也，仁义也，忠惠也，慈孝也，是故聚敛天下之善名而加之。

29．故几从事此者，寇乱也，盗贼也，不仁不义，不忠不惠，不慈不孝，是故聚敛天下之恶名而加之，是其故何也？

以上《天志下第二十八》

30．逮至昔三代圣王既没，天下失义，诸侯力正，是以存夫为人君臣上下者之不惠忠也，父子弟兄之不慈孝弟长贞良也，正长之不强于听治，贱人之不强于从事也。

31．且惟昔者虞夏商周三代之圣王，其始建国营都日，必择国之正坛，置以为宗庙，必择木之修茂者，立以为菆位，必择国之父兄慈孝贞良者，以为祝宗，必择六畜之胜腯肥倅毛，珪璧琮璜，称财为度；必择五谷之芳黄，以为酒醴粢盛，故酒醴粢盛与岁上下也。

32．意不忠亲之利，而害为孝子乎？

33．此上逆圣王之书，内逆民人孝子之行，而为上士于天下，此非所以为上士之道也。

以上《明鬼下第三十一》

34．是故古之圣王，发宪出令，设以为赏罚以劝贤，是以入则孝慈于亲戚，出则弟长于乡里，坐处有度，出入有节，男女有辨。

35．是故入则不慈孝于亲戚，出则不弟长于乡里，坐处不度，出入无节，男女无辨。

36．以此为君则不义，为臣则不忠，为父则不慈，为子则不孝，为兄则不良，为弟则不弟，而强执此者，此特凶言之所自生，而暴人之道也。

以上《非命上第三十五》

37．古之圣王，举孝子而劝之事亲，尊贤良而劝之为善，发宪布令以教诲，明赏罚以劝阻。

《非命中第三十六》

38．故昔者三代圣王禹汤文武，方为政乎天下之时，曰：必务举孝子而劝之事亲，尊贤良之人而教之为善。

《非命下第三十七》

39. 颠覆上下，悖逆父母，下则妻子，妻子上侵事亲，若此可谓孝乎？

40. 夫仁人事上竭忠，事亲击得孝，务善则美，有过则谏，此为人臣之道也。

41. 以是为人臣不忠，为子不孝，事兄不弟，交遇人不贞良。

以上《非儒下第三十九》

42. “孝，利亲也。”

《大取篇第四十四》

二、要旨

(一) “孝，利亲也。”

《大取篇》里，墨子将孝的亲属关系归结为利，主张其实际内容，反对空虚的、形式的、表面的东西。这在社会动乱、民不聊生的时代很重要。孝敬不是虚假的，一定要有客观的、实际的内容，墨子强调了物质方面基本的生理需要，抓住了关键。但是他抹杀了人类亲缘关系的复杂性。实际上，家庭成员是以血缘关系为纽带建立起来的，孩子、老人在某种程度上，并不直接带来效用，例如他们带来赡养负担，增加许多麻烦。可是，家庭关系中互相尊重（尊敬）、互相帮助，不计较利害得失，体现真诚的爱、精神的满足。试想，如果家庭里面都计算利害，爱情里面斤斤计较，人们的生活哪里有轻松与和谐？

(二) 节葬

丧葬礼仪，在古代为凶礼，为五礼（祭祀之事为吉礼，冠婚之事为嘉礼，宾客之事为宾礼，军旅之事为军礼，丧葬之事为凶礼）之一，是对于人的价值和尊严的肯定的重要形式。一定规模的丧葬，是寄托哀思的必要方式。为了死者的荣誉和后代人的心理满足，丧葬出现许多大操办的情况。因为人的生、死、婚姻，乃世界所有民族所重视的人类共同行为。

墨子反对劳民伤财的厚葬，特别是统治阶级残忍的殉葬，怜悯劳动人民的悲惨人生，在当时的社会历史条件下，有积极意义。墨子指出，后世之君子，或以厚葬久丧以为仁也，义也，孝子之事也，或以厚葬久丧，以为非仁义，非孝子之事也。厚葬久丧非仁非义非孝子之事也，为人谋者不可不沮也。仁者将求除之天下，相废而使人非之，终身勿为。墨子反对儒者为纪念故人的大肆操办行为，提倡新的、简单的丧葬做法，例如：

楚之南有炎人国者，其亲戚死，朽其肉而弃之，然后埋其骨，乃成为孝子。

《节葬下第二十五》

秦之西有仪渠之国者，其亲戚死，聚柴薪而焚之，熏上谓之登遐，然后成为孝子。

《节葬下第二十五》

但是，今天看来，对故人一定方式（规模、程度）的祭祀，仍然是孝敬、缅怀、纪念所需要的。福柯在《新科学》中，也强调隆重的仪式遍及世界，形成了文化传统。纯粹从效用上来看待丧葬是不够的，容易低估、甚至否认人的价值的特殊性。阿马蒂亚 · 森在批评功利主义时，就针对丧葬问题的效用，进行了分析，指出不能用简单的效用来认识这个问题。阿马蒂亚 · 森认为，一个人去世后失去了享受快乐与痛苦的能力，但是人们并不完全终止对他“权利”的考量，还要妥善安置他的遗体、举行隆重的葬礼和纪念活动；避免他遭受诽谤。所以，仅仅考虑效用和福利是极其狭隘的，无法解释复杂的人类社会生活与对自由的追求。[1]

我们看到，厚葬的价值是随历史变化的。古代权贵的厚葬，当时对百姓来说是严重的负担、负价值，但是在现在作为文物被挖掘、发现、展览，供人们进行研究、参观，则有积极的正价值。

（三）慈孝为天下和调的重要因素

天下变得混乱的根源归于兄弟不和调、父子不慈孝、君臣不惠忠，强调“父子相爱则慈孝”。墨子认为，孝也是一种“兼爱”，指出，人人平等，爱别人要像爱自己一样，孝敬别人的父母也要像孝敬自己的父母一样，这是治天下的根本之一。父慈子孝，为人君必惠，为人臣必忠，为人父必慈，为人子必

1．参见：阿马蒂亚 · 森：《“为福利主义辩护”的回应——答黄有光教授》，转自黄有光：经济与快乐，312页，大连：东北财经大学出版社，2000年。

孝，为人兄必友，为人弟必悌，这是做人的基本原则，如此方可万民大利。

是以入则不慈孝父母，出则不长弟乡里，居处无节，出入无度，男女无别。

《兼爱上第十四》

国之与国之相攻，家之与家之相篡，人之与人之相贼，君臣不惠忠，父子不慈孝，兄弟不和调，此则天下之害也。是故诸侯不相爱则必野战，家主不相爱则必相篡，人与人不相爱则必相贼，君臣不相爱则不惠忠，父子不相爱则不慈孝，兄弟不相爱则不和调。诸侯相爱则不野战，家主相爱则不相篡，人与人相爱则不相贼，君臣相爱则惠忠，父子相爱则慈孝，兄弟相爱则和调，天下之人皆相爱。

《兼爱下第十六》

墨子强调，父亲对孩子要慈，孩子对父母要孝，不仅自己的父母对自己的孩子慈，也要对别人的孩子慈，孩子不仅要对自己的父母孝，也要对别人的父母孝，对待别人，就像对待自己的家人一样。人们所具有的爱，应该是不分你我的，是一种无差别的爱。在熙熙攘攘、利来名往的社会，墨子以慈孝为基础的圣王之道是大利天下黎民百姓的。

(四) 历史深厚的“孝”

孝德自古就是一种超越时空的情感，是存在于中国人之中的特有的文化机制。在传统的中国社会与文化中，孝道具有发源性、根源性、综合性，是在中国古文化当中存在的一个核心观念和首要精神，是中国伦理文化的显著特色之一。

古之圣王，举孝子而劝之事亲，尊贤良而劝之为善，发宪布令以教诲，明赏罚以劝阻。

《非命下第三十七》

故昔者三代圣王禹汤文武，方为政乎天下之时，曰：必务举孝子而劝之事亲，尊贤良之人而教之为善。

《非儒下第三十九》

君主应该将这种文化延伸下去，选举贤能并且有孝道的人士治国，“古之圣王，举孝子而劝之事亲，尊贤良而劝之为善”。传承与发展孝文化，对治国安邦，发掘人才，有着积极的作用与功效。

三、当今的意义

(一) 孝心

孝道，绝不是家庭给予孩子的一种自私。而是从小事做起，从身边的事情做起，从自己做起，由近及远，由易及难，使我们的责任感与爱情不断的扩大。不积跬步，无以至千里；不积小流，无以成江海。最终总会努力修养到一种大公无私的境界。孝道，正是稳健的步伐，入海的江流。

墨子主张兼爱之心是孝的基础。这是中国孝文化的重要资源之一。中国发展出来的文化就是一个以“孝”为核心的古文化，对于“孝”的观点还影响着中国人民自身的命运跟方向。中国古文化虽然没有宗教，但是孝道却有着与宗教相当的色彩，甚至在某些方面超越了宗教，成为人的思想当中最为重要的一点。对于“孝”，不能单单的指存在于血缘关系之中，孝道是一个更为高尚的社会风气，存在于生活的方方面面。我们不仅要对自己的父母、兄弟相爱慈孝，对别人的父母、兄弟，要像对待自己家里的亲属和对待自己一样好，这种“孝”消除了血缘上的差别，消除了人与人之间的隔膜，是一种真正意义上的真、善、美。

(二) 孝行

首先是子女对父母、晚辈对长辈的依从、尊敬和感恩。父母是把自己带到这个世界上的人，从落地之初，便无微不至的对子女进行关怀，付出了全部的心血，孩子稍长，父母就会进行教育，让自己获得在世界生存的能力，所以，孩子要认识到父母对自己的爱，要回报父母、体贴父母、体谅父母、关心父母，孝这时并不是单纯的回赠，而是发自内心的感恩。与父母相处自己需要保持恭敬的态度，持有和悦的神色；另外也必须努力做好一切事情，尽量减少父母为自己担忧。对于长辈，他们会在孩子的成长过程之中影响孩子的人生，给孩子很多经验，让孩子们少走很多弯路，要感谢那些帮助过自己的前辈。社会是由家庭组成，家庭和睦是社会稳定的基础，和睦的基础就是父慈子孝，孩子不仅要孝顺自己的父母，而且要孝顺自己的整个家庭，因为爱是相互的。

孝要深入到生活的方方面面，对自己身边的长辈、老人，都要孝顺。对老人的赡养，对老人的关爱，对老人的呵护，都应当是不存私心。这样才符合墨子的孝内涵，才能建设好和谐社会。

孝行需要培养下一代的责任感跟爱心，如今的家庭社会发生了变化，孩子都是一脉单传，从小娇生惯养，处于被溺爱的过程中，所以会变的很自我，宣扬孝道可以让孩子从小就去体会爱父母是什么滋味，孩子易懂易学易做，并且会感到特别亲切。以此为基础，孩子会慢慢体会出爱同学、爱老师的情感，然后再一步延伸到爱国家、爱社会、爱人类。从身边最亲密的父母、家人、长辈、老师入手，由近及远、由易及难，能够让孩子真正懂得爱祖国、爱人民的情感。中国传统教育以孝道教育为第一步，确实是有其科学、合理的成分。推其原因，是因为它符合人的天性，符合孩子的天性。

孝道是老人晚年健康、幸福、尊严的重要保障，是构建和谐社会的重要因素。如果老人在年老的时候有个孝顺的孩子，那么他会享尽天伦之乐，老人可以安心地颐养天年，经历一生风雨之后更能懂得家庭的温暖、亲情的可贵，是任何东西都无法代替的。宣扬孝道对于维护家庭和睦、社会稳定与和谐有着极为重要的作用。墨子对孝的见解，值得参考。

（孙君恒：武汉科技大学教授）

《淮南子》的孝德论

孙君恒 安晓晶

一、原典

《淮南子》一书中有十八处谈到孝。

1.《卷五 · 时则训》："命太尉，赞杰俊，选贤良，举孝悌，行爵出禄，佐天长养，继修增高，无有隳坏。"

2.《卷五 · 时则训》："朝于总章左个，以出秋令。求不孝不悌，戮暴傲悍而罚之，以助损气。"

3.《卷八 · 本经训》："古者圣人在上，政教平，仁爱洽，上下同心，君臣辑睦，衣食有余，家给人足，父慈子孝，兄良弟顺，生者不怨，死者不恨，天下和洽，人得其愿。"

4.《卷八 · 本经训》："古者上求薄而民用给，君施其德，臣尽其忠，父行其慈，子竭其孝，各致其爱而无憾恨其间。夫三年之丧，非强而致之，听乐不乐，食旨不甘，思慕之心，未能绝也。晚世风流俗败，嗜欲多，礼义废，君臣相欺，父子相疑，怨尤充胸，思心尽亡，被縗戴绖，戏笑其中，虽致之三年，失丧之本也。"

5.《卷九 · 主术训》："入孝于亲，出忠于君，无愚智贤不肖，皆知其为义也，使陈忠孝行而知所出者，鲜矣！"

6.《卷九 · 主术训》："孝于父母，弟于兄嫂，信于朋友，不得上令而可得为也。"

7.《卷十 · 缪称训》："故义胜君，仁胜父，则君尊而臣忠，父慈而子孝。圣人在上，化育如神。"

8.《卷十 · 缪称训》："故孝己之礼可为也，而莫能夺之名也。必不得其所怀也。"

9.《卷十一 · 齐俗训》："及至礼义之生，货财之贵，而诈伪萌兴，非誉相纷，怨德并行。于是乃有曾参、孝己之美，而生盗跖、庄跻之邪。”

10.《卷十一 · 齐俗训》：“是故忠之所在，礼不足以难之也。孝子之事亲，和颜卑体，奉带运履，至其溺也，则捽其发而拯；非敢骄侮，以救其死也。”

11.《卷十二 · 道应训》：魏文侯觞诸大夫于曲阳，饮酒酣，文侯喟然叹曰：“吾独无豫让以为臣乎？”蹇重举白而进之，曰：“请浮君。”君曰：“何也？”对曰：“臣闻之，有命之父母，不知孝子；有道之君，不知忠臣。夫豫让之君，亦何如哉？”文侯受觞而饮釂不献。曰：“无管仲、鲍叔以为臣，故有豫让之功。”故老子曰：“国家昏乱有忠臣。”

12.《卷十六 · 说山训》：“不孝弟者，或詈父母。生子者，所不能任其必孝也，然犹养而长之。”

13.《卷十六 · 说山训》：“曾子立孝，不过胜母之闾；墨子非乐，不入朝歌之邑；曾子立廉，不饮盗泉；所谓养志者也。”

14.《卷十九 · 修务训》：“尧立孝慈仁爱，使民如子弟。”

15.《卷二十 · 泰族训》：“王乔、赤松，去尘埃之间，离群慝之纷，吸阴阳之和，食天地之精，呼而出故，吸而入新，弃虚轻举，乘云游雾，可谓养性矣，而未可谓孝子也。”

16.《卷二十 · 泰族训》：“民不知礼义，法弗能正也；非崇善废丑，不向礼义。无法不可以为治也；不知礼义，不可以行法。法能杀不孝者，而不能使人为孔、曾之行；法能刑窃盗者，而不能使人为伯夷之廉。”

17.《卷二十 · 泰族训》：“孔子弟子七十，养徒三千人，皆入孝出悌，言为文章，行为仪表，教之所成也。”

18.《卷二十一 · 要略》：“孝公欲以虎狼之势而吞诸侯，故商鞅之法生焉。”

二、要旨

（一）孝是个人修身、完善、高层次素质的关键

1．孝是个人道德素质的体现。《卷九 · 主术训》就强调应该孝于父母：“孝于父母，弟于兄嫂，信于朋友，不得上令而可得为也。”孝与其他道德一样重要。《淮南子》继承儒家孝道思想，认为孝道乃是个人文明的根本内容之

一。《论语》中说："孝悌也者，其为仁之本欤！"一部《孝经》经典，更是完整地讲述了孔子论孝悌的行为准则，天道原理。《淮南子》将儒家孝德思想进一步发扬光大，有新的内涵。主张以孝敬感恩施教，从而使子女懂得尊老爱幼，胸怀广阔而慈悲。其目的是实现中国古代的人生理想——忠、孝两全（完美的个人美德）——为国、为家。《淮南子 · 说山训》里有曾子孝亲的记载，与儒家提倡的道德观念是一致的，对孝的人生、为人（子）境界有高远的思考与表达。

2．《淮南子》记叙了许多忠实、勤勉而又模范的个人行孝事迹。例如，子路曾问孔子有什么志向，他说："老者安之，朋友信之，少者怀之。"不难看出孔子的主张与后世孟子所说的"老吾老，以及人之老；幼吾幼，以及人之幼"的相似境界了。孔孟儒家学派对孝的论述，对中华民族以孝为渊源的传统美德的形成都起到了关键性的作用。可以说孝是做人之本，是伦理道德建设的基石。例如，《卷十六·说山训》："曾子立孝，不过胜母之闾。"再如，《卷十九·修务训》："尧立孝慈仁爱，使民如子弟。"又如，《卷二十·泰族训》："孔子弟子七十，养徒三千人，皆入孝出悌，言为文章，行为仪表，教之所成也。"

3．《淮南子》里强调选拔、任命官员时，把孝德作为基本要求之一。《卷五 · 时则训》指出要选贤良、举孝悌："命太尉，赞杰俊，选贤良，举孝悌，行爵出禄，佐天长养，继修增高，无有隳坏。"光大孝的精神，以博爱之心待人处世，才能令家庭、朋友、社会满意。《卷九 · 主术训》："孝于父母，弟于兄嫂，信于朋友，不得上令而可得为也。"从《淮南子》关于孝的论述可见，《淮南子》的作者同样是认同儒家孝德的。

(二) 孝是家庭和睦的需要

1．扶危救难，是家庭美德。救人（父母）于危难之间，义不容辞！《卷十一 · 齐俗训》："是故忠之所在，礼不足以难之也。孝子之事亲，和颜卑体，奉带运履，至其溺也，则捽其发而拯；非敢骄侮，以救其死也。"

2．父慈子孝，是家庭成员爱的纽带。《淮南子》主张孝道文化，提倡敬老爱老之风，促进敬老、爱老、助老社会氛围的形成。家家有老人，人人都要老，关爱今天的老年人，就是关爱明天的自己，敬老、爱老、助老要从自身做起。《卷八 · 本经训》里认为"父行其慈，子竭其孝"，家庭才能安宁。如果父子相疑，仅仅做表面文章，即使守三年丧孝，也不值得：“古者上求薄而民用给，君施其德，臣尽其忠，父行其慈，子竭其孝，各致其爱而无憾恨其间。夫三年之丧，非强而致之，听乐不乐，食旨不甘，思慕之心，未能绝也。晚世风流俗败，嗜欲多，礼义废，君臣相欺，父子相疑，怨尤充胸，思心尽亡，被缞戴绖，戏笑其中，虽致之三年，失丧之本也。”

3．父慈子孝，是家庭和谐的基础。以前历史的成功经验，就说明了这样的道理。《卷八 · 本经训》里说：“古者圣人在上，政教平，仁爱洽，上下同心，君臣辑睦，衣食有余，家给人足，父慈子孝，兄良弟顺，生者不怨，死者不恨，天下和洽，人得其愿。”

(三) 孝是维护国家安宁、稳定社会秩序的保证

1．孝德是社会秩序需要的礼仪。《卷十 · 缪称训》：“故孝己之礼可为也，而莫能夺之名也。必不得其所怀也。”

2．孝德是国家安宁的需要。《卷十一 · 齐俗训》：“及至礼义之生，货财之贵，而诈伪萌兴，非誉相纷，怨德并行。于是乃有曾参、孝己之美，而生盗跖、庄蹻之邪。”就是强调孝作为道德规范，可以治国安邦，太平天下，孝的地位和意义必须重视。《卷八 · 本经训》：“古者圣人在上，政教平，仁爱洽，上下同心，君臣辑睦，衣食有余，家给人足，父慈子孝，兄良弟顺，生者不怨，死者不恨，天下和洽，人得其愿。”古代的圣贤“尧立孝慈仁爱，使民如子弟”（《卷十九 · 修务训》），就实现了仁政，赢得了民心。

3．社会上应该学习孝德楷模。例如虞舜、孔子弟子、曾子等，就是典型人物。《卷十九 · 修务训》：“尧立孝慈仁爱，使民如子弟。”《卷二十 · 泰族训》：“孔子弟子七十，养徒三千人，皆入孝出悌，言为文章，行为仪表，教之所成也。”《卷十六 · 说山训》：“曾子立孝，不过胜母之闾；墨子非乐，不入朝歌之邑；曾子立廉，不饮盗泉；所谓养志者也。”

4．孝德是稀缺的社会美德资源。《卷九·主术训》感叹：“入孝于亲，出忠于君，无愚智贤不肖，皆知其为义也，使陈忠孝行而知所出者，鲜矣！”既然如此，就应该大力提倡、推广孝德，才能促进人际和谐、社会美好环境的出现。

5．对不孝敬的行为要进行惩罚。《卷五 · 时则训》：“朝于总章左个，以出秋令。求不孝不悌，戮暴傲悍而罚之，以助损气。”

三、特点

(一) 《淮南子》关于孝德论述的总特点是：儒家、道家、墨家、法家等思想的部分融合。

例如，一方面认同孔、墨，《卷十二 · 道应训》里转述了关于对孔子和墨子道德的赞扬："惠孟对曰：'孔、墨是已。孔丘、墨翟，无地而为君，无官而为长，天下丈夫女子莫不延颈举踵而愿安利之者。今大王，万乘之主也。诚有其志，则四境之内皆得其利矣。此贤于孔、墨也远矣！'"另一方面，强调不应该拘泥于孔、墨，正如其《卷十一 · 齐俗训》里的主张："故制礼义，行至德，而不拘于儒、墨。"同时，《淮南子》认为更应该改造儒、墨，抛弃其不适合时代的东西："今儒、墨者称三代，文武而弗行，是言其所不行也；非今时之世而弗改，是行其所非也。称其所是，行其所非，是以尽日极虑而无益于治，劳形竭智而无补于主也。"（《卷十三 · 泛论训》）

(二) 儒家的痕迹

《淮南子》主张赡老、敬老、葬老，经常举例说圣人、尧、孔子弟子、曾子等，是孝德的典范，长辈尤其是父母对自己恩重如山，需要用一切可能的方式、在自己生命的全过程中、不论任何场合加以报答。《淮南子》强调要感恩：生育之恩、养生之恩、教育之恩、关爱之恩。关于孝德的价值，对于个人、家庭、社会的意义，关于修养的方法等，与儒家比较，《淮南子》的论述与儒家基本一致。《淮南子》展示的是：治国靠的是"礼"，而这个"礼"又着重在于礼治的核心精神，包括孝德的内容。

(三) 道家的见解

1．孝是顺其自然的事情。生育、养育孩子，是父母的义务，但是孩子不一定必然成为孝子。《卷十六 · 说山训》："不孝弟者，或詈父母。生子者，所不能任其必孝也，然犹养而长之。"

2．引用老子见解——"国家昏乱有忠臣"，延伸为：家庭和睦需孝子。

《卷十二 · 道应训》说：

魏文侯觞诸大夫于曲阳，饮酒酣，文侯喟然叹曰："吾独无豫让以为臣乎？"蹇重举白而进之，曰："请浮君。"君曰："何也？"对曰："臣闻之，有命之父母，不知孝子；有道之君，不知忠臣。夫豫让之君，亦何如哉？"文侯受觞而饮釂不献。曰："无管仲、鲍叔以为臣，故有豫让之功。"故老子曰："国家昏乱有忠臣。"

3．反对单纯的修道而不孝。

《卷二十 · 泰族训》曰：

王乔、赤松，去尘埃之间，离群慝之纷，吸阴阳之和，食天地之精，呼而出故，吸而入新，弃虚轻举，乘云游雾，可谓养性矣，而未可谓孝子也。

(四) 墨家的观点

《淮南子》对墨子关于孝德的节俭十分赞赏，主张节葬、礼仪简约。《淮南子》针对三年守孝的做法，强调适当的守孝，反对假心假意、铺张浪费的行径。《卷八 · 本经训》说："古者上求薄而民用给，君施其德，臣尽其忠，父行其慈，子竭其孝，各致其爱而无憾恨其间。夫三年之丧，非强而致之，听乐不乐，食旨不甘，思慕之心，未能绝也。晚世风流俗败，嗜欲多，礼义废，君臣相欺，父子相疑，怨尤充胸，思心尽亡，被缞戴绖，戏笑其中，虽致之三年，失丧之本也。"

(五) 礼与法关系的认识

《淮南子》认为治国需要"礼"和"法"的结合。道德与法律各有作用，但是自律和他律不能互相替代。《卷二十 · 泰族训》说："民不知礼义，法弗能正也；非崇善废丑，不向礼义。无法不可以为治也；不知礼义，不可以行法。法能杀不孝者，而不能使人为孔、曾之行；法能刑窃盗者，而不能使人为伯夷之廉。"《淮南子》认为作为孝敬的道德，更多的情况是需要教育、引导的。《卷二十 · 泰族训》："孔子弟子七十，养徒三千人，皆入孝出悌，言为文章，行为仪表，教之所成也。"

《淮南子》认同老子的治国之道，在于礼、法的实际内容和有效性，而不在于文辞修饰如何，赞扬《老子》“法令越详明，盗贼就越多”的见解，认为顺应自然才是上策。“礼”和“法”只是后天、社会活动的产物。“礼”和“法”，应该按照自然法则加以实施。

（孙君恒：武汉科技大学教授
安晓晶：武汉科技大学研究生）

佛教对中土孝亲观念的因应之道

韩焕忠

中国历来重视孝亲之道。儒家的重要经典《孝经》，堪称中土孝亲观的集中表述，也是东汉以后儒生和道士攻讦佛教的基本依据。而在相关的辩论中，中土的高僧大德一方面努力辩解佛教并不违背孝道，另一方面也尽力挖掘佛教中的孝亲资源。特别是北宋之后，对孝道的弘扬就成为佛教普度众生的基本内容之一。佛教高擎起孝亲的大旗，也就获得了教化中土的草根性，中国文化也由儒道之间的对立互补，转变为儒佛道三家的并立共存。

一、《孝经》大义

孝的内容极其广泛。作为人类最为美好的一种情感，孝意味着对父母辛勤养育之恩的真诚感激和深切怀念，如《诗经·小雅·蓼莪》云："蓼蓼者莪，匪莪伊蒿。哀哀父母，生我劬劳。……父兮生我，母兮鞠我。拊我畜我，长我育我。顾我复我，出入腹我。欲报之德，昊天罔极。"善事父母，使父母过上幸福生活，自古就获得人们的赞扬，如《尚书·尧典》就称赞虞舜云："瞽子，父顽，母嚚，象傲，克协以孝。"因此之故，孝自古就是社会所大力提倡的德行。如《周礼·地官·师氏》云："一曰孝行，以亲父母。"《左传·文公十八年》云："孝敬忠信为吉德。"《论语》《孟子》《礼记》等典籍中也有许多对孝的论述，而对孝最为全面、系统地进行论述的，则是《孝经》。

《史记·仲尼弟子列传》云："曾参，南武城人，字子舆，少孔子四十六岁。孔子以为能通孝道，故授之业，作《孝经》，死于鲁。"由于断句不同，或据此判《孝经》乃孔子为曾子作，或认定为曾子自作。然以经文中"仲尼居，曾子侍"等语论之，此经当是曾子弟子缀辑先师之语而成；云孔子或曾子所作者，乃弟子服劳其事而引功归于其师，亦《孝经》中之一义也。

《孝经》把孝提高到一个无以复加的地位，指出孝是最高尚的道德品格（至德），最基本的行为规范（要道），使天下人民普遍实现和睦相处的伟大法宝。《孝经》认为，孝以爱惜自己的身体发肤为开端，以立身扬名，使父母享受到最高荣耀为极致。在孔子看来，只有那些真正能孝亲的人，才能够实践好自己的社会角色；而只有实践好自己的社会角色，才算得上真正的孝子；二者是一种互为条件、相互促进的关系。即便尊为天子，也要做到“爱敬尽于事亲，德教加以百姓，刑于四海”；贵为诸侯，也要做到“在上不骄，高而不危；制节谨度，满而不溢”，从而使“富贵不离其身，然后能保其社稷，而和其民人”；地位显要如公卿大夫，也要做到“非先王之法服不敢服，非先王之法言不敢言，非先王之德行不敢行”，兢兢业业，恪尽职守，“然后能守其宗庙”；一般的士，也要做到“忠顺不失，以事其上，然后能保其禄位，而守其祭祀”；而庶民大众，则更要“用天之道，分地之利，谨身节用，以养父母”。正是由于孝的意义这么重大，自天子至于庶人，无不遵从，所以孔子才颇有感慨地说：“夫孝，天之经也，地之义也，民之行也。”昔者明王以孝治天下，不仅使“天下和平，灾害不生，祸乱不作”，而且还给父母先人带来最大的荣耀（如周公以后稷配天，以文王配帝之类）。由于“父子之道”出于人的“天性”，那么，以孝治天下自然也就是一种最为圣明的统治方式，即“圣治”。由此言之，“罪莫大于不孝”；而孝，则是获得天下治理、社会安定、人民幸福的必由之路。

古人以五经、六艺是对夫子之道的广说，而《论语》《孝经》为圣人言行的要点。以六艺之旨，约在《孝经》。故而自七十子后学以来，《孝经》获得了历代统治者的重视。如孔子的弟子子夏传经于西河，魏文侯即从之受《孝经》。两汉魏晋南北朝时期，无论是汉族的朝廷，还是匈奴、鲜卑等少数部族建立的政权，都标榜“以孝治天下”。其表现约有数端：其一，非常强调《孝经》的诵习与普及。据东汉赵岐《孟子题辞》所载：“汉兴，除秦虐政，开延道德，孝文皇帝欲广游学之路，《论语》《孝经》《孟子》《尔雅》皆置博士。”可知《孝经》在西汉之初即被立于学官。其后经学昌明，汉家立五经博士，不再单设《孝经》博士，但同时规定，凡通五经者，皆须兼通《孝经》。也就是说，《孝经》成了博士弟子人人必修的“公共课”。其二，政府选拔人才，有所谓“孝廉”一科，孝亲成为国家公务员升迁的基本标准。其三，这一时期的帝王谥号大都加以孝字，西汉如孝文、孝景、孝武、孝昭、孝宣等，东汉如孝光武、孝明等，两晋亦然，而北魏明君有孝文帝等。其四，喜欢以孝命名事物，如以孝义、孝感为地名，以孝昌、孝建、孝基为年号，以孝堂、孝水名山水等都是。其五，言行有违《孝经》，即为“不孝”，罪在不赦，如曹操之杀孔融，司马氏之杀嵇康，皆以“不孝”定谳。逮于唐，国家通过向孝义之家赐粟、侍丁孝假免差科等政策提倡孝道，皇帝还经常临幸太学，讲说《孝经》，像唐玄宗还御注《孝经》。关键时刻，皇太后甚至可以左右君位的继承、宰辅的任免、天下大赦的实行等。而孝在社会生活层面的重大影响，更是有逾前代，超越往古。

《孝经》所说的孝一方面具有生物学的依据，就像一切高等动物在出生之初，都表现出对母亲的依恋一样，人类对父母的尊敬和爱戴，也含有动物本能的成分在内。另一方面，也非常适合农业耕作、自给自足、聚族而居、家国同构、君父一体的中国社会现实。通过历代朝廷的提倡和士大夫的世代诵习，《孝经》对中华民族的精神塑造和心理积累产生了重大影响，孝对于中国人因此也就具有了安身立命、终极关怀的意义。以至于直到今天，实行和享受孝道仍然是维系我们这个社会和谐运转的情感，仍然是保证人们和睦相处的德行。

二、儒道排佛

正当朝廷大力表彰《孝经》、政府极端推崇孝道、社会普遍尊重孝德、士大夫尽力实践孝行的两汉之际，一种与儒家学说完全不同的宗教文化形态——佛教，越过皑皑雪山、茫茫平沙，跨过滚滚波涛、淼淼海疆，从西域和南海分两路传入中国，逐渐站稳脚跟，开始对中国人的思想世界产生广泛而深入的影响。佛教以辞别君亲、出家修行、严持禁戒为入道的初步，以解脱烦恼、出离生死、涅槃寂静为终极的归向，与在中土占主流地位的以修己安人、治平天下为宗旨的儒家思想大异其趣，也与主张长生久视、得道成仙的道教文化迥然不同。儒道二家都是土生土长的中土文化，都主张孝亲忠君是无所逃于天地之间的人生大事。自然地，以儒道对立互补为主体的中土文化，与来自异域印度的佛教，作为两种完全不同的异质文化，不可避免地产生了非常强烈的思想交锋，“不孝”也就成了儒道两家，特别是儒家，依据《孝经》排斥佛教的重大口实之一。

据《理惑论》[1] 记载，东汉末年的佛教居士牟子曾经受到过这样的质问：

《孝经》言："身体发肤，受之父母，不敢毁伤。"曾子临没："启予手，启予足。"今沙门剃头，何其违圣人之语，不合孝子之道也。吾子常好论是非，平曲直，而反善之乎？[2]

夫福莫逾于继嗣，不孝莫过于无后。沙门弃妻子，捐财货，或终身不娶，何其违福孝之行也。自苦而无奇，自极而无异矣。[3]

黄帝垂衣裳，制服饰。箕子陈《洪范》，貌为五事首。孔子作《孝经》，服为三德始。又曰："正其衣冠，尊其瞻视。"原宪虽贫，不离华冠。子路遇难，不忘结缨。今沙门剃头发，披赤布，见人无跪起之礼仪，无盘旋之容止，何其违貌服之制，乖缙绅之饰也。[4]

只要翻一翻《弘明集》《广弘明集》《集古今佛道论衡》等书，就可以检出许多类似的例子来，表明诸如此类的问难在南北朝时期屡有发生。这些责问都是依据《孝经》等儒家典籍与孔子等圣贤言行，分别对佛教出家僧众人的剃发、独身、披服袈裟等独特的宗教修行进行质疑。其时佛教传入未久，人们看到出家僧人的行为方式与自己熟知的习惯大异其趣，不免少见多怪。有趣的是，责问一方据《孝经》等发难，答辩的一方也是依《孝经》等自解。如关于剃头问题，牟子就指出，《孝经》以孝为"至德要道"，泰伯让国适吴，断发文身，而孔子亦称其为"至德"。言下之意，是否是"至德"，并不在于是否剃头，而在于是否"礼让"。僧人们辞亲出家，放弃了世俗间的一切荣华富贵，是一种非常高尚的"让"，因此佛教僧众并没有违背圣人教诲或不合乎孝道的地方。至于佛教僧众的独身，《理惑论》指出，许由栖于巢木、夷齐饿于首阳，二人都受到帝舜和孔子的称赞，是天下景仰的圣贤，从来无人讥讽他们"无后"和"无货"；在《理惑论》的作者看来，佛教僧众的出家独身与"无后"，与许由、伯夷一样，都是"求仁得仁"的奇异之事。而僧众的身披袈

1．学术界对此文的产生年代曾有争议，梁启超、吕澄等人以笔力浮乏、间有晋宋习用之语等认为是南北朝所作；而汤用彤、周书迦等人则据文间所述事实考之正史，谓其可信，且可补正史之不足，主张为汉末所作。本文认为，笔力浮乏乃学力问题，而足见其朴实、原始；晋宋习语其来有自，未必不能于汉魏之际偶或已用之，或后世抄录以今文易古语也未可知，故而从汤用彤等议，断定此文为东汉末作品。

2．《牟子理惑论》，《弘明集》卷一，《大正藏》第52册第2页下。

3．《牟子理惑论》，《弘明集》卷一，《大正藏》第52册第3页上。

4．《牟子理惑论》，《弘明集》卷一，《大正藏》第52册第3页上。

裟，也与儒家极力推崇的三皇之时食肉衣皮、巢居穴处一样，只不过是佛教尊崇质朴、主张无为的表现而已。我们说，辩难双方都以《孝经》为依据，这表明《孝经》在中国思想文化中具有绝对崇高的地位，而居士们对佛教并不违背《孝经》所作的努力解释，也为佛教在中国的弘传奠定了基调。

牟子《理惑论》所记，当是那些身处乱世之中、无权柄且无盛名之士的私下议论，尚可以言语辩解，并不能对佛教的存续造成多么大的威胁，但那些手握重权的帝王、将相与名震寰宇的学士文宗对佛教“不孝”的非难，则足以左右一时的社会风气，形成激荡风云的排佛浪潮。如唐高祖武德七年（624），太史令傅奕上书说：

佛在西域，言妖路远，汉译胡书，恣其假托。故使不忠不孝，削发而揖君亲；游手游食，易服以逃租赋。演其妖书，述其邪法，伪启三途，谬张六道，恐吓愚夫，诈欺庸品。凡百黎庶，通识者稀，不察根源，信其矫诈。乃追既往之罪，虚规将来之福。布施一钱，希万倍之报；持斋一日，冀百日之粮。遂使愚迷，妄求功德，不惮科禁，轻犯宪章。其有造作恶逆，身坠刑网，方乃狱中礼佛，口诵佛经，昼夜忘疲，规免其罪。且生死寿夭，由于自然；刑德威福，关之人主。乃谓贫富贵贱，功业所招，而愚僧矫诈，皆云由佛。窃人主之权，擅造化之力，其为害政，良可悲矣！[1]

傅奕早年曾为道士，临终嘱咐子孙勤奋修习六经与老庄，表明他是一位儒道兼修的学者和官僚。他主张国家应下令强制僧尼匹配，可以为国家增加十万余户人口，可收到“益国”“足兵”的效果，达到“妖惑之风自革，淳朴之化还兴”的治世局面。其后他又向太宗进言，谓佛教“于百姓无补，于国家有害”。他还将魏晋以来批驳佛教的文章收集起来，编成《高识传》十卷，广为发行。道士李仲卿、刘进喜等附和其议，排佛言论一时在朝士大夫间非常流传。唐高祖本以老子后裔自居，又得到这种言论耸动，遂以质问的口气向僧人下诏：“弃父母之须发，去君臣之章服，利在何门之中？益在何情之外？”[2]明确表示对佛教的不支持，甚至一度想对佛教僧众和寺院进行淘汰，因禅位太宗，事不果行。其后唐高宗、唐玄宗等历代帝王都以下诏的方式通令全国，强令僧尼礼拜父母尊长，以出家修道自居的佛教终于彻底屈服于中土孝道的压

1．《傅奕传》，《旧唐书》卷七十八。
2．《集古今佛道论衡》卷丙，《大正藏》第52册第380页上。

力，开始向父母尊长屈膝下拜。

中国历史上最著名的排佛健将是“文起八代之衰”的韩愈。韩愈著《原道》一文，在佛教和道教文化极其兴盛的时代里重新提出儒家的仁义道德之说，并且建立起一个自尧、舜、禹、汤、文武、周公至于孔子、孟轲的儒家道统。在韩愈看来，佛教的盛行，“必弃而君臣，去而父子，禁而相生养之道，以求其所谓清净寂灭者”，这无疑是“举夷狄之法，而加之先王之教之上”，有使堂堂中华“几何其不胥而为夷也”的重大危险，因此他强烈呼吁，对待佛道，应坚持“不塞不流，不止不行”的原则，实施“人其人，火其书，庐其居”的极端政策，从物质上予以消灭，坚决杜绝其在中土的存在与流播。[1] 他在《与孟尚书书》中提到，孔子之后，“杨墨交乱，而圣贤之道不明，三纲沦而九法斁，礼乐崩而夷狄横”，幸而有孟子辟之，才避免了“服左衽而言侏离”的衰落局面，因此他极力推尊孟子，认为孟子辟杨墨之功不在大禹治水之下。孟子之后，申商韩非之术乱之于前，佛道二教兴盛于后，汉代以来的群儒不过是做些修补的事情，圣道浸微，其危如一发而引千钧，当此之时，也只有他韩愈振臂一呼，以道自任了。

释老之害，甚于杨墨；韩愈之贤，不及孟子。孟子不能救之于未亡之前，而韩愈乃欲全之于以坏之后。呜呼，其亦不量其力，且见其身之危，莫之救以死也。虽然，使其道由愈而粗传，虽灭死万万无恨。天地鬼神，临之在上，质之在傍，又安得因一摧折，自毁其道，以从于邪也！[2]

韩愈是古文大家，文章固然能写得义正词严，令人读了之后，顿生回肠荡气之感，而他在排斥佛道的行为上也人如其文，大气磅礴。元和十四年（819），唐宪宗迎请凤翔法门寺的佛指舍利入宫供养，一时间在全国范围内掀起了铺天盖地的崇佛浪潮，特别是都市长安的人们，“焚顶烧指，百十为群，解衣散钱，自朝至暮，转相仿效，唯恐后时，老少奔波，弃其业次”。时任刑部侍郎的韩愈见之，勃然大怒，伏阙上书，于是有《论佛骨表》之作，要求皇上将这一节佛骨“付之有司，投诸水火，断天下之疑，绝后代之祸”[3]，如佛有灵，所有一切祸患，有他韩愈一人承担，他为此甘愿万死而不辞。结果

1．《韩愈集》卷十一《杂著一》。
2．《韩愈集》卷十八《书五》。
3．《韩愈集》卷三十九《表状二》。

落了个“一封朝奏九重天，夕贬潮阳路八千”[1]，被贬谪到当时还是烟瘴蛮荒之地的潮州作刺史去了。

儒生和道士们以不忠不孝的名义对佛教所作的攻讦，代表了相当一部分人对佛教的基本看法，因此成为中国历史上“三武一宗”灭佛事件[2]的舆论先声。这些攻讦虽不能切中佛教的要害所在，但却成为型塑中国佛教的一种强大的外部力量，使之尽其可能地努力适应中土思想文化的状况，从一种外来的异质宗教转变为中国传统文化的组成部分。

三、佛教回应

佛教作为一种外来的异质文化，对中土文化的主流儒家的攻讦不可能采取针锋相对的态度，而是对儒、道二教区别对待：一方面，积极地向儒家人物靠拢，实际上也是向朝廷中的当权派或儒家学者中的代表人物，认真解释佛教的理想、追求与儒家的孝道毫无违逆之处，并大力挖掘自家的孝道资源，逐渐积累起非常丰富的佛教孝道思想资料；另一方面，对道教的庸俗、浅薄与迷信之处进行反唇相讥，大量夺取道教的宗教资源。

佛教作为一种追求出离烦恼、实现清净解脱的宗教，固然不会对自己的出家僧众宣扬忠孝等宗法伦常，但佛教又有“不坏世间而说诸法实相”的原则，即释迦牟尼创立佛教之初就自觉地要求弟子们不要与国家政权、权贵富豪、民情风俗等相对立，因此对弟子们的忠君孝亲还是加以提倡的。在最接近原始佛说的《杂阿含经》中，就有佛教导为人子者应孝养父母的经文。如第88经：

如是我闻。一时佛住舍卫国祇树给孤独园，时有年少婆罗门，名郁多罗，来诣佛所，与世尊面相问讯慰劳已，退坐一面，白佛言：“世尊，我常如法行乞，持用供养父母，令得乐离苦。世尊，我作如是，为多福不？”佛告郁多罗：“实有多福。所以者何？若有如法乞求，供养父母，令其安乐，除苦恼

1．韩愈《左迁至蓝关示侄孙湘》。

2．北魏太武帝、北周武帝、唐武宗、后周世宗四帝出于经济利益和思想文化上考虑，下诏灭佛，强令僧尼还俗，拆除佛教寺庵、蓝若，没收寺院财产，捣毁佛像，焚烧佛经，试图取消佛教的存在，史称“三武一宗灭佛”。但为时都不长，其继任者上台后就立即取消灭佛的敕令，使佛教迅速地得到恢复和发展。

者，实有大福。”尔时，世尊即说偈言：“如汝于父母，恭敬修供养，现世名称流，命终生天上。”佛说此经已，年少郁多罗欢喜随喜，作礼而去。[1]

经文虽短，却非常完整，表明佛对少年婆罗门如法行乞、供养父母称扬有加，极其赞成，以现世获得美好名声、命终之后得生天界的愿景对他进行鼓励，使他更加坚定不移地继续孝养自己的父母。再如第96经，述佛在舍卫城乞食途中，逢一老年婆罗门拄杖行乞，就与之叙谈，得知老年婆罗门为子娶妻之后，将家产悉数付与，自己已一无所有，因此只好家家行乞。佛就教他一首偈颂，要他回家为儿子念诵：

生子心欢喜，为子聚财物。
亦为娉其妻，而自舍出家。
边鄙田舍儿，违负于其父。
人形罗刹心，弃舍于尊老。
老马无复用，则夺其麸麦。
儿少而父老，家家行乞食。
曲杖为最胜，非子为恩爱。
为我防恶牛，免险地得安。
能却凶暴狗，扶我暗处行。
避深坑空井，草木棘刺林。
凭杖威力故，峙立不堕落。

大意谓弃父不养，虽具人形，实同兽心；有子如此，尚不如杖。此偈鞭笞不孝，淋漓尽致。老年婆罗门之子听到偈颂之后，果然大为感动，不仅将父亲抱到家中，予以最好的供养，还非常恭敬地来到佛的所在，对佛表示诚挚的感谢，并愿意虚心接受佛的教导。[2]此类经典还有不少，都成为后世佛教僧众发挥佛教孝道的极好的思想资源。

当然了，佛教经典在翻译成汉语时，为了适应中土特重孝道伦理的思想状况，其中有关父母与子女关系的论述，已经或多或少的有所改变。生于中土的译经家们，都有非常深厚的汉文化功底，自然是以儒道思想作为其理解佛教经典文本的前解读结构；即便是那些来华传法的梵德，本着入乡随俗的原则，在

1．《杂阿含经》卷四，《大正藏》第2册，第22页中下。
2．《杂阿含经》卷四，《大正藏》第2册，第26页中下。

努力学习汉语、适应汉地社会生活的过程中，逐步培养和建立起中土特有的伦理思想，并自觉地运用在经典翻译中，通过选、删、节、增等手法，或者使印度佛教经典中有关孝养父母的内容得到强化，或者使有关译文尽可能地符合中国的孝道观念。如，有一部名为《对辛加拉的教导》的印度佛经，在谈到如何处理子女与父母的关系时，不仅提到子女应当尽到奉养双亲、做应做的事、保存家系、承继财产、在适当的时候供奉祖先等义务，而且还提出父母应当对子女尽到施与、说亲切的话、执行在这世上能为人的事、对各种事情适切的帮助和爱护。并说："如果不执行上述四种爱护，母亲和父亲就不能得到由于是父母而应从孩子得到的尊敬和扶养。"[1]子女与父母的义务在表述上比较平等。此经在中国凡经六译，其中四个译本现存。[2]可以看出，这四个译本的相关译文虽然互有参差，不尽相同，但对子女孝敬父母的要求都非常高，对父母慈爱子女的要求却相对笼统，而且对上文所揭之语各本均未译出。佛教对中土孝道观念的积极适应，于此可见一斑。[3]

而佛教中那些直接宣说孝敬父母的经典，则受到中土僧俗的热烈欢迎，甚至极大地影响了中土的民情风俗，如西晋竺法护所译《佛说盂兰盆经》。梵语"盂兰盆"为音译，意译应为"救倒悬"。谓佛神通第一大弟子目犍连以天眼通看到亡母生饿鬼道中，备受诸苦，不得救拔，因而驰往白佛。佛为说救济之法，于七月十五日众僧自恣时，为七世父母及现在父母在厄难中者，集百味饭食，供养十方众僧。七世父母得离饿鬼之苦，生人天中，享受福乐。全文约八百余字，与此经同本异译的还有东晋失译的《佛说报恩奉盆经》，其文字更短，约三百余字。竺译《盂兰盆经》注解很多[4]，弘扬宣讲，代有其人。梁武帝萧衍曾依据此经设盂兰盆斋，自此以后，相沿成俗，上至帝王，下至黎庶，莫不举办盂兰盆会，以报祖德。而中华各族均以七月十五日为中元节（俗称

1．转引自[日]中村元《儒教思想对佛典汉译带来的影响》，《世界宗教研究》1982年第2期。

2．后汉安世高译为《尸迦罗越六方礼经》；西晋支法度译为《善生子经》；东晋僧伽提婆译《中阿含经》卷三十二中有《善生经》，这三个译本可以在《大正藏》第1册中翻检到。后秦佛陀耶舍与竺佛念共译《长阿含经》卷十一有《善生经》，可在《大正藏》第2册中检到。

3．此段文字曾参考中国人民大学出版社2006年版《方立天文集》第3卷《中国佛教文化》第215—219页相关内容。

4．现存有唐慧净《盂兰盆经讲述》1卷，唐宗密《盂兰盆经疏》1卷，宋元照《盂兰盆经疏新记》2卷，宋普观《盂兰盆经疏会古通今记》2卷，宋遇荣《盂兰盆经疏孝衡钞》2卷，宋日新《盂兰盆经疏钞余义》1卷，明智旭《盂兰盆经新疏》1卷，清灵耀《盂兰盆经折中疏》1卷，清元奇《盂兰盆经略疏》1卷。

“鬼节”），亦可溯源于此。唐僧宗密为此经造疏，据此谓孝为百行之先，儒佛共尊，而佛教尤尊，意欲以此为佛教争地位。诸僧讲说，盛张法席，为化俗情，渐有变文，演为杂剧，即目连戏，成为中华百戏之祖。[1]直到现在，许多大的佛教寺院还常常印施此经，提倡孝道。

另一部在中国非常流行的宣扬孝道的佛教经典是《地藏菩萨本愿经》，唐于阗国沙门实叉难陀译，两卷。此经宣说佛临般涅槃前之三月，为报亲恩，升忉利天宫，为母说法，十方诸佛菩萨集会赞叹，如来含笑，放光明云，出微妙音，天龙鬼神，亦皆集会。佛为文殊菩萨说地藏菩萨往昔为婆罗门女及光目女，曾发誓救拔堕生地狱的母亲。佛复召十方地狱分身地藏菩萨，与诸受化众生，来见世尊。世尊摩顶付嘱地藏菩萨，令其永为幽明教主，使世人有父母者皆得报本荐亲，咸登极乐。自宋以后，此经盛行，宋常谨集有《地藏菩萨像灵验记》一卷，清灵椉撰有《地藏本愿经科注》6卷，清品椉集有《地藏经开蒙》3卷等，且盛传自新罗来华的高僧，在九华山上修行的金乔觉即为地藏菩萨化身，由此形成中国佛教中的地藏菩萨信仰，地藏菩萨在中国成为与观音（大悲）、文殊（大智）、普贤（大行）齐名的大愿菩萨，九华山也被佛教界视为地藏菩萨说法教化的道场，成为与普陀山、五台山、峨眉山并立的四大佛教名山之一。

信众们不仅选择《佛说盂兰盆经》《地藏菩萨本愿经》作为中国佛教的孝经，而且还自造了一部《父母恩重难报经》。经中说世尊引众南行，路遇枯骨，飘然礼拜，阿难不解，动问缘由。佛言恐是前世祖先，多生父母，故此礼拜，并为阿难广说父母深恩，其要有十：一、怀胎守护恩，二、临产受苦恩，三、生子忘忧恩，四、咽苦吐甘恩，五、回干就湿恩，六、乳哺养育恩，七、洗濯不净恩，八、为造恶业恩，九、远行忆念恩，十、究竟怜念恩。经云父有慈恩，母有悲恩，父母长养之恩，广大无比。若有男女，背恩不顺，死即堕于地狱、饿鬼、畜生；若有男女，孝养父母，承顺无违，常为诸天护念，福乐无尽。假使有人，为于爹娘，粉身碎骨，经百千劫，犹不能报父母深恩。本经语言通俗，词旨哀婉，叙事生动，感情真挚，读之可以想见当时法会盛况：高僧圆音一演，听众为之凄然，切己自反，或竟至于失声痛哭。久而久之，此思想

1．敦煌文献中有《目连变文》。宋孟元老《东京梦华录》卷八“中元节”谓：“印卖《尊胜》《目连经》。又以竹竿斫成三脚，高三、五尺。上织灯窝之状，谓之盂兰盆。挂搭衣服、冥钱在上，焚之。构肆乐人自过七夕，便搬目连经救母杂剧，直至十五日止。观者倍增。”

主旨及言语词句皆为大众耳熟能详，说书人提胡琴走街串巷，乞丐儿拿简板唱莲花落，皆以《报母恩》为基本篇目。

中国佛教中讲说孝道的经典流行，是佛教与中国宗法相结合的结果，佛教由此走出深山古寺，进入小民百姓的心田，从而成为一种具有草根性的文化形态。宋元以降，禅宗宗门衰歇，佛教义学凋零，普通民众所知道的佛教经典，《金刚》《法华》之外，就是这几部讲孝的佛经而已；而《金刚》《法华》义理深微，一般百姓也只好敬而远之，故而虽知其名，到底不如《佛说盂兰盆经》《地藏菩萨本愿经》《父母恩重难报经》等深入人心。儒家之《孝经》，渐成道学先生之高头讲章，白丁布衣，难有其分。儒家之春秋祭享，也不如经忏法会、超度荐拔之更具慰藉作用。是以儒家讲孝之牛耳，渐执之于佛教僧俗之手，宗密所说的孝为儒佛共尊而佛教尤尊之论，也渐成为普通民众的一般看法。

四、《孝论》宗旨

《佛说盂兰盆经》《地藏菩萨本愿经》《父母恩重难报经》等堪称中国佛门的孝经，而有关孝道的论述也常常见之于其他佛教经典之中。佛教素有造论弘经的传统，对佛教孝道观念全面进行解释、阐发、总结和论述的，要数北宋时期禅宗南宗青原下十世[1]云门宗的高僧佛日契嵩所著的《孝论》。

契嵩法师（1007—1072），字仲灵，自号潜子，出生于广西藤州镡津，俗姓李氏。契嵩髫年出家，弱冠游方，受印可于洞山晓聪，平素笃信观音法门。他曾经将自己的著作《传法正宗记》《辅教篇》等上奏朝廷，受到仁宗皇帝的叹赏。嘉祐七年三月，赐书入藏，复下诏褒宠，赐紫方袍，号明教禅师。契嵩再拜辞让，不许。一时权贵，如宰相韩琦、富弼等，都延请相见，对他非常尊重。当时的文坛领袖，平时不喜佛教的参知政事欧阳修，在读了他的文章之后对韩琦说："不意僧中有此郎耶！"与语终日，大见称赏。杭州知州蔡襄延请他住持佛日山净慧院，不数年即退居永安兰若，六十六岁圆寂，僧腊五十三年。契嵩的著作除上述之外，尚有《嘉祐集》《治平集》《镡津文集》等数种

1．据《五灯会元》卷十五《杭州佛日契嵩禅师》，《卍新纂续藏经》第80册第325页上。

流传于世。[1]契嵩为学主张儒佛一致，《孝论》一文，即为其《辅教篇》中的一篇，《镡津文集》一书中也有收录。

《孝论》在撰述形式上完全模仿儒家的《孝经》。文前有一小叙，契嵩自述写作《孝论》一文的目的，是有感于"生我父母也，育我父母也，而吾母又成我之道也"这样"昊天罔极"之深恩，同时也想通过该论"发明吾圣人大孝之奥理密意，会夫儒者之说，殆亦尽矣。吾徒之后学，亦可以视之也。"[2]即发扬、阐明佛教恪遵孝道的深奥义理，与儒家的相关学说进行会通，并为佛教信众建立行孝的规范。正文共十二章，可分为三个部分。

第一部分包括《明孝章第一》《孝本章第二》两章，从总体上阐明孝的基本道理。无论出家与否，只要是皈依了佛教，就必须接受佛教的各种戒律。有些佛教信众，特别是出家的僧众，往往以祝发事佛为名，拒绝对在俗的父母尽孝。《明孝章第一》针对这种情况，明确提出"盖以孝而为戒之端"[3]的观点，主张善自戒生，戒自孝成，对父母行孝是持守戒律的开端。人生在世，"资父母以生"，"资师以教"，"资道以用"，故而契嵩于《孝本章第二》中提出，"夫道也者，神用之本也。师也者，教诰之本也。父母也者，形生之本也。是三本者，天下之大本也。白刃可冒也，饮食可无也，此不可忘也。"[4]很显然，这里把儒家所说的"孝顺父母"的孝扩大为"孝顺父母师僧，孝顺至道之法"，也就把佛教出世的内容嫁接到了儒家世俗的情感基础之上。

第二部分包括第三至第十共八章内容，详尽地论述了佛教的各种孝行。《原孝章第三》特别强调行孝必须真诚，提出"圣人之孝以诚为贵"[5]的要求。《评孝章第四》从佛教因果观念出发，认为精神轮回于六道，或人或畜，迭为父母，杀生害命不仅有可能是杀害前世父母，而且还会背上轮回恶道的业力，因此自己在力严持不杀戒的同时，还应以"不杀"劝导父母。《必孝章第五》以释迦牟尼成道之后归家省亲、登天喻母、归其父丧为例，阐明不孝父母则不能实现"以道而溥善"的出家修行的目的。《广孝章第六》举唐贤元德秀、李观等人居母丧期间刺血书写佛教经像的例子，指出佛教可以使儒家的守

1．据《佛祖纲目》卷三十六写成，相关内容散见于《卍新纂续藏经》第85册，第716页中，第717页中，第722页下。

2．《辅教篇》下《孝论·叙》，《镡津文集》卷三，《大正藏》第52册，第660页中。

3．《辅教篇》下《孝论·明孝章第一》，《镡津文集》卷三，《大正藏》第52册，第660页中。

4．《辅教篇》下《孝论·孝本章第二》，《镡津文集》卷三，《大正藏》第52册，第660页中。

5．《辅教篇》下《孝论·孝戒章第七》，《镡津文集》卷三，《大正藏》第52册，第661页中。

孝得到进一步的推广、深化和提升。《孝戒章第七》认为："不杀，仁也；不盗，义也；不邪淫，礼也；不饮酒，智也；不妄言，信也。"将佛教五戒与儒家五常相比附，儒家遵行五常可以成为正人君子，荣显其亲，是孝行；佛教信众持守五戒，也含有恪尽五常的意味，自然也是一种孝行。《孝出章第八》主张出家修道是对孝亲之善的一种推广。《德报章第九》提出以佛教度化父母是以德报亲，较之直养是一种更高层次的大孝。《孝略章第十》以成就道业、显亲扬名为大孝，而在具体行事中却不必泥于行迹，可以有适当权变，如佛之遁父出家、不留后嗣、受父母之拜而不拜父母等，契嵩认为这与泰伯奔吴、夷齐饿死、冠礼受拜、介者不拜之义相同，都不过是行迹上可以忽略的一时权变而已，在本质上并不违背儒家的孝道。

以上两部分重在阐明孝理，论证孝行，第三部分包括《孝行章第十一》《终孝章第十二》两章，重在例证。《孝行章第十一》举孝僧多位，如道纪游方，必以身荷母；禅宗六祖慧能大师鬻薪养母，以家为寺，归死其地；道丕负母逃难，丐食为养，寻求父之遗骸；智藏为师守三年心丧；常超事亡师如存。所举五例，前三为出家僧人尽孝于在俗之父母，显示佛教僧众的出家非如世俗所谓遗弃父母；后二为出家僧人孝事师僧，表明中国佛教的师徒关系最终采取了儒家宗法中父子伦常的基本原则。《终孝章第十二》对僧人如何处父母之丧进行了论证："父母之丧亦哀，缞绖则非其所宜，以僧服大布可也。凡处必与俗之子异位，过敛则以时往其家，送葬或扶或导。三年必心丧，静居修我法，赞父母之冥。过丧期唯父母忌日，孟秋之既望，必营斋讲诵，如兰盆法，是可谓孝之终也。"[1]举释迦牟尼、大目犍连、中土之法云如何处父母之丧作为先例，并提出处师僧之丧亦如处父母之丧的原则。众所周知，中土古俗特重丧祭之礼，以为慎终追远，可使民众之道德风貌复归于忠厚；[2]然出家修道，到底是脱略世俗，与在家奉亲终究有别，故而契嵩此论，实是对出家修道与在家奉亲二者之间所作的一种调和。

通过这一系列的论证，契嵩阐明了佛教的出家修行不但不与儒家在家奉亲的孝道相矛盾，还可以视为是对儒家孝道的推广和扩充，甚至可以从儒家《孝经》等论孝的经典中找到佛教修行的根据。应该说，契嵩的论证是非常成功

1．《辅教篇》下《孝论·终孝章第十二》，《镡津文集》卷三，《大正藏》第52册，第662页中。
2．《论语·学而》载曾子之言曰："慎终追远，民德归厚焉。"

的，代表了土生土长的佛教僧众不愿意违背世俗伦常的心声，也标志着佛教在北宋时期已经立足中土，扎根民间，成为中国传统文化重要组成部分的事实。唐及以前，儒家中的杰出人物以“不孝”排佛议论不绝于耳，北宋之后，排佛之论虽未绝迹，但却鲜有以“不孝”相非的了。佛教也大量参与中土的丧祭活动，成为孝子们超度父母亡灵、寄托风树之思的一种基本方式，对中土民情风俗产生了非常重大的影响。

（韩焕忠：苏州大学哲学系教授）

各种宗教与孝道

骆承烈

由人们的孝行发展成的孝道，是人类思想中“永恒的范畴”。即各个时代、各个地域、各种人都不可避免的，都要遵循奉行的伦理道德。

中国的儒家多年来主张孝，提倡孝，历代朝廷奉行儒家思想也提倡孝，宣扬孝。春秋战国时，诸子百家尽管对“孝”有不同的解释，也不反对孝。孔子不是出世者，是入世者。儒家思想也不讲出世，而讲现实。它的主张与讲出世的多种宗教显然不同，但是“孝”的观念却是相同处甚多。现将中外一些主要宗教对孝的观点重点介绍如下：

一、道教

道教是中国土生土长的宗教。东汉张道陵创立后，敬奉老子、庄子。如果说儒家的学说是入世、治世、协调人际关系的话，道教则是追求个人永生，关心的是个人健康。尽管儒家提倡的道德规范不是道教的核心信仰，但他在传教活动中，却不能不采纳和利用儒家的孝道。如道教早期的《太平经》中就有：“为人父母，亦不容易。子亦当孝，承父母之教……父母所生，当令完，勿有刑伤……”孝子尽孝“是大善人之行，天必令寿，神鬼佑之不敢失”（《太平经》625页）。“故天地最以不孝不顺为怨……天地至善，唯不孝大逆。”（《太平经》115页）“子不孝，则不能尽力养其亲；弟子不顺，则不能尽力修明其师道；臣不忠，则不能尽力共事其君。为此三行而不善，罪名不可除也。天地憎之，鬼神害之，人共恶之。”（《太平经》405页）

晋人葛洪著的《抱朴子》也是一部道家作品，书中有：“欲求仙者，要当以忠孝顺仁信为本。”《太上感应篇》中也提倡“忠孝有悌”等美德。在谴责人们恶行时，有“违父母训”“抵触父兄”“失礼于舅姑”“轻慢生灵”等。

道教还有篇《净明忠孝全书》，认为“净明之事正心诚意，忠孝只是扶植纲常”。书中规定道家修炼的三个步骤是：“始于忠孝立本，中于去欲正心，终于真正净明。”（《正统道藏》第四卷3292页）还有一篇《文昌帝君孝经》其六章的题目是：育子、体孝、辨孝、守身、孝教、孝感。几乎与儒家之孝无有区别。

二、佛教

印度王子释迦牟尼创立的佛教，东汉时期传到中国，他们在来中国前也主张孝敬父母。佛教讲前生、来世，自然也重孝。《梵网经》说：“一切男子是我父，一切女子是我母。”依据佛教的原理，一个人应该做善事，才能使自己在因果报应中得利，而孝道正是应该做的大善事。

早期佛经中的《长阿含经》中有：

夫为人子，当以五事孝敬父母。云何为五：一者供奉能使无乏，二者所有先白父母，三者父母所为恭顺不逆，四者父母正令不敢违背，五者不断父母所为正业。（《大正新修大藏经》卷二）

《增一阿含经》记：

侍奉父母，爱护妻儿，做事有条不紊，这是最高的吉祥。（《经集》37页）

佛教传入中国逐渐中国化后，对孝这一伦理道德观点更加强调。如《佛说父母恩难报经》中记：

父母于子，有大增益。乳哺长养，随时将育。四大得成，右肩负父，左肩负母。经历千年，正使便利背上，然无有怨心于父母，此子犹不足报父母恩。（《大正新修大藏经》卷十六）

一部《佛说孝子经》强调“若不能以三尊之至化其亲者，虽为孝养，犹为不孝”。《父母恩重经》中以散文的形式道出人间父母的十大恩惠。包括母亲分娩的痛苦、喂乳、洗尿布、养育，等等。《佛说盂兰盆经》中，讲出目莲救母的故事。讲完以后说：“佛告诸善男子善女人是佛弟子修孝顺者，应念念中常忆父母供养乃至七世父母。年年七月十五，常以孝顺慈忆所生父母乃至七世父母，为作盂兰盆施佛及僧，以报父母长养慈爱之恩。”每年的农历七月十五，便成为中国民间提倡的“盂兰盆节”。

中国的佛教多年来提倡孝。为了着重提倡，历史上有几位高僧还写出倡孝的著作。如佛教华严宗五祖圭峰大师，即宗密和尚写出《佛说盂兰盆经疏》。书中写着：“始于混沌，塞于天地，通人神，贯贵贱，儒释皆宗主，其唯孝道矣。”“戒虽万行，以孝为宗。”

宋朝的佛教高僧契嵩写了一部《孝论》，分为十二章。开始便说：“夫孝，诸教皆尊之，而佛教殊尊也。”其十二章的标题为明孝章、孝本章、原孝章、评孝章、必孝章、广孝章、孝戒章、孝出章、德报章、孝略章、孝行章、终孝章。围绕孝的各个方面进行详细的论述与阐发。

还有一位袾宏，即明朝的莲池大师。他的著作中强调“出世间大孝”，主要论点为：

世间之孝三，出世者之孝一。世间之尊，一者承欢侍彩，而甘旨以养其亲；二者登科入仕，而爵禄以荣其亲：三者修德励行，而成至成贤以显其亲。（《云栖法汇》卷二十五）

明末还有一位藕益大师智旭，在其《佛说盂兰盆经新疏》中说：

“自性三宝”（佛宝、法宝、僧宝）为体，孝慈为宗。（《佛说盂兰盆经新疏》）

戒虽无量，以孝为宗。万行虽多，以孝为首。（《佛说盂兰盆经新疏》）

以上各代高僧的高论，在“孝”字上与儒家何其相似！单凭这一点，佛教在中国传播便可通行无阻。

三、基督教

儒家思想是东方文化的重要内容，基督教文化则是西方文化的主要内容。比孔子、释迦牟尼晚五百年的耶稣基督所创的基督教，是世界上最大的宗教。它对孝道是提倡，还是排斥？答案是前者。与佛教相比，基督教在理论上更关心人间世俗之事，因此在《圣经》中便有更多关于孝道的内容。如：

在《出埃及记》的“十诫”中的第五诫说：“当孝敬父母，使他们在耶和华我主所赐给你们的土地上得享长久而幸福的日子。”（《出埃及记》20：12）

在《创世纪》中讲了约瑟如何孝顺他刚去世的父亲的故事，当他依照父亲的遗愿埋葬父亲之后，“约瑟为他父亲哀哭了七天”。（《创世纪》50：10）

在《出埃及记》中记耶和华对摩西说：“打父母的人，应处以死刑”，“咒骂父母的人，应处以死刑”。（《出埃及记》21：15：21：17）

在《以弗所书》中，保罗写道：“你们为子女的，要尽本分在主的旨意范围内，听从父母。”（《以弗所书》6：1）

基督教中最高的美德是“神爱”。这种“神爱”也包括“创造万物的父爱”。基督教提倡对基督要绝对服从，当然对上帝、基督的爱是最主要的。当基督教传入中国后，遇到中国的祖先崇拜，许多传教士认为祖先崇拜和对上帝的崇拜是对立的。有人批判中国的祖先崇拜同时也批判了孝道。当基督教在中国传播时，有人对两者作了调和。如韩霖在《圣谕六言》中说“吾人第一要敬天（上帝），次则孝顺父母”，提倡在家族中“尊敬长上”。张星曜在其《天儒同异考》中说：“人能尊崇天主，则天主所立之天子、百官，自必忠敬；天主所予之父母兄弟，夫妇有朋，自必孝敬和顺。”

这一主张，将奉天主与孝父母进行了协调。正如清朝末年传教士也穿上长衫，戴上假辫子，在中国到处传教一样，成为传播基督教的一种手段。

四、伊斯兰教

作为世界上仅次于基督教的第二大宗教伊斯兰教，突出的特征是它的信徒一般都怀有百折不挠的宗教热情，以及对安拉和穆罕默德狂热的献身精神。在他们的宗教礼仪中，既不提孝道，也不讲祖先崇拜，但与孝道也不是无关。看看《古兰经》中的一些话：

当孝敬父母，当优待亲戚，当怜恤孤儿，当救济贫民，当亲爱近邻、远邻和伴侣……（《古兰经》4：40）

你们来吧，来听我宣讲你们的主所禁戒你们的事项——你们不要以物配主，你们应当孝敬父母……（《古兰经》6：153）

我曾命人孝敬父母。他的母亲辛苦地怀他，辛苦地生他。他受胎和断乳的时期，共计三十个月。（《古兰经》46：15）

我总命人孝敬父母。他母亲弱上加弱地怀着他。他的断乳是在两年之中，

（我说）你应当感谢我和你的父母……（《古兰经》31：14）

要使我在哪里都有福的……(他使我)孝敬我的母亲……(《古兰经》32—33)

信仰伊斯兰教的商人在唐朝从海上及陆地来到中国以后，许多人在中国定居下来。到了几百年后的元朝，由于蒙古军西进波斯、中亚及阿拉半岛，出现第二次东移高潮。信伊斯兰教者大多是回族，由于他们在内地常与汉族人相处，自然在某些方面也采纳了一些汉族的价值观，孝道便是其中之一。在张星曜《天儒同异考》中说："几乎所有中文伊斯兰教著作，都充满了儒学，引述尧、舜、孔、孟。佛教和道教是被拒绝接受的，但为与儒学求得一致的努力，则都得到特许。"

清朝一位伊斯兰教学者刘智，主要有三部著作。在其1710年出版的《天方典礼择要解》一书中说：

夫孝有三：身之孝，心之孝，性命之孝也。父母在堂，晨夕温清，身之孝也。敬爱思存，心之孝也。喻亲于道，性命之孝也。尽斯三者，生前之孝毕矣。父母既殁，修身扬名以显其亲，身之孝也。至诚格主，以承其祀，心之孝也。凡有功课善行，愿归于亲，思入冥冥以安先灵，性命之孝也。凡斯三此，死后之孝毕矣。

在其1775年出版的《天方至重实录》中记下大量这样的文字：

敬主之次，即敬父母。

孝亲与奉主等。

父母之恩大也，终其身不能报。

不辱父母之名，不没父母之善。

衣食从其所好，尽力宁丰。

父母病先祷主，后求医，躬治汤药，不委妇婢。

吾身，亲身也，兄若弟，亦亲身也，伤兄弟不即伤父母乎?

父母生死之日俱礼拜、诵经、施财、散谷，以尽孝思之诚，即以为享亲之道。

中国伊斯兰教学者王建平依据其1994年的社会调查，记云南回族人民的情况是：

不孝的子女如果虐待他们的父母亲，他们必须在自己家门口跪下，（作为惩罚）示众。

在采访一位老人时，他记得前辈告诉他：

孩子长大后不赡养他们的老父老母的话，其惩罚手段与以前的家规相同。

五、犹太教

犹太教的历史虽有三千年，但人数不太多，在我国开封有一些。在犹太教的教义中，孝道显然不是他们的核心价值观，但却也有不少地方涉及，如在他们的《巴比伦塔木德经》中就这样记着：

我们的拉比教导：什么是崇敬？什么是尊敬？崇敬的意思是：孩子既不能站也不能坐在他（父亲）的位置。尊敬的意思是：孩子必须给予（他父亲）食物和饮料，给予他衣服和被子，（他年老需要帮助时）带他进出。

当父母去世以后：

在葬礼的七天之内，最亲近的亲属留在房中哀悼。在十一个月中，儿子或儿子不在时（在有些国家）长女要出席每天的公共礼拜，背诵哀悼祈祷文，虔诚地祝愿死者的灵魂会依据契约和上帝在一起……

开封的犹太教堂1163年兴建，其间重修过十次，现仍保存四幢古碑。1489年的碑文：

其儒教与本教虽大同小异，然其立心制行，亦不过敬天道，尊祖宗，重君臣，孝父母，和妻子，序尊卑，交朋友，而不外于五伦矣。

1512年的碑文：

是故道行于父子，父慈子孝……道行于兄弟，兄友弟恭……道行于祭祖，必孝必成。

敬祖宗，孝父母，恭长上。

敬天而不尊祖，非所以祀先也。

1663年的碑文：

冬夏各取其食，以祀其祖先。

孝弟忠信本于心，仁义礼智原于性。

由上看来，居住在中国的犹太教后裔和汉族人的意识形态，已很相近了。

综上对几种宗教的简介，在对孝的态度上大都有类似的主张，由此可知孝道作为人类意识形态中居于“永恒的范畴”，确实不假。

（本文写作中部分资料参考高望之先生《儒家孝道》一文，特致谢意）

孝文化对朝、日、越的影响[1]

骆承烈

孝文化是中华伦理中的重要组成部分，几千年来，它已成为每个中国人都十分重视并不断履行的一项美德。被人们称作“孔子文化圈”的东亚、东南亚一些国家，在孝文化的传播与履行上也不亚于中土，尤其是朝鲜半岛、日本、越南更是如此，现将此三地的孝文化追溯于后。

一、朝鲜半岛

朝鲜半岛与我国唇齿相依，中国文化早已传入。四千多年前，便有箕子去朝鲜的传说，日后又有卫满去朝鲜的记载。依据考古资料，汉武帝时期已在朝鲜设置郡县。此后不久，一些汉人官吏、商贾及百姓往来者甚多。汉武帝时“罢黜百家，独尊儒术”，确立下儒家思想的正统地位以后，吏民往来更把儒家思想陆续带到朝鲜。公元一世纪，朝鲜半岛三国（高句丽、新罗、百济）鼎立，儒学思想在三国分别传播开来。

儒学传入百济的时间无考，但公元285年百济王子曾荐王仁到日本献《论语》和《千字文》，可知儒学传入百济应在此之前。到了唐代，百济王也派使节和留学生到长安，他们回国后，传播儒家思想，尤其是儒家的伦理思想。《三国史记》之《百济本纪》曾记载：“义慈王……事亲以孝，与兄弟以友，时号‘海东曾子’。”[2]连国王都以“海东曾子”命名，可见儒学及孝道对其影响之深。

新罗地处朝鲜半岛南端。虽发展较晚，但在唐时也和高句丽、百济一样往

1．本文参考杨焕英《孔子思想在海外的传播与影响》。
2．《三国史记》卷二十八《百济本纪》第六。

唐朝派遣留学生。他们学成以后，也回国传播儒家文化，仿效中国办学校。《三国史记》记朝鲜大儒强首就师学儒事：

及壮，自知读书，通晓义理。父欲观其志，问曰："尔学佛乎？学儒乎？"对曰："愚闻之，佛世外教也，愚。人间人，安用学佛为，愿学儒者之道。"父曰："从尔所好。"遂就师，读《孝经》《曲礼》《尔雅》《文选》。所闻虽浅近，而所得愈高远，魁然为一时之杰。[1]

当时新罗无文字，为学习儒学带来不便。七世纪时，薛聪创"吏读法"，即用汉字的音或意标记新罗语言的方法，给新罗人学习儒学带来很大方便，儒家忠、孝的伦理思想对朝鲜影响越来越大。例如"新罗之花"郎徒便以儒学的道德条目为依据，对人们进行训诫，如"事君以忠""事亲以孝""交友以信"等。此类内容，在日后出土的金石文中也有记载。

新罗国的神文二年（682）仿唐制在首都庆州设立国学，属于礼部。景德王六年改为大学监，在国学九年的学程中，所设课程除《周易》《尚书》《论语》等，还学《孝经》。其中《论语》和《孝经》为必修课，其他为选修课。上面提倡，下面仿行，儒家伦理尤其孝的思想在新罗广泛推行。景德王还用表彰孝子顺孙的办法扩大孔子及儒学的影响。该国古籍记景德王时"旌孝子向德门，号其地孝家里"。该书又记兴德王时，还"赐孝子顺孙家一区，岁给米五十硕"[2]。

新罗执政者为了更好地向中国学习，还仿唐制实行以儒学为标准的科举取士制度。《三国史记》载：元圣王四年（788）始定读书三品以出身。这三品是："读《春秋左氏传》，若《礼记》，若《文选》，而能通其义，兼明《论语》《孝经》者为上；读《曲礼》《论语》《孝经》者为中；读《曲礼》《孝经》者为下。"[3]对学儒学之人，上、中、下三种要求，均包括《孝经》在内，可见当时对孝的重视。

新罗重儒学，高句丽也不甘落后。其太祖、成宗曾多次下令推广儒学，睿宗时更广设学舍，选名儒为学官，用学习儒家经典的办法培养人才。到了仁宗朝，定《周易》《尚书》《周礼》《礼记》《毛诗》《左氏传》《公羊传》《穀梁传》各为一经，而《论语》《孝经》必令兼通。诸学生的课业，《孝

1．《三国史记》卷二十八《百济本纪》第六。

2．《朝鲜史略·新罗纪》。

3．《三国史纪》卷十《新罗本纪》第十。

经》《论语》共限一年，《尚书》《公羊传》《穀梁传》各限三年……所有学子，必须先读《孝经》《论语》，次读诸经并算习、时务策等[1]。除国家以外，地方办学也依此仿效。

十三世纪末，中国的程朱理学输入高丽，儒学教育再次振兴。高丽大儒安珦认为“夫子之道，垂宪万世，臣忠于君，子孝于父，弟恭于兄……”是保证统治的最好办法。日后设于汉城的国学改为成均馆，学习儒学的劲头更有增无减。

为了更好地利用儒学治理国家，高丽也推行科举制。在显宗十年制定的“及第荣亲法”中，明确规定对科举及第者，不但赐给酒食衣服，依据孝亲的原则连及第者的父母也受到恩赏。如肃宗二年就曾赐给金富辄母亲四十石米。还规定一家有三子登科者，每年给其母大仓米三十石。因富辄兄弟四人登科，其母另外赐米十石。毅宗三年，又规定如兄弟三人登明经科，其父授职，其母另外加赐米二十石。对死去的父母也要追赠，用这种方式体现孝道。

随着儒家思想在高丽的广泛传播，大量儒经传入高丽。除中国历代皇帝向高丽赐书外，有些商人也把一些儒经源源不绝地售往高丽。例如958年，高丽就赠给我国后周一批有关孝经的书，有《别叙孝经》一卷，《越王孝经新义》八卷，《皇灵孝经》一卷，《孝经雌图》二卷。[2]

到了高丽恭愍王时，即中国的元朝，孔子五十四代孙孔昭以元朝翰林学士之名陪鲁卫公女大长公主下嫁，携妻室至高丽，居于水源，建孔子庙，供奉孔子像，更把中国尊宗敬祖的孝亲传统带到高丽。在朝廷及民间进一步推广孝道。《高丽史·成祖世家》记：“九年（990）秋九月丙子，教曰：‘凡理国家，必先务本。务本莫过于孝。’”于是下令访求孝子顺孙义夫节妇，予以表彰，并免其徭役，有的还授予官职。如文宗三年赏赐义夫节妇孝子顺孙的事。而对个别不孝不悌者，则予以制裁。肃宗得知后说：“朕为政先孝悌，乃有若人邪？”同意制裁。整个高丽一朝，各代国王都极力推崇孝道。因为他们知道一个人在家孝父母，长大以后才能忠于国家，不仅移孝作忠，还可成为顺民。到了高丽末年，更提倡国内士庶均仿效“朱子家礼”，立家庙奉祀祖先，目的当然是为了维护朝廷的封建秩序。

《高丽史》中还表扬了一个割股为父治病的故事。明宗朝人尉貂极孝，其

1．《三国史纪》卷十《新罗本纪》第十。
2．《高丽史》卷十。

父患恶疾，医者说用子肉可治，尉貂即割股肉混杂在馄饨之中，其父吃后病稍愈。王闻之，下诏曰："貂之孝冠绝古今，《传》云孝者百行之源，又曰求忠臣于孝子之门，则貂之孝在所必赏。"命宰相议加褒赏。此事说明孝的观念在高丽已深入民间，影响很广泛了。

朝鲜的李朝，是儒学的鼎盛时期。所推行的科举制，仍依儒经出题。一旦考中，不但披红戴花，游街夸官，赐恩荣宴。"其亲存者，则令所在官给酒乐以荣之，名曰荣亲宴。"如父母已死，坟墓也称"荣坟"。总之，登第不忘父母恩，以此贯彻孝道。直至今日，朝鲜南北两方民间，对孝道都很尊崇，对于孝敬父母、尊敬兄长都有各种规定及非成文法。

他们对儒家的孝道仍给予很高的价值和地位。一位苏格兰学者依照她自己的经历写道："与中国一样，二十四孝的事例形成艺术家笔下喜爱的题材……（韩国）在三年服丧期内，每天要向牌位的死者灵魂致意，并供奉食物及焚香。所有有教养的韩国人，理所当然地学习孔子的学说。"1878年《大韩民国海外弘扬院年报》中说："在韩国，人们如此热衷地并以如此诚笃的方式信奉儒家学说，以致使中国人认为韩国的儒家信徒比他们更为操守，并称韩国为'东方文化之邦'，这是因为韩国人在遵从教义、礼仪方面一丝不苟。"（"教义、礼仪"主要指祖先崇拜）

二、日本

日本和中国是一衣带水的邻邦，孔子思想早就传播到日本。日本学者武内义雄说："儒教虽然发生于中国，可是极早就传到日本。对日本国民精神之昂扬，影响很大。"[1]公元前三世纪秦始皇焚书坑儒前，徐福带五百童男童女泛海东渡时，便将诗书带往日本。此事虽然史书有记载，日本和歌山县有徐福墓等古迹，有人还认为是一种传说。最确切的说法是：日本应神天皇十六年（285年，西晋太康六年），百济使者阿直岐荐王仁献《论语》十卷、《千字文》十卷。依此说法，儒学传入日本至少一千八百多年了。那时日本尚无文字，只有以崇神敬祖为内容的固有的神道，这一传统很容易与中国儒学的忠孝

1．武内义雄：《儒教之精神》。

等道德观念融合，因此儒学一经传入日本，便很快地被其上层人士所接受。日本学者儿岛献吉郎说："日本文化，与中国文化相密接……及孔教传入，因能适合于日本的国体与民俗，故日人之祖先，取之而为国教。"[1]自此以后，儒家的孝悌主张逐渐为人接受并履行，《论语》被尊为至高无上的经典。王仁这位儒学大师被任命为太子菟道雅郎子的老师。天皇崩后，这位太子依照儒家礼让的精神，让位给其兄大鷦鷯。曰："大王仁孝，宜为天下之君矣……"大鷦鷯则说："先皇谓王位不可一日空，故予选明德以为贰。我虽不敏，岂违先皇之命乎？"固辞不受，以致天皇的位置空了三年，大鷦鷯执意不当天皇。菟道雅郎子知其志不可夺，乃自杀。大鷦鷯痛哭之后，把他葬到菟道山上，这才登基，为仁德天皇。[2]这一生动的故事，说明仁孝的观念已支配着人们的行动，太子宁可自杀，也要把天皇之位让给仁孝的兄长。这一做法，在日本产生了巨大的影响，对于推动孝悌观念的传播起到了积极作用。

中世纪日本的"大化政新"用了许多儒家思想，此后的《大宝律令》也体现一些儒家思想，此后元正天皇在养老二年（718）修"养老令"。养老体现更广泛的孝道。《大宝律令》中的《学令》规定在大学寮中学习的科目有必修和选修。所学"九经"中，"《周易》《尚书》《周礼》《仪礼》《礼记》《毛诗》《春秋左氏传》各为一经，《孝经》《论语》学者兼习之"。这些古籍又分大经、小经。规定下通经的标准。其中只有《论语》和《孝经》一定要兼通。

日本奈良朝时，吉备真备创了日本文字，在日本学习儒学更方便了。这时正当中国唐朝，大批日本留学生及遣唐使到中国来。通过学习，他们极羡慕唐朝的文化，有的在中国为官，有的在中国娶妻生子，不再回国。回国的人，更有力地宣传中国的儒学。奈良朝为了用孔子的思想维持统治秩序，大力推行儒家的伦理观念，尤其是"忠、孝、礼"的观念，其中以孝为甚。他们把孝视作一种感天动地的崇高道德。为了提倡孝，天皇还因此改元"养老"。《日本史书》记着这样一个故事：

美浓当耆郡樵夫，事亲至孝，家贫无财，鬻薪自供。其父嗜酒，樵夫常提壶过市，赊酒以进。一日采樵于山，践石误仆，觉傍有酒气，心怪怪。回顾左

1．儿岛献吉：《诸子百家考》。
2．《国史纂论》卷一。

右，石间水涌，其色似酒。试尝之，则馨烈甘美，樵夫大喜，汲而供父。

灵龟三年九月，元正帝幸美浓，车驾过当耆郡，观醴泉，以为孝感之所致，名泉为“养老瀑”，因改元“养老”，授樵夫官，家至富饶。

朝廷表彰孝子，不止一个，如大和添下郡人倭果安，“孝于父母，友于兄弟”。添上郡人许知麻吕，“禀性孝顺，与人无怨，尝遭后母之谗，不得入父家，绝无怨色，奉亲弥笃”。和铜七年（714）二人被旌为“孝义”[1]。元正天皇养老四年（720）下的诏书中又讲：“人禀五常，仁义斯重，士有百行，孝敬为先”。日后孝谦天皇天平宝字元年（757）四月，诏书又讲：“古者治民安国，必以孝理。百行之本，莫先于兹。宜令天下，家藏《孝经》一本，精勤诵习。”[2]诏书中要求每家藏《孝经》一本，可见对《孝经》重视到何等程度。接着又令地方官，随时发现孝子，向上奏闻，以及时表彰。在提倡孝行的同时，也提倡仁、义、礼、智、信等儒家伦理观念。

公元794年，日本国都从奈良迁到平安（京都）后，史称“平安时期”，这时还继续尊孔，提倡孝道。例如日本真言宗的创始人空海和尚，十二岁时就学《论语》《孝经》，十八岁入太学学儒学。来中国留学后，造诣很深，回国努力推广儒学。平安时期在提倡学习儒家的伦理道德时，尤其重孝道，推崇《孝经》。特别下令全国都要使用中国唐玄宗的御注《孝经》。天皇本人对此率先学习，亲王们更强调研读。此事在《日本纪略》中有多处记载。为了在民间提倡孝道，历代天皇对国内的孝子顺孙多次褒奖。有的终身免去田租，有的终身免除课役，有的旌表门闾。其目的都是利用儒家的伦理思想改变民风、民俗，使社会安定。

平安时期儒家典籍也大量传入日本，例如北宋太宗雍熙元年（984）日本僧人奝然与其徒五、六人，到中国来，拿回大量儒家典籍。其中就有《孝经》一卷，《越王孝经新义》第十五一卷，“皆金缕红罗褾，水晶为轴。”视为珍宝，藏之秘阁。

到了镰仓时期，军事贵族独裁政权建立，他们又把中国儒家的一些基本道德观念（如忠、勇、信、礼、义、廉、耻等）拿来改造为武士道精神，使好端端的儒学在他们那里变了质。这时在社会上也提倡孝道，对儿童自幼就进行

1．《大日本史 · 孝子列传》。

2．《续日本纪》卷二十。

孝道教育。出生三天，如果是男孩，就要摇“文章博士”（类似中国的“抓彩”），不会说话也要教读《孝经》，六七岁时举行“开始读书”仪式时，也和前代一样，读御注《孝经》，当然还要崇拜孔子。

江户时期对儒学更加重视，德川幕府的最高学府昌平坂学问所（昌平黌，即今东京汤岛圣堂），是“纯粹教授儒学”的地方。国内别处还有明伦堂、弘道馆、日新馆、崇德馆、道学馆、时习馆、止善书院，等等，均以传授儒家的经学为内容，成为一个个弘扬儒学的基地。那时有专门为官员设置的“学习院”，也有为平民设置的“寺子屋”。寺子屋不仅教人读、写、算，更主要的是以儒学对民众进行道德教育。为此，特命大儒学家室鸠巢将清代顺治九年颁行，宣扬“孝顺父母，尊敬长上，和睦乡里，教训子弟，各安生理，勿作非为”的《六谕衍义》译成简易的日文，题为《六谕衍义大意》，作为寺子屋道德教育的教科书，颁布给江户的启蒙教师。对女子则用《女四书》《女孝经》等作教材。对幼儿则以《礼记 · 内则》为依据，对幼儿讲解进退及如何侍奉长辈的礼仪。还有一种“心学”，用人人皆懂的话，讲儒家伦理。

日后，阳明学派在日本盛行，宣扬良知说，主张孝为万事之本，修养以内省为主。主张孩子在七八岁就读《孝经》，十五岁起开始选择师友，学习儒道。他要求每个学生都要读《十三经》，读完以后，再精读《易经》，如果做不到，就读《孝经》《大学》《中庸》。此后还专门编了训诫女子的《女子训》《女子训或问》，读这些书也应在读《孝经》《四书》的基础之上。

当年江户时代德川幕府聘请明儒朱舜水等编的《大日本史》中大力表彰忠臣义士的同时，也提倡孝道，表彰孝子，书中记：“孝，百行之本也。非孝无以教……孝之为道大矣，故皇帝皇太子读书，必先《孝经》，以为常典。朝廷之崇孝道亦至矣。下至乡党闾巷，有纯孝者，必旌表其门闾，劝民以孝。”[1]认为提倡孝道，可使“民俗为厚”。该书又记早在江户时代就对孝道推崇备至。如对父母死后“口绝滋味，设像供奉，事事如生”的孝子，父死终身不嫁的孝女，朝廷皆予以表彰。这些载入书中的忠臣、孝子、烈女、节妇，涉及社会各个阶层，其深度之深，广度之广，正体现儒家“君有君道，父有父道。为臣尽忠，为子尽孝”的主张，可使“其尊卑贵贱之位，至今不可乱”。总之，日本历代当权者，巧妙地利用了中国的忠孝之道，巩固他们的统治，发展他们的势力。

1.《大日本史 · 孝子列传》。

随着日本封建制度的衰落，也有人发表文章反对“仁政”，痛斥《孝经》，对儒家思想进行批判。但进入资本主义时代，他们又拿起了这个武器。“明治维新”以后发表的《教学大旨》中，仍然规定“教学之要，在于明仁义忠孝”。“自今以后，应基于祖宗训典，专一于阐明仁义忠孝道德之学主术孔子”。在《小学纲目二律》中，更要求在小学里悬挂忠臣义士孝子节妇的画像，幼童一入学，便向其讲述他们的事迹，以忠孝仁义之心熏陶其心灵。文部省颁布的《小学教员须知》中要小学教师教育学生“忠皇室，爱国家，孝父母，敬长上，信朋友。使之通晓人伦之大道”。

直至今日，日本的孔庙及类似孔庙的尊孔建筑有几十处之多，它们供奉孔子，尊崇儒学，提倡忠孝，继续得心应手地把儒家的伦理道德思想拿来服务于政治。

1972年，一位美国作家关于当代日本写道：“来自中国的孔子道德体系的孝道……长期是社会道德的主要基础……因为这种（孝的）责任的观念，日本的父母比起美国的父母来说，晚年比较不孤独。”1974年一位美国的日本研究学者讲到日本的佛教盂兰盆节时写道：“这个日本独特的重大佛教节日保留至今……长时间来，这种祖先礼仪和佛教教义的结合变得如此完整，以致对今天大多数日本人来说，佛教已等于祖先崇拜。”

三、越南

越南和中国山水相连，毗邻而居，自古以来关系就十分密切。越南社会科学委员会编著的《越南历史》认为：汉文化之传入越南，首先是孔子及其创立的儒家学派思想的传入。此后儒家思想通过越南再传入别的国家。

秦末汉初，秦朝派往南海的地方官赵佗割据南海、桂林、象三郡，于公元前207年建立南越国。赵佗：“武功摄乎蚕丛，文教援乎象郡。以诗书而化俗国俗，以仁义而团结人心。”[1]即用儒家的经典和思想治理越南。东汉光武帝时，派往越南的郡守等地方官注意对越南实施儒学教育，并以儒家思想来移风易俗和整顿社会秩序。其中交趾太守锡光和九真太守任延以及后来的鲁郡汉阳

1．《越南通史总论》。

人士燮都作出较大的贡献。汉献帝建安五年（200）刺史越人李进上言汉帝，请求允许越人与中州之士一样，被举为茂才孝廉而在中州为官。[1]“孝廉”是地方上以孝亲著称的名人，李进的这一建议，说明当时在越南已通行孝道，才有可能选出孝廉来。

中世纪，越南佛教盛行，但它重点在民间，历代朝廷还是重儒学、用儒学及儒家伦理来规范人际关系。其中重要内容就是忠孝。如李朝太宗天成年间（1028），为了对付三王作乱，曾“张旗帜，整队伍，悬剑戟于神位前。读誓书曰：‘为子不孝，为臣不忠，神明殛之。’”[2]李朝在高宗时（1182）诏求贤良，目的是使“内则奉事经幄，外则教民忠孝”。李朝英宗作为一个皇帝也说过：“为人子不孝，安治民乎？”到了陈朝，陈太宗元丰元年（1251）“上亲写铭文，赐诸皇子，教以忠孝温良恭俭”。

在明朝统治越南时期，朝廷在越南征用人才的标准是“明经能文、博学有才、贤良方正、孝悌力田、聪明正直”之人。“孝悌”为其中标准之一。

1642年黎朝建立，儒学在越南大为兴盛，黎朝也在越南大办儒学教育，建孔庙国子监，也科举取士。1674年，黎嘉宗为扩大重农思想及扩大儒家思想的影响，劝课农桑，留意教化，“使仁让风行，告诉俗易。其义妇孝子，亦当转达旌表，以原风俗”。把劝课农桑和旌表义妇孝子合到一起，当作治理地方的要务，对于推广儒家伦理、提倡孝道自然起到积极作用。黎玄宗景治元年（1663）向全国颁布教化四十七条：“其略曰：为臣尽忠，为子止孝。兄弟相和睦，夫妻相爱敬，朋友止信以辅仁，父母修身以教子，师生以道相待，家长以礼立教，子弟恪敬父兄……令各处承宪府县州等衙门，各抄一本，挂留亭中。许官员监生生徒社长，以乡饮日，会集男女长幼，讲解晓示。使之耳濡目染，知所劝惩。自是人心渐归善俗矣。”朝廷把儒家的纲常伦理化民成俗，作为地方官的重要职责，对推广孝道起到积极作用。两年后黎玄宗又令各处阅选孝廉“随材授任”，更收获了百姓执行孝道的成果。

在黎朝科举考试时，也全方位地重视孝道。1642年黎圣宗定《保结乡试例》规定：凡应试士人，须“听本管官及本社社长，保结其人。实有德行者，方许上数应试。其不孝、不睦、不义、乱伦及教唆之类，虽有学问词章，不许

1．《大越史记全书 · 外纪全书卷之三 · 士纪》。
2．《大越史记全书 · 外纪全书卷之二 · 李纪（一）太祖皇帝》。

入试”。这一明确规定，更是提倡孝道的具体措施。黎朝还曾规定：所有自愿代父母或祖父母受鞭刑的儿子或孙子，可以减刑一级。

不仅越南皇帝多方崇敬儒学，提倡忠孝，中国皇帝册封安南王也离不开这个大题目。康熙二十二年（1683）康熙帝给安南国王就御书写了“忠孝守邦”四字。

到了阮朝，仍然尊崇儒学。阮圣祖颁布的《教化条》中就有：“举贤良方正，以表德行。旌孝顺节义，以明人伦。官八十以上，民百岁以上，无不优加赏奖，所以劝孝也。五代同堂，四代同居，无不旌表，所以劝睦也。”[1]《大南明命政要》一书对阮朝的社会性教化也有记载：“其敦教化，故举贤良方正，旌孝顺节义……五代同堂，四代同居，则旌表其门。殉节之巨，立庙崇祀，清白之吏，褒奖备至。申之以礼让，先之以忠孝。”又一次强调树立忠孝的民风。

在中国的西汉和东汉，除了西汉创建人刘邦和东汉创建人刘秀外，每一位去世的皇帝都有一个以“孝”字开头的谥号。汉朝之间有时也有这种情况。有趣的是，我们在越南历史中也能发现同样的事情。例如，陈朝第二代皇帝圣宗（1258—1278在位）在他退位后被授予了孝的谥号。根据越南的历史记载，从13世纪到15世纪，这样的事重复出现了多次。有点特别的，越南皇帝甚至在他们即位开始时也能得以这样的称号，例如，陈朝的第三代皇帝在他即位后立即得到“孝皇”称号。

儒家的家庭价值观对现代越南依旧有着影响，一部关于印度支那的法文书中写着：“中国的影响不仅到达越南社会的外部，它还渗入到所有的地方，成为决定家庭组织和个人事业的主要因素之一。”其书中也强调，越南家庭和中国的父系家庭非常相似。

现代越南历史学家有类似的评论。例如，1995年Huu Ngoc写道：

直到四十多年前，三代人或四代人生活在同一屋顶下是相当普通的事，尤其在农村。……他们同甘共苦，耕种同一块土地，都具有以儒学为基础的相同伦理价值观：老人的权威，男子对女子的优越地位，父亲对家庭的优越地位。

同一作者在1994年关于35个河内家庭的祖先崇拜调查中写道：

初步调查所得的结果表明，在今天或未来的越南社会中，它(指祖先崇拜)

1．《国史遗编》中集，331页。

在社会文化生活中正在发挥并还将发挥重要作用。

祖先画像呈现在每个家庭，定期的祭献行为使得死者的精神保留在生者的生活中，并激励人们保持家庭的光荣。

近世以来，虽有法国的入侵，儒学在越南不但仍然存在，仍不失活跃。在教育方面，南方中学各年级都有汉学课程，每周三小时，选录中国古今书籍及圣贤格言进行讲授。顺化大学的汉学院由汉学家主持，以经学为主，词章为辅，培养汉学的专门人才。西贡有孔学会，顺化有古学会，在出版的一些书籍中有《四书》《孝经》等。南越西贡的堤岸古都街改名孔子大道，文武大臣街改名孟子大道，定“孔子日”宣传孔子思想，举行“纯美风俗周”，维持当年崇儒重道的风俗。1953年定9月28日为“教师节”等举措，都说明包括孝道在内的儒家伦理，在越南仍较为完好地保存着。

附：

一、近年来韩国孝行奖励支助及相关法律规定

第一章　总则

第一条　立法目的

制定这部法律是通过以国家政府名义对那些把美好的传统文化遗产——孝付诸于实践的人进行奖赏支助的方式，鼓励推广宣传行孝来达到解决当今老龄化社会面临的各种问题，为国家发展提供原动力，甚至为世界文化发展作出贡献的目的。

第二条　用词定义

在这部法律中所使用的术语之定义如下：

1．“孝”，指的是子女赡养父母等，而且与之相关的服务。

2．“行孝”指的是把“孝”付诸于行动。

3．“父母等”指在《民法》第777条中有关近亲的规定。

4．“敬老”是指尊敬老人。

5．“孝文化”是指通过孝及与敬老相关的教育、文学、美术、音乐、戏剧、电影、国乐等，形成的孝和敬老的社会价值。

第三条　与其他法律的关系

有关对孝行奖励与支助有关事项依照此法，其他法律有特别规定的除外。

第二章　对孝行奖励

第四条　制订对孝行奖励基本计划方案

1．保健福利部部长，与有关中央行政机关的首长每五年一次共同协商制订对孝行奖励基本方案(以下简称“基本计划”)。

2．基本计划包括有关为奖励行孝环境构成的事项。

3．保健福利部部长依照《低生育 · 老龄社会基本法》的规定，制定低生育 · 老龄社会基本计划时可以包括基本计划。

第五条　对于行孝的教育方面的奖励

1．国家及地方自治团体努力在幼儿园、小学、中学、高中进行行孝教育。

2．国家及地方自治团体努力在婴幼儿保健所、社会福利设施机构、平生教育机关、军队等地方进行行孝教育。

第六条　赡养父母等人的家庭的实况调查

1．国家及地方自治团体为了解有关赡养父母等人的家庭的生活现状，赡养需要等情况，每三年一次进行实况调查，然后公布结果。

2．依照前款规定所述的实况调查，可以包含在《老年福利法》中针对老年人进行的实况调查中一同实施。

3．与依照第一款规定所述的实况调查的实施及其结果的公布相关必要的事项视为保健福利部（命）令。

第七条　设立孝文化振兴院

为了奖励和支助与振兴孝文化相关的事业和活动，可设立孝文化振兴院。

孝文化振兴院视为法人。

孝文化振兴院的设立除了遵守此部法律中的相关规定，还应该遵守《民法》中有关财团法人的孝文化，振兴院的设立除了遵守此部法律中的相关规定，还应该遵守《民法》中有关财团法人的规定。

与孝文化振兴院设立要件和运营相关的必要事视为保健福利部命令。

第八条　孝文化振兴院的业务。

孝文化振兴院的执行业务规定如下：

1．与振兴孝文化相关的调查研究。

2．与振兴孝文化相关的统合信息机制的建构，以及相关信息提供。

3．与振兴孝文化相关的教育活动。

4．与孝文化程序相关资源的开发、对此程序评价以及支援。

5．与振兴孝文化相关的专门人才的培养。

6．对那些从事孝文化振兴运动的团体的支助。

7．保健福利部(命)令中规定的与振兴孝文化相关的其他业务。

第九条　孝月

为了加强社会对“孝”的关注和鼓舞激发子女的孝的意识，把每年的10月份规定为孝月。

第三章　支助行孝

第十条　表彰行孝中表现突出的人

为了奖励那些对父母等长辈行孝的行为，保健福利部部长可以选出在行孝中表现突出的国民，进行表彰。

第十一条　对赡养父母等长辈费用负担的支助

国家及地方自治团体对那些正在赡养父母等长辈的人员，可以支助与赡养等相关的部分费用。

第十二条　向父母等长辈提供居住设施

1．国家或地方自治团体向与子女共同居住于一个住宅房或住宅区域内的父母等提供具备与之相应的设备和功能的居住设施，以此表示奖励行孝行为。

2．国家或地方自治团体可以向依照第一款规定提供居住设施服务的供应者，进行支助。

第十三条　支助民间团体等

国家及地方自治团体对从事对孝行奖励工作的法人、全部，而且也可以适当地支援其相关工作。

第四章　补则

第十四条　不属于本法规定的孝文化振兴院的组织，不得使用孝文化振兴院或与之相类似的名称。

第十五条 罚款与处分

1．违反第十四条相关规定使用类似名称者，进行300万元（韩币）以下的罚款。

2．有关前款规定的罚款数额按照总统令的相关规定，由保健福利部部长或市长、郡守、区长授权征收。

3．如对依照第二款规定决定的罚款数额不服，自接到处分公告之日起30日内可以向保健福利部部长或市长、郡守、区长提出异议。

4．依照第二款、第三款规定，接到来自对处分数额不服者的异议之后，保健福利部部长、市长、郡守或区长将立即向管辖法院说明相关事由，再由管辖法院依照“非诉讼案件程序法”裁决罚款数额。

5．如果未按照第三款规定的有效期限内提出异议而且没有缴纳罚款时，就依照国税或地方税滞纳处分条例进行征收。

附则

本法自公布之日起1年后施行。

二、21世纪重新诠释的孝：七大使命

1．敬畏上帝

2．尊敬父母、长辈、老师

1）成为真正的我自己，就是父母的恩惠。

正是父母把你和我带到这个世界的。

因为有父母，所以才有过去、现在和未来。

我们应该孝敬父母。

我们瘦弱时，就是父母日夜照顾着我们。

当父母瘦弱时，我们对他们不离不弃地照顾、尽孝才是发自内心的爱的孝、平等的孝。

2）不是只有我的父母，才是父母。

周围的长辈和老师也是我们的父母。

培养子女的自豪感和孝敬之心。

孝就是懂得尊敬长辈、尊重老师的师道权。

3．关爱儿童、青少年、学生（略）

4．珍爱家庭

1）家庭是人类最初的共同体。

国家、社会、宗教产生之前，家庭共同体早已存在。

2）家庭应该形成和谐。

形成爱情的和谐、生育的和谐、同居的和谐。

爷爷和奶奶应该关爱子孙后代。

丈夫和妻子享受子女出生的快乐。

父母和子女在和谐的环境中共同生活。

以爱敬的精神来形成相互之间的和谐才是家庭之爱。

5．热爱祖国

1）21世纪全新的孝是三心。

即宗教之心、孝心、爱国之心。

2）没有祖国，就没有我。

我与祖国共存。

有国家，才有政治、经济、社会、文化、宗教。

3）大韩民国是“受上帝的保佑，祖国万岁”的国家。

爱国先烈的牺牲和献身成就了大韩民国的成立。

大韩民国就是留给后代子子孙孙的国家。

所有国民应当具有爱国之心。

6．热爱大自然，保护环境

1）大自然是所有生命体的根据地。

大自然是人类文明的根源。

我与大自然共存。

人也是自然。

2）我们应当热爱大自然，保护环境。

热爱自然是共存。

人类与自然应该共存。

保护环境是存活。

环境与经济应该一同存活。

一同守护自然的生命与人类的生命才是孝。

7．关爱左邻右舍、服务人类

1）世界由于争斗、冲突、战争而一直处于分裂状态之中。

我国也在地区之间、阶层之间、相辈之间(世代generation)存在分裂。

由于两极化而处于分裂的、遭受痛苦的世界应该得到治疗。

2）孝是所有生命共同生活的存在。

我们应该关注弱势群体。

应该主动去了解、关爱那些生命处于威胁的地球村的左邻右舍。

把自己所拥有的与他们分享。

给予左邻右舍人类的救济、服务、分享、福祉就是孝。

孝道对中华民族与全人类的贡献

汤恩佳

在激烈竞争的时代，许多老年人因丧失工作能力而被置于社会的边缘，既有物质的贫乏，也有精神的痛苦。中华民族的孝道，若能得到发扬，使子女承担起养老尊老的责任，才能使老人安度晚年。我希望，老年学会应当将弘扬中华孝道作为自己的重要任务。今天，在此举办中华孝道文化与社会和谐的中文论坛，让大家共同思考中华孝道的现代价值，这是很有价值的。在此，我代表香港孔教学院祝会议取得圆满成功。

中国古代社会是以血缘宗族作为社会的基本细胞，农耕文明以稳定的地缘关系强化着血缘关系。在此历史背景中形成的中华孝道，是人类家庭道德的光辉典范。《论语》中“孝”字出现了十九次，“孝”成为一种普遍的道德准则是从孔子开始的，孝是儒家文化的核心观念之一。儒家文化将孝道置于崇高的地位：“天地之性人为贵，人之行莫大于孝。”（《孝经·圣治章》）

孝道首先体现为在物质上要终身奉事父母。孟子谈论“孝”时，把物质上的侍奉双亲作为“孝”的重要内容。他说：“世俗所谓不孝者五：惰其四肢，不顾父母之养，一不孝也；博弈好饮酒，不顾父母之养，二不孝也；好货财，私妻子，不顾父母之养，三不孝也；终耳目之欲，以为父母戮，四不孝也；好勇斗狠，以危父母，五不孝也。”（《孟子·离娄下》）前三条，讲的就是在物质上赡养父母，不可“惰其四肢”“博弈好饮酒”“好货财，私妻子”“不顾父母之养”。

孝道表现为在精神上、感情上要对父母尊敬。“今之孝者，是谓能养，至于犬马，皆能有养：不敬，何以别乎？”“色难。有事，弟子服其劳，有酒食，先生馔，曾是以为孝乎？”（《论语·为政》）前条是说，现在的所谓孝，以为能养活父母便行了。对狗和马都能够喂养，若没有庄敬地孝顺父母之心，那养活父母同喂养狗、马又有什么区别呢？后一条的意思是：儿女在父母面前经常有愉悦容也是难做得到的。有事情，年轻人效力；有好酒好茶，让年长的人吃喝，这就可以认为做到孝了吗？

家庭是社会的基本细胞，家庭的稳定是社会稳定的前提。《大学》中讲："家齐而后国治。"中国的家庭伦理可以延伸为社会伦理："老吾老，以及人之老；幼吾幼，以及人之幼。"（《孟子 · 梁惠王上》）从而形成尊老爱幼的社会风尚。回顾我国历史，从来都是以"齐家"作为"治国"的根本之道。"所谓治国必先齐其家，其家不可教而教人者，无之。"（《大学》）

根据现代社会和精神文明建设的需要，将儒家孝道中所包含的积极思想和合理因素，重新赋予新的时代内容，并大力加以宣传和提倡，这是时代的要求，形势的需要。儒家的始祖孔子及先哲对"孝"有非常丰富而深刻的教诲，《孝经》是儒家经典之一，文中保留了自秦汉至隋唐有关孝道、礼仪方面的资料。发掘研究这些伦理教诲并给予时代的新意，乃是今天建设现代家庭和中华精神文明的一项重要任务。

（汤恩佳：香港孔教学院院长、商学博士）

道德实践的重要科目：孝

[韩] 赵骏河

孝是指子女对父母和长辈的热爱、尊敬之心以及侍奉、善待老人的行动。父母与子女之间的关系是各种人际关系中首先形成的、最重要的、自然的人际关系，所以也叫天伦。“子曰：夫孝，天之经，地之义，民之行。天地之经，而民是则之，则天之明，因地之义，以顺天下。是以其教不肃而成，其政不严而治。”（《孝经 · 三才章第七》）可见，孔子认为父母与子女之间形成的天伦关系是孝道之根本。古人云：“孝者，百行之本。”子女是在父母的无私奉献和关心爱护下出生成长的，对于父母的这种巨大恩惠如果不思回报，那就是忘恩负义，就是罪人，也就不可能做好其他任何事情。因此，孝道不是可有可无，“孝者，百行之本。”（《孝经注疏》邢昺疏）背叛父母的大恩大德之人说什么滴水之恩当涌泉相报，那只不过是谎言而已。“不爱其亲而爱他人者，谓之悖德；不敬其亲而敬他人者，谓之悖礼。”（《孝经 · 圣治章第九》）父母疏忽了自己的职责，没有关心爱护子女，却要求子女尽心尽力，尽责尽孝，这看似不平等，其实不然。即使子女百倍努力，尽心尽孝，与父母给予子女的恩惠、关爱相比，也不过万分之一。忘恩负义者中最不能容忍的就是不孝子孙，故孔子说：“五刑之属三千，而罪莫大于不孝。”（《孝经 · 五刑章第十一》）

孔子的弟子宰予对孔子说：“三年之丧期已久矣。”子曰：“食夫稻，衣夫锦，于汝安乎？”曰：“安。”子曰：“汝安则为之。夫君子之居丧，食旨不甘，闻乐不乐，居处不安，故不为也。今汝安，则为之。”宰予出，子曰：“予之不仁也。子生三年，然后免于父母之怀。夫三年之丧，天下之通丧也，予也有三年之爱于父母乎？”（《论语 · 阳货》）孔子强调，婴儿在襁褓之中，父母要花三年时间精心照料、细心呵护，给予无微不至的关怀。为了报答父母的养育之恩，在父母去世后，子女要守孝三年，这是大家公认的风俗习惯。他指出，父母过世后三年之内，子女心情悲伤，对美味佳肴无动于衷，对轻歌曼舞毫无兴趣，这是人情的自然流露，是子女对父母恩惠、关爱的自觉回报，是孝道的体现。关于孝道的始终，古人云："身体发肤，受之父母，不敢毁伤，孝之始也；立身行道，扬名于后世，以显父母，孝之终也。"（《孝经 · 开宗明义章第一》）即个人的身体既属于自己又属于父母，不爱惜自己的身体就是不孝，所以，尽孝始于惜身；只有修身养性、替天行道，方能功成名就、彰显父母，所以，尽孝终于扬名。然而，需要注意的是，虽说扬名是为了尽孝，但如果不择手段地沽名钓誉则适得其反，变成不孝。在尽孝的过程中，既有遵循父母意愿、存心养志的孝道，又有使父母身体舒适健康、让他们饮食可口饭菜的孝道。孔子的弟子曾子（名参）是有名的孝子，他在奉养其父曾皙时，每当其父吃完酒肉时，曾子总要问多余的给谁，这是尊重父母的意愿；曾子的儿子曾元也是有名的孝子，他在其父吃完酒肉时从不问多余的给谁，这是为了让父亲多吃一顿。上面的例子说明曾子的孝道是养志，即尊重父母意愿、侍奉老人的孝道；而曾元的孝道是养体，即让父母口有美味、身体舒适的孝道。与曾元的养体之孝相比，人们更称颂曾子的养志之孝。

古人云："父母虽没，将为善，思贻父母令名，必果；将为不善，思贻父母羞辱，必不果。"（《礼记 · 内则》）父母在世时自不待言，即便父母去世后，如果子女欲做好事时就想到认识父母的人提起父母时就会称赞说这是某某的孩子做的好事，那么，他就会果断地去做好事；如果子女欲做坏事时就想到认识父母的人提起父母时就会羞辱说这是某某的孩子做的坏事，那么，他就会果断地停止做坏事。由此看来，孝道不仅仅是父母在世时的善行，父母去世后子女的善行、好事、伟业也都是孝道的反映。另外，由于恶行、丑事、坏事都是不孝之举，所以，人的一生中的所作所为都与孝道有关。

（赵骏河：韩国女子大学教授、韩国孟子研究会会长）

第三卷　古代孝星

中华第一大孝子——舜

骆承烈

舜（虞舜）是儒家记载中古代圣明的君主，实为我国父系氏族社会产生不久中原地区的一位首领。此前经炎帝、黄帝、蚩尤之战，我国历史上出现第一次民族大融合后，尧、舜接着管理天下，被后人称作理想的明君，实为天下的共主。多年来人们还熟知舜是一位大孝子。《史记 · 五帝本纪》记：

舜父瞽叟盲，而舜母死，瞽叟更娶妻而生象，象傲。瞽叟爱后妻子，常欲杀舜。舜避逃，及有小过，则受罪。顺事父及后母与弟。日后笃谨，匪有解。

文中还叙述了一个具体的故事：

使舜上涂廪，瞽叟从下纵火焚廪。舜乃以两笠自顺杆而下，去，得不死。后瞽叟又使舜穿井，舜穿井为匿空，旁出。舜既入深，瞽叟与象共下土实井，舜从匿空出，去。

面对着父、弟多次陷害，舜不但不反对，不报怨，日后还“复事瞽叟爱弟弥谨”。因此，人们多称舜为我国历史上第一位大孝子。

依据史书上记载舜的孝行，试作如下分析：

一、舜之孝体现“孝”是人类永恒的主题

列宁曾把人们的思想分作“历史的（阶级的）范畴”和“永恒的范畴”。前者为一定时间、空间，人们在社会上所处地位不同而出现的思想，它只在一定的时间、地点、条件下有用，否则便无用，甚至相反。而后者则是在任何时间、空间、条件下都有用的思想和行为。“孝”便属于后者。自有人类以来，就有“孝行”。社会发展到春秋时期，孔子、曾子作《孝经》，对孝的内容、形式、目的、作用及其延伸的表现等，都给予明确的回答。人们这种自发的孝行，便成为人世间重要的道德规范“孝道”。

舜孝的行为是史书记载最早的孝行。为此，首先明确孝的观念是怎样产生的。

从生态伦理来看，一些动物老幼之间的爱抚、供养等行为，都是它们的本能，不能称“孝”。只有有了人类以后，才有“孝”。人是会制造工具的动物，人是有思维的，人在社会中生活。而孝则体现人的思维，在人际关系即社会上表现出来的一种情感和行为。

在原始社会，人们对各方面的认知水平很低。四季变化，刮风下雨，草木生长，庄稼收获，认为是天地之神所赐，便敬天敬地。人们一代代繁衍，系历代祖先传来，便敬祖先。对天地、祖先的尊敬演化成对他们的感恩。在历代祖先中，延续至今，与自身关系最直接、对自身影响最大的，莫过于父母。于是这种感恩思想与行为便用到父母身上，这就产生了孝行。

舜所处的时代，父系家长制刚建立不久。父系家长制就是父在家庭中有绝对权威，家内任何人都应服从家长。舜的父亲虽然瞎了眼，虽然做出一些糊涂事来，依理子女也不应反对。当时在父系家长制中，一夫一妻制刚推行不久，一个男子可能有一个以上的妻子。舜的父母（包括后母）是一个整体，孝敬父亲同时也一定要孝敬母亲（后母）。对父母的孝是人类社会中永恒的行为。父母与子女之间的慈、爱、孝、敬，是人际关系中最主要的内容，舜对父母的孝和逆来顺受的表现，在当时都是有原因的。

二、舜孝悌兼备，为了维系家庭团结

舜的父亲对舜陷害，是在后母挑唆下，而后母之所以这样做，是为其子象争夺财产。在社会生产发展的基础上，原始社会后期产生了私有制，有了私有财产。最初私有制的产生，是部落联盟首长侵吞大众财产出现的。私有财产的出现正是伴随着攫取、掠夺而来的。《史记》记尧不但把两个女儿嫁给舜，还给舜一些财产：“赐舜絺衣与琴，为筑仓廪，予牛羊。”舜的财产是正当获取的。其后母弟象要通过非法手段攫取其私有财产，所以多次设法害舜。当他们认为已经把舜砸死到井里以后，《史记》中记：

象曰：“本谋者象。”象与其父母分，于是曰：“舜妻尧二女，与琴，象取之，牛羊仓廪予父母。”象乃止舜宫居，鼓其琴。

舜弟象做了这么大的坏事，自己还夸功说事情是由他谋划的，于是要得到尧的二女（即舜妻娥皇、女英），还有琴，以及宫室，另将仓廪、牛、羊给他父母。这种用非正当手段夺取别人财货的事，历代均有，此只为一例。而舜面对着象这种邪恶手段，为什么不反对呢？正是为了维护这个刚刚建立不久的家庭，因此还可以说舜是“悌”的典范。

对财产，人人想要，象要用非法手段获得，舜却通过合法手段（即自己的劳动）获得，由此又可见舜道德水平之高。自古以来，家是社会、国家中最基本的单位。有家才有国，有国才有家。大孝为忠，小忠为孝。维系一个个的家庭正是维护国家、维护社会。舜的孝悌行为，不但利于家庭，也利于国家，这也是历代史书、传说中表彰舜孝行的一个目的。

三、孝子能行仁，仁者治天下

孝是一个人起码的品德，孔子的弟子有子说：“孝悌也者，其为仁之本欤？”（《论语 · 学而》）舜的行为正体现了这一精神。《史记》记：

舜耕历山，历山之人皆让畔；渔雷泽，雷泽上人皆让居；陶河溪滨，河滨器皆不苦窳。

历山耕田者，常为土地问题争吵，舜到那里耕种，因行仁道，当地耕田者改争为让。在雷泽打鱼的人，经常为打鱼的范围争吵，舜带头让出一些渔区，当地渔民谁也不争了。舜到河滨制作陶器，原来当地制的陶器很粗糙，舜改进方法，提高了陶器制作水平，当地人不再为陶器粗劣而发愁了。这几个例子，体现出舜的仁和智。他以自己的实际行动教育了别人，竟自出现“一年而所居成聚，二年成邑，三年成都”。即在他活动的地方，一年就变成一个小村落，二年就变成一个较大的邑，过了三年竟发展为一个县城。这都是他笃行仁德对人们感化的结果。《孟子》说：有的人天天起个大早，办善事，这个人就是舜（《孟子 · 尽心上》）。舜从二十岁，便因孝闻名天下，当时的首领尧考察了他十年。到他三十岁时，尧问四岳谁可以为天下的首领，四岳都推荐舜。可见他孝悌、仁德的表现已为天下所公认。《史记正义》记“二女不敢以帝女骄慢舜之亲戚。”“亲戚”指舜父瞽叟、舜的后母及后母所生之弟象、妹颗手。他的妻子也和他一样笃行孝悌，维护家庭团结，这正是他教育和影响的结果。

因为舜从孝出发，表现仁德，尧便把天下共主的高位让给他。他即位后，更加谦恭仁德。《尚书》记：

咨尔舜，其大智也与！好察尔言，隐善而扬善。执其两端，用其中于民，其期以为舜乎。（《尚书·舜典》）

《论语》中孔子更盛赞舜：

无为而治者，其舜也与！夫何为哉，恭己正南面也已矣。（《论语·泰伯》）

舜即位前后种种仁德、谦恭、办事适中、一切为民的表现，具体显示出“小孝为忠，大忠为孝”及“移孝为忠”的道理。

四、从《孟子》中一段寓言来看

《孟子·尽心下》有一段关于舜的寓言：

桃应问曰：“舜为天子，皋陶为士，瞽叟杀人，则如之何？”孟子曰：“执之而已矣。”“然则舜不禁与？”曰：“夫舜恶得而禁之，夫有所受之也。”“然则舜如之何？”曰：“舜视天下犹弃敝屣也。窃负而逃，遵海滨而处，终身欣然，乐而忘天下。”

这段奇怪的寓言，出现一阵奇怪的回答。孟子的弟子桃应问：“舜是天下的共主，他任命铁面无私、执法如山的皋陶当法官。偏偏这时候舜的父亲瞽叟杀了人。面对这一严正问题，舜怎么办？”孟子的弟子向孟子提出这个难题，让孟子依理回答。孟子听后马上说：“把他抓起来就是了。”这正说明舜讲仁德，不徇私情。即使向皋陶讲情，皋陶也不会放过。接着又问：“难道舜就不阻止吗？”即舜难道眼看着他父亲因杀人偿命被绳之以法吗？孟子回答：“舜怎么能去阻止呢？因为他父亲确实杀人了，人家抓捕他是有根据的。”舜面对着这一严重问题，既不能（也不应）讲情，又不愿（也不肯）让自己的父亲因杀人而偿命，怎么办呢？孟子想了一个两全其美的办法，说：“舜把抛弃天下共主之位看成扔掉破鞋一样。他宁愿不当天下的共主，偷偷地背起父亲，逃到法律管不到的海边住下来，终日陪伴老父，过得很痛快，把曾经当过天下共主的事全忘光了。”

有人认为舜这种做法不对，说他不应为了一个人，抛弃天下共主的地位，对天下人民不负责。但从另一个角度来说，能够治理天下的不会只有舜一个人，而舜只有一个父亲，为人子者，应对父母尽孝。这段寓言强调的是一番亲情，歌颂的是一个“孝”字。人们听了这个故事，对舜的孝行印象更深刻了。

日后，民间传说舜在历山耕地时，大象来帮助耕田，百鸟来帮助耘田。七百年前，有人编《二十四孝图》时，把他列到首位，并题为“孝感动天”。近日拙著《新编二十四孝图》中也把他列在前面，但却讲的是《史记》中记载的故事。

写到这里，不禁吟出《论语 · 泰伯》中孔子说的那句话：“巍巍乎，舜禹之有天下而不与焉。”

还可以再说一句：中华第一大孝子——舜。

齐鲁文化与中华孝道[1]

苗枫林

一、中华孝道的源流与嬗变

中华孝道，是中华五千年文明的构成部分，也是现代中国人为创造家庭温馨、撒播人间亲情发出的新的呼唤。

“孝”字像一幅中国画。“孝”的字形，向我们透露出远古中国人对孝道的理解。

“孝”的古字形：

如图所示，古代金文的“孝”字，上部象形是披发伛偻老人，下部象形的是由年轻小子搀扶。

传统孝道观念可以追溯到中国商代之前，渊源于母系氏族社会，形成于父系氏族社会。也就是说，孝道观念出现于家庭形成前的氏族社会，孝道观念的起源，是出于人类繁衍和文化传承需要的新一代对老一代的物质赡养和精神上的尊重。后来，随着家庭和私有财产的出现，“孝”字就成为专指对有血亲关系老人的物质赡养和精神尊重。于是就有《说文解字》对孝的定义“善事父母”范畴的产生。

人们会问：这个图形所显示的，是中国最古老的“孝”字吗？不。中国考古界目前还不能给出“孝”字上限年代的答案。不过，由此可以推定，孝道文化与中华文明一样古老。

“孝”，由原始部落的善待老者，成为后来的家庭伦理核心，走过了漫长的道路，为此，在中国历史上也发生过许多论争。具有阶段意义的有两次论争。

第一次大论争：是公元前6世纪至公元前4世纪，在孔子、墨子、孟子间发

1．此文系2009年由北京大学邀请、山东省委宣传部派出，苗枫林、骆承烈赴北大参加“齐鲁文化进北大”活动中，苗枫林会长的讲话稿。

生的。孔子的孝道学说，兴于春秋时期最后一个百年，墨子的孝道学说兴于战国时期的第一个百年，孟子的孝道学说兴于战国时期的第二个百年。孔、墨、孟三位哲人，他们不曾谋面，却通过他们的论著和弟子间的唇枪舌剑的交锋，对“孝”的范畴进行了长达三百年的论争。

相传，孔子弟子曾参，根据孔子讲授而作《孝经》。全文18章，1800字。按现代人的观念，只能算做曾子师从孔子写的一篇不长的毕业论文。作为中国第一部对孝道做出全面阐释的书，被后人列入《十三经》。孔子伦理道德的核心是“仁”。“仁”是一种爱人意识，首先是孝亲，然后泛及他人之爱。墨子批评儒家“亲亲为仁”失于偏狭，倡导“利亲”与尊老敬贤、扶贫济困的一致性，从而构建起令人耳目一新的“兼爱”学说。这个“兼爱”，与西方的“博爱”含义相近，不过要早出五百年。墨子的“兼爱”学说，得到下层社会的认同。在战国第一个百年出现的“墨显于儒”的舆论倾向，就是一个明证。在墨子身后，孟子把孔子的“仁”发展到以“仁义”为最高道德境界。他批评墨家主张不分亲疏的“兼爱”为“无父”。通俗地讲，是孟子辱骂倡导“兼爱”的人是野种。这种粗口，出自圣人，是中国史籍记载中所罕见的，可见当时论争之激烈。不过，孟子是一个很善于吸收他人见解的人，他提出的“老吾老以及人之老，幼吾幼以及人之幼”，与墨子的“兼爱”有所靠拢，但仍保持间距。因为孟子在“吾老”与“人老”之间，使用了“以及”这个词，决定了“吾老”与“人老”为“不等式”。即使这样，比起仅仅局限于“善事父母”，而对其他老者视同路人，仍然是一个巨大的历史进步。正是通过孔、墨、孟的哲人论争，使“孝亲”向“敬老”跨进一步。这是巨人的步伐，是向原始孝义“承老”的人文回归。

参与第一次大论争，除儒、墨之外，还有道家倡导“老弱孤寡，皆有以养”；法家倡导法制高于道德，强调以法来保障老有所养，把孝行从德治纳入法治轨道；纵横家苏秦兄弟，勇敢地提出用人不用“孝如曾参”的人，因为他们追求的是“自完之道”，而无“进取之术”，对社会没有益处。苏氏兄弟的观点，也是具有进步性的。于是，我们可以得出这样的结论：中国百家学说虽各异同，但他们对中华孝道文明都有自己的贡献，“中华孝道”不等同于“儒家孝道”。

学派论争，只是影响中华孝道走向的因素之一。从实践论的观点来看，几千年来影响孝道走向的还有政治需求、社会践行两个方面。我把它们合称为影响中华孝道走向的“三大因素”。

政治需求，极大地影响着中华孝道的走向。“孝”大兴于周代，那时就曾推行“五十养于乡，六十养于国，七十养于学，达于诸侯”的养老制度。因为那时的平均年龄约为三十几岁，能活到六七十岁已是长寿老人。不过，那时的“老有所养”，只是称为“国人”的上层社会才能享有的待遇。在中华文明形成的漫长的历史过程中，政权更迭，但没有哪个朝代不倡导孝行，包括执政数百年之久的周、汉、唐、宋、明、清，也包括执政短暂的秦、晋、隋、元；包括汉族政权，也包括入主中原的少数民族政权。可以说，在中华大地上没有出现过“反孝道”政权。他们在通过孝行稳定社会、巩固政权的同时，也对“孝”的含义各有损益。西汉皇朝特别重视孝道与治国的统一，他们的“以孝治天下”政策，把“孝亲”与“忠君”捆在一起，大大维护了皇权。不过，那时采用的“举孝廉”的举荐制度，开始还算是国家的取才之路，后来为世家望族把持，便成为扼杀人才的工具，并导致西汉灭亡。东汉的“顺天行孝”，宋元明清的“存天理，灭人欲”，把孝行引入束缚个性的愚忠、愚孝轨道。元代编绘的《二十四孝图》，24则孝行故事，属于朴实的“善事父母”者不过一半，另外则多少带有封建色彩、迷信色彩，甚至带有自虐、自残、自殉色彩。也许，这正是那个时代社会“孝”行的剖面。

流传民间的社会践行，也相当深刻地影响着中华孝道的走向。几千年的孝道文明，在相当长久的时间内，走的是以“善事父母”为规范的孝道，生生不息，在中国人的血脉中流淌，对家庭和谐与社会稳定起着举足轻重的作用。不过，这种孝道传承的社会背景，长时间处于封建社会，处于生产力低下的农耕经济，这就不能不使中华孝道打上封建的、小农经济的以至迷信的烙印。

对孝道的第二次大论争，是20世纪初叶的“五四运动”，主题是孝道与个性解放。通过这次大论争，开展了对封建礼教的批判，包括对束缚个性的愚孝的批判。这对促进中华觉醒、跟上世界潮流具有积极意义。近代革命先驱李大钊，把一个人陷入扭曲的“孝”行中，看作是“牺牲个性的第一步”。他的这一论点，是具有时代意义的一面旗帜。我们知道，谭嗣同、毛泽东、朱德、鲁迅，都是“善事父母”意义上的孝行楷模。谭嗣同在被捕前，模仿笔迹编造了一封父亲对他的“训斥信”，以避去官家对老人的株连和迫害。但在反帝反封建的民主革命中，他们几乎都极少论“孝”。因为民族危亡时刻，规范“孝”行，并非当务之急。

新中国的建立，特别是在改革开放条件下，建设中华民族共有的精神家园，使之与当代社会相适应，与现代文明相协调，以保持中华传统文明的民族性，体现时代性，已经提上国家议程，进入人民视野。中国已进入老龄化社会，我们面临着前所未有的人口结构变化的挑战。我们把孝道文明作为一笔珍贵遗产来加以整理，取其精华，去其糟粕，表明“孝”范畴要融入现代社会、现实观念，还有一些工作要做；也表明我们很希望用人间亲情去构筑家庭和谐与社会和谐。

二、齐鲁文化在中华孝道推进中的贡献

齐鲁文化在中华孝道推进中有过重大贡献。

(一) 第一部中国孝道专论出现在春秋时期的鲁国，这是齐鲁文化对中华孝道的“第一贡献”

尽管《孝经》作者尚无定论，但出于鲁国儒家代表人物或门人之手，已为公论。《孝经》是一部关于孝的理论著作，它既对“孝”的意义得出 “天之经”“地之义”“民之行”“德之本”的认识；又对孝道观念形成做出“教之所由生”的科学论断；提出“孝治天下”的伦理宗旨，为儒家“修身、齐家、治国、平天下”的理想奠定了基石。

(二) 中国古代孝道第一次大论争发生在鲁国，是齐鲁文化对中华孝道在学术认同和民间普及上的继续推进

孝道的第一次大争论，是在古代鲁国国都展开的，论争各方旗手都是鲁国人，孔、孟、墨的故里曲阜、邹县、滕州之间，不过现代人的一小时车程范围内。而孝道的第二次大论争的中心地，却是在今日讲堂所在地的北大。看来，北大与齐鲁文化有缘。

(三) 齐鲁故地崇尚孝道的民风民俗，成为中华孝道的楷模

从西周分封800年的古代齐国、600年的古代鲁国，秦代统一中国后的800年的齐地、鲁地，800年的青州、兖州，800年的金代命名“山东”，尽管朝代更迭，这块土地上孝行绵延，代代相传，生生不息，对中华孝道起着楷模作用。元代人所编的《二十四孝图》，清代人所编的《百孝图》，收入齐鲁故地人士大致占1/3左右。在这块土地上现存的古代孝行遗迹也很多，如济南闵子骞祠、曲阜孔庙《孝经》刻石、《劝孝良言》碑，嘉祥曾庙的涌泉井、琴台，孟庙投杼碑，临沂孝悌里，博山孝妇河，嘉祥武氏祠，长清郭氏祠，博兴董永故里，平阴孝感乡，云门山巨幅“寿”字石刻等。每一处遗迹，都是孝道传递的千古驿站。

(四) 现代的山东人已经走在崇尚新孝道观的前列

如果说，对中华孝道还有过第三次大论争的话，那就是2003年12月，由中国老年学学会发起，山东老龄办、老年学学会承办，在山东济南举行“中华孝道与代际和谐国际论坛”，与会代表300人，收到论文500篇，有许多国外学者与会。会议就新时代条件下中华孝道的价值展开讨论。这次论坛，把新时代的孝行规范概括为五原则，即“孝敬、平等、保障、共享、和谐”，共十个字。这一倡议作为传统孝道的结晶，是把远古的“承老”与先秦以来的“善事父母”有机地结合在一起。简言之，我们时代的“孝”，就是“敬老爱亲”。还有一点要说到的是，这次孝道的第三次大论争，是在以中国第一孝子的事迹命名的“舜耕山庄”举行。这种历史的巧合，传递出的信息是“尊老敬亲”之风将在中华大地兴起。

山东省老年学学会，依照“善事父母”的本原含义，历时两年，编绘成《新编二十四孝图》，于近日问世，已分发在座朋友。这是一本普及读物，二十四个故事，每个故事300字，使初通文字的人就能读懂。编绘这本小书，我们组成了一个重量级的编委会，山东史学界的著名学者、几位称得上“史学大家”的老先生出任编委，并积极参与工作。编绘时，我们特别顾及到孝行的代表性，士农工商，各民族、各阶层、各年龄段的男男女女，都能从中看到自己的影子。我们更想用二十四个故事向现代人发出一个朴实提问：你能做到吗？

倡导敬老风尚，今日之齐鲁大地领全国风气之先。在山东博兴举办了两届“中华博兴孝子董永奖十大孝星”评选活动，山东邹平举办了“中国演艺界十大孝子”评选活动，山东省老龄委近年举办了四届“十大孝星”评选活动。齐鲁大地涌现出一批新的敬老爱亲典型，如田世国捐肾救母，就非常朴实感人。

还要说到的是，全国第一批县级“孝文化基地”在山东建立，第一个省级优待老人条例在山东实施，第一个省级“亲情教育”进校园活动在山东展开，第一所老年大学在山东兴办。

目前，山东省已在博山、嘉祥、莱州、邹城、青州、寿光等地建设起“孝文化基地”。中共山东省委宣传部、山东省关心下一代工作委员会等十部门，于2006年组织“亲情教育”进校园、进社区、进企业活动。在提高老年人待遇，让老年人共享社会发展成果方面，山东省人民政府于1997年12月率先制定实施了全国第一个《优待老年人规定》，免除老年人出资出劳，给予游览公园、公交免费或优惠等方面的优待。山东的老年大学，已在全省广泛建立。

三、新孝道文化的使命

新孝道文化，担负着新的使命，那就是社会和谐。

年轻一代对父母、长辈和老一代，要赡养他们，尊重他们，继承和弘扬他们的事业，这就是“尊老敬亲”的本质的要求。

如今，我们遇到了前所未有的人口老龄化的挑战。这是一场悄然而至的挑战。在建设社会主义和谐社会、实现中华民族伟大复兴的进程中，人们惊奇地发现，我们对“孝”的需求是那样迫切。我国已进入老龄社会。中国是世界上老年人口最多的国家，老年人占人口总数的11%，接近1.5亿人。中国的老年人是全世界的1/5，是亚洲的1/2。从总体上讲，他们是社会的弱势群体。而且，中国的老龄化正以每年3.3%的速度增长。现在，中国是“九人行，必有一老”。山东则已形成“八人行，必有一老”的人口结构。

中国人口老龄化的直观原因，一是人民生活水平提高，教育水平提高，医疗条件改善，平均预期寿命从解放初的35岁，提高到2005年的72岁，使老龄人口绝对值大幅度增长。这本身是社会进步的标志。二是新生人口绝对值减少。这是体现中国长远利益的实施计划生育的成果。但是，两件好事重合，一增一减，就形成了中国的人口结构的巨大变化，加快了中国人口老龄化的速度。所以，这场人口老龄化的挑战，从某种意义上说，是为使中华民族沿着复兴之路走下去，我们自己向自己发起的挑战。

我想告诉年轻朋友，当你们走出校门，迎接你们的是一个人口老龄化的社会；当你们步入“知天命”之年，迎接你们的是“三人行，必有一老”的社会。据测算，中国老龄人口的峰值是到达32%才可回落。山东省老龄人口的峰值是到达34%才可回落。“回落”，不是回到过去的人口结构比例，而是形成一种新的人口比例，大致在本世纪末方可稳定下来。“三人行，必有一老”的人口结构，就是说一个劳动者，要抚育一小，赡养一老。到那个时候，我们这一代老年人将平静地退场，因为我们相信现在的年轻一代会解决好这些难题。

“三人行，必有一老”，并不是中国独有的国情。据我所知，今日奥地利，正是这样的人口结构。其他，诸如北欧、日本，都是许多年前即已进入老龄化社会的国家。不过，人家是“先富后老”，我们是“未富先老”。从这个意义上讲，中国人口老龄化社会，是一场史无前例的挑战。就在十几天前，诺贝尔奖金获得者杨振宁先生，接受新加坡《联合早报》记者采访时说：“我只是觉得很多痛骂中国的人，并没有了解到，很多问题的存在不是今天政府制造出来的，而是历史遗留下来的。中国要想在三五十年内创造一个西方人四五百年才能创造出来的社会，时间要缩短十倍，是不可能不出问题的。所以客观来说，中国现在的成就已经是很了不起了。”所以，中国人口老龄化，“三人行，必有一老”，是需要用我们的聪明才智，用我们的东方文明的历史传统，去认真对待的。孝道的弘扬，正是解决中国人口老龄化诸多钥匙中的一把，2010年9月20日，国家举行表彰道德模范大会，受表彰的53人，“敬老爱亲”模范11人中有6名在读大学生。他们的行为令我们这些年长的人感到震撼，也感到自豪。在此之前，许多省市已把每年评选表彰“孝星”的活动制度化。这一些，都是对中华孝道的传承。我们相信，借鉴历史经验，借助中国人口老龄化的社会推力，中华孝道一定会放出时代异彩。

要把国家治理好，不仅需要法制，还需要德治。德治包括社会公德、职业道德、家庭美德、个人品德。家庭美德、个人品德，都包含孝敬父母、尊重老人的内容。树立崇尚“敬老爱亲”的新的风尚，不仅出于社会发展的堂堂之理，也出于对“新中国奠基的一代人”这一特殊群体之深深之情。

这一代老年人，是为共和国的诞生和创建抛头颅洒热血的一代，他们是共和国的长子。我想问：昔日的“百万雄师过大江”，“百万雄师”今何在？昔日的刘邓大军“所向披靡”，“所向披靡”大军今何在？昔日的西北野战军、东北野战军、华东野战军“横扫千军如卷席”，“卷席大军”今何在？昔日“车轮滚滚”支援前线，当年的推车人今何在？

我想，除了牺牲在战场上或病逝者外，他们现在正被吸纳在遍及城乡各个角落的老人群体中：也许，在田间小路上，在城市的小巷中，穿着一身旧军衣正向我们走来的，正是他们。也许，扶育孙辈，支持子女进城打工，默默地为支持城市经济快速发展做着不为人知的贡献者，正是他们。

我把这一群体的特点归纳为四点。一是他们曾经遭遇帝国主义铁蹄践踏的苦难，虽然南京大屠杀的受害者、日虏劳工刘连仁、日军强征的慰安妇，渐渐从中国老年人这个群体中消失，但是有过不幸遭遇的人还是大有人在。二是他们经历过新中国创建中血与火的洗礼，老区的老年人中，退伍战士、民兵、各救会员、支前民工，几乎占据他们中的一半。三是经历新中国创建初期的各种艰难困苦，他们每个人都有一部大炼钢铁、抗洪救灾、互助合作、社会主义改造、工业学大庆的奋斗史，新中国文化、教育、科技事业的创业史，他们都因三年自然灾害挨过饿，他们还承受过“文化大革命”的曲折。四是他们对改革开放具有特别深厚的感情，并为改革开放做出无私奉献，包括普通工人、普通农民、普通教师，现在国家富裕了，作为“退休职工”拿着与他们的历史贡献不相匹配的养老金，他们对年轻人能拿到较高薪酬仍抱有欣喜之情。

所以，于情于理，这一代老年人，作为一个特殊群体，他们都应当受到国家优抚，应当受到年轻人的敬重，应当共享改革开放成果，应当有美好的晚年。

“孝”，是人世间的美好情感。它的本质是爱，有爱才有孝。它的表达方式是亲情回报，是感恩。它的作用是完善人的品格，提升人的思想境界，在家庭和社会中追求人际关系的和谐。但是，孝道是没有量化指标的社会行为：没有年龄规定，没有资产条件，也没有能力限制，不过尽力而已。所以古人用“尽孝”一词，是很科学的。我想特别提示年轻朋友：一个人，能为老年父母尽孝，留给你的时间，平均不过十五年，稍纵即逝，失去了，是无法弥补的。所以要及时行孝，随处尊老，不要留下人生品格的遗憾。

前不久，温家宝总理率领一批部长到澳大利亚访问，当给当地华侨介绍中国经济发展情况时，不少白发老者站在那里静静听讲。温总理说：“请六十五岁以上的老年人举手。”然后，温总理要求坐着的部长们为这些老者让座。这件事，在国际上传为美谈。中国的总理是敬老爱亲的楷模。不过，我们应清醒地看到，中华孝道早已成为东方文明的构成部分，我们周边的韩国、新加坡、马来西亚，在对孝道的认知和实践上并不比我们差。这对于有志于创造一个和谐社会、和谐世界的中国人来说，是一种鞭策。

我们坚信，中国传统文化的孝道思想，具有超越时代和地域的恒久性。我们愿意把中华孝道这份历史遗产作为人类的精神财富，撒播人间亲情，使整个地球上的居民，人人付出亲情，人人收获亲情，人人过得安定幸福。

（苗枫林：山东省老年学会会长）

儒孝之源五孝星

骆承烈

山东省济宁市辖区内，曲阜有孔子，嘉祥有曾子（参），鱼台有闵子（损），泗水有仲子（由），邹城有孟子（轲）。他们都是儒家学派的“圣贤”，又都是中华孝文化的创立者、提倡者、实践者。为此人们把这里称做“儒孝之源”。这五位被历代尊崇为至圣、宗圣、费公、卫公、亚圣的人，对中华孝文化作出了突出的贡献。略述如下：

孔子

孔子是我国春秋时期伟大的思想家、教育家，也是一位孝子。他三岁的时候，父亲叔梁纥便去世，幼年孔丘只有一个亲人——母亲颜征在。孔父叔梁纥原来有一妻一妾，他们生了九个女儿和一个跛足的儿子，叔梁纥生前对颜征在及小孔丘爱抚备至。他死后，家中关系复杂难处。孔母颜征在毅然离开家，带着三岁的小孔丘搬进了鲁城。当时鲁都内颜姓很多，在生活上能对他们适当照顾。二十岁刚出头的孔母颜征在，自食其力，茹苦含辛地将孔丘培育成人。孔子六岁“尝陈俎豆，设礼容”，就是听从母亲教导，习礼、演礼，准备将来干大事业。鲁都在政治、经济、文化方面都较别处发达，故能学到很多文化、思想和处世本领。孔子日后教习弟子们“六艺”的各种本领，都是小时候学习的。确切地说都是少年孔子听从母亲安排，努力学来的。

孔母颜征在把一切爱都给了儿子孔丘，自己积劳成疾，三十多岁便死去，当时孔子才十七岁。母亲忽然病故，孔子十分悲伤，他首先想到的是父母合葬的事。在他家中颜征在之前丈夫已有一妻一妾，她算是“三房”，依周礼，无资格与丈夫合葬。此时已对周礼详熟的孔丘，深感慈母的养育之恩，决定依正妻的规格将父母合葬一起。但却不知父亲葬地，便将母亲的棺木停到鲁国繁华的五父之衢，跪到那里，日夜啼哭，希望知情人告诉他父亲的葬地。果然功夫不负有心人，终于感动了一个叫挽父的赶车人的母亲告诉了他。她知道叔梁纥当年葬到鲁国都城东面不远的一个地方，孔子便将父母合葬在一起，这就是后来曲阜城东15公里的“梁公林”。

为什么孔母生前不把其父葬地告诉孔丘呢？这又体现慈母对儿子深深的爱。依当时的规矩，每逢年节、亡人的生日（阴寿）、忌日（死日）都要按时祭祀。祭祀时要买一些祭品。梁公林离鲁城30华里，还要花钱雇人挑着祭品，孤儿寡母祭一次要用去一天的时间，祭时或祭后都要带来悲伤的情绪。每祭一次在经济上、时间上、情绪上都要付出代价，尤其是耽误儿子的学习时间，影响孔丘集中精力学习各种本领。孔母为了保证儿子学好，成名、真是煞费苦心，孔丘自然也理解母亲的深意，以致母亲死后因不知父亲葬地，不但不对母亲埋怨，还坚持冲破陈规，将父母合葬到一起，充分体现孔子对母亲的一片孝心。

孔子不但有孝行，更主要的是说出许多孝的理论，成为当时及日后人们行孝所遵循的标准。主要有：

一、学习、修养，一切从孝开始。

子曰：“弟子入则孝，出则悌。谨而信，泛爱众，而亲仁。行有余力，则以学文。”

二、从各方面对父母关爱，不但使年老的父母衣食无缺，还要及时关心父母的健康，为父母年老而担心。对父母不但要养，也要敬。

子曰：“父母唯其疾之忧。”

子曰：“父母之年，不可不知也。一则以喜，一则以惧。”

子曰：“今之孝者，是谓能养。至于犬马，皆能有养。不孝，何以别乎？”

三、不要违背父母的意旨，最难得的是时时对父母和颜悦色。但父母如果有了错误，要及时好言谏诤。

孟武子问孝。子曰：“无违。”

子夏问孝。子曰：“色难。”

子曰：“事父母几谏。”

四、不要给父母增加麻烦。

一朝之忿，忘其身，以及其亲。

五、父母在时，不要走太远。即使远行，也要随时和父母保持联系。

子曰：“父母在，不远游。游必有方。”

六、子女应继承父母遗志。

子曰："父在观其志，父殁观其行，三年无改于父之道，可谓孝矣。"

七、父母死后也要怀念。

子曰："生，事之以礼；死，葬之以礼，祭之以礼。"以及向宰予强调父母死后要服"三年之丧"。

八、忠孝一体。

孝为小忠，忠为大孝，两者联系密切。如"季康子问：'使民敬，忠以劝，如之何？'子曰：'临之以庄，孝慈，则忠；举善而教不能，则劝。'""子曰：'出则事公卿，入则事父兄。'"

九、赞扬孝子。

子曰："孝哉闵子骞，人不间于其父母昆弟之言。"

孔子这些孝的主张，从各个方面说出了有关孝的基本问题。在他的教育下，其弟子有子说："孝悌也者，其为仁之本欤。"把孝提到又一高度。在这些主张下，孔子把自己孝的主张传授给弟子曾参，作《孝经》，全面阐明了孝的理论，使多年的孝行发展为孝道。

曾子

曾参是孔子嫡传的弟子，他虽然比孔子小四十六岁，入室较晚，但他天资聪慧，勤奋好学，又经常检查自己的不足，所以进步较快。孔子最得意的弟子颜回死后，曾参对孔子的思想了解最深刻，学习最努力。尤其在孝道上，更做出了成果，做出了榜样。

一、曾子认为孝是德之本，与生俱来。他对孝作过各种阐发，如："身体发肤，受之父母，不敢毁伤，孝之始也。""立身行道，扬名于后世，以显父母，孝之终也。""夫孝，始于事亲，中于事君，终于立身。"把孝当作一个人道德修养、立身行事的大事，加以具体的论述，来体现孔子、有子说的"孝悌也者，其为仁之本欤"。

二、曾子在孝的基础上强调忠孝合一，他认为由家庭扩大到国家，乃天下之正道。人的素质，是由一个个家庭体现出来的，而这却关系到国家的兴衰。忠孝并提，正是在家国同构的君主宗法政体中，将孝于父母的家庭关系、宗法伦理感情，转化成忠于国家的道德观念。一个人最理想的是又能尽孝，又能尽忠，如果两者发生矛盾，即忠孝不能两全时，则尽忠不能尽孝。很明显地体现出孝的政治性，这在当时维护国家统一、社会稳定方面有其积极意义。

三、曾参强调孝道的实践：他认为孝是天下的常道，从天子到庶人，人人不能例外，人人都应重视，都应实践。他认为一个人实践孝，主要有两方面，即养身和养志。养身是肉体，物质方面，养志是精神方面。前者如奉养父母、关心父母、养老送终等，后者包括对父母尊敬、关怀，使其精神舒畅、生活欢快等。一个人从物质生活到思想、感情、意志、道德各方面都能体现孝，才算是一个真正的孝子。

曾参在孝的方面有理论、有实践，这在古籍中记载很多，主要有：

一、奉养父母：曾子对父母奉养，表现在许多方面。生活供应上，对父母有酒有肉，而且经常不断。平时对父母问寒问暖。穿衣睡觉、冬天夏天一切都安排妥当，让父母不但在生活上无后顾之忧，精神上也时时保持愉快状态。为了照顾父母，不贪图高昂的俸禄，不去外面做官。年长发迹以后，仍然为未能很好地奉养父母而遗憾。

二、尊敬父母：父母喜欢的，自己也喜欢。父母不喜欢的，自己也不喜欢。父母喜欢的动物，不随便杀戳；父母放置的东西，自己不随便挪动。保持自己身体的完整，也是对父母负责。甚至走到胜母之闾，因其名字对母不利，立刻转车回头。

三、取悦父母：千方百计取得父母欢欣，也是孝的一种表现。曾子曾明确地说，对父母应“乐其心，不违其志。乐其耳目，安其寝处，以其饮食忠养之”。曾子耘瓜的故事中，曾子不该忍受其父大杖之责，但他不违背父亲的意图，父亲打了自己还担心父亲累坏了身体，更体现出他取悦父母的孝心。

四、思念父母：曾子在泰山之下耕作，天下了雨，旬月不归，思念父母，作《梁山操》。一次食生鱼，想到母在之日，不知鱼味，便吐了出来。古籍记载曾子父母死后，他“水浆不入口者三日”。传说曾子父母死后，他十分悲痛，终日大哭，泪如涌泉，今日曾庙中还有“涌泉井”。

除此之外，在孔子指导下，曾子作的《孝经》，对孝的理论予以详细、系统的论述，日后被历代奉作经典，这更是曾子在孝文化方面的特殊贡献。

闵子

位于济宁市西南的鱼台县，以当年鲁隐公观鱼于棠命名。这里向来以“五里三贤”生地为荣，即在五里之内，诞生过三位孔门高足：闵子骞、宓子贱、樊迟。其中闵子骞是闻名遐迩的大孝子，历代曾用多种形式对其表彰。

《说苑 · 艺文考》载：

闵子骞兄弟二人，母死，其父更娶，复有二子。子骞为其父御车失辔，父持其手，其衣单，父则归呼其后母儿，执其手，衣甚厚温。即谓其妇曰：“吾所以娶汝，乃为我子。今汝欺我，去即无留！”子骞前曰：“母在一子单，母去四子寒。”其父默然。故曰：孝哉闵子骞，一言其母还，再言三子温。

刘向是西汉人，《说苑》是一部可靠的古籍，上面记载的故事至少在西汉已经广泛流行。刘邦所建的西汉帝国，是我国封建社会早期小农经济为主的社会，社会构成的主要形式是家庭，孝是维护家庭关系的重要纽带。因此，汉朝皇帝便宣扬以孝治天下。此故事便得以广泛流行。这一故事在流传中又有所改进，如其父执鞭打破闵子骞的衣服，露出芦花。原来后母用虽大却不保暖的芦花给他做衣服，日后人们常把这个故事叫作“鞭打芦花”。到了东汉，鱼台北邻嘉祥的“武氏墓群石刻”中有两处刻上这一故事（武梁石室之第一石第三层及前石室第一层）。元代编的《二十四孝图》将其收入，流传更广。

闵子骞孝亲的事迹，曾受到孔子的表彰，一部《论语》，孔子在孝方面只表彰过两个人：一是不改其父之道的孟庄子，一是闵子骞。孔子说：“孝哉闵子骞，人不间于其父母昆弟之言。”根据这句话，可看出闵子骞在孝道上有两大突出之处：

一是孝敬父母，难得的是他给继母说好话。继母对他虽然虐待，但他仍能原谅继母的错误，哀告父亲不要赶走继母。这一行为十分难得。依照古礼，继母也是母，也应孝敬。继母对自己好，应孝敬；对自己不好，也同样孝敬。这种思想境界之高，令人叹服。闵子骞的这一举动，也是对父亲的孝敬。由于他替继母求情，使父亲转变了态度，维护住家庭的和谐，使父亲免受离散之苦，也体现自己的一片孝心。

二是孝悌结合。《论语 · 学而》记载，有子曰：“其为人也孝悌，而好犯上者鲜矣。”“孝悌也者，其为仁之本欤。”“弟子入则孝，出则悌。”孝是对父母孝敬，悌是对兄弟友爱，即常说的“兄友弟恭”。兄弟之间，应互相尊敬、爱护、帮助。闵子骞哀告父亲不要赶出后母的重要原因是免得后母被赶出后，另三个兄弟受苦，即“母去四子寒”，这正是一种悌的表现。闵子骞孝亲的故事，明清以来，民间编成唱本、戏曲，到处流传。这当然是好事，但个别闵氏后人却提出不同意见。清嘉庆年间，翰林院五经博士闵广源曾向曲阜的衍圣公府递上申文，制止此戏演出，免得“诲诋”先贤（孔府档案5272之8）。其实用艺术形式表现闵子的孝亲故事，却是更好的宣传和肯定。2007年济宁市作家为鱼台县豫剧团写的《鞭打芦花》，在中央电视台播映后，制成光盘，到处传播，产生了宣传孝道的良好效果。近日，作家王伯福所著五十万字的《闵子骞传》已经出版，笔者以《一曲孝贤文化的动人颂歌》为题为其撰写了“前言”。

仲子

孔门高足仲由，字子路，一名季路，鲁国卞邑（今泗水县东卞桥）人。是孔子早年招收的弟子之一，比孔子小九岁。仲由出身贫困，但很孝顺。此人身体魁梧，武艺高强，最初与孔子见面时，自恃武勇，欲凌暴孔子。孔子向他讲清忠信、学习与武勇的关系后，仲由恍然大悟，心悦诚服。他一生跟随孔子，最能得到孔子信任。此人性情耿直，有言必发，与孔子亲密无间。他很有具体办事的能力，曾为鲁国季氏宰、卫国孔悝宰，治蒲有成，得到孔子赞誉。后在卫国孔悝之难时，英勇献身，正冠而死。其子孙原住泗水，西汉末年，社会动乱，其后裔西迁至微山鲁桥，便在鲁桥仲家浅居住了下来，并立了庙。故今山东泗水、微山皆有仲子庙。

作为孔门“十哲”之一的仲由，是孔门“四科”中“政事科”的代表。他有几个特点：一是文武兼备，二是性情耿直，三是有办事能力，是个做实际工作的“具臣”，但他也是一位著名的孝子。

《孔子家语 · 致思》：

子路见于孔子曰：“负重涉远，不择地而休；家贫养老，不择禄而仕。昔者由也事二亲之时，常食藜藿之食，为亲负米百里之外。亲丧之后，南游于楚，从车百乘，积粟万钟，累裀而坐，列鼎而食。愿欲食藜藿，为亲负米，不可复得也。枯鱼衔索，几何不蠹；二亲之寿，忽若过隙。”孔子曰：“由也事亲，可谓生事尽力，死事尽思者也。”

子路对孔子的一番谈话，从人们常犯的错误说起，他说：有的人背负着东西走远道，不能够选择地方来休息。想要孝敬父母，不能够挑拣俸禄多少去做官。联系到自己，说我年轻时家里穷，奉事父母的时候，常常吃各种野菜做的饭，为了让父母吃的好一点，常到百里之外的地方去背来。后来父亲死了，我跟随老师南游至楚国时，后面跟随的车子一大溜，积累的财物说不清，坐着厚厚的垫褥，吃着丰盛的菜肴。这时再想吃野菜、为父母背米也不可能了。比方说："串在绳上的枯鱼能有多少时候不损坏？父母的寿命，就像白驹过隙那样短暂啊。"子路深深为父母故去，自己不能再孝敬父母而忧愁。孔子说："仲由啊，事奉父母，可以说，活着时能竭尽全力，父母死后又念念不忘啊！"

子路拜孔子为师后，从卞地到鲁都（曲阜）学习，鲁都南郊盛产大米，子路为使父母吃的好些，从百里之外向家背米，孝心难得。尤其是父母死后，自己还不断怀念，为未能多尽孝心而发愁，更是发自内心孝道的表现。

后来，人们尤其是仲氏子孙对子路的孝行都很崇敬。由农民作者李汉玉所著、近日出版的《子路评传》中，对子路负米之事重点予以表彰。

孟子

被历代奉为"亚圣"的孟子（轲），也是一位孝子。他三岁丧父，家庭贫穷，孟母"三迁""断机"之教，古今传诵。依"三迁"故事来说，是孟母为教育儿子，多次迁徙，为了给儿子创造个优良环境。当最后迁到邹之南关，子思学宫附近时，孟子听从母亲教导，近朱者赤，到此好环境中，一改当年坟地学号哭、市场学市侩的习气，听从母命，努力学习。但儿童顽皮成性，如不加约束，会放任自流，孟母断机，以突变的方式令其警觉，日后小孟轲更谨遵母命，努力攻读，又是孝的表现。孟子遵母教，勤攻读，成大儒后，到齐国稷下讲学，受到优厚待遇，为了让母亲生活好些，把母亲接到齐国安享清福。在他四十七岁时孟母去世，孟子又谨遵古礼，将其母灵柩运至鲁国，与父亲合葬，奉以五鼎之礼，依礼行三年之丧。充分表现其对母的孝心。有人批评他葬母的规格不应超过葬父，他说："当年没有条件，现在有了好条件，理应对母亲厚葬，以表孝心。"

孟子谨遵母命，还有一个故事。有一天，孟子从外面回来，要到卧室去，窥见妻子袒露着身子，很不礼貌，便气愤地要赶她出门。孟母得知后，对他说：按照礼的规定，进门时要发出声音，提醒别人；推开门时，不要到处看，以免发现别人的隐私。你没按这些礼法去做，你妻子在室内穿戴不整齐，叫你看见了，不是她不礼貌，倒是你不礼貌。孟子听了母亲的话，连忙道歉，留住了妻子。

孟子认为天下之事，最大的是事奉父母（孟子曰："事，孰为大？事亲为大。"）。他用大量事实极力表彰大舜及曾子的孝行，要人们向他们学习。他列出不孝的表现有五种："惰其四肢，不顾父母之养，一不孝也；博弈好饮酒，不顾父母之养，二不孝也；好货财，私妻子，不顾父母之养，三不孝也；耳目之欲，以为父母戮，四不孝也；好勇斗狠，以危父母，五不孝也。"

孟子忠实地继承孔子之道，在孝亲问题上，进一步肯定"生，事之以礼；死，葬之以礼，祭之以礼"以及"三年之丧"。更难能可贵的是孟子对孔子孝的思想又有所发挥。他不但主张孝敬自己的父母，又提出"老吾老，以及人之老"。既要孝敬自己的父母，也要尊敬天下的老人。把对父母的孝与爱又扩大到社会上，更好地贯彻孔子仁爱的思想。后来又发展为"亲亲而仁民，仁民而爱物"，由孝亲发展为敬老，再发展为热爱自然、保护环境。话说到这里，更体现出这位发展孔子思想的思想家的博大胸怀了。

孟母"三迁""断机"的故事，许多书籍、影视作品中多有表现，但表彰其孝母者不多。近日我们正筹划拍摄30集《孟母与孟子》的电视片，将要把孟子孝母的事迹形象地表现出来。

诸子百家，对许多思想、观念、命题，各持己见，争论不休，唯有对"孝"的主张，没有区别，一致赞同。在孝的观念上，论述最多的，执行最好的，则是儒家。作为儒家的创始人及早期儒家的代表，更以其理论和行为给人们做出榜样。作为"五圣故里"的济宁市，被人称做"儒孝之源"正是实至名归。

曾子孝行述评

骆 明

《战国策 · 燕策一》中，有两处记“孝如曾参”。战国时人已把曾参当作孝行最佳者的代表，曾子历来以孝著称于世，世传曾子作《孝经》，更集中论述了“孝”的道理。书中以十八章的篇幅对“孝”作过详细的记述与论证。但是曾子本人关于“孝”的实际行动如何呢？人们往往只知少量事例，或语焉不详，笔者从一些古籍中查出记载曾子孝行的资料多处，现分类述评如下：

一、奉养父母

资料有五则：

1．《礼记》记：“孝有三：大孝尊亲，其次弗辱，其下能养。”

2．《孟子》记：“曾子养曾皙，必有酒肉。将彻，必请所与。问有余，必曰‘有’。”

3．《韩诗外传》记：“曾子曰：‘椎牛而祭，不如鸡豚逮亲存也。吾尝仕齐为吏，禄不过钟釜，尚忻忻而喜，非以为多也，乐其逮亲存也。’”

4．《新语》记：“曾子孝于父母，昏定晨省，调寒温，适轻重。勉之于糜粥之间，行之于衽席之上。而德美重于后者。”

5．《孔子家语》记：“齐尝聘（曾子）欲以为卿，而不就，曰‘吾父母老，食人之禄，则忧人之事。吾不忍远亲而为人役。’”

上述资料，体现出曾子的主张。他认为：第一，奉养父母是孝亲最起码的条件；第二，一个人要有基本的经济收入，以此作为养亲的基础，能够做到这一点，便可“忻忻而喜”；第三，在保持父母正常生活水平的前提下，应使其生活更优裕一些；第四，对父母生活要时加照料，从早到晚，从食到宿，仔细周到，诚恳恭谨；第五，不要远离父母到远处做事，要时时守在父母身边。

在人类社会中，为了繁衍后代而生儿育女，这种事情被列宁称做："永恒的范畴"（《列宁选集》第一卷22页）。不但人是这样，动物也是这样。人类繁衍才有社会存在，生儿育女是第一步。当父母生下儿女时，还要进行精心的抚育和耐心的教育。父母对子女付出财力、精力很多，对子女的爱更是无法计算，故子女对父母理应尽孝。尤其是父母老了，有的已不能给社会创造财富，或不能自立自存时，子女对他们更应尽孝。乌鸦反哺、羊羔跪乳是禽兽的天性，人之孝敬父母也应是一种天性。所谓天性，除包括生理上的因素外，更主要的是心理上、情感上的因素。一般地说，子女对父母的奉养是一种报恩行为。深层次地说，则是子女对父母爱心的流露。如果孝只限于报恩行为，对父母只能一般关照，例行公事。但还应对人以更高的标准来要求，体现一个人高尚的品德。例如曾参，第一，他认为"椎牛而祭不如鸡豚逮亲存也"。如果等到父母死了以后，再去祭祀。即使用祭天大礼，杀了猪、羊、牛，父母也不一定得到真正好处，还不如平时杀只鸡，买点猪肉，奉养父母更实惠些。曾子这样想，也这样做了。他不是空唱高调，而是去齐国为吏，挣点禄米，供养父母，并以此欣喜，这样做虽然收入不算多，但却因能使父母得到实际利益而高兴。第二，不仅奉养父母，还要使父母生活得富裕一些。曾子奉养其父曾皙，每顿必有酒肉，每次吃完问问够不够时，总还要听到"有剩余"的回答才安心。第三，不仅奉养父母，而且还要时时关心父母，具体、仔细地了解父母的生活状况，对其冷暖、衣食之需，时时关心，而不流于形式。第四，远方有功名利禄，近处有父母需要孝敬，两者发生矛盾时，毅然服从后者。

上述曾子的孝行，大部分是可取的。只有最后一点，孝亲尽管应该，出外也应该，但外出做事不一定非为功名利禄，而是应在社会上作出一些贡献。那种只为奉养父母，坚持"父母在，不远游"的做法，是社会经济不发达的小农经济的产物，已不适用于今日。

二、尊敬父母

资料有五则：

1．《孝经》记："曾子曰：'身也者，父母之遗体也。行父母之遗体，敢不敬乎？'"

2. 《孟子 · 尽心下》记：“曾皙嗜羊枣，而曾子不忍食羊枣。公孙丑问曰：“脍炙与羊枣孰美？”孟子曰：‘脍炙哉！’公孙丑曰：‘然则曾子何为食脍炙而不食羊枣？’曰：‘脍炙所同也，羊枣所独也。讳名不讳姓，姓所同也，名所独也。’”

3. 《吕氏春秋 · 孝行览》记：“曾子曰：‘父母生之，子弗敢杀；父母置之，子弗敢废；父母全之，子弗敢阙。故舟而不游，道而不径。能全支体，以守宗庙，可谓孝矣。’”

4. 《淮南子》记：“曾子立孝，不过胜母之闾。刘子里名胜母，曾子还轫，以其名害义也。”

5. 《礼记 · 曲礼》记：“父母之所爱亦爱之，父母之敬亦敬之。至于犬马尽然，而况于人乎？”

上述资料，体现出曾子尊敬父母的孝行：第一，因为身体发肤，受之父母，自己的一切皆父母所赐，自然对父母应予尊敬。处理一切事情，都应对自己高度负责，也是对父母高度负责。第二，正如以前不能随意称呼君父之名，而要避讳一样，父母喜欢吃的东西，自己不能随便吃。第三，不能违背父母的意愿，应以父母所想、所做的，成为自己所想、所做的。父母要留着一个动物，子女不能随意杀死；父母放置的东西，子女不能任意挪动和丢弃；父母让那种东西存在，子女不能去掉其一部分。第四，有的地方取的名字对父母不够尊敬，也要避开。有个“胜母之闾”，曾子在驱车行进到此时，便因“其名害义”刹了车（“还轫”），停止前进。第五，曾子完全遵照孔子的主张，要以父母之爱为己之爱，以父母之敬为己之敬。不违其志，不背其行。忠实继承，不加改动。

如果说前部分对父母之孝偏重物质因素的话，那么这部分内容则偏重于感情因素。人和一般动物最大的区别是人有思维，在高级思维支配下，人表现出各种感情。古人归纳为喜怒哀乐爱恶惧“七情”，这些感情是一个人内心世界的表现，它构成了人们的思想，支配着人们的行动。

一个人在社会生活中，上下左右布满了人际关系。君臣、父子、兄弟、夫妇、朋友、长幼等方面。其中以父母与子女之间的关系最为密切，感情也最深。这些感情都用一系列的实际行动表现出来，曾子上述表现，便是对其父母真挚感情的流露。当然我们并不主张父母不吃的不吃，父母不说的不说，父母不做的不做，一切以父母的好恶为好恶，自己没有独立思想。而是从尊重父母意愿的积极方面考虑，真心实意地尊敬自己的父母。如果他们的意志、主张、兴趣、爱好与常理并不悖谬的话，就应尊重他们，迁就他们，而不要以自己的一套主张硬要老人服从，只有这样，才能换取老人心情舒畅，乃是最好的孝亲方式。

三、取悦父母

资料有三则：

1．《礼记·内则》记：“曾子曰：‘孝子养老也，乐其心，不违其志。乐其耳目，安其寝处，以其饮食忠养之。’”

2．《说苑》记：“曾子耘瓜而误斩其根，曾皙怒，援大杖击之。曾子仆地……”

3．《韩诗外传》记：“曾子有过，曾皙引杖击之，仆地，有间乃苏，起曰：‘先生得无病乎？’”

此部分除《礼记》中曾子在道理上说，对父母应“乐其心，不违其志。乐其耳目，安其寝处”外，主要是曾皙杖责曾子的故事。曾子只是因为耘瓜误断瓜根，其父却抡起大杖来，把他打得昏了过去。但当曾子醒过来后，不顾自己的伤痛，仍然向父亲问是否因为打自己累坏了身体。这种取悦父母的方式显然有些过分。孔子就对此持不同意见。

此事发生后，鲁国许多人称赞曾子做得对，有人便将此事告诉了孔子，孔子对弟子们说“不要叫曾参来见我”。曾子却认为自己做得不错，请人向老师问为什么对自己这么冷淡，孔子说：“你不知道当年舜怎样对待父亲吗？小棍打时应该挨，大棍打时应该逃。当你父亲暴怒的时候，你在那里甘愿挨打，难道你俩不是周天子的臣民吗？如果把周天子的臣民打死，不是给你父亲增加罪名吗？”孔子这番话的意思是说：子女应该以行动取悦父母，但不要过火，过火会产生相反的效果。后世宣扬孝道时，过火的内容也不应该。例如《二十四孝》中，七十多岁的老莱子，着斑烂衣，诈跌仆地，作婴儿啼以娱亲的举动，就没大必要。郭巨为免儿子与母争食，将幼子埋掉的做法，也太残酷。事情做过了头，便可能产生坏的效果。因此曾参受杖的故事有其两面性：一是曾子真心孝顺父亲，精神可嘉。一是从大杖落身不逃，到醒后向父亲问安，做过了头，并不足取。

四、思念父母

资料有五则：

1．《礼记 · 檀弓》记：“曾子谓子思曰：‘吾执亲之丧也，水浆不入于口者三日。’”

2．《韩诗外传》记：“曾子曰：‘亲殁之后，吾尝南游于越，得尊官焉。坐高九仞，榱题三围，转毂百乘，然犹北向而泣者，非为贱也，悲不逮吾亲也。’”

3．《孝子传》记：“曾参食生鱼，甚美，因吐之。人问其故，曾曰：‘母之在日，不知生鱼味。今我美，吐之，终身不食。’”

4．《琴操》记：“曾子尝耕泰山之下，遭到霖泽，雨雪寒冻，旬月不得归，思其父母，乃作梁山之操。”

5．传说曾子父母死后，他十分悲痛，终日大哭，泪如涌泉，后世在宗圣庙中修“涌泉井”。

五则资料从几个不同角度表现出曾子对父母的思念之情。《礼记》记曾子丧亲后七日不饮不食，虽有些夸张（古谓七日不饮食即可死去），但却能充分体现其思亲之情。《韩诗外传》记曾子认为自己虽然到南方做官，各种物质条件都很优越，但因父母已不在世，不能和父母同样享到荣华富贵，而向着父母埋葬的北方流泪，为见不到父母而悲伤，思亲之情跃然纸上。《孝子传》记曾子因为母亲没吃过生鱼，尽管生鱼再好吃，也不再吃，而且终生不吃，可见其思想中孝亲观念之深。《琴操》的资料，更把曾子思念双亲的思绪，用一种文学的笔法表现出来，使曾子思亲一事，引为佳话。至于“涌泉井”的传说，在嘉祥县更是脍炙人口，这一思念父母的故事使曾子孝亲之说体现得更为生动。

《孝子传》载：“乐正子春者，曾子门人也，来侯参，参采薪在里，母啮右指，旋顷走归。曰：‘参负薪，右臂痛，薪堕地。’母曰：‘客来，无所使，故啮指呼汝耳。’参乃悲然。”曾母啮指，曾参心痛，这种近乎玄妙的记载，在于说明母子连心。

此外，《孔子家语》还记有一则曾子孝敬后母的故事：

曾参志存孝道，后母遇之无恩，而供养不衰。及其妻蒸梨不熟，因出之。人曰：“非七出也。”参曰：“梨蒸，小物耳，吾欲使熟而不用吾命，况大事乎。”遂出之，终身不娶妻。

曾子为孝敬后母，竟把妻子休掉，并说出一番议论，可知在他心目中，对父母只应无条件地尽孝，不许有任何怠慢行为，更不许为不孝找一些借口。

当然，上引一些资料，有许多乃汉朝或其后古籍所载，有的难免有附会之嫌。但许多书籍皆在曾子孝行上做文章，正说明孝为其主要特点。曾子说："夫孝，置之而塞乎天地。"可见曾子将孝作为人类的一种普遍的正常的关系，看作是有着普遍性、永恒性的人类美德。一个人对自己的父母孝敬，其子女对他也同样孝敬。有的书上记曾参之子曾元对他尽孝，即仿曾参对其父曾皙孝敬的样子，每日有酒食，奉养很好，更遵父嘱、继父志。

曾子之后，人们渐将其当作天下孝亲的楷模。记载汉代谶纬之学的《孝经援神契》中记："孔子作《孝经》，既成，使七十二弟子向北辰磬折而立"时，向曾子传授《孝经》，天降赤虹。此事被说作天意，同样，也把孝道当作天意。两千年前，统治者对《孝经》加上迷信色彩，以便于孝道的传播。"其为人也孝悌，而好犯上者鲜矣。不好犯上而好作乱者，未之有也。"（《论语·学而》）统治者推行孝道的重要目的，是为了使人们不犯上，不造反，以巩固其统治。我们今天则应拨去迷信的迷雾，认真分析孝道在当今社会中的价值，吸取其积极因素，为当前的社会主义精神文明建设服务。为此，我们归纳、评述曾子的孝行，也还是有其意义的。

孝悌贤儒闵子骞

骆承烈

《说苑 · 艺文考》载：

闵子骞兄弟二人，母死，其父更娶，复有二子。子骞为其父御车失辔，父持其手，其衣单，父则归呼其后母儿，持其手，衣甚厚温。即谓其妇曰："吾所以娶汝，乃为吾子，今汝欺我。去即无留！"子骞前曰："母在一子单，母去四子寒。"其父默然。故曰："孝哉闵子骞，一言其母还，再言三子温。"

《说苑》共二十卷，西汉人刘向撰。虽其录皆逸闻琐事，但却如实地记载下古代一些事物，是一部可靠的古籍。上面记载可知闵子骞孝母的故事已流传于西汉。刘邦所建的西汉帝国，是我国多民族专制主义大一统的封建国家，其社会基础是小农经济。孝是维护家庭关系的重要纽带，因此汉初便重视孝。从汉高祖刘邦尊其父为太公，他虽贵为天子，在后宫照样行父子之礼起，到每个皇帝死后的谥号均加上个"孝"字，如惠帝谥孝惠，后有孝文、孝景、孝武、孝昭、孝宣……对于闵子骞孝亲的故事，自然广泛流传。流传中又加改造，"御车失辔"后，逐渐演变为其父生气，对其持鞭打去，打破衣服，露出芦花，即日后人们常说的"鞭打芦花"。

这一故事，在汉代广为流传，到了东汉，甚至屡屡刻石记载。今山东嘉祥武氏墓群石刻武梁石室第一石室第三层及前石室第一层，有两处均刻这一故事。

武梁石室画像上刻一高头马右向拉一轺车，车上坐二人，前部一小儿（子骞后母子），拉着马缰，面朝后（左）看。车后部坐一人（子骞父），有短髭，面朝左。左手抓着车桯，右手扶着车后跪地之人（闵子骞）。子骞面朝其父，双膝跪地，似与其父谈话状。左上题榜"闵子骞与假母居，爱有偏移。子骞衣寒，御车失棰（箠）"十八字，右上题"子骞后母弟""子骞父"八个字。细观子骞父的神情，可看出其父对其穿芦衣的安慰。子骞在洗耳聆教，其弟扭头惊讶观望。三人表情微妙呼应，跃然石上。

前石室图像中，轺车之后，一少年跪到地上，一长者举手欲行，则体现出其父为其御车失箠而发怒的情景，又是一幅生动的形象。

这一典型的孝亲故事，在元代编的《二十四孝图》及《新编二十四孝图》中均收入表彰，其事迹至为感人。当人们仔细观察这一故事后，又发现它有几个特点：

其一，孝悌结合。《论语 · 学而》记：“其为人也孝悌，而好犯上者鲜矣。不好犯上而好作乱者，未之有也。”“弟子入则孝，出则悌。”孝是对父母孝敬，悌是对兄弟友爱，即常说的“兄友弟恭”。即兄弟之间相互尊敬、爱护、帮助。闵子骞说服父亲不将后母赶出，是为了“母去四子寒”。尽管后母对自己不好，如果后母离家，另三个孩子也没人照顾。为了照顾三个兄弟，提出不赶后母，体现出一种“悌”的美德。这一行动，孝悌兼有，难得！

其二，孝敬继母。闵子骞跪下向父哀求的内容是留住继母，这也是很难得的事。《仪礼 · 丧服》记“继母如母”。早在两三千年前，就认为继母和亲生母亲一样。后人又对此发挥，如《晋书》志第十《礼中》记“继母本实继室，故称继母，事之如嫡，故曰如母也……前母既终，乃有继母……然礿祠蒸尝，未有不以前母为母者，亡犹母之，况其存乎！诜有老母，不可以莫之养。”意思是说：亲生母亲，虽已亡故，人们还祭祀，继母现时还存在，为什么不孝敬、不奉养呢？在那时，如果一个女子被休，即赶出门外，将无颜见人，毁了终生。闵子骞视后母如生母，向父亲哀求留住继母，实为对继母尽孝，亦属难得。

其三，孔子表彰。闵子骞大孝之事受到孔子直接表彰亦属难得。在孝亲一事上，孔子共表扬过两个人，一是通过曾子之口说的“吾闻诸夫子曰，孟庄子之孝也，其他可能也，其不改父之臣与父之政，是难能也”（《论语 · 子张》）。这只是说孟庄子此人当政后，依父亲旧日的政令办事，并无明显孝敬父母的内容。而闵子则不然。孔子说：“孝哉闵子骞，人不间于父母昆弟之言。”（《论语 · 先进》）不但明确地说闵子骞是个孝子，而且说由于他孝悌出名，别人对于他父母兄弟们称赞他的言语说不出任何异议的话。孔子对弟子这句表扬的话，很有分量。同时也可证明几百年后刘向撰《说苑》中对闵子骞故事的记载确有其事。

其四，被封于费。闵子骞是孔门弟子“四科”中“德行”之一，为后世配享孔子的“十二哲”之首。唐时封费侯，宋时封费公。今山东东部有费县，一般人认为此处为费，实际上周代有两个费，东在今鱼台，西在今费县。东面之费为春秋时鲁邑，大夫费庈父的食邑，今山东鱼台县西南费亭，即其故地。高士奇《春秋地理考》记："费读如字，与季氏费邑读如秘者有别。"西面之费，亦为鲁邑，一作肸。《史记 · 鲁周公世家》："伯禽伐淮夷徐夷于肸。"又"釐公以汶阳、鄪二邑封季友，皆指此处，故城在今山东费县西南。东西之费（音fèi，废），西面之费（音mì，秘），一字两地，两名。原因何在？原来在西周初年伯禽封鲁时，此处徐夷淮夷经常骚扰，政治形势不稳，以致一个地名设于两处。如"武成"东在今费县、平邑一带，"南武城"在今嘉祥一带，以致有人把曾子的家乡弄错。

闵子骞孝亲故事，流传两千多年，可谓脍炙人口，妇孺皆知。尤其是载入历代《二十四孝图》后，宣传力度更大，早在明清时，民间便有"鞭打芦花"为名的戏曲。清嘉庆年间，翰林院五经博士闵广源曾向衍圣公府递上申文，请制止此戏演出，免得"诲诋"先贤（《孔府档案》5272之8），其实这正是宣传孝道、表彰闵子之举。今日在闵子故里举行"孝贤文化"活动，弘扬以闵子为代表的孝道，打造孝贤故里，正是弘扬中华优秀传统文化、建设精神文明家园的重要举措。祝孝贤故里孝风永扬，孝星辈出，闵子骞的孝亲事迹永放光芒。

岳飞孝母

孙君恒　安晓晶

岳飞身后的明代中叶，朝廷决定在岳飞家乡河南汤阴县为他立庙，过街牌坊棂星门的八字墙上，以硕大的榜书“忠”“孝”石碑来昭示他的情操与道德，用来启迪后人。岳飞家乡的名称，古代为河南汤阴永和乡孝悌里，颇耐人寻味。2006年，我认识了岳飞后裔、黄梅县的岳和军先生，他来武汉，我接待他后，进行交流。2007年春天，全国岳飞思想研究会纪念岳飞诞辰904周年活动，在湖北武穴、黄梅和江西九江举办。我有幸被邀请，参与了整个活动。一方面与岳飞后裔联谊、交流，一方面拜谒了岳霆、岳震墓地（湖北黄梅）、岳母墓（宋岳忠武王母姚太夫人墓）、宋岳忠武王李夫人之墓（江西九江）。近年到全国各地旅行，总要看看当地的关帝庙、关岳庙（祭祀关公和岳飞），对岳飞的忠孝精神十分钦佩。此文回顾了岳飞孝敬母亲的故事，整理了一些重要资料。

一、听从母亲告诫

岳飞遵照母亲“精忠报国”四个刺字，来报效南宋王朝，矢志不渝，坚决抗金，成为南宋王朝的孝子。

二、接出母亲

岳飞在金国与伪齐的严格盘查之下，历经十八次的反复，将自己的母亲从被敌人占领的故乡接出来。岳飞对备受战争惊吓的母亲常说：“娘，孩儿不孝，惊扰娘了。”岳飞曾经说过：“若内不克尽事亲之道，外岂复有爱主之忠？”这句话的意思就是说，一个人如果不能孝顺自己的父母，又如何能够忠于自己的国家呢。从这一句话可以看出，岳飞已经将忠、孝二字紧密地联系在一起了。

三、军中侍候

岳飞总是晨昏侍候母亲，母亲若病了必亲自煎药，无微不至。如果不出征，必早晚到母亲面前问安，甚至为了照顾母亲的休息和调养，连走路和咳嗽都不敢出声；如果出征，必然要把母亲的事情安排妥当才放心。岳飞在克复襄汉六郡后，就因母亲姚氏病重，“别无兼侍，以奉汤药”，上奏恳请暂解军务。在军营时，处理好军务回家，每天晚上都要去母亲房内看望，并关照家人要勤换被褥，使老人感到舒适、温暖。在母亲卧室内，岳飞连走路都轻手轻脚，怕发出响声影响母亲的静卧休息，一旦挂帅出征，又谆谆嘱咐妻子李娃，务必好好侍奉，即使岳飞日后高升为战区统帅时也始终坚持如一。

从《岳忠武王文集》中，我们检索到岳飞的孝道记载。绍兴四年（1134）八、九月间，岳飞在《乞侍亲札子》中说：“臣老母姚氏年几七十，侵染疾病，连月未安。近复腿脚注痛，起止艰难，别无兼侍，以奉汤药。人子之心，实难安处。伏望圣慈察臣悃逼，无他规避，暂乞许臣在假，以全侍奉之养……候臣老母稍安，依旧管干职事……”绍兴六年（1136）四月十二日，他在《奏乞终制札子》中说：“臣孤贱之迹，幼失所怙，鞠育训导，皆自至母。国家平燕云之初，臣方束发，从事军旅，誓期尽瘁，不知有家。……而臣母沦陷致疾……臣重念为人之子，生不能尽菽水之欢，死不能终衰麻之制，面颜有腼，天地弗容。且以孝移忠，事有本末，若内不克尽事亲之道，外岂复爱主之忠？”从这两份札子中，我们可以清楚地看到，岳飞向宋廷请假，要对老母“以全侍奉之养”，派人十八次接回老母的事实中，和他提出的“若内不克尽事亲之道，外岂复爱主之忠”的观点，岳飞是坚守孝道至上的。他把母亲接到南方之后，又娶了李娃侍奉母亲，即使在军务繁忙中，他也尽力做到晨昏侍候，无微不至，“尝药进饵”。岳母去世之后，岳飞连续三天汤水都不喝一口，哭得双目红肿，旧病复发，和长子岳云跣脚徒步，扶着姚氏的灵柩，从鄂州（武汉市）直到江州（今九江）的庐山。葬母之后，在九江东林寺为母守孝，后在“三诏不起”的情况下，被皇帝所逼，带病重返鄂州。他将母亲“刻木为像，行温清定省之礼如生时”，履行自己的孝道。

四、地名“忠孝门”的来历

武汉市武昌区的地名“忠孝门”，就是岳飞在武汉担任鄂王的时候，绍兴六年（1136）三月二十六日，一代贤母姚氏谢世鄂州（今湖北武昌），他从此地将母亲送往江西庐山安葬经过的地方，人们为缅怀岳飞的孝敬精神而命名。武汉三镇遍布多处与岳飞相关联的遗址遗迹，如岳飞亭、岳松、岳梅及忠孝门、岳家嘴、岳飞街等地名，及大量与岳飞相关的民间传说与故事。

五、夫妻为母亲墓地守灵

当时，故乡汤阴还在金人手中，岳飞母亲魂归故里已不可能。岳飞奏报朝廷。为此，高宗帝特支银1000两、绢1000匹，并赐葬江州今址（九江县沙河乡株岭山）。岳飞和岳云等跣足徒步，扶灵柩直往第二故乡江州庐山之株岭处安葬。这里三面环山，一面开阔，形似卧虎，故以名之“卧虎舔尾”。岳飞在“丁忧”期间，悲痛万分，于墓侧建屋守孝。孝庐是当年岳飞为母守孝时住的房子，庐门两边的对联为“母真巾帼完人今古宜哉第一；子誓河山还我忠孝允矣无双”。为追思母恩，建亭于母墓后。青山有幸埋贤母，层峦叠翠如堆螺。于是，亭因山应景而呼之曰“叠翠亭”。不久，战事再起，岳飞移孝作忠，奔赴抗金战场。夫人李氏携族人在这里居住守墓。

岳飞的续弦李氏夫人，在岳母病逝后代夫行孝，守灵于株岭山中，岳飞被害时，她也受到株连，被发配到福建拘管，岳飞平反昭雪后，她在结束流离的生活后又度过了十几年，在75岁那年病逝。宋孝宗赐李氏夫人为“楚国夫人”，根据她生前的遗愿，赐予葬于江州德化的太阳山。太阳山的“飞燕投河”处，峰环日照，山高气清，其山形似太阳，李氏夫人就葬于此地，墓碑上刻着“宋岳忠武王李夫人之墓碑”。

六、后代孝敬

1．孝女井——纪念岳飞之女岳银瓶，以此表达对岳飞的敬仰之情。孝女井井址在杭州庆春路660号，原岳飞故第东，建造年代不详，孝女井即孝娥井，又称银瓶井。据说是岳飞女银瓶投井殉节处。明代田汝成《西湖游览志》：“银瓶娘子闻王下狱、哀愤骨立，欲叩阙上书，而逻卒婴门，不能自达，遂抱瓶投井死。”原井圈外壁有清同治年刻的“孝娥赴义处”五字，上覆孝女亭，内置清碑刻二方，今存民国年间重修之孝女亭与碑刻一。据《金佗粹编续编》载：岳飞有一女孝娥。孝娥自幼聪颖，通书史知大义。父先死于冤狱，她恸哭欲绝，含愤叩阙上书，被逻卒所阻，怨恨之下，抱着父亲生前留给她的银瓶投井。明正德十四年（1519），按察使梁材筑亭覆之，榜曰“孝娥井”，俗称孝女井。后亭废井湮。

2．岳珂之孝。乃是基于遵父岳霖遗命，完成“吁天辨诬”工作，将祖父岳飞的报国事功，很详尽地列志《行实编年》，呈朝廷审定，交付史馆，使祖德大显，冤狱大白。于是，正史得以考据列传，《金佗粹编》亦赖以流传。真正符合了《中庸》所说：“夫孝者，善继人之志，善述人之事者也。”

七、后人评说

岳飞对父母之孝，可以说是感天动地，在岳飞的心中父、母二字不仅仅只是一个称谓，它更意味着一种表率、一种榜样。岳珂追述祖父岳飞时，说“先臣天性至孝”。岳飞确实从小就非常孝顺，然而一个人刚来到世上时是一张白纸，他的心理、性格、习惯都是后天在一定氛围中养成的，而在这种氛围中，毫无疑问起到决定作用的是自己的父母，岳飞天性至孝，必定是受到其母亲的影响，所以岳飞认为，“为人子必尽孝道、为人父必为表率”。

台湾新编《三十六孝》，岳飞与孙岳珂同列其中。台湾编译馆委请吴延环先生，参考古书1600余种，涉猎孝行故事12万余则，精选集成《三十六孝》一书出版。书中“二十四、尽忠报国”是述岳飞孝的故事，“二十五、继志显祖”是述岳飞之孙岳珂孝的故事。祖孙同登《三十六孝》，实在值得世人敬佩。中国宋代也只有岳飞、岳珂二人入选，实在是岳家的殊荣。[1]

1．岳伟：台湾新编《三十六孝》岳飞与孙岳珂同列其中，2007－05－20，http://www.yuefei.net/bbs/MINI/Default.asp?1－9638－0－0－0－0－0－a－.htm。

将民间孝文化引向正路
——老、新《二十四孝图》比较

骆承烈

从一组塑像说起

我国南方一个经济发达的县级市，历来对中华优秀文化十分重视，多年来开过一些学术研讨会，出过一些宣传传统文化的书。尤其是普及传统文化上做得很好，提倡孝亲敬老有许多得力措施。为了向群众宣传孝道，该市一个很有名的镇，精心设计，依照当年的《二十四孝图》请人刻成一组石像，目的是普及孝文化，让人们向古人学习。谁知这组石雕展出不久，便遭到各种非议，一些报刊对此提出质疑。许多人认为“郭巨埋儿”能学吗？为了不让父母被蚊子叮咬，自己光着背让蚊子咬，有必要吗？这不能不使人对多年来民间流传的《二十四孝图》提出质疑了。

老《二十四孝图》的成绩与不足

为了宣传和普及孝道，历代用了许多办法，最常见的方式就是编写蒙书，在未成年人或大量文化水平不高的人中宣传。如《劝学篇》《劝孝歌》《劝报亲恩篇》以及《二十四孝图》《女二十四孝图》《四十八孝图》《百孝图》等。其中影响最大、流传最广的当推《二十四孝图》了。

《二十四孝图》是元代福建延平府尤溪县郭居敬所辑。郭是个典型的孝子，他双亲过世后，十分哀伤。为了寄托自己的哀思，决心编选一部歌颂历代孝子，让人们向他们学习的书。

在郭居敬之前，宋代另一位福建人林同曾编过一部《孝诗》。其中有“圣人之孝”十首，“贤者之孝”二百四十首，“仙佛之孝”十首，“异域之孝”

十首，“物类之孝”十首。每首以人（物）名为题，简述他们的孝行后，以“五绝”诗加以赞颂。郭居敬的《二十四孝图》显然受此书影响。这二十四个故事定型后，作为形象、生动的故事风行于世。明朝末年，又有人在此基础上增删编成《二十四孝日记故事》。最初只是文字，清代配上图画，更加生动，流行更广泛了。

作者从古代传说中的帝王虞舜开始，选取的二十四人中，照顾到各方面。性别有男有女，年龄有老有幼，身份有帝王、官员、文人、百姓。孝敬的对象有父、母、后母、祖母、婆母和父母双亲。在孝行方式上也有各种各样。有文字、有赞诗、有插图，生动形象，在民间广泛流行，至今达七百年之久。在向群众宣传孝道方面，影响面大，程度也深。应该说《二十四孝图》为推广孝道立下了很大功劳。

《二十四孝图》中的二十四个孝亲故事，有各种类型。仔细分析大约有这么几种：一、总体看来是好的，如鹿乳奉亲、为亲负米、单衣顺母、亲尝汤药、拾葚供亲、卖身葬父、行佣供母、闻雷泣墓、扼虎救父、乳姑不怠、弃官寻母。二、虽有孝行，但与天命、迷信联系的事例，如孝感动天、刻木事亲、涌泉跃鲤、哭竹生笋、卧冰求鲤。三、虽是孝行但不一定提倡的，如怀橘遗亲。四、当今社会已不同往日，有些孝行，今日不必做者，如尝粪心忧、亲涤溺器、扇枕温席、恣蚊饱血。五、有的做法没有必要，如戏采娱亲。六、啮指心痛，是否符合现代科学，还要进一步研究。但此例不是孝行，只说明母子亲情关切。七、为母埋儿，更是多年来人们批判的愚孝、糟粕。

《二十四孝图》中的一些故事与天命、鬼神联系在一起，大可不必。孝道本来是出自人们内心正当的情感，体现他们亲情关系，把这一伦理观念和天命、迷信联系在一起，表面上看似乎加强了这一思想和行为的分量，实际上却减少了它的可信度。这正是把一个好端端的应该做的、必须做的事情，变成冥冥上天的指令，疏远了人间的情感。如“孝感动天”，因为舜孝顺，上天让大象帮他耕地，鸟帮他播种。“涌泉跃鲤”，姜诗因为孝母，鲤鱼自动跃出。“哭竹生笋”，孟宗为了孝亲，天寒地冻时竹笋破土而出。尤其是“刻木事亲”，记丁兰以木刻成父母形象供奉时，丁兰妻偶然用针刺木像的手指，竟然刺出血来。丁兰回到家，木像见了儿子，竟两眼流泪，丁兰了解真相后，把妻休去的故事，更加荒诞，不足为法。

有的故事，只强调孝心，总体看来，不一定对。“怀橘遗亲”的陆绩，在袁术府中吃了橘子，又偷拿两个，掉到地上，人家发现询问时，才说是带回去给母亲吃。这种做法不宜提倡。小吴猛为了不让蚊子叮咬父母，光着背让蚊子叮咬自己。但蚊子很多，不可能不去叮咬父母。现在防暑灭蚊办法很多，更不需要自己喂蚊子了。同样，今日防寒设备很多，也不需要当年黄香那样“扇枕温衾”了。老莱子为博得父母欢心，以七十高龄学小儿的做法也没必要，不可学。总之，一些孝亲方式今日已无现实意义，不必再提倡下去了。

尤其“为母埋儿”的故事更不足取。汉朝人郭巨家道贫穷，三岁的儿子很受老母疼爱，老人经常省下自己的口粮给小孙子吃。郭巨对他妻子说：“我们家贫穷，不能很好地供养母亲，小孩子又与老人争食，为什么不把儿子埋了呢？”妻子不敢违背丈夫的意愿，于是他们挖起坑来，准备埋儿子。当挖到三尺深时，忽然露出很大一块黄金，上面还有十六个字：“天赐黄金，郭巨孝子。官不得夺，民不得取。”编造个故事显然是说上天不会亏待孝子，但却不近情理，甚至过分残酷。为了孝老母、戕杀了幼儿，使家中无人继承香火，这正是最大的不孝。

人们还可从中看到书中所有孝亲者都是男子，只有“乳姑不怠”中的崔夫人及“涌泉跃鲤”中和丈夫姜诗一起孝亲的庞氏二人是女子，充分体现封建社会中以男子为主的特点。

总之，《二十四孝图》中有精华，有糟粕。精华部分今人可以学习，人们对糟粕部分认识不清，也要以图中所列方式孝亲就不对了。如此不但达不到孝亲的目的，也为那些对传统文化有错误看法的人找到借口，以此反对孝道。因此应该改革。

《新编二十四孝图》的特点

早在2004年，在山东省济南市舜耕山庄召开的“孝文化与代际和谐”国际研讨会上，山东省老年学会就提出要编出一本《新编二十四孝图》，代替老《二十四孝图》。2005年在香港召开的“世界华人孝亲敬老大会”上，海内外华人也有编一本孝道图册的要求。不久，山东省老年学会邀集省内在传统文化研究方面卓有建树的专家，成立了“孝文化专业委员会”，进行规划、讨论。由笔者执笔，邀请安徽省宿州师范学院美术系李宏勋教授绘图，编绘出一本既尊重传统又面目一新的《新编二十四孝图》，2008年由齐鲁书社出版。

此书编写时考虑到人们多年来熟悉的二十四孝图，有文附诗且有图，形式与前一样。选录内容：一是清朝以前的古人，二是此古人有孝的事迹。另一重要特点是，人物事迹是正常的孝的行为，不是愚孝，展示出来不会有任何不良的副作用，今人同样可以学习。我们首先在二十五史及各种古籍中以及脍炙人口的文学作品、民间传说中找出几百名孝子，依上述原则遴选出三十几人，一一写出事迹。经过反复比较后，精选出二十八人，最后定下二十四人。书中所选人物涵盖面很广。时间上从远古到周、汉、魏晋南北朝、唐宋元明清；社会地位上有帝王、文臣、武将、学者、医生、普通劳动者、农民乃至乞丐；性别上有男有女；年龄上有少年、中年、老年；孝敬的对象有孝父、孝母、孝继母、孝祖母、孝双亲等。

《新编二十四孝图》在选取人物中，除舍身救父、母，在十分艰苦的条件下孝亲等突出事例外，对所选孝亲人物，又考虑到几个特点。一、有孝的实践，也有孝的理论。旧日只注意孝的行为，书中对历史上着力提倡孝道、对孝有精辟论述的孔子，把孝道理论化、系统化，作《孝经》的曾子（参）均选入。二、注意到忠孝结合。个人是家庭中的一员，也是国家中的一员。孝为小忠，忠为大孝，忠孝结合，自古“忠臣出于孝子之门”，书中的“精忠报国”，就是岳母刺字。岳飞以抗金之忠实现对母之孝。三、多年来在民间传颂的传说、故事，人们喜闻乐见，选入以后更有其旺盛的生命力。如花木兰“代父从军”，正是为父尽孝。四、亲情超过名利。一个人的名誉地位及钱财和亲情相比，亲情更加宝贵。宋人朱寿昌为寻找失散多年的生母，毅然辞去官职。清人沈仁业，历尽千难万险，到越南寻找生母，都说明亲情胜过名利。五、身教言教。清人陆陇其，对不孝的幼童未加惩罚，收为书童。他年年月月对母亲恪尽孝道的行动，教育了此童，使其认识到自己不孝之错，后来变为一个孝子。六、多人争孝。书中最后一例写到清代江南崇明吴姓人家，四个儿子争相奉养父母，传为佳话。

在建设社会主义精神文明中，推广中华传统美德中的孝道，是一重要内容。为了更广泛地宣传孝道，学习古代推广蒙书的经验，以古人孝亲的故事启迪今人，不失为一种好的方式。对《二十四孝图》进行改编，去掉其错误及不适于今日的内容，更好地向古人学习，对于建设和谐家庭、和谐社会作出贡献。

《新编二十四孝图》

骆承烈/执笔

建设社会主义新道德，应该有孝亲的内容。我们编选此书的目的，是想通过古人孝亲的故事，使我们有所借鉴和启发，而不局限于具体做法。孝亲的主要内容是尊敬老人和赡养老人，使人人知道孝亲是子女应尽的义务，并使之成为社会风气，为建设和谐家庭和和谐社会作出贡献。

《新编二十四孝图》的编绘历时两年，其间请有关专家反复论证，并作了多次修改，仍难免有错误和不妥之处，敬请批评指正。

一、孝闻天下

舜，有虞氏首领，名重华，又称虞舜。他母亲早死，继母生子象，他们母子对舜都很嫉妒。舜的父亲不辨好恶，偏听偏信，经常对舜虐待、打骂，甚至加害，但舜对父母却一直孝敬、顺从。有一次，叫舜修缮库顶，却抽下梯子，放火烧仓。舜挟着两个斗笠，从仓库顶上飘落下来。又有一次，叫他淘井。刚下到井中，他们便填土扔石，要把舜堵死在井里。而舜却从井下预先挖好的地道中安全地走了出来。继母及弟象见后十分惊讶，舜却若无其事地向他们问好。尽管他们对舜屡次加害，而舜却对父母依然孝敬，对兄弟依然友好。帝尧得知舜孝亲爱人，德才兼备，便把治理天下的重任交给了他。舜“兼爱百姓，务利天下”，后世尊为远古圣王。

瞽叟昏聩象害兄
修仓淘井显奇行
虞舜大孝闻天下
唐尧重孝禅贤能

点评：我国历史上第一位大孝子舜，能在十分不利的条件下坚持孝道。尧见他有孝德，知他亦能爱人，故把天下重任交给他。

二、鹿乳奉亲

郯子，春秋时期郯国（今山东郯城）国君，年幼好学，聪慧仁德，对父母竭诚尽孝。父母患有目疾，人说鹿乳可以治愈，郯子便派人四处寻找、购买，一直未能得到。郯子见父母受眼疾折磨，心急如焚。于是便披上鹿皮，假扮小鹿，混入郊外鹿群中觅取鹿乳。但鹿生性机警，胆小怕人，又善于奔跑，郯子连去数日，终未如愿。一日，在郊外遇见数名猎人，猎人见“鹿”要射，郯子急忙站了起来，说明自己为父母寻求鹿乳的愿望与难处。他的孝行感动了猎人，一位猎人说自己家中有一母鹿，可以取乳。郯子到猎人家中，取回鹿乳，为父母治好了眼疾。

幼年郯子孝双亲
为觅鹿乳进山林
翻山越岭难得乳
猎户慨赠全孝心

点评：为医治父母的眼疾，幼年郯子能深入山林，假扮小鹿，觅取鹿奶，一片孝心可鉴。故能得到猎人的支持，了却心愿。

三、孔子论孝

孔子，名丘，字仲尼，春秋末年鲁国（今山东曲阜）人。是伟大的思想家、教育家，儒家学派的创始人，后世尊为“至圣”。他继承古代传统，提倡孝道。主张对父母要尊敬、奉养，不违背父母的意愿。他把孝提高到仁德之本的高度，把孝与忠结合在一起，经常对弟子进行孝道教育。孔子三岁丧父，母亲颜征在含辛茹苦地把他养育成人，孔子一直对母亲十分孝敬。在他十七岁那年，母亲去世，依礼应和父亲合葬，但他不知父亲葬于何处，便将母亲的棺木停到鲁国繁华的五父之衢，跪到那里日夜啼哭，终于感动了一位叫挽父的赶车人的母亲告诉了他，知道父亲当年葬到鲁国都城东面不远的一个地方。孔子便将父母合葬一处，这便是后来曲阜城东15公里的“梁公林”。

至圣孔子重孝行
仁德忠恕示文明
闹市遍寻父葬地
千古孝论震聩聋

点评：在孔子博大精深的思想中，孝是重要内容。他不断对弟子进行孝道教育，大开我国重孝行孝的良好风气。

四、芦衣谏亲

闵损，字子骞，春秋末年鲁国（今山东鱼台）人。孔子弟子。幼时丧母，后母生下两个儿子，对他歧视。好饭好菜给自己的儿子吃，残汤剩饭给闵子骞吃，但他从无怨言。一年冬天，全家外出，闵子骞赶着车子，冻得两手麻木，丢掉了缰绳。父亲恼怒，挥鞭抽打，打破衣服，露出芦花，父亲才知后母对他虐待的情形。父亲勃然大怒，要将后母休去。闵子骞跪在地上，拉住父亲的衣服，苦苦哀求说：“母在一子单，母去三子寒”，要求饶恕后母。父亲深受感动，因此作罢。后母自知理亏，从此对三个儿子一样疼爱。闵子骞以自己的孝行，促使一家和睦，传为千古佳话。《论语》中记孔门弟子“四科”中，有道德水平高的“德行”科，闵子骞便是其中的一人。

古贤大孝闵子骞
芦衣赶车难御寒
鞭衣父嗔反苦谏
父饶后母家团圆

点评：闵子骞芦衣顺亲的故事，体现他对父母孝及对兄弟悌的美德。故能荣入孔门“四科”之“德行”科。

五、负米养亲

仲由，字子路，春秋末年卞（今山东泗水）人。孔子弟子。少时虽然家贫，但对父母却恪尽孝道。平时挣点钱从不乱花，买些食物衣服，尽力供父母吃饱穿暖。家中房子破了，赶快修整。无钱买菜蔬，自己种菜奉养父母。卞地粮价上涨，便到远处去买。后来到鲁都跟孔子求学，发现当地粮价较卞地便宜，质量又好，便经常从鲁都买粮，步行一百多里，背回家奉养父母。如此寒来暑往，经年不辍。因仲由学业有成，许多人聘他到外地做官，他先在家乡附近从政，父母死后，他才去外地供职。后来南游楚国，楚王授他以要职，从车百辆，生活优裕，但他想起当年家贫，没能使父母享福时，常常悲从中来，吃不下饭。他常对人说“子欲养，亲不在，悲痛在心！”“父母死后杀牛祭祀，还不如生前给他们杀只鸡吃。”

仲由家贫孝父母
百里负米历寒暑
晚年富裕思亲貌
深悔早年孝不足

点评：人们习知仲由爽直、勇武，但他对父母也恪尽孝心。尤其日后对“子欲养而亲不在”的慨叹，对人很有启发。

六、曾子倡孝

曾参，字子舆，春秋末年南武城（今山东嘉祥）人，他虽是孔子弟子中年龄较小的一个，但却能深刻领悟孔子的思想——忠恕之道，将孔子思想传承下来，后世尊为“宗圣”。曾参除遵礼行仁外，更突出的是能够阐发孔子孝的思想，相传曾子作《孝经》。他认为孝为“德之本”，“天地之性，人为贵。人之行，莫大乎孝。”曾子更身体力行，自己生活艰苦，却每日供给父母足够的精美饮食。他经常对父母问寒问暖，关怀备至。父母喜欢吃的东西，自己不吃，留给父母。他认为自己的身体是父母所给，不敢任意毁伤。出门在外，时时想着父母。曾子在父母死后，痛哭不止，泪如泉涌，后世在其家乡曾庙中建有“涌泉井”。

曾子倡孝重实践
事奉父母最周全
涌泉井旁赞大孝
一部《孝经》万古传

点评：孔子的嫡传弟子曾参，在孔子指导下作《孝经》，将孝行发展为孝道。他的孝亲事迹最多，是一位有理论又有实践的大孝子。

七、孟子重孝

孟子，名轲，字子舆，战国时期邹（今山东省邹城市）人，父亲早死。少年时受母“三迁”“断机”之教，努力攻读，终成一位著名思想家、儒学大师，后世尊为“亚圣”。孟子继承和发扬了孔子、曾子关于孝的理论，并有所发挥。他认为天下大事“孝亲为大”，“老吾老，以及人之老”，由孝敬自己的父母，推广到尊敬天下的老人。他又说那种不事生产、整天下棋饮酒、懒惰成性、贪财好色不养父母以及好勇斗狠、危及父母或陷亲于不义的人都是不孝。孟母死后，孟子以隆重的礼仪殡葬母亲，有人批评他葬母规格不应超过父亲，他说当年没有条件厚葬父亲，今天条件好了，厚葬母亲，正是表示自己对父母的怀念与尊敬之意。

三迁断机孟母贤
孟子成长母懿范
孝亲又及“人之老”
敬老当居九州先

点评：孟子受孟母“三迁”“断机”之教，对母亲更孝敬、恭顺。他提出“老吾老，以及人之老”，摆正了先孝敬自己的父母、再孝敬天下老人的位置。

八、上书救父

淳于意，齐国临淄（今山东淄博市临淄区）人，西汉初年名医。淳于意医术高明，救死扶伤，远近闻名。汉文帝四年（前176），当地一个豪强诬告他治死人命，并买通地方官员把他拘捕，准备押到京城长安，处以刖刑（砍足）。临走以前，淳于意悲愤地对五个女儿说：“可惜你们都不是男子，家中出了这么大的事，谁也救不了我。”小女儿缇萦却说：“女儿虽小，甘愿为父解忧。”于是长途跋涉，历尽艰难，跟随到了京师，冒死向皇帝上疏，申诉父亲的冤屈，说：“小女愿被贬为官奴，替父赎罪。”又说：“自古死者不能复生，砍掉足后，不能复续。要想改过自新也来不及了。”汉文帝很受感动，便赦免了淳于意，并接受缇萦建议，下令免除肉刑。

弱女缇萦意志坚
远奔京师诉父冤
冒死上书救老父
废除肉刑惠人间

点评：缇萦一个弱女子，勇于长途跋涉，进京救父，堪称孝女。在她的申诉下，汉文帝废除肉刑，这一人道措施也有她的功劳。

九、卖身葬父

董永，西汉时千乘（今山东博兴）人，家境贫寒，年少时丧母，为避兵祸，跟随父亲流徙到汝南，后又迁到安陆（今湖北孝感）一带。他到各地求名医，寻药方，给老父治病，与父亲相依为命，靠耕田及做佣工赡养老父。父亲体弱多病，董永为了给老父治病，把家中所有的财产卖光，五、六年后诊治无效身亡。父亲死后无钱安葬，董永只好卖身葬父。传说董永在前往主人家的路上，在一棵大槐树下遇见一位美貌女子，愿为董永妻。董永的妻子不到十天，便将三百匹绢织完，主人遂放回二人。原来妻子是天上的织女星下凡，是他的孝行感动了她，才嫁给董永，并帮助他渡过难关。

董永卖身为葬父
成亲大媒槐荫树
十日织锦抵身债
孝行感天织女助

点评：人们熟知《槐荫记》中董永与七仙女的故事。董永卖身葬父的孝行古今流传，古籍中及汉画像石内均有赞扬董永孝行的记载。

十、行佣孝母

江革，东汉时临淄（今山东淄博市临淄区）人。年少丧父，与寡母一起生活，以孝母之名远近闻名。当时遭天下大乱，盗贼蜂起，江革背起母亲一起逃难。吃不上饭，采到野菜先给母亲吃。历尽艰险，孝行如一。江革曾多次被贼掳去，他总是涕泣哀求，声言老母急需照顾，情真意切，感动贼人，不忍对他加害，放他回去孝敬老母。他们母子逃难后回到家中，生活穷困不堪，江革靠佣工奉养老母，凡是母亲所需，莫不供应。当时地方上每年要检查户口，江革的母亲年老不便走动，又怕颠簸，他便自己拉着小车，载母前往，乡里百姓无不对他尊敬，称之为“江巨孝”。

行佣供母受煎熬
己被贼掳苦哀告
孝心感人释孝母
东汉竞传“江巨孝”

点评：东汉盛传的“江巨孝”，在生活十分困难的条件下，在颠沛流离遭遇危难的情况下，仍对老母维护、孝敬。条件越不利，越显出孝子的本色。

十一、破冰求鲤

王祥，字休征，晋朝琅琊（今山东临沂）人，性至孝。其母早死，继母朱氏，生子王览。朱氏偏爱自己的儿子，常年令王祥干重活，吃很坏的饭食。但王祥对父母孝敬从不懈怠。父母生病，王祥衣不解带，日夜照顾。汤药必亲尝后才端给父母。后母要吃鲜鱼，当时天寒冰冻，无处购买，王祥冒着凛冽的寒风，赶到河上破冰，冰下跃出一只鲤鱼，拿回家去，给继母烹食。继母深受感动，转变了对他的态度。继母死后，王祥十分悲痛，依礼安葬。王祥对其弟王览十分爱护，王览对兄长也特别尊敬，兄友弟恭，远近闻名，当时人把他们居住之处称“孝悌里”。临沂“孝悌里”至今犹存。

孝悌里中颂王祥
破冰求鲤美名扬
深情厚意感后母
王览效法敬兄长

点评：后母虐待王祥，王祥仍对父母孝敬不怠。为满足后母之需破冰求鲤，历代流传。今日临沂“孝悌里”，人们仍盛传王祥、王览兄弟孝悌的佳话。

十二、孝母勤廉

陶侃，字士行，晋朝江西浔阳（今江西九江）人。早年丧父，家中贫苦，在母亲湛氏教育下，修身自省，好学不倦。成年后笃行孝道，谨遵母教，他在外地当县吏时，负责监管鱼税。一次有人回家时，他令人把做好的鱼送交母亲，母亲不但不收，还写信责备他是假公济私。陶侃听从母亲的教导，为官清廉，公私分明。有个叫范逵的人曾访问陶侃，见他母亲抽出自己铺的草苫子喂马，剪下自己的头发来换酒待客，对他母子十分敬佩。后来陶侃先后官至枞阳令、太尉，一生清廉、正直、勤奋。为了记住母亲为官要勤正清廉的教诲，他每天将一百块坯从室内到室外搬来搬去，如此习以为常，借此锻炼身体，磨炼意志。他经常教育部下勤奋勿惰、清廉勿贪，这些都是他谨遵母教的结果。

晋人陶侃廉洁称
母训无时敢怠松
县吏太尉有权势
为官正应身正清

点评：陶侃的孝行表现为恪遵母命、生活节俭、为官清廉、不沾不贪。他勤政廉政的美德，折射出陶母教子有方及陶侃遵母命的孝子本色。

十三、为父吮痈

晋朝以后，北方一些少数民族进入中原，分别建立了一些国家。鲜卑族拓跋氏，于公元四世纪在山西大同一带建立魏国，史称北魏。传至孝文帝时，国力强大，荣载史册。魏孝文帝拓跋宏自小受汉族文化的影响，对父母孝顺，对老人尊敬。他父亲献文帝拓跋弘背上生了个大疮（痈），日夜疼痛，不久又化了脓。太医因为疮内有脓，无法用药。小拓跋宏得知后，主动趴到父亲背上，用口把脓一点一点吸吮出来，给父亲解除痛苦。他当上皇帝后，锐意改制，迁都洛阳，施行了许多汉化措施，促进了北方各族的进步。从孝父母到爱百姓的拓跋宏受到世人的尊敬。

幼年孝子拓跋宏
不怕腥臊吮背脓

为解父痛恪尽孝
各族异口传颂声
点评：皇室子孙从来养尊处优，幼年拓跋宏为了替父解忧，能够为父吮脓，足以体现孝为德之本的人之天性。

十四、替父从军

北朝乐府诗中有一首《木兰辞》，向人们介绍了木兰替父从军的故事。民间传说她姓花，父名花弧，是被编入军籍的一名战士。木兰对父母十分孝顺，服侍父母尽享天伦之乐。有一年，敌人打到北方边疆，朝廷对有军籍的人按例征发。当时，花弧正染大病，不能应征。随父长大的花木兰早练就了一身好武艺。眼看着父病不能出征，朝廷又催得很急，为解父忧，木兰遂女扮男装，替父从军。戍守边疆十二年，屡立战功。后来班师回朝，皇帝要对她封赏，木兰坚决推辞：一不求官爵，二不爱钱财，只愿回家孝敬父母。这时人们才知道她是女子，时人传为佳话。

好个木兰艺超群
女扮男装去从军
代父征战功劳大
班师回朝孝双亲
点评：木兰为解父忧，毅然从军。得胜回朝不贪富贵，仍回家孝敬父母，其行为表现忠孝两全，一首《木兰辞》千年不衰。

十五、代父受刑

吉翂，字彦霄，南朝梁朝冯翊莲勺（今陕西大荔）人，世代居于襄阳。十五岁时，任吴兴原乡令的父亲遭人诬陷，被捉拿治罪。吉翂到处哭诉父亲的冤情，许多人深受感动。其父因为不服审讯，又得罪了上司，竟判为死罪。吉翂击鼓鸣冤，愿代父受死。管刑狱的官员蔡法度认为吉翂孝行可嘉，但想到他只是个小孩子，未必出于自愿，便很严厉地对他说：“我可以允许你代父一死，但你知道人死不能复生吗？”吉翂说：“我当然知道。只要父亲脱险，我情愿去死。”蔡又问：“你知道受刑很苦吗？”吉翂说“我代父受刑，虽苦也情愿。”面对酷刑，吉翂毫无惧色，一再申明：“我是代父受刑，死也心甘。”皇帝得知吉翂如此孝行，下诏重新审理其父案件，知是冤案，遂赦免了他父亲，也释放了小吉翂。

小小吉翂年十五
代父受刑不怕苦
感动上司重审案
赦父免刑传千古

点评：少年吉翂，愿代父受刑，乃至甘代父死，其孝心何等高尚？其孝行自然感动官员、感动皇帝，也感动时人和后人。

十六、学医疗亲

孙思邈，京兆华原（今陕西耀县）人，唐朝名医。少年聪慧、勤奋，但家境贫穷，不但生计困难，父母都有病，没钱医治。孙思邈天天看着父母被疾病折磨得很痛苦，心中十分难过，决心学习医学，把父母的病治好。于是他到处拜师，艰苦学习，不断实践，终于成为一代名医。他把父母的病治好以后，他又想到被疾病缠身痛苦不堪而又缺医少药的广大百姓，便背起药箱，经常深入民间，不辞劳苦，不讲报酬，不怕肮脏，想方设法给人们看病。历经数十年的努力，从病理、治疗、药物、方剂等基础理论，到内、外、儿、妇、针灸等科，进行了全面总结，写成了《千金方》《千金翼方》等医学名著。这位从立志为父母诊病到给天下百姓诊病的一代名医，活了一百多岁，被后世尊称为“药王”。

中华名医孙思邈
为医亲痛学医道
时人常作“药王颂”
《千金方》中医术高

点评：唐代名医孙思邈，为给父母治病，到处拜师，刻苦学医，治好了父母的病，又给天下父母治病。亲身实践了孟子“老吾老以及人之老”的遗训。

十七、斥盗护婆

卢氏，唐朝范阳（今北京大兴区）郑义宗的妻子。自小恭顺仁德，读书明礼。出嫁后，对婆母十分孝敬。在生活上对老人供应及时，关怀备至，远近闻名。一天夜里，丈夫外出，一伙强盗闯入家中抢劫，卢氏用身体护住婆母，不许他们伤害老人。凶狠的强盗对她多次鞭打，几乎打死，卢氏却紧护婆母不放。事后有人问她当时是否害怕，卢氏说："人和鸟兽不同处，因为人讲仁义。街坊邻居有了急难都要帮助，何况是我的婆母。婆母如被贼人杀死，我还能独生吗？"婆母深受感动地说："圣人说'岁寒然后知松柏之后凋也'，越在危难之中，越看出我家媳妇的一片孝心！"

卢氏孝行人堪钦
强盗入室护婆身
人问为何不怕死
孝亲敬老仁义心

点评：危难当头，强盗持刀砍来时，卢氏以身护婆，何等勇敢。其行为不止体现仁义，更体现一种坚定的、无私的孝心。

十八、精忠报国

岳飞，字鹏举，南宋时汤阴（今河南汤阴）人。幼年家境贫寒，父亲早死，事母至孝。他谨遵母命除学文化外，又向周侗等人学了一身武艺。十九岁应募从军，不久因父死还乡，接着又应募抗金。起初，岳飞因为父死母老，需要照顾，作为独子，自己不宜远行。岳母知道后，对他进行了一番教导，说："一个人应尽忠，也应尽孝。但如果忠孝不能两全时，二者只能取一。从大局出发理应尽忠，尽忠就是尽孝。"岳母为使儿子记住这番教导，在其背上刺以"精忠报国"四个大字。岳飞谨遵母命，毅然应征，以功授秉义郎。随宗泽守开封，升统制。后率军在收复建康之役中立过大功。日后更作为主帅奉命率师北伐。他率领的"岳家军"能征惯战，名垂青史。"精忠报国"的岳飞也被誉为忠孝两全的古代名将。

名将岳飞出汤阴

背上刺字慈母训
能征善战传千古
精忠报国立功勋

点评：孝为小忠，忠为大孝。家贫出孝子，国乱显忠臣，在国家危难时期成就了一代忠孝双全的名将。

十九、弃官寻母

朱寿昌，宋朝天长（今安徽盱眙）人，父亲做官时娶妾，生朱寿昌，不久，寿昌便随母离开了父亲。七岁时父亲将他接回家，但不许他母亲进门，母子一别就是五十年。后来朱寿昌任阆中知县，时时想念生母，到处打听也没消息。甚至划破手指写《金刚经》，希望感动上天和世人，仍未寻到母亲。在他五十七岁那年，下决心弃官外出寻母。朱寿昌经过千辛万苦，历尽危难，终于在陕州一个姓党的家中找到了母亲。原来，母亲迫于生计已经改嫁，并生下二子。母子相见，悲喜交加。母亲见了儿子，了却多年心愿，便叫他回去继续做官，朱寿昌却坚持将母亲及两个弟弟一起接回家中，辞去官职，每日奉母尽孝。他的孝行曾多次得到王安石、苏轼等人的赞扬。

阆中知县朱寿昌
自幼失怙常悲伤
弃官寻母历万苦
孝心一片感上苍

点评：名誉、地位与亲情哪个重要？许多人热衷前者。朱寿昌却放弃官位，千里寻母，可称为真正的孝子。

二十、打虎救母

谢定柱，明朝初年大同广昌（今山西大同一带）的一个农家子弟。在他十二岁那年，家中耕牛走失，母亲拖着年幼的弟弟追赶，定柱也跟随母亲前去寻找。母子们一直追进深山，忽然跃出一只猛虎，向他母亲和弟弟扑去。他母亲吓得摔倒在地，弟弟被甩出好远。谢定柱见此情景，毫不犹豫地举起一块石头，朝老虎打去。老虎受伤掉头跑开。定柱抱起弟弟，扶起母亲急忙躲藏。谁知老虎又回头向他母亲扑去。定柱拿起一根大树干，又将老虎打了回去。此时，定柱拿着一块石头警觉地前行，老虎从后面赶来，咬母亲的脚，定柱举起石头猛击虎头，老虎受伤逃窜。永乐十二年（1414），皇帝下诏表彰谢定柱救护母弟的英勇事迹。

冲龄少年谢定柱
孤胆打虎一丈夫
临危更见孝母心
皇帝旌表青史书

点评：一个人遇到危险，有下意识的自我保护动作。谢定柱却奋起保护母亲和幼弟，孝道与亲情在此少年身上迸发，可供世人借鉴。

二十一、孝母示范

陆陇其，平湖（今浙江嘉兴）人，清朝著名学者。在他任灵寿县令时，一位老年妇女状告儿子忤逆不孝。陆见这孩子一脸稚气，不像坏人，陆对其母说："我署中缺一小僮，可由你的儿子暂代。以后有了僮仆，我再惩罚他。"老妇人回去后，陆叫其子在家服役。陆陇其每天早上伫立母亲门外请安，母亲起床后，亲自盛饭端菜。老母吃毕自己及家人才吃。每遇闲暇时间，便陪老母安坐，或讲故事，或拉家常，以为笑乐。老母偶有不适，请医熬药，关怀备至。有时整夜不睡，伺候老母，毫无倦容和怨言。几个月后，小僮耳濡目染，忽然跪下哭着说："半年来，大人的一举一动深深地教育了我。都怪我不懂事，不知孝敬母亲，还惹她老人家生气。我回去向母亲认错，日后一定要像您一样孝敬母亲。"小僮回了家，向母诉说半年来的感受，母子俩痛哭一场，共同感谢陆大人身教之恩。

灵寿县令陆陇其
不孝少年罚为役
孝敬老母身为教
耳濡目染传孝义

点评：身教重于言教，榜样的力量是无穷的。陆陇其孝母的行为感化了幼童，其实长辈孝亲也为晚辈做出榜样。

二十二、积钱葬母

《清史稿》中记载一位不知姓名的哑人，有人说他是云南昆明的乞丐。他每次讨饭回来，要到干的给母亲吃，自己吃稀的；要到稀的，给母亲喝，自己不吃不喝。冬天衣服少，睡觉时和母亲靠到一起，以自己的体温给母亲取暖。发现母亲不高兴的时候，便做出各种奇怪样子，博得老母一笑。此人孝敬母亲远近闻名，人称哑孝子。许多人为他的孝行所感动，人们除给他一点饭食外，也常给他点钱。他知道，母亲在世时，自己讨饭奉养，死了以后，怎样安葬呢？为此他早作准备。当他每次要到铜钱时，便投进一口废井中。日积月累，井中已积了不少钱。他母亲去世后，乡里好心人打算将他母亲草草埋葬，哑孝子却一直用手指着井中。最初别人不解，经他一再示意比画，人们才知道井里有钱。遂把井中之钱取出，安葬了他的母亲。

昆明“哑孝”声名传
赡养老母排万难
井中储钱为母葬
不孝儿孙应汗颜

点评：一个乞丐，又是哑人，仍能对母恪尽孝道。生时孝顺，还考虑到老母死后之事。天下不孝之人能不汗颜！

二十三、异国寻母

沈仁业，字振先，清朝江苏吴县人。父亲到越南经商时，娶越南女子，生下沈仁业。八岁时，他才随父亲归家。按当时规定，外国人不能到中国来，他母亲只好留在越南。沈仁业因和母亲分离，时时忧郁寡欢。不久，父亲又死了。他决心南下渡海寻母。恐母亲不认识自己，请人绘了父亲的图像带在身上，南下寻找。当时正值越南发生战事，其母带着另外两个年幼的子女逃进山中。沈仁业到山中找了七天七夜，没顾上吃饭，也没找到。又过了两年，有人被他的孝行感动，为他开船到越南找到了母亲。回程时遇上飓风，仁业紧抱母亲，以身护母。风停后，到了琼州，地方官不让其母入境，仁业哭求，仍不得允。一位老吏看他们可怜，便找来康熙时允许外人入境的文书，才被批准入境，将母亲及弟妹接回家中，对母亲尽力奉养送终。

为寻生母赴越南
跋山涉水历艰险
孝子自有好人助
异国寻母家团圆

点评：千辛万苦，异国寻母，孝亲之情，遍洒南北，一再努力终自会有结果，好人自有好人助，沈仁业寻母的佳话，令人钦佩。

二十四、四子争孝

清朝中期，江南崇明吴姓一家，出了四对孝子孝妇。他们的父亲壮年时因为家贫，将四子卖给富家为奴。长大以后，都能自己赎身，并攻读谋生，四人各自娶妻成家。兄弟们都认为应尽心奉养、孝敬老父。先是议定每月由一家奉养，四个月轮换一次。儿子媳妇们认为时间太长，改为每天一轮。大家又认为四天尽一次孝时间也长。最后议定早、中、晚餐，每顿轮换一次。轮过一遍后，四家合起来共同给老父改善生活。把各家子女叫来，听老人训教。老人到每家，各家均准备下好菜好饭，想方设法尽孝，讨得老人欢心。儿子们在老人的住室里放一些钱，让他取用。老人受到儿子和媳妇无微不至地照顾，活到一百多岁。

江南吴姓孝子家
四子争孝人人夸
衣食相比家家好
寿翁百岁传佳话

点评：饱经沧桑的老人，晚年尽享四子、四媳孝敬之福。孝亲之家多孝子，他的孙辈必多出孝敬的子孙。

（此文在山东省老年学会孝文化研究会领导下，骆承烈执笔编成）

孝星闪闪光汗青

骆承烈

我国多年来提倡对父母、祖先的孝道，历朝历代用各种方式表彰一些孝星。为了树立历代孝亲的典范，有人编了《二十四孝》《续二十六孝》《四十八孝》《百孝图》等，表彰了历代的一些孝子、孝女、孝妇、孝孙，在宣传孝道方面，曾起到一定的作用。

《孝经·纪孝行章》记："子曰：'孝子之事亲也，居则致其敬，养则致其乐，病则致其忧，丧则致其哀，祭则致其严。"五者俱备，才算是全面的孝，真正的孝。但多年来，提倡与宣传孝道者，往往在后两项上多加重视。有的表彰有人父母死后，自己痛哭欲绝，三天、五天乃至七天"水浆不入"，甚至悲痛至死。有的主动随父母去死，或多年后为父母复仇。更多的是表彰某孝子多年守墓，感动了上天，上天表彰孝子，致出现各种灵异。有的记父母生病时，割肉医亲，以及对父母绝对依从，等等，都是一些愚孝。今日当然不应提倡。

笔者多年来翻阅古籍，发现一些古人尽孝的事迹，与上述愚孝不同，写成百余篇孝亲的故事，供今人参考。

1. 舜

舜，有虞氏首领，名重华，又称虞舜。他母亲早死，继母生子象，他们母子对舜都很嫉妒。舜的父亲不辨好恶，偏听偏信，经常对舜虐待、打骂，甚至加害，但舜对父母却一直孝敬、顺从。有一次，他们叫舜修缮仓库顶，却抽下梯子，放火烧仓。舜挟着两个斗笠，从仓库顶上飘落下来。又有一次，叫他淘井。刚下到井中，他们便填土扔石，要把舜堵死在井里。而舜却从井下预先挖好的地道中安全地走了出来。继母及弟象见后十分惊讶，舜却若无其事地向他们问好。尽管他们对舜屡次加害，舜却对父母依然孝敬，对兄弟依然友爱。

帝尧得知舜孝亲爱人，德才兼备，便把两个女儿娥皇、女英嫁给了他，又把治理天下的重任交给了他。舜“兼爱百姓，务利天下”，后世尊为远古圣王。（《史记 · 五帝本纪》）

2．孝己

商朝国王武丁，是个有作为的君主。他重用奴隶出身的传说，改良政治，加强了国力，团结其他族众，实现了“殷道复兴”。但他到了晚年，却宠爱妃子，怠于政事。他儿子劝他，不但不听，还听信妃子挑拨，将儿子流放在外。谦恭有礼孝亲的儿子为了不让父亲生气，满腹冤情，不向他诉。在外面还经常向祖先、神灵祭祀，请他们保佑父王。他明知妃子坏，也不告诉父王，怕父王生气，自己却日夜郁闷，后来死到外面，别人给他起名为“孝己”，把他当作人们孝亲的榜样。（《史记 · 殷本纪》）

3．泰伯、仲雍

周王的先人古公亶父居于豳（今陕西邠县一带），有了一定的经济基础，继续发展很有希望。他有三个儿子：长泰伯，次仲雍，三季历。季历的儿子姬昌，聪慧仁德，祖父很喜欢他，多次对别人说要指望他发展周室。季历的两个哥哥泰伯、仲雍得知后，为了完成父亲的心愿，让父亲的位置传给季历，再传给昌，便以替父亲采药为名，双双离家出走。为坚定父亲传给三弟及侄儿的信念，跑向远远的东方荆蛮之地。又为了切断父亲重立他们的念头，二人把头发剪短，身子刺上花纹，以适应当地生活方式，方便下河捕捞。二人完成了让国的任务后，便在东方住了下来。他们就是后来东方吴国的祖先。古公亶父传位给姬昌，就是为灭纣兴周作出大量准备工作的周文王。（《史记 · 吴太伯世家》）

4．姬昌

周文王，姓姬名昌，周先公季历的儿子。其两位伯父泰伯、仲雍为完成其祖父的心愿，结伴外出，王位通过他父亲季历传给他。姬昌谨遵先人公刘、古公、季历的严命，“笃仁，敬老，慈少，礼下贤者”，很多贤才前来归附。他在域内发展经济，改良政治，各地诸侯纷纷前来归附，致使“三分天下有其二”。商纣王怕他发展后危害自己，下令将他囚于羑里。被囚期间，姬昌决心继承先人之志，作好一切灭纣的准备。他将八卦发展为六十四卦，制作出灭商兴周的纲领。在此基础上，他儿子姬发（周武王）完成灭纣兴周的大业。（《史记 · 周本纪》）

5．姬旦

周公，姓姬，名旦，周文王第三子。其父文王在时，他就与文王的其他儿子不同，以孝亲出名。其长兄伯邑考，在与父亲羑里一起囚禁时，被殷纣王杀死，其父临死前遗嘱，叫他努力辅佐二兄姬发（周武王）灭商兴周。周公不负所望，在灭商兴周中，作为武王的主要辅臣，出谋划策，指挥安排，殚精竭虑，忠心耿耿。武王九年，会诸侯于盟津时，担任全军指挥。武王十一年牧野之战时，作《牧誓》，破殷，入商宫，迫使纣王自焚。其兄武王死后，仍遵父王嘱托，未按商时“兄终弟及”陈规称王，而是辅佐武王之子姬诵摄政，创“父死子继”王位继承制的常规。又制礼作乐，建立了一个比商朝更先进的周朝。人们在为其修的周公庙中，特设“达孝门”，即赞其为达孝之人。（《史记 · 鲁周公世家》）

6．郑庄公

春秋初年的郑庄公，小时候母亲就不喜欢他，对他弟弟共叔段却偏爱。他当上国君后，共叔一直表现不好，母亲还袒护他，直至共叔发动叛乱。当郑庄公镇压下共叔之乱后，发现母亲是共叔的后台。郑庄公气愤至极，把母亲移居宫外，发誓“不到黄泉，不再见面”。但母子之情总难以割舍，每想到此，便很难过。有一天，请大臣颍考叔吃饭，颍考叔有意藏起一块肉，说回家给母亲吃，更勾起郑庄公思母之心。颍考叔献计说：“可以令人挖一地道，名叫黄泉，母子在那里见面。”郑庄公马上派人挖出地道，在那里与母亲“黄泉相见”。母子抱头大哭一场，释却前嫌。郑庄公对母亲孝敬如初。后人对颍考叔也表彰为“纯孝也”。（《左传 · 隐公元年》）

7．郯子

郯子，春秋时期郯国（今山东郯城）国君，年幼好学，聪慧仁德，对父母竭诚尽孝。父母患有目疾，人说鹿乳擦洗眼睛可以治愈，郯子便派人四处寻找、购买，一直未能得到。郯子见父母受眼疾折磨，心急如焚。于是便披上鹿皮，假扮小鹿，混入郊外鹿群中觅取鹿乳。但鹿生性机警，胆小怕人，又善于奔跑，郯子连去数日，终未如愿。一日，在郊外遇见数名猎人，猎人见“鹿”要射，郯子急忙站了起来，说明自己为父母寻求鹿乳的愿望与难处。他的孝行感动了猎人，一位猎人说自己家中有一母鹿，可以取乳。郯子到猎人家中，取回鹿乳，为父母治好了眼疾。

8．孔丘

孔子，名丘，字仲尼，春秋末年鲁国（今山东曲阜）人。是伟大的思想家、教育家，儒家学派的创始人，后世尊为“至圣”。他继承古代传统，提倡孝道。主张对父母要尊敬、奉养，不违背父母的意愿。他把孝提高到仁德之本的高度，把孝与忠结合一起，经常对弟子进行孝道教育。孔子三岁丧父，母亲颜征在含辛茹苦地把他养育成人，孔子一直对母亲十分孝敬。在他十七岁那年，母亲去世，依礼应和父亲合葬，但他不知父亲葬于何处，便将母亲的棺木停到鲁国繁华的五父之衢，跪到那里日夜啼哭，终于感动了一位叫挽父的赶车人的母亲告诉了他，知道父亲当年葬到鲁国都城东面不远的一个地方。孔子便将父母合葬一处，这便是后来曲阜城东15公里的“梁公林”。（《史记 · 孔子世家》）

9．闵损

闵损，字子骞，春秋末年鲁国人，孔子弟子。幼时丧母，后母生下两个儿子，对他歧视。好饭好菜给自己的儿子吃，残汤剩饭给闵子骞吃，但他从无怨言。一年冬天，全家外出，闵子骞赶着车子，冻得两手麻木，丢掉了缰绳。父亲恼怒，挥鞭抽打，打破衣服，露出芦花，父亲才知后母对他虐待的情形。父亲勃然大怒，要将后母休去。闵子骞跪在地上，拉住父亲的衣服，苦苦哀求说："母在一子单，母去三子寒"，要求饶恕后母。父亲深受感动，因此作罢。后母自知理亏，从此对三个儿子一样疼爱。闵子骞以自己的孝行，促使一家和睦，传为千古佳话。《论语》中记孔门弟子"四科"中，有道德水平高的"德行"科，闵子骞便是其中的一人。（《史记 · 仲尼弟子列传》）

10．仲由

仲由，字子路，春秋末年卞（今山东泗水）人，孔子弟子。少时虽然家贫，但对父母却恪尽孝道。平时挣点钱从不乱花，买些食物衣服，尽力供父母吃饱穿暖。家中房子破了，赶快修整。无钱买菜蔬，自己种菜奉养父母。卞地粮价上涨，便到远处去买。后来到鲁都跟孔子求学，发现当地粮价较卞地便宜，质量又好，便经常从鲁都买粮，步行一百多里，背回家奉养父母。如此寒来暑往，经年不辍。因仲由学业有成，许多人聘他到外地做官，他先在家乡附近从政，父母死后，他才去外地供职。后来南游楚国，楚王授他以要职，从车百辆，生活优裕，但他想起当年家贫，没能使父母享福时，常常悲从中来，吃不下饭。他常对人说"子欲养，亲不在，悲痛在心！""父母死后杀牛祭祀，还不如生前给他们杀只鸡吃。"（《孔子家语 · 致思》）

11．曾参

曾参，字子舆，春秋末年南武城（今山东嘉祥）人。他虽是孔子弟子中年龄较小的一个，但却能深刻领悟孔子的思想——忠恕之道，将孔子思想传承下来，后世尊为“宗圣”。曾参除遵礼行仁外，更突出的是能够阐发孔子孝的思想，相传曾子作《孝经》。他认为孝为“德之本”，“天地之性，人为贵。人之行，莫大乎孝。”曾子更身体力行，自己生活艰苦，却每日供给父母足够的精美饮食。他经常对父母问寒问暖，关怀备至。父母喜欢吃的东西，自己不吃，留给父母。他认为自己的身体是父母所给，不敢任意毁伤。出门在外，时时想着父母。曾子在父母死后，痛哭不止，泪如泉涌，后世在其家乡曾庙中建有“涌泉井”。（《史记 · 仲尼弟子列传》）

12．专诸

专诸，春秋时吴国堂邑人（今江苏六合一带）。家里很穷，但奉养老母十分孝顺。吴国公子光到处寻找力士时，在市场上见专诸与别人打架，力大无穷，别人怎样劝也不离开。后听一位女人的声音唤他，马上离开。公子光问为什么，别人说他对母亲最孝，母亲一叫立刻回去。后来公子光与他交上朋友，请专诸杀篡位的吴王僚，专诸说：老母在家我不能去冒险。后来专诸的母亲死去，才答应公子光，在鱼腹中藏上剑，以向王僚进食之名刺杀了王僚。公子光即位，即吴王阖闾。（《史记 · 刺客列传》）

13．聂政

聂政是战国时韩国轵地深井里（今河南济源一带）人。父亲去世后，他和母亲相依为命。他是一个侠士，经常为人打抱不平，但是遇到危险的事却不干，因为想着老母在家里需要自己照顾。韩国严遂要刺杀横行霸道的相国侠累，多次与聂政交往，还用黄金百镒为聂政的母亲祝寿，一再请他帮助自己除霸。聂政因老母在，不答应。过了几年，老母死了，他才仗剑杀了韩累。为了怕连累家人，自己毁容后自杀。人们不知道暴尸于世的侠士是谁。他姐姐聂縈来到后伏尸痛哭，并告诉大家他是轵地深井里的聂政，“我不忍心他行侠死后，连个名字也不留下。”说毕，聂縈也自杀于其弟尸旁。（《史记·刺客列传》）

14．孟轲

孟子，名轲，字子舆，战国时期邹（今山东省邹城市）人，父亲早死。少年时受母“三迁”“断机”之教，努力攻读，终成一位著名思想家、儒学大师，后世尊为“亚圣”。孟子继承和发扬了孔子、曾子关于孝的理论，并有所发挥。他认为天下大事“孝亲为大”。“老吾老，以及人之老。”由孝敬自己的父母，推广到尊敬天下的老人。他又说那种不事生产、整天下棋饮酒、懒惰成性、贪财好色不养父母以及好勇斗狠、危及父母或陷亲于不义的人都是不孝。孟母死后，孟子以隆重的礼仪殡葬母亲，有人批评他葬母规格不应超过父亲，他说当年没有条件厚葬父亲，今天条件好了，厚葬母亲，正是表示自己对父母的怀念与尊敬之意。（《史记 · 孟子荀卿列传》）

15．嬴政

嬴政（秦始皇）的母亲赵姬，本来是个风流歌姬。儿子当上皇帝后，她仍与大臣吕不韦私通。秦始皇得知后，令吕不韦移居四川，路上派人杀了他。身为太后的赵姬，又将假宦官嫪毐带入宫中，与其私通。嫪毐凭借太后的威力，在朝内结党营私，招降纳叛，直至在太后的支持下发动叛乱。秦始皇镇压下嫪毐之乱后，才得知他们私通的实情，当即将他们的两个私生子捕杀，把太后迁到远处的雍地。日子长了有时也对母亲思念，但不便说出。过了一段时间，谋士茅焦对秦始皇说：“你应对母亲孝敬，不然诸侯不服，皇位不稳。”于是秦始皇把母亲迎入咸阳，令其安然居于甘泉宫，母子能经常相见。（《史记 · 秦始皇本纪》）

16．刘邦

汉高祖刘邦，战败项羽称帝建立汉朝以后，起初不了解礼仪，朝内大乱。后来令叔孙通定朝仪，重视起儒家的礼仪，也重视起儒家的孝道。自称帝六年起，对其父亲刘太公，五天一朝见，如一般百姓一样。他的家令对他说：“天无二日，土无二王，今高祖虽子，主也；太公虽父，人臣也，主不应拜臣。”刘邦认为这个说法不对，坚持不断看望父亲，有一天，刘邦下朝回来，见父亲拿着扫帚扫地时迎接自己，于是大惊，扶起父亲，说：“你是我的父亲，不能因为我，乱了天下的法。”于是上朝正式尊其父亲为“太上皇”，不但自己对父亲尽人子之职，令别人对父亲也特别尊重。对那位好心的家令，赐金五百斤。（《史记 · 高祖本纪》）

17．刘恒

西汉初年，吕后当政，引起许多人不满，刘氏宗室及老臣们联合诛吕以后，汉室内找不到合适的继承人，只好从代地把刘恒请来即位，为汉文帝。刘恒的母亲薄太后，被贬到代地好多年，一直被冷落，心情郁闷，年纪老了，身体也不好。刘恒对母亲照顾备至。精心照顾母亲三年之久，三年中夜里不解衣，睡到母亲身边，对母亲随时观察问侯，将药熬好后，他亲尝汤药，亲自奉给母亲。他的孝亲行为，给全国做出榜样，自此以后，汉朝皇帝明确提出“以孝治天下”，每个皇帝死后的谥号前面均加一个“孝”字。（《史记·文帝本纪》）

18．灌夫

西汉初年，新的国家刚刚稳定，经济恢复不久，就发生了吴楚七国之乱。为了保卫统一的形势，朝廷派兵镇压。军中一老将灌孟，颖阳（今河南许昌）人，作战勇敢，但因年老体衰，在一次战斗中战死。依照惯例，与他同在军中服役的儿子灌夫应扶柩回家归葬，不再从军。灌夫却向皇帝要求继续留在军中杀敌。一次战斗时，他率领几十人，冲入敌营，对叛军展开殊死搏斗，杀伤叛军无数，几十名勇士也全部战死，独灌夫一人归来，浑身已受伤多处。幸好有万金良药医治，才不致死。灌夫勇捉敌人，全忠全孝，被朝廷封为中郎将。（《史记 · 魏其武安侯列传》）

19．石建

西汉初年的大臣石奋，温（今河南温县）人，早年随刘邦起事，官至太子太傅。他有四个儿子，分别名石建、石甲、石乙、石庆。儿子们都仁德孝谨，在朝内为官，每人都做到二千石（当时郡守之类的官，俸禄为二千石）。汉景帝说他一家五人均是“二千石”，称石奋为“万石君”。石奋谦恭平易，儿孙们一个个孝亲敬老，循规蹈矩，人称孝贤之家。尤其是长子石建，虽已老年白头，仍每五天沐浴更衣后去向父亲问安。偷偷地向侍者要来老父肮脏的内衣，躲到厕所里亲自洗涤。洗完交给侍者，不让父亲知道。石建如此孝亲，自己的工作也尽职尽责，经常受到景帝表彰。石建的行为自然影响到子孙，史书记其子孙之孝行，有的超过石建。（《史记 · 万石张叔列传》）

20．缇萦

淳于意，齐国临淄（今山东淄博市临淄区）人，西汉初年名医。淳于意医术高明，救死扶伤，远近闻名。汉文帝四年（前196），当地一个豪强诬告他治死人命，并买通地方官员把他拘捕，准备押到京城长安，处以刖刑（砍足）。临走以前，淳于意悲愤地对五个女儿说：“可惜你们都不是男子，家中出了这么大的事，谁也救不了我。”小女儿缇萦却说：“女儿虽小，甘愿为父解忧。”于是长途跋涉，历尽艰难，跟随到了京师，冒死向皇帝上疏，申诉父亲的冤屈，说：“小女愿被贬为官奴，替父赎罪。”又说：“自古死者不能复生，砍掉足后，不能复续。要想改过自新也来不及了。”汉文帝很受感动，便赦免了淳于意。并接受缇萦建议，下令免除肉刑。（《列女传 · 辩通传》）

21．司马迁

大史学家司马迁，西汉时夏阳（今陕西韩城）人。父亲司马谈，为汉朝的太史令，发愤要在自己任职期间，写一部完整的史书，但志向未遂便死去。临死以前，拉着司马迁的手说自家祖祖辈辈为史官，自己却未能写出一部完整的历史，要儿子继承遗志，完成此事。司马迁谨遵父命，利用一切条件到处调查访问、阅读资料，决心完成父亲的未竟之业。但不幸遭李陵之祸，受了腐刑。一般人受此刑后羞于人世，他也悲愤已极。但为了继承父业，经十几年的努力，完成了不朽的著作《史记》，更体现出他继承父业的一片孝心。（《史记·太史公自序》）

22．董永

董永，西汉时千乘（今山东博兴）人，家境贫寒，年少时丧母，为避兵祸，跟随父亲流徙到汝南，后又迁到安陆（今湖北孝感）一带。他到各地求名医，寻药方，给老父治病，与父亲相依为命，靠耕田及做佣工赡养老父。父亲体弱多病，董永为了给老父治病，把家中所有的财产卖光，五六年后诊治无效身亡。父亲死后无钱安葬，董永只好卖身葬父。传说董永在前往主人家的路上，在一棵大槐树下遇见一位美貌女子，愿为董永妻。董永的妻子不到十天，便将三百匹绢织完，主人遂放回二人。原来妻子是天上的织女星下凡，是他的孝行感动了她，才嫁给董永，并帮助他渡过难关。（《搜神记》）

23．隽不疑

西汉渤海（今山东滨州）人隽不疑，字曼青，是一位治《春秋》的学者。初为青州刺史，汉武帝时，升为京兆尹。此人处事严而不残，都是谨遵母命的结果。他母亲经常教育他以仁德为官、忠信处世。每次处理完狱中囚犯回来，母亲便问“杀了多少？判了多少？放了多少？”每逢听到百姓平了反，赦免的人多了，母亲便十分高兴。每逢听到杀的人多，母亲就心中难过，甚至不吃饭。隽不疑依照母亲的要求，每逢断狱均宽厚为怀，本着爱民的心情，多教育，少惩办，这自然也是遵母命的孝心表现。（《汉书》卷七十一）

24．金日磾

西汉时期，汉朝与匈奴族休屠王和好。因休屠做金人祭王主，皇帝赐姓金氏。其太子翁叔赐名金日磾。他从匈奴归汉后，初为马监，汉武帝见其相貌奇特，又有才，拜为侍中，多年来不离武帝左右。几十年无过失，后拜车骑将军。接着又因功晋封程侯。其优秀品德都是其母多年来谆谆教育的结果。其母死了以后，他命人画成母亲像，恭置于甘泉宫，上署“休屠王阏氏”。每天按时对母亲的画像揖拜，向其母报告自己当天的行为，时时不忘母亲教导，永远感激母亲的恩惠。（《汉书》卷六十八）

25．蔡顺

汉朝人蔡顺，从小就失去父亲，与母亲相依为命地生活。因避“王莽之乱”，逃难到乡间。这里也连年兵祸，土地荒芜，母子生活也很困难。蔡顺四处给母亲找食物，找不到。有一天，他看见了一片桑林，桑树上结满了桑椹。成熟的是紫色，不熟的是红色。他采摘一些并从地上拾到一些，分别装在篮子里。强盗捉住他后要杀他，看到他的篮子里的桑椹分别放着，很奇怪地问为什么分装。他说：“紫色熟的给老母吃，自己吃红色不熟的。”强盗被他的孝心感动，放了他，又要给他一些东西和羊肉，他坚决不要，因为这是强盗抢来的不义之物。（《后汉书·周磐传》）

26．黄香

东汉时人黄香，江夏安陆（今湖北孝感）人。他九岁的时候就失去母亲。他把尽孝的心情全放到父亲身上。每逢夏天的晚上，孩子们在外面玩耍时，他总是到屋里用扇子扇父亲的床。一下一下用扇扇风，把暑气去掉，使席子凉快以后再请父亲去睡。到了冬天，天一黑便钻进被窝里，用自己的体温使被窝温暖，再请父亲去睡。这样日复一日，年复一年，他的孝行传遍乡里。地方上把他举为孝廉。京师有句谚语：“天下无双，江夏黄童。”由于他努力攻读，博

学多能，后来当了朝内的尚书令。（《后汉书》卷八十七）

27．江革

江革，东汉时临淄（今山东淄博市临淄区）人。年少丧父，与寡母一起生活，以孝母之名远近闻名。当时遭天下大乱，盗贼蜂起，江革背起母亲一起逃难。吃不上饭，采到野菜先给母亲吃。历尽艰险，孝行如一。江革曾多次被贼掳去，他总是涕泣哀求，声言老母急需照顾，情真意切，感动贼人，不忍对他加害，放他回去孝敬老母。他们母子逃难后回到家中，生活穷困不堪，江革靠佣工奉养老母，凡是母亲所需，莫不供应。当时地方上每年要检查户口，江革的母亲年老不便走动，又怕颠簸，便自己拉着小车，载母前往，乡里百姓无不对他尊敬，称之为“江巨孝”。（《后汉书 · 江革传》）

28．班固

班固，东汉南陵（今安徽繁昌一带）人，字孟坚。九岁能文，长大后博贯载籍，汉明帝对其赏识，以为郎。其父班彪，任兰台令史。曾采前代遗史旧事，旁采异闻，要仿司马迁《史记》为汉朝作《后传》。但只完成数十篇，便生病死去。死前将修史大事托付给儿子班固。班固谨遵父命，博览群籍，搜集到大量资料及文稿，历经二十年，写进《汉书》中。这一著作，开我国断代史的先河，在当时也很为人重视。书成后，班固被封为玄武司马。东汉白虎观会议后，班固又整理编撰成《白虎通德论》。因《汉书》内容太庞杂，班固生前未彻底完成，其妹班昭又继承父、兄之志，全部完成。班氏兄妹的作品，均体现出一个“孝”字。（《汉书》卷一百）

29．赵苞

赵苞，东汉甘陵东武城（今河北清河）人，字威豪。奉朝廷之命，带老母、妻子到辽东赴任。那时正值鲜卑族万人寇掠边境，贼寇将其老母、妻子掳去，当作人质，声称只要献出辽东，便将其母、妻放还。贼寇押解其母到阵前与赵苞见面，要她劝儿子献城就范。赵母却乘机向儿子训示，劝儿子不要因为私情，坏了国家大事，宁要自己死去，也不要献城，她对儿子大声说："抛私情为国家，正是对我尽孝！"赵苞谨遵母命，英勇奋战，打退敌人，保住城池。其母虽被敌人杀害，但免得更多的母亲、妻儿遭难，城池得保，气节得存，遵母命以忠代孝，以忠全孝。（《后汉书》卷八十一）

30．茅容

茅容，字季伟，东汉陈留人。这位四十多岁的农民，与大家一起在田野耕作。忽然天降大雨，大家一起到庐舍避雨。许多人借此休息机会天南地北地乱谈，茅容却独自一人坐在一旁。当时朝内名家郭林宗也在那里，问他在想什么？茅容说，在想家里的房子是不是漏雨？老母在大雨时是否淋着？郭林宗感到此人不俗。当茅容知道此人是朝内名流郭林宗时，以得识此人为荣，留郭到家中住宿。第二天一早，郭见茅杀鸡做菜，以为是招待自己的。但茅容将鸡炖好，直接送到上房，请老母食用，却用一般菜蔬招待郭。郭林宗对这位孝子的行为十分感动，对他的行为一再赞扬。（《后汉书》卷六十八）

31．薛包

东汉时汝南（今河南上蔡）人薛包，谦恭好学，对父母孝敬，乡里有名。其母死后，父亲为之另娶后母。后母对他一直存有戒心，怕他分去财产，挑唆父亲把他分出去。薛包说："把我分出去，怎能及时孝敬父母？"坚决不同意。薛包日夜啼哭，后母也不准。直至后母叫人来把他打出去才同意分家。薛包难舍父子亲情，在家外不远的地方结庐居住，每天到家中打扫。父亲及后母又愤怒地把他赶走。他又在不太远的地方结庐，仍然每天看望父亲及后母。过了一年多，父亲及后母终被他的孝心感动，又把他接回来。父母死后，人们照例行服三年，他却行服六年。日后兄弟们分家，他一直挑最差的，把好的

让给弟妹们。后来有的子孙破了产，他仍然救济帮助他们。（《后汉书》卷三十九）

32. 虞颢

东汉末年武平（今河南鹿邑）人虞诩，生性耿直，在他任议郎的时候，中常侍（宦官）张防专权，虞诩坚决反他未成，反被张防诬告下狱。很多正直的官员向皇帝上奏，举出许多事例，要求给虞诩平反。皇帝正犹豫不决时，虞诩的儿子虞颢率领他的弟子们拥到宫门前，举着旗子要求以实情与宦官对质。其中高梵把头磕得鲜血直流，皇帝才答应对质，当皇帝了解到事情的真相后，惩办了张防，令虞诩继续做议郎。（《后汉书 · 虞诩传》）

33. 钟离意

东汉时，会稽山阳郡（今浙江绍兴）人钟离意，清廉仁德。在他早年任堂邑县令时，堂邑有一个叫防广的，因替父报仇杀了人，被关进监狱。他母亲因病去世，防广得知母亲去世的消息，终日哭泣，几天不吃饭，要求回家给母亲送葬。当时的法律规定，服刑的人不能出去，钟离意却批准他回家办丧事。这一决定受到许多官吏的反对和攻击。钟离意说："我要成全他的孝心，一切后果由我负责。"防广被放出，处理完母亲的丧事后，又回来服刑。钟离意将此事报告朝廷后，鉴于防广的孝心与信义行为，朝廷对他从宽处理，减免了对他的处罚。（《后汉书 · 钟离意传》）

34. 彭修

东汉时，毗陵（今江苏常州）人彭修，十五岁时，父亲在县里当个小官吏。有一天，逢假日，父亲带他到远处探亲，路上遇见了强盗，将他们带的东西劫去。父亲拼命反抗，抵不过他们，一个强盗把父亲按到在地，骑到父亲身上痛打，叫他交出身上的财物。小彭修趁这个强盗不注意，伸手抽出他的佩刀，对他说："父亲受到屈辱，儿子应该替他去死。我敌不过你们，你们把我杀了吧。"强盗们感动地说："这是一位义士，不要逼他们了。"强盗们纷纷离去。彭修舍身救父的故事在乡里流传开来。（《后汉书 · 彭修传》）

35. 刘平

东汉末年，天下大乱。彭城（今江苏徐州）人刘平带着母亲逃难，躲进一个草丛中，一点吃的也没有。刘平外出寻找食物时，遇见了一群强盗。强盗把他捉住，要把他煮熟吃掉。刘平跪在地上说："我在给老母找食物，她快饿死了，希望放我回去，我把吃的东西送给老母，以后回来，死而无怨，你们再吃也不迟。"一面说一面痛哭，强盗见他哭得可怜，就把他放了回去。刘平回去把食物交给母亲后说，自己要回去，以实现诺言。他不顾母亲反对，又回到那里。强盗见他如此孝顺，又讲信义，怎样忍心把他吃掉，便释放了他，叫他回家继续孝敬母亲。（《后汉书 · 刘平传》）

36. 皇甫坚寿

东汉末年，安定朝那（今宁夏固原）人皇甫嵩当左将军时，得罪了董卓。董卓进入洛阳执政时，叫他当了城门校尉的官，准备随时随地对他下手。一些官员为了巴结董卓，也弹劾皇甫嵩，董卓借机把他下了狱，生命危在旦夕。皇甫嵩的儿子皇甫坚寿，平时与董卓关系不错，马上从长安追到洛阳投奔董卓。在一次宴会上，对着很多人向董卓讲其父的冤情，不停地向董卓磕头，希望他明大义，重用贤才，在座的人都为之感动，也纷纷向董卓求情。董卓见真情难违，为了保证自己的威望，不得不在这事上让步，免去了对皇甫嵩的囚禁，再次用为议郎。（《后汉书 · 皇甫嵩传》）

37. 蔡文姬

东汉大学者蔡邕之女蔡琰，字文姬。自幼通音律，爱文学。东汉末年，社会动乱，少数民族中的一些人进入中原，破坏了中原经济，毁掉了一些文化，蔡琰和许多人被乌桓虏去。因她文雅貌美，乌桓王纳她为妻，一过二十年，在胡地生下了两个儿子，生活稳定下来。曹操统一北方后，用重金赎她回来，希望她将蔡邕的作品整理保存。蔡琰为了完成先父的未竟之业，毅然舍弃两个儿子南归，后来与董祀结婚。有了稳定的生活，便着手整理父亲的遗作。整理后献给曹操，既完成了父亲的未竟之业，又为我国传统文化留下宝贵遗产。她写的《胡笳十八拍》情景交融，催人泪下，为我国古代文学之佳作。（《后汉书》卷八十四）

38.司马芝

三国时温（今河南温县）人司马芝，以前当过太守、大司农等官。他早年时和母亲一起到荆州避乱，在鲁阳山上遇见贼寇。很多人只顾自己的性命，拼命逃跑，山上扔下了许多老人和孩子。只有司马芝坐在那里守护老母。贼寇来到把刀搁到他脖子上，要杀他时，他大声说：“我在这里守护着母亲，你们杀了我，谁管她老人家！”贼寇们相互说：“这是个孝子，杀孝子是不应该的。”于是放了他。司马芝努力攻读，学业有成，后来在荆州当了官长，对百姓仍然施行仁德。（《三国志 · 魏志 · 司马芝传》）

39. 陆绩

三国时，吴（今江苏苏州）人陆绩，博学多识，以孝亲著称。在他六岁时，到九江去见当时的大权贵袁术。他行为文雅，谈吐得体，袁术对这个少年十分赞赏，拿出橘子来叫他吃。陆绩临离开向前袁术行礼时，怀中的橘子掉到地上。袁术诧异地对他说：“你来我家做客，为什么还把橘子拿走呢？”陆绩跪下回答说：“请大人原谅！我母亲爱吃橘子，但在市面上买不到这么好的，我拿回去给母亲吃。”袁术听了非常惊奇地说：“这个少年将来必成大器。”

果然以后陆绩不但做到太守，还精研天文，作《浑天图》，对《周易》也很有研究。（《三国志 · 吴志 · 陆绩传》）

40．鲍出

三国时新丰（今陕西临潼）有个农民叫鲍出。此人仁爱孝悌，且有一身好武艺。那时天下大饥，兄弟五人一起到郊外采摘飞蓬的果实准备充饥，母亲留下看家。两个哥哥采摘完送到家里，过了一会儿，他和两个弟弟回家一看，母亲被强盗掳去，两个哥哥惧怕强盗人多势众，不敢去追。鲍出出自一片孝心，拿起武器，脱去上衣，追了过去。赶上了强盗，挥起大刀，连砍伤数人，强盗畏惧后，仍依依不舍，继续战斗。强盗问他为了什么？鲍出说为了救回母亲。强盗不得已把他母亲放回。鲍出仍然追赶，要把掳去的另一些妇女救回来，强盗见他来势凶猛，只得把抢去的人全部放回。建安五年，关中形势稳定，鲍出要带母亲回家。因路程太远，母亲难受颠簸，他让母亲坐在一竹笼里，自己背着母亲，千里还乡。朝廷要选拔这个孝子做官，被鲍出婉言谢绝了。鲍出的老母因儿子照顾得好，活了一百多岁。（《三国志 · 魏志 · 闫温传注》）

41．陶侃

陶侃，字士行，晋朝江西浔阳（今江西九江）人。早年丧父，家中贫苦，在母亲湛氏教育下，修身自省，好学不倦。成年后笃行孝道，谨遵母教，他在外地当县吏时，负责监管鱼税。一次有人回家时，他令人把做好的鲊鱼送交母亲，母亲不但不收，还写信责备他是假公济私。陶侃听从母亲的教导，为官清廉，公私分明。有个叫范逵的人曾访问陶侃，见他母亲抽出自己铺的草苫子喂马，剪下自己的头发来换酒待客，对他母子十分敬佩。后来陶侃先后官至枞阳令、太尉，一生清廉、正直、勤奋。为了记住母亲为官要勤正清廉的教诲，他每天将一百块坯从室内到室外搬来搬去，如此习以为常，借此锻炼身体，磨炼意志。他经常教育部下勤奋勿惰、清廉勿贪，这些都是他谨遵母教的结果。

42．王祥

王祥，字休征，晋朝琅琊（今山东临沂）人，性至孝。其母早死，继母朱氏，生子王览。朱氏偏爱自己的儿子，常年令王祥干重活，吃很坏的饭食。但王祥对父母孝敬从不懈怠。父母生病，王祥衣不解带，日夜照顾。汤药必亲尝后才端给父母。后母要吃鲜鱼，当时天寒冰冻，无处购买，王祥冒着凛冽的寒风，赶到河上破冰，冰下跃出一只鲤鱼，拿回家去，给继母烹食。继母深受感动，转变了对他的态度。继母死后，王祥十分悲痛，依礼安葬。王祥对其弟王览十分爱护，王览对兄长也特别尊敬，兄友弟恭，远近闻名，当时人把他们居住之处称“孝悌里”。临沂“孝悌里”至今犹存。（《晋书 · 王祥传》）

43．李密

李密，字令伯，晋朝阳武（今四川彭山）人。父早亡，母何氏改嫁，撇下年幼多病的李密。祖母刘氏对他精心抚养，爱抚备至，祖孙相依为命。李密长大后，努力攻读，成为著名学者。祖母年老，李密对祖母极力孝敬。祖母生病时，日夜侍奉，夜不解衣，饮食汤药必先尝后进。李密谨遵祖母教诲，在当地讲学育人，声名远播。晋泰始初年，皇帝征诏李密，欲任他为太子洗马。李密以祖母年事已高，无人奉养，坚不应命。在他上皇帝的《陈情表》中，说祖母已是风烛残年，人命危浅，朝不虑夕，祖孙二人相依为命，“是臣尽节于陛下之日长，报养刘氏之日短也”。祖母死后，李密才出来做官。李密这篇情真意切的《陈情表》，被当作范文传颂千年，李密孝祖母的事迹也不胫而走。（《晋书 · 李密传》）

44．荀灌

晋朝人荀崧，是当时一位名臣，死后被谥为“敬”。他有个女儿名叫荀灌。此女在父亲教育下，不仅习文，也习武，小小年纪就练成一身好武艺。她母亲不愿她和男孩子一样习武。她说多学本事，说不定什么时候能用上。父亲荀崧对祖母孝敬做出榜样，她自小也孝敬父母。当父亲任襄阳太守时，杜曾叛乱，围困襄阳，城内人少粮缺，外面不知消息，荀崧为此十分焦虑。在此危难时机，荀灌提出冲出重围报信，荀崧不许。荀灌努力说服父亲，率领几十名勇士突围而出，搬来救兵，解救襄阳之难。全忠全孝，荣载史册。（《晋书》卷九十六）

45．却诜

晋朝单父（今山东单县）人却诜，博学多才。任宫迁议郎时，母亲死去，朝廷准许他回家给母亲办丧事。因为他为官清廉，家境贫穷，没有钱买马给母亲送葬，又不忍心用车拉棺材入林，于是先把母亲的棺材寄埋在自己家的北墙外，每天向母亲的棺材行礼。同时一有空便养鸡、种菜，把自己生产的产品卖出去挣钱。如此干了三年，才凑够钱买了八匹马，用这些马拉着车把母亲的棺材送到坟上。自己又一次次背土给母亲修了一座大墓，完成了自己依礼葬母的心愿。（《晋书 · 却诜传》）

46．木兰

北朝乐府诗中有一首《木兰辞》，向人们介绍了木兰替父从军的故事。民间传说她姓花，父名花弧，是被编入军籍的一名战士。她对父母十分孝顺，服侍父母尽享天伦之乐。有一年，敌人打到北方边疆，朝廷对有军籍的人按例征发。当时，花弧正染大病，不能应征。随父长大的花木兰早练就了一身好武艺，眼看着父病不能出征，朝廷又催得很急，为解父忧，木兰遂女扮男装，替父从军。戍守边疆十二年，屡立战功。后来班师回朝，皇帝要对她封赏，木兰坚决推辞：一不求官爵，二不爱钱财，只愿回家孝敬父母。这时人们才知道她是女子，时人传为佳话。（《木兰辞》）

47．拓跋宏

公元424年，鲜卑族首领拓跋焘在山西大同一带建立了北魏政权。鲜卑人经常与中原的汉族接触，也接受一些儒家文化。其后代拓跋宏受儒家文化影响很大，自小就对父母、祖父母孝顺，对老人尊敬。他父亲献文帝背上生了一个很大的疮，疼痛难忍。因为疮内有脓，太医无法用药。年仅四岁身为太子的拓跋宏，为解除父亲的痛苦，趴在父亲背上，用嘴把脓一点一点地吸出来。后来他当上皇帝，锐意改制，从平城（大同）迁都洛阳，惠政于民，促进了北方各少数民族的进步。他提倡孝道，反对不孝之人。他的长子不孝，被他贬为庶民，在社会上引起很大反响。（《魏书》卷七十五）

48．樊深

樊深，北魏时猗氏（今山西猗氏县）人，曾做过中散大夫、国子博士等官。魏孝武帝西迁时，他的父亲被人家害死，他自己也慌忙逃到山中避难。在一次躲避敌人追赶跳崖时，把脚摔伤，疼痛难行。又没东西吃，忍饥挨饿更加难受。第二天，忽然得到几块饼。饿了一天，正想去吃，马上想到继母可能在挨饿，应先给她吃。樊深平时对继母和对父亲一样孝敬，此时仍未忘继母。他等了大半天，等到天黑，一跛一拐地走回家中，见继母正一人在家，为父丧啼哭呢。他马上把仅有的食物给了继母，看着继母吃下，心中十分高兴。（《北史 · 樊深传》）

49．宇文延

宇文延，北魏洛阳人。其父宇文福为镇北将军，瀛洲刺史。宇文延为散骑常侍。因宇文福年老，皇帝叫他儿子在身边陪侍。有一年，瀛洲的大乘教徒作乱，突然攻进瀛洲。宇文延率家丁仆役努力奋战，死伤多人，他也受了重伤，但却保住了父亲。这时叛军假意后撤，却暗中派人到官邸放火，宇文福还在里面。宇文延得知，不顾熊熊烈火，阵阵浓烟，冲了进去，把父亲抱到外面。而他的身体也被烧烂多处，毛发胡须全成灰烬。此时他还不顾自身危难，又率军与敌苦战，最后赶跑敌人，保全了瀛洲，也保全了父亲。（《魏书 · 宇文福传》）

50．吉翂

吉翂，字彦霄，南朝梁朝冯翊莲勺（今陕西大荔）人，世代居于襄阳。十五岁时，任吴兴原乡令的父亲遭人诬陷，被捉拿治罪。吉翂到处哭诉父亲的冤情，许多人深受感动。其父因为不服审讯，又得罪了上司，竟判为死罪。吉翂击鼓鸣冤，愿代父受死。管刑狱的官员蔡法度认为吉翂孝行可嘉，但想到他只是个小孩子，未必出于自愿，便很严厉地对他说："我可以允许你代父一死，但你知道人死不能复生吗？"吉翂说："我当然知道。只要父亲脱险，我情愿去死。"蔡又问："你知道受刑很苦吗？"吉翂说："我代父受刑，虽苦也情愿。"面对酷刑，吉翂毫无惧色，一再申明："我是代父受刑，死也心甘。"皇帝得知吉翂如此孝行，下诏重新审理其父案件，知是冤案，遂赦免了他父亲，也释放了小吉翂。（《梁书》卷四十七）

51．陶季直

南朝齐时陶季直，秣陵（今江苏南京）人，五岁丧母，及长好学，后官至东莞、北海、建安太守。在他四岁的时候，他祖父把几个孙辈叫到一起，拿出四厘白银，放在孙子们面前，让他们各自拿去。孙辈们一个个连忙去拿，只有陶季直不伸手。祖父及别人都很奇怪，问他为什么不拿？他说："祖父的钱财，应该分给父亲、伯伯、叔叔们，不应该隔着他们给我们这些孙子们，我们做孙子的，也不应随便拿父辈应得的钱。"这段话很有理，大家都称赞这个孩子不贪财。果然在他长大后，为官廉洁，受人赞许。（《梁书·陶季直传》）

52．庾黔娄

南北朝时，南齐人庾黔娄，从小好学，尤其对《孝经》熟读熟记，并把它的理论用到实践中。南齐永元初年，他在孱陵当地方官。上任不久，父亲生了病，他马上要辞官回家照顾父亲。属下劝他说："不要丢了这么个好差事。"他却说："照顾父亲比什么都重要。"回家以后，到处请名医给父亲治病。

医生说："要知道病情轻重，可以尝粪验证。如果苦就能治，如果甜就难治了。"对这一说法，大家都感到奇怪，庾黔娄二话不说便去尝粪。尝后觉得有甜味，知老父病已不轻。他多次向神祈祷，磕头流血，愿代父死，结果还是没能挽回父亲的生命，他的孝行却传遍四方。（《梁书》卷四十七）

53．徐孝克

南北朝梁朝郯（今山东郯城）人徐孝克，非常孝顺，父亲死后，悲痛不已。母亲陈氏千辛万苦把他抚养成人，对母更孝。梁朝末年，侯景作乱，生活极度困难，有东西他和妻子不吃，全给老母吃。妻子被一个叫侯景的将领抢去。为了讨点吃的，他当了和尚，四处化缘，得点东西，供养老母。后来那个霸占妻子的将领死了，妻子又回到家，两人继续孝敬老母亲。因他博通经史，善谈法理，不久当了官。在他当国子祭酒时，皇帝每次宴请，他都吃不多，但每次宴席散后，发现他跟前的饭菜突然减少，后来才发现他把这些饭菜放入绅带中，拿回家供老母食用，皇帝为之感动。于是每当宴会时，令他把饭菜吃完，再送给他母亲一份。（《南史 · 徐摛传》）

54．庾道愍

南北朝时南齐鄢陵（今河南鄢陵）人庾道愍，从小家里很穷，生母出走，他一直郁郁不乐。后来他当上了南齐朝廷的官，听说生母漂流到了交洲，为了寻母尽孝，向皇帝要求降级到广州绥宁府当了府佐，以便寻找母亲。其实绥宁府距离交洲也不近。他不做官，自己挑着行李到交洲去找。到了交洲还是没有线索。他经常啼哭着到各个村落去转悠。有一天，天将要黑，下起了大雨，他到一户人家寄宿。第二天，一个老妇人背着柴禾从外面进来。经过交谈，和他母亲的情况一样。母子相认，抱头大哭。围观的人也都为他千里寻母的孝心所感动。（《南史 · 庾道愍传》）

55．解叔谦

南北朝南齐雁门（今山西代县）人解叔谦，母亲生了病，他到处求医买药，照顾备至，在院中每天磕头祈祷。有一天听人家说这种病必须喝丁公藤泡的酒，喝了才能治好。酒好办，丁公藤这种药材没听说过，他到各地药铺去问，都不知道。为了给母亲治病，他又到远处去问。有一天到了宜都郡，远远看见了一个老人在伐木，他走向前去询问这木头叫什么名字，老人说叫丁公藤，治中风病特别灵验。解叔谦跪下向老人讲述自己正要求这味药给母亲治病的事。老人听了很感动，给他四段，还告诉他泡酒的方法。解叔谦拿回家，依此泡酒，治好了母亲的病。（《南史 · 解叔谦传》）

56．王元规

南北朝时梁朝晋阳（今山西太原）人王元规，自小就以孝敬父母闻名。父亲死后，侍奉母亲特别周到。他在一个大家庭中，上有老母，中有妻子、妹妹，下有三个女儿和哥哥留下的侄儿。有一年，梁朝的山阴县下了暴雨，洪水吞没了村庄田舍。王元规找到一只小船，只能坐五六个人，他叫自己的母亲、妹妹、姑姑、侄儿先上船，自己撑着船帮她们逃命。而把妻子和自己的三个女儿放到家里，等待救援。洪水退了以后，一家人的性命都得到保全，但他在危急关头先顾老母及别人的做法却得到人们的称赞。（《南史 · 王元规传》）

57．孙思邈

孙思邈，京兆华原（今陕西耀县）人，唐朝名医。少年聪慧、勤奋，但家境贫穷，不但生计困难，而且父母都有病，没钱医治。孙思邈天天看着父母被疾病折磨得痛苦，心中十分难过，决心学习医学，把父母的病治好。于是他到处拜师，艰苦学习，不断实践，终于成为一代名医。他把父母的病治好以后，又想到被疾病缠身痛苦不堪而又缺医少药的广大百姓，便背起药箱，经常深入民间，不辞劳苦，不讲报酬，不怕肮脏，想方设法给人们看病。历经数十年的努力，从病理、治疗、药物、方剂等基础理论，到内、外、儿、妇、针灸等科，他都进行了全面总结，写成了《千金方》《千金翼方》等医学名著。这位从立志为父母诊病到给天下百姓诊病的一代名医，活了一百多岁，被后世尊称为“药王”。

58．卢氏

卢氏，唐朝范阳（今北京大兴区）郑义宗的妻子。自小恭顺仁德，读书明礼。出嫁后，对婆母十分孝敬。在生活上对老人供应及时，关怀备至，远近闻名。一天夜里，丈夫外出，一伙强盗闯入家中抢劫，卢氏用身体护住婆母，不许他们伤害老人。凶狠的强盗对她多次鞭打，几乎打死，卢氏却紧护婆母不放。事后有人问她当时是否害怕，卢氏说：“人和鸟兽不同处，因为人讲仁义。街坊邻居有了急难都要帮助，何况是我的婆母。婆母如被贼人杀死，我还能独生吗？”婆母深受感动地说：“圣人说：‘岁寒然后知松柏之后凋也’，越在危难之中，越看出我家媳妇的一片孝心！”（《新唐书》卷二百零五）

59．李道彦

唐朝宗室李神通的儿子李道彦，孝行卓著。当李渊在太原起兵反隋时，形势很困难，李神通得了重病，在山中避难，一连十几天。山中的粮食吃完了，当年的贵族子弟李道彦，穿上破烂的衣服，到百姓家里乞讨，或到山中采摘点野菜，回来后自己不舍得吃，先供给生病的父亲吃。父亲叫他一起吃时，谎称已吃过，还把多余的留下准备再给父亲吃，自己饿得面黄肌瘦。总算渡过了难关。李神通反隋兴唐有功，当上左武卫大将军，被封为淮安王，忘不了在困难中省下饭给自己吃的儿子李道彦。（《归唐书 · 淮安王李神通传》）

60．李源

唐朝汶水（今山东汶上县）人李澄，在“安史之乱”中，因抵挡安禄山，皇帝提拔他当上礼部尚书，不幸被安禄山捉住处死。他的儿子李源当时十八岁，也被捉去当奴隶，到处辗转流浪。“安史之乱”平后，朝廷提拔李源，要他当司农主簿。李源对父亲死于安禄山之手的事永不忘怀，常怀悲愤之情，不当官，不娶妻，不喝酒，不吃肉。他住到父亲曾住过的惠林佛祠，这里离他父亲的坟墓很近。他天天怀着对父亲的崇敬及对破坏统一叛贼安禄山的仇恨，到墓前看望父亲。一直到八十岁，朝廷封他为谏议大夫，送给他许多珍宝，他一一谢绝，仍然以一介布衣陪伴他父亲到死。（《新唐书 · 李澄传》）

61．崔衍

唐朝安平（今河北安平）人崔衍的父亲崔伦，曾以右庶子的官阶出使吐蕃。崔衍的继母李氏一直对他不好。当崔伦从吐蕃回来时，李氏有意穿一身破烂衣服迎接丈夫，谎言崔衍从来不给她好衣服穿。崔伦大怒，把儿子叫来，喝令跪到地上，要用皮鞭抽打。崔衍只是啼哭，不加辩解。这事被他异母弟崔殷知道，崔殷马上跑去告诉父亲实情，说崔衍经常给继母买很多好衣服，李氏是故意陷害崔衍，父亲才息了怒，李氏对崔衍也转变了态度。崔伦死后，崔衍对后母仍然孝敬，经常给她买很多高档衣物，自己身为富、歙、池州观察使，日子却很清贫，妻子连件像样的衣服也没有，只是不饿肚子而已。（《新唐书 · 崔衍传》）

62．贾直言

唐朝中期，河溯人贾道中，在侍候皇帝时犯了罪，唐代宗赐他毒酒，叫他自裁。此事叫他儿子贾直言知道。他知道父亲是被冤枉的，但自己也没有办法。他想：父亲如果死去，家中人无依无靠，没法生活，自己年轻，应代父死。父亲悲愤地正要饮毒酒，贾直言说：“你应向四方神灵的使者拜谢，不然死后没谁接纳你。”父亲稍一停留，他抢过毒酒一饮而尽，接着昏迷过去，躺到地上。第二天，毒酒液从他脚底下流出，并没致死，好久才苏醒过来。唐代宗怜悯他一片孝心，免去他父亲的死罪，发配到岭南。从此，贾直言拖着一条跛腿到岭南继续孝敬父亲。（《新唐书 · 贾直言传》）

63．任敬臣

唐朝棣州人任敬臣，五岁丧母，悲痛至极。七岁时问父亲：“我要如何报答母亲？”父亲说：“《孝经》中说‘扬名显亲’。即你干出一番事业来，为父母增光添彩。”任敬臣谨记此言，刻苦学习，远近闻名。汝南任处权见到他，夸奖他学习似颜回。十六岁时，刺史崔枢要举他为秀才，他说自己学问不大，婉言谢绝。过了三年，他被地方上举为孝廉，授著作局正字。其父死后，痛哭难过得吃不下饭，继母说：“你不吃饭，哭坏身子，并不是孝。”任敬臣听从继母的话，此后继续学习，位迁秘书郎。自己觉着还不够，又闭门攻读，学问日增，被朝内大臣虞世南看中，召为弘文馆学士。不久又授越王府西阁祭酒，终为太子舍人。任敬臣一生努力，完成了其父母“显亲扬名”的遗愿。（《新唐书》卷一百九十五）

64．支叔才

唐朝定州（今河北曲阳一带）人支叔才，是个穷苦百姓，但却以孝敬出名。隋朝末年，到处闹饥荒，支叔才带着母亲乞讨，住到野外，生活十分困苦，但奉母毫无怨言。有一次，乱兵杀来时，把他捉住，说他是隐藏的奸细，要杀他，他哀告自己是奉养老母的普通百姓，说：“杀了我，也等于杀了我母亲。”乱兵为其孝行感动，释放了他。战乱结束，支叔才奉母回家，自己为人佣工，挣点钱养活老母，情况渐好。但老母背上生了一个大疮，疼痛难忍。疮中有脓，郎中无法用药，他就趴到母亲背上用嘴将脓吮出，给老母减轻痛苦。母亲死后，依礼埋葬。唐高宗对他的孝行予以旌表。（《新唐书》卷一百九十五）

65．唐氏

唐朝彝山南西道节度使崔管的曾祖母长孙氏，年纪很大，嘴里的牙齿都掉光了，不能吃饭。崔管的祖母唐夫人，每天早上先梳好头，洗好了手，到堂前拜见婆婆，再上堂来给婆婆喂饭，日复一日，从不间断，使年老的婆婆得到营养，身体健康。后来，长孙夫人生了病，对家中的人说："媳妇对我这么孝顺，我没法报答她的恩德。愿你们都好好向她学习，也像我儿媳妇一样孝敬长辈。"果然，日后崔家代代孝亲，诗礼传家，出了好多名人。

66．高怀德

宋初名将高怀德，妫州（今河北涿鹿）人。父亲高行周是延、潞两镇及留守洛阳的军事官员。北方的辽兵侵犯边疆，朝廷委派高行周为北面前军都部署。刚满二十岁武艺超群的高怀德要随父北征，同时还可以保护父亲，得到父亲的允许。当他们走到戚城的时候，被敌兵团团围住，援兵一时又来不到，形势十分危急。高怀德此时为保住父亲，奋勇作战，拼命抗敌，左射右击，拼命冲杀，敌兵纷纷败退。他保护父亲冲出重围，同时也保住了一支军队。因为这次作战有功，朝廷封他为罗州刺史，还赏赐给他很多东西。他却认为最大的收获是保住父亲未受伤害。（《宋史·高怀德传》）

67．郭琮

宋朝台州黄岩人郭琮，幼年丧父，孝敬母亲，十分恭顺。虽然娶妻生子，但怕母亲孤单，常到母亲那里住下，以解寂寞。母亲所欲，一切皆能满足。有人说素食可增母寿，郭琮便素食三十年。他经常与母谈心，以使母亲时时高兴，在他的照顾下，母亲百岁仍耳目不衰、饮食不减，乡里尊为寿星。郭琮尽管没有任何孝亲的惊人事迹，但几十年来如一日，实属难得。宋太宗至道三年（997），朝廷下诏书选择孝悌人物时，邻里四十家共同推选郭琮，朝廷对其旌表，免其徭役。（《宋史》卷四百五十六）

68．欧阳修

唐宋八大家之一的欧阳修，北宋吉水（今属江西）人。四岁丧父，母亲郑氏含辛茹苦，把他抚养成人。少年时，买不起纸，在地上用芦荻练习写字。母亲教育他：人生在世，要做出一番事业来，不应随波逐流，拾人牙慧，应有创见。欧阳修谨遵母亲教导，在文学上立志有所创新。当时骈丽文盛行，辞藻华丽，但言之无物。欧阳修一心想振作文风，但无从下手。有一天，在旧书箱中找到唐代韩愈留下的文章，感到惊讶。对韩愈推行古文运动的“文以载道”主张，敬佩不已。于是他与尹洙交朋友，推行古文运动，用实话评论当时的朝政。后来又与梅尧臣交朋友，继续推行言之有物的文风。勇于创新，进行改革，正是欧阳修遵从母愿的结果。（《宋史 · 欧阳修传》）

69．苏过

苏过，是北宋文学家苏轼的儿子，眉州眉山（今四川眉县）人，自小就很孝顺。当苏轼政治上受到迫害，被贬到今天的广东、海南等地的英州、惠州、儋耳，以后又转到廉州、永州，小儿子苏过一直跟着他南下。他知道父亲被贬，是政治迫害，是冤案，心情不会好，身旁不能没有人。在苏轼被贬期间，他时时在父亲身边，凡是衣、食、住、行各方面都由他一人筹划，不管白天黑夜、严寒酷暑，总是一身百为，不知其难。为了使父亲心情好一点，他在海上时，写了一篇文章，题目叫《志隐》。苏轼看了以后说：“岛上很好。我看了你这篇文章，安心在岛上住下去了。”苏过也是著名的书画家，时称“小苏”，后来官至中山府通判。（《宋史 · 苏轼传》）

70．岳飞

岳飞，字鹏举，南宋时汤阴（今河南汤阴）人。幼年家境贫寒，父亲早死，事母至孝。他谨遵母命，除学文化外，又向周侗等人学了一身武艺。十九岁应募从军，不久因父死还乡，接着又应募抗金。起初，岳飞认为父死母老，需要照顾，作为独子，自己不宜远行。岳母知道后，对他进行了一番教导，说：“一个人应尽忠，也应尽孝。但如果忠孝不能两全时，二者只能取一。从大局出发理应尽忠，尽忠就是尽孝。”岳母为使儿子记住这番教导，在其背上刺以“精忠报国”四个大字。岳飞谨遵母命，毅然应征，以功授秉义郎。随宗泽守开封，升统制。后率军在收复建康之役中立过大功。日后更作为主帅奉命率师北伐。他率领的“岳家军”能征惯战，名垂青史。“精忠报国”的岳飞也被誉为忠孝两全的古代名将。（《宋史 · 岳飞传》）

71. 朱寿昌

朱寿昌，宋朝天长（今安徽盱眙）人，父亲做官时娶妾，生朱寿昌，不久，寿昌便随母离开了父亲。七岁时父亲将他接回家，但不许他母亲进门，母子一别就是五十年。后来朱寿昌任阆中知县，时时想念生母，到处打听也没消息。甚至划破手指写《金刚经》，希望感动上天和世人，仍未寻到母亲。在他五十七岁那年，下决心弃官外出寻母。朱寿昌经过千辛万苦，历尽危难，终于在陕州一个姓党的家中找到了母亲。原来，母亲迫于生计已经改嫁，并生下二子。母子相见，悲喜交加。母亲见了儿子，了却多年心愿，便叫他回去继续做官，朱寿昌却坚持将母亲及两个弟弟一起接回家中，辞去官职，每日奉母尽孝。他的孝行曾多次得到王安石、苏轼等人的赞扬。（《宋史》卷四百五十六）

72. 赵伯琛

赵伯琛，生于北宋后期。父亲赵子個，宣和年间在棣州做官。因与北方的金人打仗，被调到塞上。当时，赵伯琛还年幼，与母亲张氏留居棣州。后来金人打来，母子相失，父亲也无音信。到了建炎二年（1128）才得以南归，此时听说父亲已经死去，便到处寻找母亲。一直找了二十余年，后来听人说在泸南，他便徒步向四川走去，又走了好几年，到了绍兴二十一年（1151）才找到母亲。母子见面，抱头痛哭，接着把母亲接回家中。南宋大学问家曾慥赋诗以赞美他的孝行。（《宋史》卷四百二十六）

73．王全斌

王全斌，宋朝太原人，宋初为西川行营前军都指挥。后因平蜀有功，官到武宁军节度，他小时候有一椿孝亲的故事。他父亲在后唐庄宗驾前为臣，任岢岚军节度使。那时战乱频仍，各种名目的兵匪到处掳掠，他父亲招了一百名卫士。后唐庄宗怀疑他有谋反之心，下诏要他到京城进见。父亲心里害怕，不敢前去。当时才十二岁的王全斌对父亲说："这大概是怀疑您有谋反的意图吧，向皇帝说清楚就行了。我跟您去，皇帝如果不相信，把我留下当人质。"父亲照他说的去做，消除了皇帝的疑心，保住了性命。（《宋史 · 王全斌传》）

74．李师中

李师中，宋朝楚丘（今山东曹县）人，熙宁初官拜天章阁体制，知泰州，是宋代有名的王佐之才。他少年时有一件为父申冤的事迹，朝野闻名。他父亲李纬是泾原都监，有一年，西夏出动几十万军队南下，朝廷派李纬率军出战。李纬不畏强敌，率部英勇奋战，但与其配合的几路人马却未战先逃。李纬部寡不敌众，战败后被降职。少年李师中为此愤愤不平，直接跑到相府为父申冤，当时的宰相吕夷简派人对他反诘，李师中据理力争，振振有词，谁也辩不过他。吕夷简不耐烦地对他发脾气说："这样的事，不是你这样的平民百姓所干预的！"李师中说："我是他儿子，为父亲伸冤，不该管吗？"后来朝廷终于对他父亲以公平的待遇。少年李师中为父伸冤的故事，传为佳话。（《宋史 · 李师中传》）

75．颜诩

颜诩，唐朝太师颜真卿的后代，颜真卿曾谪于庐陵，其后人颜诩便为吉州永新人。他年青时父亲死去，兄弟几人，在他主持下，父慈、子孝、兄友、弟恭，家庭和睦，远近闻名。他对继母与亲母一样孝敬。一家百余口人，住在一起，男女老幼，一切循礼守法，敦睦仁让。大家庭一起吃饭，自己不因为是家长而特殊。几十年来，家中人没发生过口角，没有尔虞我诈的事发生。他活了

七十多岁，治家有方，乡里一致赞扬，他的行为也为其祖增光。（《宋史》卷四百五十六）

76．黄庭坚

宋朝大书法家黄庭坚，幼时非常聪明，能过目不忘。他舅舅到家后，经常考他。每次提问，都对答如流，回答正确。他二十三岁中了进士，很快又做了太史。他虽然当上大官，但对母亲孝敬却丝毫未减。在生活上对母亲体贴入微，生病时日夜守候，端屎端尿，夜里衣不解带。母亲很爱干净，嫌婢仆对便桶刷得不干净。他每夜必亲自为母亲洗刷便桶。家里人及婢仆不叫他干，他说："儿女不应嫌父母脏，照顾父母是儿女的本分。"苏东坡赞颂黄庭坚的为人和文章："独立万物之表，巍立于文坛，万世不灭奇光。"（《宋史 · 黄庭坚传》）

77．张菊花

宋朝有个女子张菊花。在她七岁的时候，便被后母偷偷卖到范尚书家。后母骗丈夫说不知孩子到哪里去。父亲疼女儿，几乎把眼哭瞎。过了几年，父女在姓金的家里见了面，父亲把她领回了家。到家后就要休去后母，张菊花不同意，留住了后母。父亲死后，她对后母无任何怨气，照样孝顺，后母腿不能走路了，她常背着后母外出。后母死了以后，她又去范尚书家，说明当年不该随意离开，今天父母已死，我应照样回来做工。她干活又勤劳又和气，深得范家的赞许，人们评论说"孝女就是品德好"。

78．高若讷

宋朝榆次（今山西榆次）人高若讷，字敏之，在朝内官阶很高。官至观文殿学士，又是翰林院侍读学士，还兼任尚书左丞等职。他官场虽然如愿，但母亲患病，却使他整日记挂在心。为了熟知母亲的病情，知道医治的方法，他遍学各种医书，除《黄帝内经》《伤寒论》等医书外，还有张仲景的《伤寒论诀》、孙思邈的《方书》《外台秘要》等。这些书很久不再流传，高若讷不但从中找到很多给母亲治病的方法，还对这些书考订、校勘，把其中的一些错误纠正以后刊行于世，世人才知道有这几种书。高若讷不但学医尽了孝心，这些医书广为流传，惠及后人，日后许多名医都是学习高氏而成功的。（《宋史·高若讷传》）

79．申积中

申积中，宋朝四川成都人。还在襁褓之中，父亲的朋友杨绘无子，与他父亲商议后，将他抱回杨家为义子。他渐渐长大，懂事之后，知自己是杨氏养子。但对养父母一直尊敬、孝敬，谁也看不出他是义子。为了报答双方父母的恩情，努力攻读，十几岁便中了进士。尽管有了功名，当了官，仍然孝敬奉养父母，养父母去世以后，依礼安葬，又将两个弟弟、一个妹妹的婚事办妥以后，才回归本族，复姓申氏。复姓后又对亲生父母尽孝。蜀人对他十分敬仰，称作“纯孝”。（《宋史》卷四百五十六）

80．杨芾

杨芾，宋朝吉州吉水人，对父母极孝敬，在当地是位有名的孝子。每次外出回来，总是给父母买来酒肉及一些好吃的东西。日子长了，妻子生了气，说他不顾妻子，他婉言说服妻子以后，家中一切好的东西还是先给父母吃。绍兴五年（1135），大饥，当地粮米匮乏，他到百里之外为亲负米。有一次遇到盗贼，要抢他的米，他哭着说：“我这是为父负米，我已三天没吃饭了。”盗贼见他情真意切，又见他面黄肌瘦，知是真话，便放过了他。（《宋史》卷四百五十六）

81．申世宁

宋朝信州铅山人。绍兴六年(1136)，潘达率兵袭击铅山，进入他家中。他七十多岁父亲，闻信要逃跑。还未出门，便被贼捉住。贼寇见他仓忙外逃，怀疑家中藏有金银财宝，逼着他父亲说出来。一再追问，父亲一再说没有。强盗把刀架到父亲脖子上，喝令“再不说出来，就杀了你！”这时，少年申世宁回来找父亲，见父亲将要被杀，立刻走过去，伸出脖子来说：“没有就是没有，不要杀我父亲，杀了我吧。”贼寇为他的孝行所感动，立即放了他们父子。（《宋史》卷四百五十六）

82．高必达

元朝建昌（今江西南城）人高必达，五岁时，他父亲高明大突然离家出走，多年来杳无音信。高必达日夜想念父亲，每当回家见到母亲后，思父心情更加急切。他结婚后，让妻子在家照顾母亲，自己到外面去寻访父亲。找了好久，没有踪影。后来听说黄州全真院中有一道士，建昌人，还听说俗姓高。高必达调查清楚后，到了全真院问起来，得知这位道人法号虚明子，三十多年前来此出家，身世和父亲一样。这一来，更坚定了他的信念，他把自己的家世、家中的情况、祖辈的情况，跪到那里一一告诉虚明子，虚明子却不相认。高必达下跪一直不走。虚明子的徒弟对他说：“你有这么孝敬的儿子，还忍心在这里出家吗？”虚明子听从劝告，跟随高必达回了家。一家团圆，其乐融融。（《元史 · 高必达传》）

83．陈绍孙

陈绍孙，元时番禺（广东番禺）人。父亲陈浏，因犯罪被判流放到东北边疆肇州。当时年仅十岁的陈绍孙，不忍心父亲被贬，日夜啼哭，愿跟随父亲去远方。他生于南方，从来没见过雪，到东北后，天寒地冻，遍地冰雪，也不怕。陈绍孙跟随父亲向北走了一万多里，历尽千辛万苦，毫无怨言。当他父子到了辽阳，见到平章塔出时，塔出对他们的遭遇十分可怜，说："皇帝惩罚罪犯，也不能惩罚他儿子啊，我想法叫孩子回去。"陈绍孙决心陪伴父亲，不回去。塔出很受感动，赏了他们一些钱。他父亲死后，肇州万户向别人说起此事，人们听了都感慨不已。大家自动凑钱叫他回家，并建议朝廷对他的孝行旌表。（《元史 · 陈绍孙传》）

84．王闻

元朝须城（山东东平）人王闻，孝亲远近闻名。他父亲卧病在床，日夜伺候，从不懈怠。为及时观察父亲病情，日夜点着灯。有一次灯火歪了，烧了篱笆墙，引起大火。王闻得知后，惊慌地从床上跃起，迅速去救。火势越来越大，父亲和女儿都在室内，这时烈焰已把屋门封闭，王闻来不及思考，纵身跳入火中，脱下衣服从床上抱起卧病的父亲，破门而出。自己浑身烧得稀烂，父亲却无恙，至于自己的女儿，因来不及抢救，烧死于屋内。人们对王闻危难时刻救父的行为赞不绝口。（《元史 · 王闻传》）

85．石明三

元朝有个石明三，是位猎户。家中有一老母，指望狩猎为生。母子过的很快乐，平日近处没有猎物，打猎时均去远方。有一天，外出打猎回来，见家中篱笆被冲开，找不到母亲。到隔壁屋里一看，有三只小虎，知母亲已为老虎所害，顿时气愤难当，生出十分的勇气，从身上拿出斧子，杀死三只虎子。又听近处虎啸之声，躲在壁间，等母虎进门，一斧下去，砸烂母虎脑门。母虎惨叫而死。为防再有虎来，藏到屋外石旁，执斧等候。公虎从外呼啸着扑进院内，明三用最大力气砍死公虎，自己也累死了。过了好长时间，一些邻居才敢来到他家，见石明三为替老母报仇，连杀五虎。他直到临死，还立而不倒，张目如生，所执利斧砍在虎身上，未曾拔出，大家都为之叹服。（《元史》卷一百九十八）

86. 扈铎

扈铎，元朝卞梁兰阳人。幼年父亡，伯父把他抚养成人。为感念伯父的养育之恩，扈铎对伯父十分孝敬。伯父老年无子，扈铎为伯父买一妾。一年多后，生下一女，可惜其母熟睡时，将婴儿压死。不久，伯父死去，扈铎依礼葬送，幸喜伯父之妾有孕，遗腹生一男孩。为防止前儿悲剧，他请自己的母亲、妹妹对婴儿精心照看、哺育、教育，十多年从不稍怠。小弟有疾，千方百计医治。无论如何不能让伯父断了后代。在他精心帮助下，小弟逐渐成长，全了他对伯父的一片孝心。他母亲及继伯母的晚年，也都在他照顾下幸福生活，死后依礼殡葬。扈铎孝敬伯父的事迹不胫而走，受到人们赞赏。(《元史》卷一百九十七)

87. 徐允让

徐允让，浙江山阴人。元朝末年，社会动乱，他和妻子一起保护父亲在山谷中逃难，来了一伙乱兵，捉住他父亲，把刀按到脖子上要斩下人头。徐允让赶到，大呼“可杀我，不要杀我父亲”。敌兵舍去他父亲，残酷地杀死徐允让，并且抓住他妻子要污辱，他妻子说：“我丈夫已死了，我也逃不脱了，堆起柴来，把我夫尸体焚烧，我便可依从。”乱兵果然堆起干柴，燃起烈火。这时徐妻毅然跳进火中，自焚而死，他父亲徐安乘机逃跑。明朝建立后，洪武十年（1377），将这对夫妇一起予以旌表。（《明史》卷三百九十四）

88. 曾鼎

元末明初泰和有个读书人叫曾鼎。他父亲名曾思立，祖父名曾怀可，都是有学问的人。元朝末年，社会动乱，曾鼎保护母亲避难，母亲被乱兵捉住，曾鼎跪下哭着哀求放了母亲，要以自己代替。乱兵听不进去，举刀要杀他母亲。曾鼎猛扑过去，以自身护着母亲，乱兵用刀砍伤了他的肩及足，曾鼎还紧紧护住母亲不舍。乱兵的头目来到，为他的孝行所感动，喝令停止对他的砍戕，并让他母子入营医治。不久母子痊愈，曾鼎对母孝敬如初。明朝建立后，得知曾

鼎孝贤之名，朝廷请他当上濂溪书院山长。（《明史》卷二百九十六）

89．谢定柱

谢定柱，明朝初年大同广昌（今山西大同一带）的一个农家子弟。在他十二岁那年，家中耕牛走失，母亲拖着年幼的弟弟追赶，定柱也跟随母亲前去寻找。母子们一直追进深山，忽然跃出一只猛虎，向他母亲和弟弟扑去。他母亲吓得摔倒在地，弟弟被甩出好远。谢定柱见此情景，毫不犹豫地举起一块石头，照老虎打去。老虎受伤掉头跑开。定柱抱起弟弟，扶起母亲急忙躲藏。谁知老虎又回头向他母亲扑去。定柱拿起一根大树干，又将老虎打了回去。此时，定柱拿着一块石头警觉地前行，老虎从后面赶来，咬母亲的脚，定柱举起石头猛击虎头，老虎受伤逃窜。永乐十二年（1414），皇帝下诏表彰谢定柱救护母弟的英勇事迹。

90．刘瑾

明洪武年间山阴人刘瑾，父亲获罪发配到云南。那时刘瑾才六岁，他问家人："云南在何处？"家人指向西南，他朝夕向西南揖拜。到了十四岁，决心去云南。对别人说："云南虽隔万里，天下岂有无父之子！"遂不顾别人劝阻，孤身前往。走了六个月才到其地，见到父亲后，父子抱头大哭。不久，他父亲得了疯病，刘瑾要求自己替父戍边。但当时的法令，一是满十六岁以上，一是只能嫡长子。刘瑾未成丁，有个哥哥已早死，哥哥的儿子年龄更小。官员见他家确实无人继承，又加他父亲患了疯病，便饶过他们。刘瑾带着疯病的父亲回家，孝养终身。（《明史》卷二百九十六）

91．麴祥

明朝永乐年间，永平（今河北昌黎一带）人麴祥，父亲麴亮为金山卫百户。在麴祥十四岁的那年，经常到我国东南沿海虏掠的倭寇，将麴祥掠去。倭国国王把他改名元贵，叫他在倭国为官，还为他娶了妻子。但麴祥一天也没忘记自己是中国人，想念自己的母亲。宣德时期，他与倭国使臣到明朝来，提出归国孝母，但当时朝廷为怀柔远人，未允许，只准许麴祥国家探母。历经二十多年，母亲已不认识他，只知他耳后有赤痣，验证以后果然有，母子抱头大哭。麴祥一心要回家侍奉母亲，向朝廷再次要求，终获批准。他毅然抛弃在倭国的官位、财产，回到故乡奉养失散二十多年的母亲，传为历史佳话。（《明史》卷二百九十六）

92．周琬

明朝初年江宁人周琬的父亲为滁州牧，犯下了大罪，按律当死。十六岁的周琬挺身而出，向皇帝请求自己代父死。皇帝认为是别人教唆或指使，不一定是真心，遂下令斩首。周琬得知，面不改色，坦然受刑。皇帝不杀他，把他父亲也轻判为戍边。周琬又向皇帝上奏说："戍边与斩首，都是一个死。眼看着父亲死去，儿子何颜偷生，还是请皇帝斩了我，免去父亲的罪吧。"皇帝下诏把他绑缚市曹问斩，周琬不仅不害怕，反而高兴。皇帝看到这一少年的真正诚意，下令赦免了他，并且为之亲题御匾："孝子周琬"，不久授予兵科给事中的官职。（《明史》卷二百九十六）

93．伍洪

明朝安福（今江西吉安一带）人伍洪，洪武四年（1371）进士，授绩溪县主簿，后来又升为上元县知县。因父亲去世，丁忧在家。三年过去，又因母亲年老，需在家服侍，不再去做官。家里的一些资产也让给弟弟，自己独自隐居养母。他有一个同父异母的兄弟，获罪逃跑，官府抓捕不得，把他母亲抓去。伍洪赶到衙前，哭着请代母服罪。母亲说："你弟弟的罪不轻，你去代替他是死罪。我年纪大了，死了没什么，你一定不要来顶罪。"伍洪说："哪有儿子在却连累母亲的。我们都是顶罪，还是让我这个对弟弟教育不好犯下大罪

的人来顶罪吧。”伍洪执意前去，结果被处死，人称全了孝悌。（《明史》卷二百九十六）

94. 陆尚质

明朝有个陆尚质，山阴（山西大同西南）人，对父母从来孝敬，为了让父母生活舒适，想尽一切办法。有一天，父亲乘船渡江，陆尚质在岸上送父亲。船向前渐去渐远，他又跑到山崖上观看。忽然刮起了大风，父亲坐的船轻飘飘地要由江入海。他知道入海以后，就要翻船，父亲必然遇难。见此情景，陆尚质毫不犹豫，从崖上跃入波涛之中，拼着命地将船推向崖边。撑船的人在船上、他在船下共同努力，船终于靠了岸。父亲安全了，而陆尚质却溺死水中。人们敬佩这位孝子，日后把这里称做“陆郎渡”。（《明史》卷二百九十六）

95. 王原

明朝正德年间，文安人王原，幼时家贫，父亲因家贫役重而离家出走。王原稍大后，母亲向他说起父亲的事。王原在门外繁华的地方摆上酒食，远方旅客来后，招待一番，向他们打听父亲的下落。过了几年，一无所获。结婚后月余，向母亲跪别，决心外出寻父。母亲认为毫无希望，不叫他去。王原寻父之意已决，背着行李以及写着父亲祖籍、年龄等内容的揭帖出了门。他遍历山东南北，至田横岛等地未找到。有人告诉他应该在南方，于是又整装南下洺、漳，行至辉县带山，宿一庙中，得知烧水的老汉与父亲的情况一切相同，谈起来，正是老父，便劝其父回家。其父起初不肯，经王原牵衣顿足，要求再三，才回到家中，父子、夫妻团圆。（《明史》卷二百九十七）

96. 荣瑄

明朝天顺年间琼州人荣瑄，三岁时死了父亲，他与兄长荣琇共同伺奉母亲。天顺四年（1460），贼寇占据琼城，荣瑄兄弟扶着老母外出避难，遇见贼寇。荣琇对荣瑄说："我以死保住母亲，你快跑去叫人来搭救。"荣瑄答应去求救援者。不一会儿，官军来到，捉住荣琇，要杀头，荣瑄闻知后，急忙跑来，跪到地上叩头流血说："我兄长为保老母而被擒，母老家贫，指望兄长劳作挣钱度日，要杀杀我，留着兄长养母亲。"官军的主将很糊涂，竟把荣瑄杀死了。（《明史》卷二百九十七）

97. 王在复

明朝太仓人王在复，二十一岁时，随父亲到城外读书。那时倭寇侵犯我东南各处，此时到了太仓。他们父子赶快入城躲避，父亲体胖跑不动，王在复拼命跑了一段路，没见父亲，马上回头去找。这时父亲已被倭寇捉住。王在复救父情急，急忙上前，对倭寇叩头求免。倭寇不但不允，还挥起刀来要砍父亲，王在复急忙以身挡住，继续痛哭哀求。倭寇挥刀将他父子杀害。当两颗人头落地的时候，王在复的两手还紧紧抱住父亲不放呢。（《明史》卷二百九十七）

98. 冯象临

明朝一个秀才冯象临，在家孝悌，全家和睦、幸福。忽然家里失了火，冯象临从外面回来，找不到父母，邻人告知在室内。当时火光遍起，烟雾弥漫，他硬冲进屋去，将老母从室内背了出来。母亲呻吟着告诉他父亲还在室内，冯象临放下母亲，又冲进火中，将父亲救出来，还拉出来一个幼弟。这时他身体的一半已经烧烂，几乎走不动。又听说幼妹尚在屋内，三次咬紧牙关，冲了进去。父母见他已不支，大声呼号不叫他去，但已阻止不住。过了好大一会儿，又冒着烈焰将烧得半死但尚活着的幼妹推出，而冯象临全身已被烧烂，出不来了。人们都说冯象临做到了孝悌，真是一个读圣人之书用于实际的读书人。（《明史》卷二百九十七）

99．孔金

明朝山阳人孔金，父亲早亡，母亲谢氏，遗腹三月生下孔金。当地有个大商人，名叫杜言。此人很坏，硬逼孔母嫁给他，孔母不从，投河而死。孔金长大以后，到官府去告杜言。杜言财大气壮，贿赂了官府，不但不受理孔金的状子，还要把孔金害死。孔金一路乞讨，到了南京，击鼓鸣冤，也没得到京师官府的重视。一介平民，虽含大冤，却一点办法也没有，只好又回到家中，在母亲墓前日夜啼哭。如此日复一日，许多人知道了他的冤情，乡里人刘清等爱打抱不平，将事情的来龙去脉告诉知府张守约，张早知杜言横行不法、罪迹累累，为此事找到地方民众及媒人对质。弄清了真相后，杀了杜言，替孝子孔金报了仇。（《明史》卷二百九十七）

100．诸娥

明朝初年，山阴人诸娥，父名士吉，洪武初年为粮长，有人诬告他多收粮赋，贪污中饱，官府判作死罪，两个儿子名诸炳、诸焕，也因此获罪。当时诸娥才八岁，家中遭此横祸后，日夜啼哭。为辨明真相，跟着她舅舅到京师去诉冤。明初规定：凡诉冤的人，首先要卧钉板，不然不予受理。钉板就是一个大木板上，砸上几百个钉，翻过来另一面露出尖尖的钉头，人卧到上面，辗转多次。小诸娥为申父冤，毅然躺到钉板上，辗转几次，浑身到处刺出血窟窿，几乎死去。官吏们见她心诚，收了她的状子，弄清事实，饶了她父亲，只判她一个哥哥流放。冒死为父伸冤的诸娥却因此死去。乡里人哀悼她，把她的肖像放进孝女曹娥庙内。（《明史》卷三百零一）

101．薛文

清朝初年江南和州有两个贫苦兄弟，哥哥叫薛文，弟弟叫薛礼。母亲年老体弱，需人照顾，他们一人到外面给人佣工，一人在家照顾母亲，兄弟俩不断轮流。在家照顾母亲的，不停地与老母交谈，不使她孤单。在外佣工的，晚上带回酒肉给老母吃。为使老母高兴，兄弟二人经常在老母面前唱些小曲、乱舞一阵，或作出种种怪态来，让母亲高兴。这样照顾了几年，老母病死。死后，两人多干活儿，多挣点钱发送了老母。朝廷得知他们孝母的事迹，特建祠表彰。（《清史稿》卷四百九十七）

102．陆陇其

陆陇其，平湖（今浙江嘉兴）人，清朝著名学者。在他任灵寿县令时，一位老年妇女状告儿子忤逆不孝。陆见这孩子一脸稚气，不像坏人，陆对其母说："我署中缺一小僮，可由你的儿子暂代。以后有了僮仆，我再惩罚他。"老妇人回去后，陆叫其子在家服役。陆陇其每天早上伫立母亲门外请安，母亲起床后，亲自盛饭端菜。老母吃毕自己及家人才吃。每遇闲暇时间，便陪老母安坐，或讲故事，或拉家常，以为笑乐。老母偶有不适，请医熬药，关怀备至。有时整夜不睡，伺候老母，毫无倦容和怨言。几个月后，小僮耳濡目染，忽然跪下哭着说："半年来，大人的一举一动深深地教育了我。都怪我不懂事，不知孝敬母亲，还惹她老人家生气。我回去向母亲认错，日后一定要像您一样孝敬母亲。"小僮回了家，向母诉说半年来的感受，母子俩痛哭一场，共同感谢陆大人身教之恩。

103．哑孝子

《清史稿》中记载一位不知姓名的哑人，有人说他是云南昆明的乞丐。他每次讨饭回来，要到干的给母亲吃，自己吃稀的；要到稀的，给母亲喝，自己不吃不喝。冬天衣服少，睡觉时和母亲靠到一起，以自己的体温给母亲取暖。发现母亲不高兴的时候，便做出各种奇怪样子，博得老母一笑。此人孝敬母亲远近闻名，人称哑孝子。许多人为他的孝行所感动，人们除给他一点饭食外，也常给他点钱。他知道，母亲在世时，自己讨饭奉养，死了以后，怎样安葬呢。为此他早作准备。当他每次要到铜钱时，便投进一口废井中。日积月累，井中已积了不少钱。他母亲去世后，乡里好心人打算将他母亲草草埋葬，哑孝子却一直用手指着井中。最初别人不解，经他一再示意比画，人们才知道井里有钱。遂把井中之钱取出，安葬了他的母亲。

104．沈仁业

沈仁业，字振先，清朝江苏吴县人。父亲到越南经商时，娶越南女子，生下沈仁业。八岁时，他才随父亲归家。按当时规定，外国人不能到中国来，他母亲只好留在越南。沈仁业因和母亲分离，时时郁郁寡欢。不久，父亲又死了。他决心南下渡海寻母。恐母亲不认识自己，请人绘了父亲的图像带在身上，南下寻找。当时正值越南发生战事，其母带着另外两个年幼的子女逃进山中。沈仁业到山中找了七天七夜，没顾上吃饭，也没找到。又过了两年，有人被他的孝行感动，为他开船到越南找到了母亲。回程时遇上飓风，仁业紧抱母亲，以身护母。风停后，到了琼州，地方官不让其母入境，仁业哭求，仍不得允。一位老吏看他们可怜，便找来康熙时允许外人入境的文书，才被批准入境，将母亲及弟妹接回家中，对母亲尽力奉养送终。

105．李三

清朝江苏宜兴人李三，是个普通农民。此人瞎了一只眼，跛了一只腿，但心地善良，孝亲有名。他父亲死后，两个哥哥要分家。家中共有六亩田，四间屋，一条船。两个哥哥把田、屋分去，只把一只船给了李三。商定三人轮流养母亲，李三奉养母亲时，每顿食必有肉。母亲去两个兄长家时，李三还经常给母亲送去一些好吃的东西。后来两个兄长相继死去，一个嫂子早死，一个嫂子改嫁，只有李三自己奉养母亲。多年来，他用这条船撑船挣钱度日。他撑船时，雇主给钱再多，也不走太远，从来不在外面过夜，为的是回家照顾母亲。为此奉养母亲三十年，邻里竞相夸赞。他还抚养侄儿。其母亲死以前，拉着孙子的手说："好孩子，要学你三叔啊！"（《清史稿》卷四百九十七）

106．贾锡成

贾锡成，清朝江苏宜兴人，父亲贾映乾，性情粗暴。锡成生下不久，因为一点小过，父亲怒责母亲，母亲离家不归。幼年的贾锡成，经常被小朋友讥讽为没娘的孩子，为此心中悲伤不已。稍大一些，便到外面去寻找母亲。到了无锡一个尼姑庵中，老尼给他食物，对他很慈爱，便想到母亲可能在某个庵中，于是他去了许多尼庵。有一次，一位老尼问他来自何处，回答来自宜兴，老尼说我的徒弟也是宜兴人。引见了以后，知是生母。母子悲喜交加，但母亲坚决不回家。日后贾锡成经常去探望，多次送去各种食物，母亲死后，依礼还葬。不久，父亲也死去，贾锡成也十分悲痛地葬了父亲。（《清史稿》卷四百九十八）

107．潘周岱

清朝安徽泾县人潘周岱，是个普通的竹工。和父亲一起给人家干活，干活时总是拣重活干，把轻活留给父亲。有一次，在干活时，父亲伤了足，他把父亲背回家，从此自己干活养家。经常买些酒肉供给父母吃喝，每到吃饭时，父母吃完他才吃。遇到荒年吃不上饭时，有一点饭也先供父母吃，他与妻子食糟糠。父亲生了病，他四处求医，精心照顾，不离左右。母亲生病时，入夜想喝点泉水，潘周岱拿着瓶子步行四十余里，去接泉水。一夜跑八十多里，天明赶了回来。他妻子也和他一样孝敬父母。他们的家虽贫穷，但父母生活得很好。父母常说：“我们远远胜过那些富裕之家。”（《清史稿》卷四百九十八）

108．黎安理

清朝贵州遵义人黎安理，自小生于一个不睦的大家庭中。祖母死后，祖父另娶，继祖母无理凶悍，经常与父亲大闹。父亲受气难忍，迁到四川灌县，后来死到那里。母亲受不了虐待，也回了娘家。十岁的黎安理被祖父留下，但一直受继祖母虐待。白天令他砍柴，晚上令他舂米，舂举不动，用绳绑上用脚踩。还经常不让吃饱，甚至设法害他，皆未能如愿。后来祖父死去，继祖母无所依仗，又生了病，黎安理不计前嫌，侍疾不倦，死后依礼治丧。他事祖父母三十四年，以孝顺出名。日后又去灌县为父上坟，请母亲及弟弟归家。一个弟弟死于外地，抚养其子。乾隆四十四年（1779）黎安理乡试成功，授永清教谕，后来又任长山知县，有治绩。此人孝悌仁爱，为人们称颂。（《清史稿》卷四百九十八）

109. 钱孝则

清初江南桐城人钱孝则，父亲在明朝福王时，以党人的罪名被追捕，变易姓名，带着全家人亡命到震泽。敌兵追上来，他母亲及妹妹均在逃亡时在水中淹死，他与父亲藏到稻田里，得免于难。敌兵过去以后，才将母、妹遗体收葬。和父亲又一起逃到福建。不久，福建又有了战乱，他和父亲奔逃中走散。过了几年，钱孝则返回福建，到处寻找父亲。历十三年，才找到，父子一起回家。回家后，父亲续娶徐氏。徐家有富名。一天父亲不在家，强盗破窗而入，绑着钱孝则，叫他领着去徐家抢掠。钱为了维护父亲的名声，维护正义，坚决不去，强盗用斧子把他的头颅砸裂，也不屈服。钱孝则至死保住了名节。（《清史稿》卷四百九十八）

110. 姚易修

姚易修，江南元和（今杭州）人。康熙初年，其父姚宗甲为闽浙总督范承谟的幕僚。耿精忠作乱时，捉住范承谟及他的一些幕僚，姚忠甲也在内。姚易修闻之，到耿精忠大营愿代父死，并咬破手指写血书保证。于是耿释放他父亲，将他系于狱中，迫使他投降。姚易修不为之屈服。康熙十五年（1676），耿精忠败亡，他才脱牢狱。当年姚母听说丈夫儿子的噩耗，日夜啼哭，两眼哭瞎了。姚易修恢复自由后，用各种方式给母亲医治眼病，后来竟治好复明了。（《清史稿》卷四百九十八）

111．张士仁

清朝江南昆山（今上海昆山）人张士仁，六岁时，母亲有病，就对神灵祈祷，愿代母病。十三岁时，随父亲在屋里睡觉，仇人藏在床下，露出刀子来。张士仁一面喊还在熟睡的父亲，一面用手抓仇人的刀，手指几乎被割了下来。他哀告仇人说杀了自己吧。这时父亲才醒来。仇人说："你有这么个好儿子，我不忍心杀你。我们的冤仇已解。"说完就走了。父亲这时才醒悟过来。日后，后母对士仁虐待，士仁照样尽孝。有一次，家里失了火，张士仁冲入火室内先背出父亲。后母在室内抱着儿子，无法出门，眼看要被火烧死，别人认为他们生还已无希望，此时烧得焦头烂额的张士仁，又冲进火海，救出二人，后母既感激，又后悔，邻里也为张士仁的行为叫好。（《清史稿》卷九百四十八）

112．任四

任四，清朝甘肃渭原（今甘肃陇西县）人，是一位普通的农民。在他家向狄道迁徙时，路上遇到老虎，父亲死于虎口。任四决心为父亲报仇。他买来鸟枪，练习射击，决心多杀老虎报父仇，在他努力下，用枪打死了几只老虎。邻县有虎，也请他帮忙，他有求必应，又在几个邻县打死了许多老虎。到他老时，计算一下，已打死老虎九十九只。后来又到山中，遇一虎，枪未及发，虎即猛扑过来。眼看要被虎伤害，忽然天气骤变，老虎离去。任四向父亲祭奠，告知已杀虎多只。同时告诉子孙不要再杀虎了。说毕，自己也铺着虎皮死去。（《清史稿》）

113．朱寿命

清代江西余干人朱寿命，康熙十四年（1675）时遭乱，与母亲李氏相失。他为此日夜啼哭数年，向邻里发誓：找不到母亲，不活着回来。于是穿上短衣芒鞋，背着蓝色包袱，步行千余里到了京师。得知母亲已为人掳去，在旗主家服役。他在京师以行乞为生。要点吃的吃掉，要点钱放进衣服内缝起来，准备赎回母亲。当他千方百计打听到母亲的下落后，旗主却要很多钱，才答应将他母亲赎回。朱寿命没有这么多钱，便每天跪到这家门外哀求。母亲生日那天，买来肉面一碗跪在那里，请母亲吃。他的举动，感动了许多人。有一位邵远平学士，主动拿出钱来，替他赎回母亲，并留他们在家中居住。过了几个月，又资助他们母子回了家。（《清稗类钞 · 孝友类》）

114. 吴姓四子

清朝中期，江南崇明吴姓一家，出了四对孝子孝妇。他们的父亲壮年时因为家贫，将四子卖给富家为奴。长大以后，都能自己赎身，并攻读谋生，四人各自娶妻成家。兄弟们都认为应尽心奉养、孝敬老父。先是议定每月由一家奉养，三月轮换一次。儿子媳妇们认为时间太长，改为每天一轮。大家又认为四天尽一次孝时间也长。最后议定早、中、晚餐，每顿轮换一次。轮过一遍后，四家合起来共同给老父改善生活。把各家子女叫来，听老人训教。老人到每家，各家均准备下好菜好饭，想方设法尽孝，讨得老人欢心。儿子们在老人的住室里放一些钱，让他取用。老人受到儿子和媳妇无微不至的照顾，活到一百多岁。（《清史稿》卷四百九十七）

附：本文孝子综合统计表：

历史时期	所涉篇目	孝星人数
先秦	1—14	14人
秦汉	15—40	26人
魏晋南北朝	41—56	16人
隋唐	57—65	9人
两宋	66—81	16人
元	82—88	7人
明	89—100	12人
清	101—114	14人

第四卷　孝亲敬老

中国古代节日民俗中的孝亲敬老

骆承烈

中华民族历史悠久，文化灿烂，优秀的文化传统从各个方面予以展现。自古以来的各种节日以及节日中的民俗，具体地体现出中华传统文化。这些节日，有的由纪念历史人物和事件演变而来（如清明节、端午节等），有的由神话、传说演变来的（如春龙节、天贶节等），有的是祭祀祖先、神灵沿袭来的节日（如中元节、腊八、祭灶等），有的是歌颂团圆、幸福美好的节日（如中秋节、春节、除夕等）。孝亲敬老是中华伦理道德中的重要内容。尊宗敬祖是中华自古以来的优良传统，在农历一年的十几个重大节日中，多与这两项内容有关。现择要分述于后。

一、春节

农历新年又称元日、元朔、元旦。1949年中华人民共和国成立以后，因采用公元纪年，沿袭辛亥革命后将农历新年改为“春节”。全国各地的春节，除放爆竹、吃饺子、挂春联、贴门神外，最主要的活动是祭天、祭祖。远古人对各种自然现象不了解，便认为这些自然现象由上天神灵主宰。追溯自己家族、家庭的来源，尊敬自己的祖先，于是就有了敬天地、敬祖先的活动。元日为一年之始，各地都有敬天地的民俗。中国是个多神教的国家，除天、地之神以外，还有喜神、福神、财神以及四面八方各式各样的神。敬祖的民俗更发展为敬祖先与敬尊长两项。春节那天许多家在院中供奉天帝，木主书“天地三界万灵十方真宰”。对联则是“天高覆恩远，地厚载德长”之类。富贵人家在正屋正中挂上祖先的“影”（像），一般人家也把祖先的木主请出来，点燃香烛，摆上供品，以及过年吃的饺子，全家人向祖先磕头。更多的是一年之始，长辈端坐正屋正中，全家依次向祖先木主叩头或鞠躬，然后年轻的子女先向祖父母、父母叩头或鞠躬，长辈给晚辈压岁钱。有的大家族，更在家祠内聚到一起，向祖先叩头、祈福。

二、寒食节、清明节

寒食节与清明节人们往往把它们当作一个节日，实际上是两个不同的概念。寒食节是人们为了纪念春秋时期介子推的事迹而来。清明节则是农历一年二十四个节气中的一个。介子推是春秋时期晋国的大臣，他随公子重耳在外流浪十九年，苦难时期割肉啖君，但重耳（晋文公）即位后遍封功臣时，却把他忘记了。他不争名利，背着老母进入绵山，晋文公派人遍山找不到他，要放火焚山，迫使他出来。火熄后，见介子推抱着老母在一棵柳树下被烧死。人们从尊重、怀念介子推开始，怀念死去的先人，这一天祭祀祖先、禁火、冷食，为寒食节。又因与清明时间相近，人们多将二节合一。清明节祭祖、扫墓，由对祖先尽孝发展到对历代烈士致哀、祭奠。

早在唐朝玄宗时，朝廷就提倡扫墓。《新唐书》记“开元敕寒食上墓，礼经天文，近代相传，浸以成俗，宜许上墓，同拜扫礼”。唐朝末年这一风俗渐盛。白居易《寒食野望》诗中写：“丘墟城门外，寒食谁家哭，风吹旷野纸钱飞，古墓累累春草绿。”《五代史》中也有“寒食野祭焚纸钱”的记载。宋人高翥的诗中描写当时扫墓的情景：“纸灰化作白蝴蝶，泪血染成红杜鹃。”元人刘因《寒食道中》诗云：“簪花楚楚归亭女，荷锸纷纷上冢人。”说明上坟、扫墓都已发展到各阶层。明人张岱的文中记扬州城中“男女毕集，家家展墓”。清代以来，清明上坟、扫墓更成为全国的风尚，这正贯彻了儒家的孝道精神。

三、中元节（盂兰盆节）

中元节是佛教的节日，因为佛教在中国影响很大，这天便成为人们通行的一个节日了。这天大摆“盂兰盆斋”，举行“盂兰盆会”，即集合众多僧人做佛事，为人间“七代父母行禅定意”。使他们在阴间摆脱饿鬼之苦。这一活动来源于佛教“目莲救母”的故事。《盂兰盆经》记：

目莲比丘（僧）见其亡母生饿鬼中，即以钵送饭往饷母。食未入口为火炭，遂不得食，目莲大叫弛还白佛。佛曰：“汝母罪重，非汝一人能所奈何。当须十方众僧众神佛神威之力，至七月十五日当为七代父母，现在父母厄难中者，具百味五果以著盆中，供养十方大德佛，赦众僧皆为施主咒，愿七代父母行禅定意，然后受食。”是时，目莲母得脱一切饿鬼之苦。目莲白佛：“未来世佛弟子行孝顺者，亦应奉盂兰盆尔可否？”佛言：“大善。”

这段记载，是说目莲为遵从佛祖的指示，由请众僧一起诵经拯救自己的母亲，进而上延至七代父母，再延至天下的父母，其孝行越扩越大。对天下父母广泛行孝，正是佛教宣传的内容。

儒家的孝道影响了佛家，佛家的活动又影响了以儒家思想为主体的更多的中国人。宋人的《东京梦华录》记“（七月）十五日供奉祖先素食，才明即卖穄米饭，巡门叫卖，亦告成意也。又卖转明花菜，花油饼馂鎌之类”祭祖。陆游《老学庵笔记》亦记“故都残署不过七月中旬，俗以望日（十五）具素馔享祖先”。吴自牧《梦粱录》记南方“七月十五日…亡家市买冥衣，亦有卖明花菜，花油饼…以此祭祖宗，寓报秋成之意”。

古代祭祖还有烧冥衣、放河灯等民俗。其含义不只祭祀自己的祖先，还要超度无家可归的游魂，将儒家的仁义之道推广到阴间了。

四、中秋节（仲秋节）

每年的农历八月十五，是秋天之中，称“中秋节”。古时对人及事的次序多以“孟、仲、季”相称，八月为仲秋，故又称“仲秋节”。这一节日的来源，一是月宫嫦娥的故事，一是秦始皇“群仙之会”的故事，一是宋朝巫山神女的故事，还有元朝末年反对元朝统治的故事等。这一切都围绕着一个“月圆”做文章，由“月圆”延伸到“人圆”，仲秋节便成为一个尽享天伦之乐的团圆节了。

仲秋节的民俗有赏月、祭月、吃月饼等。这一切都希望儿女们在父母跟前尽孝、居家团圆的前提下进行。宋代《帝京景物略》记：“八月十五……女归宁，是日必返其夫家，曰团圆节也。”嫁出的女子尽管在此前回娘家看望父母，但在这一天，必须返回婆家，和丈夫、儿女们一起陪伴公婆过节。同享天伦之乐。没有可能回家的人，就会“举头望明月，低头思故乡”。有人尽管思亲出现“白发三千丈”，此时也要对月追忆，默默地点起一缕心香，为远处的亲人祝福。诚如苏东坡所言：“但愿人长久，千里共婵娟。”古时多少诗人写过八月十五思亲的诗，催人泪下！

五、重阳节

古时“九”为阳数，二位“九”相重，作为重阳。这个节日是由一个道教的故事演化而来的。《荆楚岁时记》引汝南桓景听费长房之嘱，九月初九这一天登高，避免了一场瘟疫，故这天又称“登高节”。唐朝诗人王维诗：“独在异乡为异客，每逢佳节倍思亲。遥知兄弟登高处，遍插茱萸少一人。”九月九思亲，是说这天应到父母跟前尽孝，诗人为不能尽孝而思念。这天人们多在头上插上驱虫辟邪的茱萸，保证身体健康，这也是对父母的孝敬。

重阳节有佩茱萸、赏菊、饮菊酒、吃重阳糕等民俗，这一天也是敬老日。依《周易》的说法，“九”为阳，是人间最好的字眼，以“九九”来说，是对老人最好的祝福。我国自古就有敬老爱幼的美德，孔子为中都宰的政绩首先是“老幼异食”，孔子理想的“大同”之世，首要的是“老有所终”。孔子与弟子说到他最高的理想就是“老者安之，朋友信之，少者怀之”。历代对耄耋老人赠米、面、帛，给予免征发、免刑罚等特权，地方上的乡饮酒礼还规定年年尊老敬贤。我国改革开放后，把每年的重阳节定为“老人节”。在全国范围内大倡尊老敬老良风，这一做法当然也是对孝道的扩展。

六、冬至

在农历一年的二十四节气中，冬至是人们最重视的节气之一。这一天，我国各地开始昼短夜长的日子，北方从这一天进入“数九”，即开始很冷了。这一天还有一项重要内容——祭祖。我国自唐宋以来，朝廷都要在这一天到太庙“行荐黍之礼”，“命宰执迹于圜丘”。民间亦家家“备办饮食享祭祖先”。

宋时，这一天，百官向皇帝敬进贺表，百官之间也互送名帖、贺表，表示祝贺，民间也在“冬至之日荐黍糕，先荐元冥以及祖祢，其进酒肴及谒贺君师耆老，一为正旦”。这些行为也充满了敬祖与敬老的意蕴。

古时冬至前，北方许多嫁出的女子，要回娘家给母亲洗衣服，做家务，俗称“报娘恩”。清代《燕台口号一百首》中有：“几曾生女奉晨昏，到得归宁孝养存。落浣勿忘冬节事，心生未足报娘恩。”

七、腊八

农历十二月称“腊月”，腊月初八即“腊八”。这一民俗的来源，一说来自古代的腊祭，一是来自佛教的一个传说。这个节日的主要内容却是“腊祭”。

古代的腊祭担负祭祖先、报神灵的重任，因而古人很重视。《礼记 · 礼运》即孔子的弟子子贡观看腊祭后，孔子问他“乐乎？”子贡对曰：“一国之人皆若狂，赐未知其乐也。”可见腊祭在当时十分隆重。孔子对子贡的回答很不满意，批评他“百日之腊，一日之泽，非尔所知也”。老百姓辛苦耕种“百日”，才会有今天一天的腊祭。人们祭祖先、天地、神灵，感谢君主的恩泽，这种喜乐的心情，你哪能体会到呢？

在古人的心目中，“腊”有国家、社稷的意义，谁不腊祭，就等于断了香火，绝了后嗣。古时官员、士人，甚至奴婢，在这天都要备些东西，腊日祭祖。袁松山《后汉书》记：韩卓家中的奴婢，偷出食物来，祭其先人。韩卓得知，念其心诚，未予治罪。晋元康初年，江源郡守王长文，在这一天释放出狱中的囚犯。说自己祭祀不诚，未能好好地教导百姓，致使他们犯了罪。他利用人们腊日祭祖的愿望，因势利导，教育囚徒，缓和了社会上的矛盾。

依照佛教的故事，这一天人们喝“腊八粥”，这是一种御寒佳品。再把它冠以感谢父母把自己拉扯成人的含义，更能体现人伦之本——孝德精神了。

八、除夕

农历年的最后一天称为“除夕”。它也叫“除夜”“除岁”，表明一年的岁月就要结束，新的岁月明天就要开始了。也就具有“领将寒夜去，年共晓光新”，即辞旧迎新的意思。

古时在这一天多有“傩祭”，由人扮成傩公傩母，有的还组织几十人的队伍，以驱逐不祥。唐时有除夕送五穷鬼的习俗，宋时除夕更有许多民俗。如扫门闾、去尘秽、净庭户、贴门神、挂钟馗、订桃符、贴春联，乃至家家吃讲究的年夜饭、围炉守岁等一切活动，都是第二天（新年）祭祀祖宗的准备工作。

在我国古代节日民俗中的一些资料，多与尊宗敬祖、孝敬父母有关。多年来在中国人民生活中存在的这种种迹象，再三说明孝亲敬老、尊宗敬祖是中华民族的美德。这一美德，在当今社会仍要继承和发扬。

古代三十六良母

骆承烈

有人说：一个国家的前途，决定于母亲对子女的教育。此话有一定的道理。我国古代出现过许多良母。她们教子励学，教子仁德、忠信、勤廉，教子治国等，教育出一个个好儿女，写下了一代代光辉的历史。今选一批良母，略加介绍于后。

一、太姜教子

周朝的先人古公亶父的妻子太姜，是吕国的女子，端庄和顺，以礼自守，尊奉正道。为了谋求发展，他帮助丈夫由豳迁到周原（岐山）。三个儿子在她教育下，都做出突出的业绩。三儿子季历重仁尚德，生下个儿子姬昌聪慧明敏，古公亶父特别喜爱此孙，认为他是理想的继承人。他们的大儿子泰伯、二儿子仲雍为了让侄儿继承王位，双双离家，奔向南方，成为后来吴国的先祖。王季在母亲的教育下，认真教育自己的儿子姬昌，果然成就了大业，他就是周文王。

二、太任胎教

周朝先王王季的妻子太任，即姬昌（周文王）的母亲。此人品行端庄、诚挚，举止行动严守规范。在她怀孕的时候，为了使腹内的胎儿更好地成长，睡不侧身，坐不靠边，站不偏倚，不食怪味和不规整的食物，不坐不该坐的地方。目不观难看的颜色，耳不听浮靡的音乐，口不出傲慢的语言。经常听一些有意义的、倡正道的诗和故事。总之，一直保持良好的感觉和心理状态，所以生下一个仁德睿智的好儿子——周文王。

三、太姒成德

周文王妻子太姒，莘国的女儿。仁德而又贤明，识大体而又耐心诲人。据记载，她生下十个儿子。丈夫姬昌（周文王）整日忙于国家大事，家中事情由她一人承担，而且做得很好。大儿子伯邑考随父到朝歌，被纣王杀死，全忠全孝；二儿子姬发（周武王），继承父志，灭殷兴周，文治武功，彪炳史册。三儿子姬旦（周公）辅佐武王，伐纣成功，东征胜利，制礼作乐，分封诸侯，建立了一个持续八百年的新王朝。古籍记她“卒成武王、周公之德”，正是说明武王、周公的业绩都是她教育的结果。

四、臧母戒子

春秋时鲁国大夫臧武仲，为鲁国出使到齐国后，估计可能被齐国扣押起来。他母亲对他说：你以前权势大，对别人太严苛，有积怨。此次到齐国，齐国如果把你扣起来，别人正好借机报复，谁也不救你。臧武仲听了母亲的劝告，便对手下人多施恩惠，搞好关系。到齐国后，果然被扣了起来，齐国要用他当人质，出兵伐鲁。他马上回国捎信，但又不敢说真相，只好用了些隐语，大家都看不懂。只有他母亲从信中窥知真情，禀告鲁君，采取措施。于是鲁国陈兵边境，齐国不敢进犯，也就放了臧武仲。

五、文伯良母

春秋时鲁国大夫公父文伯的母亲，为鲁敬季姜。此人博闻知礼，教子有方。有一天，公父文伯的朋友来家，见他们都毕恭毕敬，便对儿子说：“古人交朋友为了学榜样，长学问。你的朋友都对你巴结，所以这个样子，其实都不会帮助你。”儿子听话，以后交了很多道德水平高的朋友。他母亲经常纺织，公父文伯因为自己做了高官，不叫母亲纺织了。他母亲说：“鲁国要亡了。怎么找了你这样一个不懂生产、不通人情的人当官。只有人人忠于职守，努力生产，国家才能富强。”儿子认真受教并照着去做，把鲁国治理得很好。

六、孔母教子

被称做“万世师表”的孔子，是人们认为最有学问的人。他的学问除来自自己的努力之外，还是他“学无常师”，向许多人学习的结果。孔子的第一个启蒙老师是他母亲。孔母颜征在，不到二十岁时嫁给六十多岁的叔梁纥，第二年生下孔丘。在儿子三岁时丈夫死去。孔母带着儿子迁居鲁国城内阙里。这里能找到更多的老师，看到更多的文献资料。孔子六岁时“陈俎豆，设礼容”，就是孔母令他学习贵族必备的礼仪。“入太庙，每事问”是他已养成勤学好问的习惯。为了日后成大器，孔母教儿子学习六艺。所以他当“乘田”“委吏”时干得都很出色，在地方上取得“博学”的赞誉。

七、叔姬埋羊

叔姬是春秋时期晋国羊舌子的夫人，叔向的母亲。羊舌子因坚守正道，不被晋国容纳，离开国都，到了一个小地方。这里的人有个规矩，送你的东西如果不收下，便不为当地所容。有一天，当地人将偷的一只羊送给羊舌子。羊舌子不敢不收，孩子又闹着吃羊肉。叔姬对丈夫说：“孩子不懂事，一切听大人的。吃了不义之肉，对孩子没有好处。不如将它埋了，表示我们与偷羊无关。于是把羊装进瓮里埋了。两年后，偷羊的事犯了，差役到他家搜查，说是未曾吃，还埋在地下，果然扒了出来，免了一场大祸。

八、伯嬴抗暴

春秋时楚平王的妻子，楚昭王的母亲伯嬴，秦穆公的女儿，是个讲礼仪又勇敢的女子。吴国攻下郢都，灭亡楚国后，将百官的嫔妃全部分给将士，吴国阖闾又要强占伯嬴为妾。伯嬴一面护着儿子，一面对吴王义正词严地说：“你是大王，应做天下人的表率。自古以来就有夫妻之道，不能胡来。天下最坏的事是贪财好色，你霸占我，人们便会对你不服气，反对你，你很快就要灭亡。”一席话，说得吴王无言可对。伯嬴和自己的儿子阿保紧闭大门，手中一直拿着武器，过了三十多天，来了救兵，昭王复位，勇敢的伯嬴才得自由。

九、江母辩理

春秋时楚人江乙，在楚恭王时任郢都大夫。有人进王宫偷盗，令尹（宰相）加罪于江乙，免了他的官。有一天，江乙的母亲去见楚恭王，说："我家丢了八寻布，是令尹偷的。"楚王不信，江母说："他当令尹盗贼四处活动，是他管理不善，应是他指使人偷的。"楚王否定了这种说法，但因她敢于在楚王面前指出官吏的过失，楚王赏给她黄金百镒。江乙母亲说："我不要任何赏赐，倒要问问以前我儿子当郢都大夫时，为什么皇宫里丢了东西，却对我儿子治罪。你们明白了这个道理就行了。"楚王见江乙母亲说得这么有理，儿子也一定不坏，遂又重新起用了江乙。

十、义保救称

义保是春秋时鲁孝公的保姆。鲁孝公名称，是鲁武公的第三个儿子。武公的王位没传给大儿子括，却请周王将二儿子戏封为鲁侯（鲁懿公）。他大儿子括的儿子伯御不满，攻杀懿公，自立为王，还要把称一起杀掉。义保看到伯御这种抢权的手段不对，再要杀称更不应该，决心救称。便把称的衣服穿到自己儿子身上，伯御杀了义保的儿子，称逃了出去，得以幸免。十一年后，鲁国的大夫请周天子下令杀了伯御，迎来称当国君，即鲁孝公。义保的义举后世传为佳话。孔子曾说"托六尺之孤"，对此义举予以赞扬。

十一、田母退金

田稷是战国时齐国的相。他曾接收了官吏百镒之金送给母亲。田母说："你为相三年，俸禄不会这么多。这些金从哪里来的？难道是别人送的吗？"田稷承认是别人送的。田母说："一个人不义之事不应在心中考虑，不义之财不应拿回家中。如今国君以高官厚禄待你，你不廉洁奉正，还用不正当的手段对待国君，太不忠了。做臣子不忠，也就是做儿女不孝。”田稷羞愧地拿起百镒之金走开，接着送还给下属官吏，又主动到齐宣王那里请罪。宣王赦免了田稷，对田母更敬重了。

十二、乳母护子

魏节乳母是战国时魏国一个公子的乳母。在一次秦赵战争时，秦国大败魏国，杀死了魏王假，也杀死许多魏国公子，只有一个公子未抓到，便下令："谁能抓到魏国公子，赏金千镒。藏匿的罪至灭族。”魏节乳母和公子一起出逃时，魏国旧臣见到她，问他是否知道公子的下落，希望她去告发，领赏。她坚决拒绝，马上又带公子逃跑。秦军得知后，前来追赶，乱箭射来，她用身子挡住公子。身上中箭数十支，与公子一起死去。秦王听说后，敬重她的为人，以公卿之礼殡葬了她。

十三、魏母大贤

战国时魏国芒卯的妻子，生下五个儿子后早死。芒卯娶了后妻，又生下三个儿子。这一后母对前面五子十分疼爱，但前妻的孩子就是不理她。她叫自己的三个孩子在吃饭穿衣上都比五个哥哥差，前妻的五个孩子还是不爱她。有一天，前妻的次子犯了法，判了死罪。慈母心中十分难受，为儿子多方奔走，腰围瘦了一圈。别人问她为什么这么下力，她说："他已经失去了母亲，我不爱他是不慈。正因为不是我的亲儿子，我不帮他是不义。无慈无义，孩子怎能活下去呢？”魏安釐王知道有这样一位深明大义的慈母，便赦免了她的儿子。于是，五个孩子对她都很好了。

十四、佛母说理

战国时，赵国的臣子佛肸占据中牟，反叛赵国。依据赵国法律，凡据城反叛者，不但自身获死罪，家属也要逮捕问罪。赵襄子派人捉住佛肸的母亲。佛母被捉后，要求见赵襄子。见后问："为什么捉我？"襄子说："你没有教育好儿子。"佛母说："我听说：孩子年幼时犯了错，是母亲教育不好；长大后犯了错，是父亲的责任。如今儿子已成年，已成为赵国的臣子，他犯了罪，是国君教育不好的缘故。所以应该说我没有不法恶子，君却有不法的恶臣。我无罪，有罪的则是你。"几句话说得赵襄子哑口无言，便放了她。

十五、楚母训子

战国时楚国将领子发的母亲，贤明仁德。子发与秦国作战，粮食匮乏，派人回国催粮，差人到家探望母亲时，子发母亲向来人问兵士吃什么，回答兵士因为缺粮，每天平分豆粒吃，而将领却每天能吃上酒肉。儿子打完仗回来，母亲关上门不叫进，派人责备儿子说："当年越王勾践得到一坛酒，自己不喝，倒进小河里，兵士从下游都能饮到，所以能以一当十，战胜敌人。你却高居兵士之上，今天虽然得胜，但却不是你治军有方。你不是我的儿子。"子发向母亲诚心认了错，母亲才饶恕了他。

十六、赵母识子

战国时赵国名将赵奢的妻子，赵括的母亲，是个有远见、识大体的人。他儿子赵括自幼熟读兵书，谈起军事来，认为天下无人能与其相比。但赵母认为他是纸上谈兵，对他信不过。秦赵交战时，秦国离间赵国名将廉颇，赵王要起用赵括为将时，赵母为了国家和百姓，苦苦哀求赵王不要用儿子，赵王就是不听。赵母说："大王执意用赵括，以后他做了对不起国家的事，不要连累我家。"纸上谈兵的赵括和秦军作战不久，便损兵折将四十五万，使赵国一蹶不振。因为赵母有言在先，所以她家得以幸免。

十七、孟母

(一) 孟母三迁

战国时邹国孟轲的母亲仉氏，贤明能干，对教育儿子特别重视。儿子三四岁时，丈夫去世，自己劳动养活儿子。她们住在邹国北郊马鞍山旁，附近有一片坟地，埋葬者、祭扫者络绎不绝。儿子常学人丧葬的样子取乐。孟母认为这里对孩子成长不利，便迁到邹国西边不远的地方。这里是个市场，商贩云集，叫卖之声不绝于耳。小孟轲又学着做生意，讲价钱。孟母见环境不好，决心再迁。这次迁到一座学宫旁，天天能听到朗朗读书声，孟母满意地让孟轲每天到学宫学习，孟子终于成为了著名的学者。

(二) 孟母断机

战国时邹人孟轲在母亲仉氏三迁之教下，开始学习了。但儿童生性贪玩，小孟轲有时不去读书，却和小朋友一起逃学去玩。起初孟母没在意，后来见儿子学习成绩天天下降，回家时常常满头大汗，仔细了解，原来是逃学去玩，孟母很难过地记在心里。有一天，孟轲回到家，孟母突然拿起刀来，把正在织的布割断。小孟轲惊问为什么？孟母说："一个人学习和织布一样，耽误了就是中断了，永远不能成材。"小孟轲羞愧地低下了头，认了错。从此努力学习，终成大儒。

(三) 孟母说礼

战国时孟轲的母亲仉氏，对儿子在礼仪上从来严格要求。有一次，孟子在屋外看见妻子在室内蹲在地上，衣冠不整，不守妇道，便对母亲说："她这么不守礼法，应该休了她。"孟母问："你是怎么知道的？"孟子说："我从窗户里看见的。"孟母告诉他："古人说'将上堂，声必扬。将入户，视必下'。进屋前应叫别人有所准备，不能乘人不备，突然袭击。你偷看人家是你无礼，不是人家无礼。"孟子认了错，再不提休妻了。

十八、鲁义姑姊

鲁义姑姊是鲁国一个乡间妇女。齐国进攻鲁国，打到鲁国郊外，远远望见一女子，抱着一个孩子，领着一个孩子。齐军将到时，她丢下抱的孩子，抱起领的孩子，向山上跑去。丢下的孩子在后面哭喊，她连头也不回。齐军追上那女子，问："你为什么把小的丢下，难道他不是你的亲儿子吗？"女子哭着说："正因为他是我的亲儿子，我才丢掉他。我抱的是哥哥的孩子，他已无父无母，我不管他，谁去管他。"齐军听后，派人对齐君说："鲁国有这样仁义的百姓，我们不应打它。"于是撤了兵。

十九、王孙氏母

王孙氏母是战国时齐国大夫王孙贾的母亲。王孙贾十五岁时就事奉齐闵王。齐国动乱，篡夺大权的相国淖齿杀了齐闵公，齐国人却无人站出来给闵公报仇。王孙母对儿子王孙贾说："你既然知道淖齿不义，闵公不该杀，你为什么若无其事呢？我一早一晚等着你，希望你救国勤王，你为什么无动于衷呢？"王孙贾听从母命，到街市上号令百姓说：愿意讨伐逆贼淖齿的露出右臂来。一时四百多人跟从，一举把淖齿刺死，平定了齐国的内乱。

二十、齐义继母

战国时期齐宣王时，有人斗殴死在路上，官吏查看，发现是被人害死的，当时有兄弟二人站在旁边，官吏问时，兄弟二人各自承认是自己杀的。过了一年，也无法判决，上奏齐宣王。齐宣王说：如果把两人都治罪，不公平；对两人都赦免，也不合理，应该问问他们的母亲。于是叫来两个孩子的母亲，母亲哭着说"杀掉小的吧"，齐相说："自古父母都爱小儿子，你为什么要给小儿子加罪呢？"母亲说："小儿子是我生的，大儿子是丈夫的前妻生的。丈夫死前，托我好好照顾他，我要忠于丈夫的托付。"齐相进宫，将此事告诉宣王，齐宣王赞美她的义举，赐给她"义母"的称号，赦免了她两个儿子。

二十一、王母尸教

秦朝末年，沛人王陵在刘邦起义反秦时，带着一些人跟随刘邦南征北战，十分忠心。在楚汉战争中，王陵的母亲被项羽掳去，项羽派人叫王陵母亲写信，招王陵投降。王陵母亲认为刘邦行为仁义，项羽惯于杀戮，希望儿子辅佐刘邦。她对使者说："请您告诉王陵，要他全力辅助汉王。别因为我而出现二心。"说毕，伏剑自刎，以自身一死教育儿子。王陵听后，更坚定了扶汉灭项的信念。后来帮助刘邦打败了项羽，日后又做到汉朝的丞相。

二十二、张汤良母

汉武帝时，任御史大夫张汤的母亲，对儿子要求很严格。张汤少时喜欢争强斗胜，欺负别人，张母多次怒气冲冲地责备他，但对他坚持正义的行为，却不责问，张汤这一性格一直没改。以致后来遭到丞相严青翟和三长史的怨恨，把他告后拘囚，迫使张汤自杀了。张汤死后，其兄弟、儿子要厚葬他。张母说张汤是天子的大臣，天子一定知道他为坚持正义被恶语中伤而死，不必厚葬。汉武帝听说后，知道张母最了解自己的儿子，派人重新审理此案，弄清了张汤的冤情，杀了三长史，严青翟也被迫自杀了。

二十三、隽不疑母

汉昭帝时，隽不疑的母亲仁慈贤惠，善于教诲儿子。隽不疑当上京兆尹后，母亲多教导他对百姓要施行仁义，每次回到家，母亲总是问他为囚犯平反的情况，打听有多少应获死罪的人被特赦活了下来。如果听到许多百姓被平了反，他便高兴，吃饭、说话也与平时不一样。如果知道儿子对百姓执行严刑峻法，便很生气，甚至不吃饭。为此，隽不疑在任官吏期间，对百姓严厉但不凶残。

二十四、吕母起义

西汉末年，王莽篡汉建立新朝后，对百姓剥削压榨更加厉害。琅琊郡海曲（今山东日照）有个吕育，在县衙内当个管搜捕盗贼的小吏，被县令无故冤杀了。他母亲决心为儿子报仇。于是散尽家财，广泛结交豪杰。众豪杰屡受她的恩德后要报答时，吕母说："不要报答我，只要和我一起进城杀了贪官，我便心满意足了。"于是他们毅然起义，攻进海曲城，杀了县令，吕母当了将军，是西汉末年第一支农民起义军。此后，赤眉、绿林等起义军继续战斗，终于推翻了王莽政权。

二十五、孔母舍生

东汉末年，孔子十九世孙孔宙的妻子，经常对孩子进行道德教育。那时宦官专权，迫害好人。张俭被迫害，到朋友孔褒家避难。孔褒不在家，他弟弟孔融接纳了他。日后被宦官侯览得知，要追究责任，对藏匿张俭者重重治罪。孔褒说："张俭是我的朋友，藏匿他是我的责任，应对我治罪。"孔融说："人是我留下的，我有责任，应对我治罪。"他们的母亲却说："儿子是我的，如果治死罪，全由我承担。"最后孔褒被杀了头，但孔母大义凛然，却做出了好的榜样。这样一来，人们更看清了宦官邪恶的嘴脸了。

二十六、赵母就义

东汉时赵苞，奉命到辽西上任时，顺路把母亲、妻子一起接到任上。但却被乌桓人围住，将他母亲、妻子掳去。两军阵前，敌人提出条件，"如果把辽西的城池让出来，就放你母亲回去"。赵母在阵前大声对儿子说："千万不能这样做。让不让城是公事，放不放我是私事，不能因私害公。你有心接我来，已经是很孝顺了。如果为了我让出城池，使更多的母亲遭殃，是不忠不孝。"敌人残酷杀害了赵母，赵苞坚守阵地，盼来救兵，打退了敌人。

二十七、徐母骂曹

东汉颖川人徐庶字元直。自小母亲就教育他做人正直。早年因给别人打抱不平被捕，经一些朋友力救得脱。从此努力学习，与诸葛亮交友，他们经常分析天下大势，指点江山，成为远近闻名的学者，后来诸葛亮将徐庶推荐给刘备。曹操为了得到这个人才，捉住了他的母亲。徐庶不得已到了曹营。徐母知道刘备仁德，曹操霸道，捉自己当人质一事是不讲道理，于是找机会把曹操大骂一顿以后，自缢而死。徐庶身在曹营，一言不发，终生未为曹操出过一个计谋。

二十八、陆母彰廉

三国时，吴人陆绩的母亲对儿子幼年就谆谆教育，做官后更教育他为官要清廉。他从郁林太守任上卸职还乡时，一家四口人的财物，装不满一船。陆绩担心船轻难抵风浪，买了一些大甏装满咸菜。船公还搬来一块几百斤重的大石头压到船头。行船的路上，遇见水盗，遍搜船体，见无物可拿，空手离去。船到了家，陆母高兴地对儿子说："你如果装来一船金银财宝，我就不认你这个儿子。如此清廉地回来，我很高兴，这块大石头可收藏起来作纪念。"人们把这块石头称做郁林石，又称"廉石"。

二十九、"女中丈夫"

东晋皇帝司马聃（晋称帝）之母褚氏，是晋康帝司马岳的皇后。褚氏名蒜儿，父亲褚裒是名门贵族。立皇帝不久，二十三岁的晋康帝便死去，褚氏才二十一岁，儿子司马聃刚满两岁。皇帝一死，朝内大乱，面对复杂的政治形势，她首先发了一道诏书，声明自己临朝听制，抱着儿子主持国政。她先后称制近二十年，能体恤民间疾苦，减轻对百姓的征调。在出现灾荒时，对百姓赈济。尤其是她不贪恋权贵，不许外戚专权，为晋朝保住了江山。历史上有人把她誉为"女中丈夫"。

三十、陶母拒鱼

东晋名臣陶侃，幼年丧父，寡母把他带大。二十多岁当浔县吏时，托人送回一罐鲊鱼给母亲。陶母却拒收，说："这是官物，我要了倒增加忧愁。"坚持把鱼退了回去。后来陶侃和母亲住到一起，对他教育和要求更严了。有一次，他家宴请宾客，陶母把案上的饭粒吃掉，陶侃希望母亲不要这样，给自己留点面子。陶母说："你要事业？还是要面子？你应知道农夫耕作的艰难，才能有饭吃。"陶侃跪下认了错。从那以后，他为官特别节俭，传为佳话。体恤民情，受到人们的称赞。

三十一、李母退米

唐朝人李畬任监察御史时，曾把所得的禄米派差役送到家中。李母一看，便知太多，问到差役时，差役说，"经办无误"。李母要重新量米，果然多了三石。李母问："为什么多出这么些？"差役说："老爷们的禄米惯例不量，多一点就多一点。"又问："运费怎么收？"回答："按惯例不收。"李畬回来，李母对他说："你这样做官，国家怎能不乱？你身为监察御史，这样做更不对。马上上奏认罪。"皇帝知道后认为小题大做，李畬却坚持母亲的正确意见，自己带头退赔，并带动其他官吏不再多收，废除过去多沾的惯例。

三十二、教子学文

宋朝名臣欧阳修，自幼丧父，由寡母抚育成人。因为家里穷，要读书、写字，买不起纸笔。欧母便用荻草为笔，土地为纸，教子写字。并经常以他父亲忠于职守、廉洁奉公的事例教育儿子，说："你父亲为官清廉，又好施舍，喜欢宴请宾客，所以家里没有积蓄。他死时，没留下一间房、一块地。他经常夜里点着蜡烛处理公事，睡得很晚。百姓犯了法，他很难过。见到怀抱的你，对我说，把我的言行告诉儿子，叫他也忠于职守、廉洁奉公。"欧阳修谨遵母命，日后为官清廉，给百姓办了不少好事。

三十三、岳母刺字

宋朝汤阳人岳飞，是抗金名将。他母亲自小就教育他忠于国家，爱护百姓。小岳飞除努力攻读外，又拜李侗为师，苦练武艺，准备随时杀敌报国。金兵打来，岳飞前去应征从军前，岳母给他讲了许多爱国爱民的道理，举出许多历史上杀身成仁、爱国杀敌的事例，然后令他跪在地上，在儿子后背刺上“精忠报国”四个大字。岳飞终生牢记不忘。不久组织岳家军，取得抗金斗争的胜利。后来虽然被奸臣害死，死前仍大义凛然，念念不忘“精忠报国”的母教。

三十四、耿母寄书

清朝山东侍御史耿鸣世妻，生活清廉，爱惜民力，她儿子耿庭柏也官至都御史。在外面做官，她经常叮嘱儿子防腐倡廉，为此写了《寄子书》：

家内平安报尔知，田园岁入有余资。

丝毫不用南中物，好做清官答圣时。

三十五、颜母育子

颜子后裔在清朝初年，英武忠烈，其六十八代孙颜伯景，在清初大混乱的形势中，隐居乡下。颜伯景妻朱淑人，在清兵攻破兖州时被掳，清兵砍伤她的手臂也不屈服。此人知书达理，教子有方。自小对孩子加强教育，严格要求。长子颜光猷，于康熙十二年（1673）中进士，次子光敏于康熙六年（1667）会试中进士，三子光学于康熙二十三年（1684）中进士。三个人都是文学家，都有一些诗文传世。朱淑人的三个儿子在十七年中连续中了进士，她也被当地人称做良母。人们说中进士就是做高官，习称“天官”。直到现在，他们在曲阜的住地仍名为天官第街。

三十六、蒋母育才

清朝江西铅山人蒋士铨，四岁时候，母亲就教他读四书。因年幼不会拿笔，母亲便把竹枝削成条，然后折断，做成书中的撇、捺、点、横、竖等笔画，用来组合成字。抱着孩子在膝盖上识字。儿子六岁时教他练习拿笔写字。儿子九岁时，教习《礼记》《诗经》《周易》，和别家的孩子一起背诵。因为家境贫穷，蒋母在教儿子学习时，自己纺织，十分辛苦，但毫无怨言。蒋母有时烦闷或身体不好时，只要一听到儿子的琅琅读书声，百病全消。如此努力地培养孩子，终于把蒋士铨培养成一位著名的文学家、戏曲家。

表彰孟母　建议设立“中华母亲节”

骆承烈

孝亲敬老是中华民族的传统美德，古人对此多有论述。孔子主张“弟子入则孝，出则悌”。孟子说人世间的一切事情“孰为大？事亲为大”。一部《孝经》更体现出孔子、曾子孝的主张。中国古籍中时时出现对父母孝敬的内容，尤其《诗经》中的《小雅 · 蓼莪篇》，对父母的恩德反复叙述，充满感情。读后，不但可熟知“哀哀父母，生我劬劳”，还能使人感到对父母“欲报之德，昊天罔极”。尤其对生养自己的母亲。孔子说：“子生三年，然后免于父母之怀。”慈母对儿女关怀备至，诗人把母亲对子女的恩德比做“三春晖”，十分恰当。一部《列女传》专为历史上的良母设了《母仪篇》，集中表彰了古代历史上十几位良母。她们主要的功德是用良好的道德教育子女。不但讲道理，更能身体力行，做出榜样。如“周室三母”中的太姜、太任、太姒，教育出周之先王王季、文王、武王，“楚子发母”教子力戒骄泰，齐田稷母教子廉洁正直。中世纪以后，人们更以就近的良母为榜样，予以表彰。如王陵之母舍身立义，以实际行动教育儿子忠于汉王刘邦；岳飞之母在儿子背上刺以“精忠报国”，令其忠孝结合，建立功业；欧阳修之母在穷困无助的情况下，教育儿子苦读成才，等等。

我国历史上还有一位历朝历代对其崇敬不衰的良母，这就是战国时期大思想家孟子的母亲。《列女传 · 母仪篇》“邹孟轲母”记：

邹孟轲之母也，号孟母。其舍近墓。孟子之少也，嬉游为墓间之事，踊跃筑埋。孟母曰：“此非吾所以居处子。”乃去，舍市傍。其嬉戏为贾人炫卖之事。孟母又曰：“此非吾所以居处子也。”复徙舍学宫之旁。其嬉戏乃设俎豆，揖让进退。孟母曰：“真可以居吾子矣。”遂居。及孟子长，学六艺，卒成大儒之名……

孟子之少也，既学而归，孟母方绩，问曰：“学何所至矣？”孟子曰：“自若也。”孟母以刀断其织。孟子惧而问其故。孟母曰：“子之废学，若吾断斯织也。夫君子学以立名，问则广知。是以居则安宁，动则远害。今而废之，是不免于厮役，而无以离于祸患也。何以异于织绩而食，中道废而不为，宁能衣其夫子而长不乏粮食矣。”女则废其所食，男则堕于修德，不为窃盗，则为虏役矣。”孟子惧。旦夕勤学不息，师事子思，遂成天下之名儒。

上述孟母“三迁”和“断机”的故事记载了孟母教育孩子的两种方式。一是教育孩子选择环境。古人说“近朱者赤，近墨者黑”。一个人所处的环境很重要，尤其是儿童，因年幼缺乏分辨力，环境对其影响更大。孟母为避免儿子在坟墓旁、市场旁学坏，一再迁居，最后迁到学宫旁。孩子整日接触读书人，能不断受到知识的熏陶，有利于孩子成长，显然是正确的。面对着孩子逃学、玩耍，对自己学习的好坏持无所谓态度，一般的教育难以奏效时，断机之举就是采取一种突发行为，震动孩子的心灵，然后，再慢慢向他讲清道理。以所织之布被突然割断来比喻学习不能中断。以一种形象的表现向孩子讲清道理，便容易理解和接受。显然这种教育孩子的方法也是正确的。

孟子的家乡邹，即今山东邹城市。古代邹国即邾国，有着悠久的历史，明、清以来多部地方志书都详细记载。当地以诞生孟子这位伟大的思想家为荣，也以出现教子有方的孟母为荣。因此孟子与孟母的记载在许多志书中多次出现。单以记载孟子生日的内容来说，就有几处。如：

清康熙年间娄一均撰《邹县志》之《圣贤志》记：

周烈王四年，鲁共公五年己酉四月初二日孟子生。

清道光年间马星翼撰《邹城史稿》之《圣迹 · 孟子》亦记：

周烈王四年，鲁共公五年己酉四月初二日孟子生。

明万历年间专记孟氏家族的《三迁志》之《年表》中记：

周烈王四年，鲁共公五年己酉四月初二日孟子生。

其注中记：

孟子生卒，古书不载，家世相传谓其卒于周赧王之二十六年，年八十有四。《留青日札》《听雨纪谈》皆然。独其生之岁二书皆言在周定王三十七年。近黄梅瞿九思谓定公崩后三十余年孔子乃生，年次甚左。若以定公为贞定王，则去孟子卒时为百四十余岁，又与八十四之数不合。且贞定在位只二十八年，安得云三十七年哉？因定以为烈王四年，今从之。

孟子生日旧载四月初二日，乃有谓周之四月即今之二月者。不知三代所用岁首，虽子、丑、寅各不同，亦止以其月首岁，行新岁仪，非并春夏秋冬之时，正二三四尽那移也。如《书》之《伊训》曰：惟元祀十有二月是以十二月为岁首，而不正十二月也。秦以冬十月冠年，汉初亦然，是亦以十月为岁首，而不正十月也。至于周人《邠风》叙四时物候，毫不爽夏时，俱彰彰可见。安得以周月准夏时而改之，故今以孟子之生断于四月初二日。

自宋代开始流行的《三字经》中“昔孟母，择邻处。子不学，断机杼”两句话，早已脍炙人口。在孟子生地凫村（现属曲阜市），当地百姓每年四月初二均举行祭孟活动，纪念孟子的生日。当地民俗亦可为史载之证明。

民谚有：“孩子的生日，就是母亲的受难日。”孟子的生日，也是孟母的受难日。孟母教子有方，教子有成。古往今来，一直受人尊敬，如果把她生孟子的这一天定为中国的“母亲节”，理应得到国内人民及海外华人华侨的认同。2006年10月在河南新乡市由国际儒联召开的“第二届儒家伦理与东亚地区公民道德教育论坛”上，全体与会人员一致通过，建议将孟子生日这一天定为中国的“中华母亲节”。同年12月13日在孔子家乡山东邹城成立了“中华母亲节促进会”，会上一致通过将每年的农历四月初二定为“母亲节”，让国人在这一天缅怀母恩、尊敬慈母，这一活动如果实行，则能更好地发扬中华传统美德的孝道，在建设和谐社会中发挥积极作用。

岁岁重阳父亲节

骆承烈

2007年，我们在农历四月初二过了首届“中华母亲节”。这是孟母生孟子的日子。“昔孟母，择邻处。子不学，断机杼。”这一流传千年不衰的故事，在人们面前呈现出一位教子有方、教子成材的良母形象。

自古以来，天地、阴阳、男女并称，有了我们中国自己的母亲节，也应有中国的父亲节。

中国的父亲节在何时？——每年农历九月九日。

“九月九”是重阳节，也是国务院正式颁布的“老人节”。为什么定这一天为父亲节呢？有两个原因：

第一个原因，这天是重阳。我国最早的哲学著作《周易》中记“天一地二，天三地四，天五地六，天七地八，天九地十”。一、三、五、七、九为天之阳数，二、四、六、八、十为天之阴数。过去说一月初一、三月初三、五月初五、七月初七、九月初九，有五个“重阳日”，而九月初九日月相应，是阳中之阳，天中之天，《梦粱录》记“九为阳数，其日与月并应，故号曰重阳”。

自原始社会后期，母系氏族社会演变为父系氏族社会后，各个氏族、胞族、部落、部落联盟，多由男性主持发展，到阶级社会更是以男性为主。整个奴隶社会、封建社会基层的社会形态，都是父系家长制。当然这是由早期的农耕社会，即落后的奴隶制经济和封建经济决定的。由于旧日男女在社会生产中处的地位不同，才出现了男天女地的说法。九月初九这一天，是男人节，也是父亲节。

第二个原因，是纪念轩辕黄帝的日子。我国五十六个民族都是炎黄子孙，对轩辕黄帝之说更加具体。《史记》卷首《五帝本纪》记：

黄帝者，少典之子，姓公孙，名曰轩辕……于是轩辕乃习用干戈，以征不享，诸侯咸来宾从……轩辕乃修德振兵，治五气，艺五种，抚万民，度四方，教熊、罴、貔、貅、貙、虎，以与炎帝战于阪泉之野，三战然后得其志。蚩尤作乱，不用帝命。于是黄帝乃征师诸侯，与蚩尤战于涿鹿之野，遂禽杀蚩尤。而诸侯咸尊轩辕为天子，代神农氏，是为黄帝。

黄帝不但在战炎帝、战蚩尤中立下赫赫武功，在他领导下，还有许多创造发明，丰富了人们的物质生活和精神生活。《易 · 系辞》记：

黄帝、尧、舜垂衣裳而天下治……刳木为舟，剡木为楫，舟楫之利，以济不通……服牛乘马，引重致远，以利天下……断木为杵，掘地为臼，臼杵之利，万民以济……弦木为弧，剡木为矢，弧矢之利，以威天下……

《大戴礼记》记：

宰我问于孔子曰："予闻荣伊曰黄帝三百年。请问黄帝者人耶？何以至三百年？"孔子曰："劳动心力耳目，节用水火材物，生而民得其利百年，死而民畏其神百年，亡而民用其教百年，故曰三百年也。"

孔子的这番回答是说黄帝不是神，是一位一生为百姓谋利益的王，他活了百年。他的威望很高，民敬之为神达百年。他对民教化，做出的各种事功也有百年。一番回答说出了黄帝在人们心目中的崇高地位。

《汲冢竹书》记：

黄帝即仙去，其臣有左澈者，削木为黄帝之像，帅诸侯朝奉之。故司空张茂先撰《博物志》亦云：黄帝仙去，其臣思恋图极，或刻木像而朝之，或取其衣冠而葬之，或立庙而四时祀之。

可知早在一千多年前，人们便用各种形式对黄帝表达尊崇了。

《史记 · 五帝本纪》记"黄帝崩，葬桥山"。桥山在陕西中部山西北，沮水穿山而过，山如桥状，故名桥山，一名子午山。上有黄帝冢，亦称桥陵。古籍又记有黄帝于九月九日乘黄龙上天的传说，从汉代以来，人们便在这一天祭祀黄帝。黄帝是中华民族的祖先，陵内大殿中"人文初祖"的匾额点到了正题。多年来，甘肃、河南、河北、山东、北京等七处均有黄帝陵，但以陕西黄陵最为人们公认。

《逸周书 · 尝麦解》："凡黄帝之子二十五宗，其得姓者十四人，为十二姓。"《史记 · 五帝本纪》记："黄帝二十五子，其得姓者十四人。"接着又记其两个儿子：玄嚣、昌意，又用大量篇幅记载此二人如何向后传递少昊、尧、舜、禹……从而人们将黄帝认作自己的祖先。河南新郑一带出现过五千年前的仰韶文化和八千年前的裴李岗文化，郑州市把这里建成全球华人寻根祭祀的国际文化中心。其中的"百姓墙"上许多姓氏均认黄帝为先祖，连孔圣人之后的《孔氏族谱》中还将轩辕认作孔子之前四十七代祖。

从汉代开始，各地均有重阳节祭黄的传统，不只河南、陕西，连香港等地也在重九这一天祭黄帝。

黄帝，是我国悠久历史中进入父系家长制以来的代表，把重阳祭黄的这一天作为中国的父亲节，不正是顺理成章吗？

世界上许多国家，都有自己的父亲节、母亲节。在我们中华民族悠久的历史上找到黄帝、孟母两位有特点的代表人物来确定中国的父亲节、母亲节，正体现中国的特点。有位学者说：“过洋节等于到人家祠堂里拜人家的祖宗。”此事断不可为。

重阳登高敬老人

骆承烈

独在异乡为异客，每逢佳节倍思亲。
遥知兄弟登高处，遍插茱萸少一人。

这首题名为《九月九日忆山东兄弟》的绝句，是唐朝大诗人王维十六岁时所作。此诗真切地写出了当时的重阳登高活动、插茱萸的民俗及诗人与亲友的深厚情谊，历来作为佳句，千年传唱。由这首诗，我们来说重阳节。

一、双九重阳

重阳节，古代也称“重九节”。《易经》阳爻称九（如初九、九二等），九月九日既是双“九”相重，自然也是双“阳”相重，故称为“重阳节”“重九节”“九重阳”。这一天自古以来各地都有登高的习俗，所以又称“登高节”。九月，俗称“菊月”，古代不仅因为重阳是菊月的节日，也因为在这一天民间多有赏菊、饮菊酒等风俗，所以又称为“菊节”。古代重阳这天，人们多插戴茱萸，故又称为“茱萸节”。

重阳节在我国也有较早的历史。据《西京杂记》记载，汉高祖刘邦的爱妃戚夫人被吕后惨害之后，侍候戚夫人的宫女贾佩兰也被驱逐出宫，以后嫁与平民为妻。有一次，她曾和别人说起以前宫中每年九月九日饮菊花酒、吃蓬饵（米糕）、佩茱萸以求长寿的故事。可知西汉时宫中已庆重阳节了。以上记的是一段逸闻。至于对这一节日的解释，魏文帝曹丕在《九月与钟繇书》中说：“岁往月来，忽复九月九日。九为阳数，而日月并应，俗嘉其名，以为宜于长久，故以享宴高会。”南宋吴自牧《梦粱录》卷五《九月 · 重九》中记起当时临安的风俗时说：“日月梭飞，转盼重九。盖九为阳数，其日与月相应，故号曰‘重阳’。”我国古时以九为多数。阴阳相交，阳代表太阳、光明、吉利，二“九”相重，即二“阳”相重，便有大光明、大吉利的意思，为此，人们便把它当作一个传统的节日保留下来。

二、登高

登高是重阳节的主要民俗，类似清明节的踏青、郊游。这一民俗汉代就有。据西汉《长安志》载：当时长安城郊有一个小高台，每年重九有很多人登上高台观看长安的景色，故称“登高”。上引曹丕文中言这一天要“享宴高会”，亦即高地相会。《荆楚岁时记》引《续齐谐记》中说起这样一个故事：“汝南桓景随费长房游学。长房谓之曰：‘九月九日，汝南当有大灾厄，急令家人缝囊，盛茱萸系臂上，登山，饮菊花酒，此祸可消。’景如言，举家登山。夕还，见鸡、犬、牛、羊一时暴死。长房闻之曰：‘此可代也。’今世九日登高饮酒，妇人戴茱萸囊，盖始于此。”这个传说，实际上是在吹嘘道家的法力。可能当时桓景家中有了点轻微的瘟疫，家人遵俗重阳登高玩耍，得以幸免。于是桓景言于费长房，长房遂顺口诌出这样一个故事。这一说法在民间一直流传，日后相沿成俗。晋代周处的《风土记》也载：“以重阳相会，登山饮菊酒，谓登高会。又名茱萸会。”

唐宋以后，登高风俗不仅具有“登高宴”的性质，而且已成为这一天老幼登山玩耍或游览名胜古迹的一项活动了。历代诗人曾为登高民俗写下很多诗句。如唐代大诗人李白《九月登巴陵望洞度水军诗》中说：“九日天气晴，登高无秋云，造化辟山岳，了然楚汉分。”记下了九月九日登高时的景色。诗人孟浩然也有“相望试登高，心随雁飞天”和“何当载酒来，共醉重阳节”的诗句。唐代边塞诗人岑参在《行军九日思长安故园》中也写道：“强欲登高去，无人送酒来。遥怜故园菊，应傍战场开。”记诗人在行军中逢到重阳节，也还想去登高，可见当时登高之俗盛行。登高者包括男女老幼，甚至连生病的人这天也要照例登高。如白居易《九日登西原宴望诸兄弟作》诗云：“病爱枕席凉，日高眠未辍。兄弟呼我起，今日重阳节。起登西原望，怀抱同一豁……指此齐相勉，良辰且欢悦。”《梦粱录》中曾提到“是日孟嘉登龙山落帽，渊明向东篱赏菊”两句，这里包括两个故事：

《古事苑》记：“桓温九日宴寮于（荆州）龙山，（陶渊明的外祖父孟嘉）当时只顾饮宴，风吹孟嘉帽落，嘉不知觉。温顾左右勿言，以观举止。良久，温令取还之，令孙盛作文嘲嘉，嘉亦答文甚美。”后来人们把那个地方叫作“落帽台”，至今尚存。唐朝宰相令孤楚和宋朝诗人杨万里在重阳登高，游“落帽台”后，写下了“贵重近臣先绮席，笑谈重事落乌纱”等诗句。

另一故事见《续晋阳秋》。上记：“陶渊明尝九月九日无酒坐宅边东篱下菊丛中，摘菊盈把。未及，望见白衣人至，乃王弘送酒也，即使就酌。”陶渊明《归去来辞》中“采菊东篱下，悠然见南山”句，即与此有关。

晋末诗人谢灵运为了登高方便，曾自造了一种登山的木屐。这种木屐前后均装有铁齿，上山时去掉前齿，下山时去掉后齿，人称“谢公屐”。这样做，上山、下山均能保持平衡，这说明远在一千五六百年前，我国就已有“登山鞋”了。这种鞋，后世一直流传不辍，如李白《梦游天姥吟留别》中有“脚着谢公屐，身登青云梯”的诗句，说明唐时也用这种木屐。

北宋时的《东京梦华录》记宋俗亦云：“九月重阳……都人多出郊外登高，如仓王庙、四里桥、愁台、梁王城、砚台、毛驼岗、独乐冈等处宴聚。”可见人们对这一风俗很重视。

登高风俗在全国流行以后，全国各地的名山古刹，多在重阳节这天举行庙会。《东京梦华录》记重阳节时“诸禅寺各有斋会。惟升宝寺、仁王寺有狮子会。诸僧皆坐狮子上，作法事讲说。游人最盛”。《梦粱录》记“其日诸寺院设供众僧。顷东都有开宝、仁王寺院设狮子会，诸佛菩萨皆驭狮子，则诸僧亦皆坐狮子上作佛事”，一些名山古刹，更是游人济济，四处香烟缭绕，经声佛号回旋于山谷，善男信女登山拜佛者络绎不绝。特别是泰山、九华山、衡山等佛门胜地之处，此风尤盛。明清以来的封建皇帝，不去远处登山，也在故宫御花园里设个重阳登高的假山。

在我国最北部的黑龙江地方，此时正是气候转折的时期。当地俗说：“过了重阳节，一场霜来一场雪。”趁着大风雪到来以前，当地人民也有登高的风俗。齐齐哈尔处于东北大平原，无山可登者，居民则相约去登城中最高处。有人为之写诗，“节近重阳景山幽，登高约上望江楼”（望江楼是齐齐哈尔市龙沙公园中的一个楼阁，建于一个小丘之上，登楼可望嫩江）。

古代重阳登高风俗，实际上是一种带有普遍性的民间体育活动。无论对于青、老年或儿童的身心健康，均有裨益。特别是登高远眺，晴空万里，秋高气爽，四处青翠的松林，橙黄的菊丛，火红的枫叶，衬以洁白晶莹的河湖，祖国秀丽山河的千姿百态，尽收眼底，使人顿觉心旷神怡。

三、佩茱萸

上引王维诗“遍插茱萸少一人”句，体现出重阳插茱萸是当时一项重要民俗。佩茱萸，俗说可以辟邪、长寿。晋干宝《搜神记·贾佩兰》载：“九月，佩茱萸、食蓬饵，饮菊花酒，令人长命。”《荆楚岁时记》记当时“今北人亦重此节，佩茱萸”。所引《续齐谐记》费长房故事中提到令人缝制布囊，里面盛以茱萸，戴在臂上“可以消灾”。周处《风土记》也说：“九月九日折茱萸插头上，辟除恶气而御初寒。”书中记登山饮菊酒的“登高会”也叫“茱萸会”。可知古人甚重此俗。南宋吴自牧《梦粱录》曾这样记载：“今世人以菊花、茱萸浮于酒饮之，盖茱萸名‘辟邪翁’。”后代诗人描写茱萸的诗也不少。唐代的著名诗人杜甫《九日兰田会饮》诗中写着：“老去悲秋强自宽，兴来今日尽思欢。羞将短发还吹帽，笑传旁人为正冠。兰水远从千涧落，玉山高并两峰寒。明年此举知谁健，醉把茱萸仔细看。”可知插茱萸在唐代已有强身之意。宋代诗人刘夔曾有诗赠给程文简公云：“华颠帽落众人笑，不插茱萸也是闲。”又云：“曾冠獬豸犹无勇，未信茱萸可辟邪。”程文简公和答之：“霜枝雕翠雁横秋，莫倚危楼动旅愁。菊有清香樽有酒，茱萸不插也风流。”又云：“秋风台上起高歌，把酒看花意已多。屈轶不生神豸死，结茱萸佩欲如何。”可见宋人在重阳时，把插茱萸作为一种装饰品。因插者甚多，以致使诗人对茱萸是否真有辟邪的功能也发生了怀疑。

古人称茱萸可以“辟邪”、防病是有些医学道理的。晋人孙楚的《茱萸赋》中写道：“有茱萸之嘉木，植茅茨之前庭……森蔓延以盛兴，布绿叶于紫茎。”把它称做“嘉木”予以赞颂。茱萸是一种常绿小乔木，植物学上有食茱萸和吴茱萸之别，二者均可入药，其中以吴茱萸为主。吴茱萸木高丈余，叶阔厚，春来夏初开白花，秋日结果。果呈扇球形，内分五房，每房各有子一枚，黑色，有光泽。李时珍《本草纲目》引前人的医书说：“茱萸气味辛温，有小毒……逐邪。‘利五脏，去痰冷逆气，饮食不消，心腹诸冷，绞痛中恶，心腹痛。’”还治“霍乱转筋，胃冷吐泻，产后心疼……杀三虫”，还“治肾气、脚气、水肿、通关节、起阳健脾”。据现代医学研究，茱萸具有补肝肾，固精止汗，治阳萎遗精、腰酸膝痛、小便频数、月经不调等功能。茱萸更有浓烈的香味，对于绿脓杆菌、黄金色葡萄珠菌和多种皮肤癣菌都有抑制作用。茱萸对于这些常见病有抑制作用，故古人在重阳节时用其浸酒、佩戴，达到健身“辟邪”的目的。

四、赏菊，饮菊酒

晋人陆机《纂要》称“九月亦名菊月”，重阳节中的风俗多与菊有关，其中最常见的就是赏菊和饮菊花酒。

我国是菊花的故乡，早在公元前5世纪的《礼记》中就有“季秋之月，鞠（菊）有黄华（花）”的记载。战国时大诗人屈原的《离骚》中有“朝饮木兰之坠露兮，夕飧秋菊之落英”句。唐代诗人刘禹锡有诗云“家家菊尽黄，梁国独如霜”。白居易也有诗云：“满园花菊郁金黄，中有孤丛色似霜。”早在唐代时，菊的种类已有黄、白诸色了。南宋人史铸《白菊集谱》一书，就收集了一百六十多个品种。到明代，已达一千二百种之多。相传在8世纪初年的唐代，菊花便东渡日本，日本人把它定为皇室御用花。12世纪传入英国，17世纪传遍欧洲，19世纪又传到美国。现在菊花传遍全世界，品种已发展到三千多种。

古代重阳节这天，人们多爱赏菊，上引陶渊明九月九日，无酒坐宅边东篱下菊丛中的故事，反映了古人早有重阳赏菊饮酒的雅趣。白居易有诗云：“移坐就菊丛，糕酒前罗列。”又说：“赐酒盈怀谁共持，宫花满把独相思。相思只傍花边立，尽日吟君咏菊诗。”据白居易的好友元九说：人们之所以重阳节对菊这样有兴趣，乃是因为“不是花中惟爱菊，此花开尽更无花”。所以在宋代时，专门培育了供重阳节观赏的菊花。《东京梦华录》记载：“九月重阳，都下赏菊有数种。其黄白色蕊若莲房，曰万龄菊；粉红色曰桃花菊；白而檀心曰木香菊；黄色而圆者曰金铃菊；纯白而大者曰喜容菊；无处无之”，甚至“酒家皆以菊花缚成洞户”，足见赏菊名堂之多。《梦粱录》亦记：“年例，禁中与贵家，皆此日赏菊，士庶之家亦市一二株玩赏。其菊有七八十种。”《武林旧志》记述了宋时宫中的情况。“禁中例于八日作重九排当，于庆瑞殿分列万菊，灿然眩眼。且点菊灯，略如元夕。”

古代诗人吟菊诗甚多，大都以菊为背景来抒发自己的感情。李清照《醉花阴》词：“薄雾浓云愁永昼，瑞脑消金兽。佳节九重阳，玉枕纱橱，半夜凉初透。东篱把酒黄昏后，有暗香盈袖。莫道不消魂，帘卷西风，人比黄花瘦。”表现了诗人凄惨悲切、愁思绵绵之情。唐末农民起义英雄黄巢有吟菊诗云：“待到秋来九月八，我花开后百花杀。冲天香阵透长安，满城尽戴黄金甲。”表现了诗人扭转乾坤的伟大气魄。自古以来，人们便着力歌颂菊花不畏秋寒、独立傲霜的峥峥骨气。如晋朝“不为五斗米折腰”的陶渊明诗有“秋菊有佳色，挹露掇其英”和“芳菊开林跃，青松冠齿列”，以菊自喻。苏轼咏菊：“荷尽已无擎雨盖，菊残犹有傲霜枝。”宋末元初诗人、画家郑所南咏《寒菊》时写道：“宁可枝头抱香死，何曾吹落北风中。”实际上以“北风”比做元统治者，以“抱香”之菊比自己，借菊抒发出自己死不降元的民族气节。

重阳节把酒赏菊，还以菊泡酒，制成菊花酒，供重阳节饮用。可知菊与酒缺一不可。我国是世界上造酒最早的国家之一。古人饮酒之风甚盛，多年来生产出很多名酒，饮用药酒是祛病延年的可取方法之一，菊花酒就是药酒的一种。《荆楚岁时记》中就两次提到“饮菊花酒”。干宝《搜神记》称菊酒为“长命酒”。《梦粱录》称“延受客”。古人对菊酒的制作很讲究。《搜神记·贾佩兰》中载：“菊花合乎时，并采茎叶，杂黍米酿之。至来年九月九日熟，就饮焉，故谓之‘菊花酒’。”古人之所以说菊花酒能“延寿”“长命”，主要在于菊花的性味甘苦，微寒，具有祛风、除热、解疗毒、养肝明目等功效。还对中枢神经有镇定作用，对一些真菌有抑制作用。日常泡饮菊花茶，可清暑、明目、除烦、解毒；用菊花和绿豆皮装枕头，久用可治高血压。而用菊花来酿酒，上述元素皆溶于液体之中，更易被人体直接吸收发挥其效力。所以古人说饮菊酒可以“长命”“延年”是有些道理的。制作菊花酒，是用营养丰富的小米和菊花酿成，营养高、酒精度低，喝了确有大补元气之效益。

五、重阳杂俗

重阳时节，秋风送爽，金菊盛开。但也即将步入冬季，人们便抓紧这美好时光，进行一些郊外活动，因此重阳节的野宴之风大盛。《荆楚岁时记》载：“九月九日，四民并籍野饮宴。”同书注引“按杜公瞻云：九月九日宴会，未知起于何代，然自汉至宋未改……近代皆宴设于台榭”。前引《东京梦华录》之《登高》中提及北宋到汴京附近一些地方登高“宴聚”。《武林旧事》说到只有遇到“郊祀”时，这年才“罢宴”。

重阳节古人多食“重阳糕”。这一民俗古时南北各地均有。糕，汉时称“蓬饵”。重阳节吃糕，取其高（糕）义。据《岁时杂记》载：“二社（秋社、春社）、重阳尚糕食，而重阳为盛，以枣为之，或加以粟。”《岁时记》亦载：“九日以面粉蒸糕，上置小鹿数枚，名食鹿糕（禄高）。”可见此俗由来已久。

到了宋代，重阳节吃糕的风俗讲究很多。《东京梦华录》曾这样记载当时的情景：“九月重阳……前一二日，各以粉面蒸糕遗送，上插剪彩小旗，糁钉果实，如石榴子、栗子黄、银杏、松子肉之类。又以粉作狮子蛮王之状，置于糕上，谓之‘狮蛮’。”《梦粱录》亦云：“此日都人店肆，以糖面蒸糕，上以猪羊肉鸭子为丝簇钉，插小彩旗，名曰‘重阳糕’。禁中阁下及贵家相为馈送。蜜煎局以五色米粉塐成狮蛮，以小彩旗簇之，下以熟栗子肉杵为细末，入麝香糖蜜和之，捏为饼糕小段，或如五色弹儿，皆入韵果糖霜，名之曰‘狮蛮栗糕’。供衬进酒，以应节序。”可见，南宋的重阳糕又比北宋有所发展。到了南宋末年，重阳糕讲究更多。周密《武林旧事》中记载：“都人是月饮新酒，泛萸簪菊，且各以菊糕为馈。以糖肉秫面杂糅为之，上缕肉丝鸭饼，缀以榴颗，标以彩旗。又作蛮王狮子于上，又糜栗为屑，合以蜂蜜。印花脱饼，以为果饵。又以苏子微渍梅卤，杂和蔗霜梨橙玉榴小颗，名曰‘春兰秋菊’。”（《乾淳岁时记》所记与此略同）有的糕达九层，以示“重九”，可谓花样百出了。《六典膳部》记：“节日食料，九日麻葛糕。”《食谱》记：“张丰美家重九米阳糕。”可见做糕的技术越来越高了。清代诗人诗中写道：“吉祥字贴卖糕人，薏酒添来菊花新。休说塞禽惟有雁，袋瓶开处斗鹌鹑。”在糕上又装饰上“吉祥”二字，那一天还有斗鹌鹑的活动。

重阳节不但民间食糕，朝廷亦重此俗，《皇朝岁时记》记：“重九日，赐臣下糕酒，大率为社日”，但是在这一天赐的糕酒上面却“插以菊花”。百姓们又在“重九日天欲明时，以它糕搭小儿头上乳保祝祷云‘百事皆高’”。

食糕之风是多年来的传统习俗。唐朝大诗人刘禹锡重阳节食了重阳糕，想要为此糕题一首诗，但因儒家的五经中没有此字，他的诗便写不下去。这种做法显然太循古了。后人宋子京在诗中写道：“飚馆轻霜拂曙袍，糗餐花饮斗分曹。刘郎不敢题糕字，空负诗中一英豪。”

重阳节食糕的风俗，后来又有所发展，北京、安徽等地多用发面（发酵过的面）来蒸糕。北京人叫作“发糕”或“花糕”“米糕”。有的还有各种名堂，清人杨静亭《都门杂咏》中有几首诗提到各种名目的糕。如“黄蛋和面啖如糖，松子擎来香最清。妙制品性供上用，奶油风味溯兴京”，是说当时有一种“奶油糟糕。”又有诗：“绍兴品味制来高，江米桃仁软若膏。甘淡养脾疗胃弱，进场宜买水晶糕”。是说当时有一种“水晶糕”。又有诗：“南楂不如北楂同，妙制金糕数汇丰。色比胭脂甜若蜜，鲜醒消食有兼功。”是说当时还有一种“山楂糕”。这种糕又称“金糕”。这几首诗把几种糕的形状、制作方法及食用的功能等都形象地说了出来，非常难得。后来有的还在糕的上面加一些干果，做出各种不同的花样，讲究的更做成九层高，像座小宝塔，上面做两只小羊，以符合重阳（羊）、重九之意。南方多用糯米或糯米面加上枣、栗子、核桃仁、杏仁、桂圆肉等做成大蒸糕，切成块放到一起，叠得很高，亦取重九日子越来越高（糕）之意。

重阳已近深秋，这时内蒙古和西部地方正是秋高羊肥的时候，人们以重阳食羊为美事。南方各地，此时螃蟹黄满肉肥，所以喝菊酒吃螃蟹又是江南一带的风俗，北方却无蟹而食。清末兰陵忧患生《京华百二竹枝词》有诗云：“秋夏之交快口频，横行公子最鲜新。重阳时节偏无蟹，馋煞登高载酒人。”

重阳时节，天气虽然转寒，但是并不甚冷。所以南北朝时，南方的齐朝“以九月九日马射，或云秋金节，讲武习射，象立秋之意”，唐朝的皇帝也曾特别允许五品以上的官员在重阳节时齐集于玄武门前，练习骑射。《辽史 · 礼志六》记：“九月重九日，天子率群臣部族射虎，少者为负，罚重九宴。射毕，择高地卓帐，赐蕃汉臣僚饮菊花酒。兔肝为臡，鹿舌为酱，又研茱萸酒，洒门户以衿禳。”《金史》记：“九月九日，拜天射柳，岁以为常。”均为利用此日练武、宴饮传统的发展和扩充。

除九月九日当天以外，后来有人在次日也集会宴赏一天，谓之“小重阳”。

封建社会的重阳节，饮宴、赏菊的只能是官僚、贵族、豪门富户，至于广大人民则并无什么欢乐可言。白居易《九日登西原宴望》中有诗说得好：“酒酣四向望，六合何空阙！天地自长久，斯人几时活？请看原下村，村人死不歇：一村四十家，哭葬无虚日。”在动乱的封建社会中，人们哪还有心饮宴、赏菊呢？

新中国人民当家做主，提倡尊老爱幼。改革开放以来，便将每年的重阳节定为“老人节”，这一天各地举行一些敬老活动，提倡老有所养、老有所医、老有所学、老有所乐。老年人更珍惜这一太平盛世、大好时光，力求做到老有所为，用自己毕生的经验给年轻人当参谋、做顾问，使我国各项工作做得更好。

中国戏剧中的孝文化

骆承烈

我国几千年来，历朝历代都在提倡孝文化。除政府规定，家庭教育，学校提倡，以及各地牌坊、祠堂、家谱等形式外，为了使这一观念更形象地深入人心，又在文化艺术方面做了一些文章。《诗经》中的《蓼莪》以后还有很多，如《木兰辞》："阿爷无大儿，木兰无长兄。愿辔市鞍马，从此替爷征。"此后又如：

慈母手中线，游子身上衣。临行密密缝，意恐迟迟归。谁言寸草心，报得三春晖。（孟郊《游子吟》）

独在异乡为异客，每逢佳节倍思亲。遥知兄弟登高处，遍插茱萸少一人。（王维《九月九日忆山东兄弟》）

吴树燕云断尺书，迢迢两地恨何如？梦魂不惮长安远，几度乘风问起居。（宋凌云《忆父》）

一夜思亲泪，天明又复收。悲伤慈母意，暗向枕边流。（周淑媛《元日哭先大人》）

戏剧是最形象的艺术形式。我国历史悠久，文化灿烂，多年来各个地方各种戏曲争奇斗艳。除人们常说的"东柳、西梆、南昆、北弋"之外，大江南北、长城内外，还有几十种、几百种戏曲形式散布各地。清代中期徽班进京后，皮簧结合出现的京剧，更是流行全国脍炙人口的一个剧种。以京剧来说，宣传、提倡孝文化的戏比比皆是。略举几例。

一、孝敬母亲的戏

《目莲救母》：传说中的目莲，父母双亡。父亲因行善事，升到西方佛国，母亲因有恶行被打入地狱。目莲进入地狱，经过艰苦努力，感动佛祖帮助，又求众僧相助，救出母亲，使她改恶从善，一起进入佛国。

《劈山救母》：儒生刘彦昌与天上的三圣母相爱，生下沉香。三圣母被召回天庭，压到华山之下。刘另婚后生下秋儿。两个孩子闯下大祸，他们将秋儿抵罪，沉香离家向高人学艺后，斧劈华山，救出母亲。

《白蛇传》：修炼千年的蛇精白素贞与许仙相恋结婚生子。法海和尚调动天兵天将，经过激战，将白素贞捉住，压到雷锋塔下。其儿子日后中了状元，决心救母。终于拜倒雷峰塔，救出母亲。

《四郎探母》：宋军与辽军金沙滩一战，杨家将多人战死，四郎杨延辉失落番邦，萧太后将女儿铁镜公主许配改名木易的杨延辉。宋辽再次作战时，四郎母佘太君押粮草到军前，杨延辉在铁镜公主帮助下，盗令探母。连夜返回后，萧太后有感于他的孝心饶恕了他。

《大登殿》：丞相王允的三女儿王宝钏，自愿嫁给穷汉薛平贵，其父不愿意，父女三击掌后王宝钏离家。薛平贵从军，王宝钏在寒窑内住了十八年。薛平贵征西立功，娶了代战公主，到内地登上帝位。作为皇后的王宝钏，请薛平贵将多年接济自己的母亲封到养老院。其父虽有过错，也予以饶恕，给了个闲散职务。

《打龙袍》：北宋初年，李妃被刘妃陷害后，被人救出，住在寒窑，包公为其伸冤后，皇帝亲自拉着龙车凤辇将母后李妃接进宫中。李妃责儿子不孝，命包公责打，包公打龙袍表示打君。

《李逵探母》：《水浒传》中黑旋风李逵上了梁山，吃喝不愁，想把老母接到梁山过好日子。当他到沂水老家接到母亲后，在路上，老母被虎吃了。李逵一气之下杀了四虎，为老母报了仇。《水浒传中》公孙胜也有孝母的故事。

二、孝敬父亲的戏

《花木兰》：北魏时期有个魏木兰，《木兰辞》中未说姓氏，后世称做花木兰。她父亲花弧在军籍，按律征发从军，但年老多病，弟弟又年幼，木兰代父从军，隐瞒女儿身，征战十二载，屡立战功。战后不要任何封赏，仍回家孝敬父母。花木兰被树为大忠大孝的典型。

《槐荫记》：东汉千乘人董永，对父十分孝敬。父亲死后无钱殡葬，无奈卖身葬父。天上的仙女羡慕人间男耕女织的田园生活，赞赏董永卖身葬父的孝行。当董永葬父归来路过槐荫树下，七仙女表示愿嫁给他。他们到地主家，一夜织出十匹锦，被放回家，二人过上幸福的日子，又生下一儿一女。后来天帝派天将把七仙女捉去，董永抚养子女成人。

《荀灌娘》：晋朝荀崧任襄阳太守时，杜曾叛乱，围困襄阳。城内人少粮缺，外面不知消息。荀崧十分着急。此时，他女儿荀灌提出冲出重围搬取救兵，荀崧不允，荀灌说服父亲，亲率十几名勇士突围而出，搬来救兵，解救襄阳之难。全忠全孝，荣载史册。

《文姬归汉》：东汉末年，天下大乱，大学者蔡邕之女蔡琰被乌桓掳去，被乌桓王纳为妃，生下两个儿子。二十年后，曹操统一了北方，用重金将蔡琰赎了回来，命她着手整理父亲的遗作。为了完成其父的心愿，蔡文姬强忍失子之痛，完成老父的未完之作。其《胡笳十八拍》成为我国古典文学的佳作。

《赵氏孤儿》：春秋时期晋灵公听信奸臣屠岸贾的谗言，杀了功臣赵盾全家三百余口。程婴、公孙杵臼等义士将赵氏孤儿救了下来。孤儿赵武长大后，从程婴那里知道全家被杀的惨剧。在别人配合下，毅然杀死屠岸贾，为家族报仇。此剧不但在国内流行，早在17世纪，就被伏尔泰译成法文。京剧《八大锤》中陆文龙报仇亦与此类似。

三、孝敬公婆的戏

《秦香莲》：儒生陈世美进京赶考，将父母及子女托付给妻子秦香莲，表示一旦考中便来接他们。陈中状元后，被招为驸马。秦香莲在家中生活十分困难的情况下，照顾公婆，直到他们死去。听说陈在京做官，拉着儿女进京寻夫。陈世美却变了心，不但不认，还派人杀妻灭子。秦香莲告到包公那里，包公依理断案，冲破重重阻力，铡了陈世美。

《窦娥冤》：窦娥的父亲在当年十分穷困的情况下，将女儿送到蔡家当童养媳，窦娥对婆母十分孝敬。地方恶棍张驴儿骚扰蔡家，要拿一碗有毒的汤毒死蔡母，却被他的父亲喝了，张驴儿便诬称蔡母下毒，要送官治罪。窦娥为救婆母，挺身而出，说自己是罪犯，被判处死刑而被杀。在她被杀时，六月三伏天忽然下了雪，表示上天震怒。三年后，其父当了大官，来此判明此案，杀了张某。

四、孝敬后母的戏

《芦花记》：又名“鞭打芦花”。孔子的弟子闵子骞，母亲死后，父为之娶了后母，又生下两个儿子。后母对他虐待，他仍对后母孝敬。一个冬天外出时，赶车的闵子骞冻得掉了鞭子，其父执鞭打他，露出不保暖的芦花，知后母对他虐待，要将她休去。闵子骞跪地求情，说“母在一子单，母去三子寒”，闵父未休后母，后母被感动，一家团圆和好。

《三娘教子》：一名商人有一妻（大娘）两妾（二娘和三娘），只有二娘生有一子。谣传此人在去南方的路上去世，大娘、二娘都改了嫁，只有三娘留下教育幼子。儿子不愿听教导，不去学习，还顶撞三娘。三娘悲愤已极，割断织布机。老仆人薛保向幼子讲明道理，幼子认错道歉，听从后母教导，努力攻读，乡试中举。

五、抨击不孝的戏

《清风亭》：贫穷夫妇收养了孤儿张继宝，供他攻读。日后考试得中，当了官，其养父母却成了乞丐。在清风亭会面后，张继宝对养父母拒不相认，二老死于亭外。这种不孝行为，使上天震怒，张继宝立即被雷击而死。

《钓金龟》：一位老婆婆丈夫去世早，艰苦地抚养两个儿子长大成人。大儿子张仁外出做官不认母亲，小儿子张义在十分穷困的条件下养活母亲。剧中对孝与不孝的两个儿子予以生动的展示：褒扬与鞭挞。

其他又如《八珍汤》《麻姑献寿》等戏。这些戏曲对于提倡与宣扬孝文化都曾起到一定作用。

《天下父母》 人间正道

吕明晰　张楚晨

引言

2011年5月15日，《光明日报》头版刊登文章，《听孝道故事眼泪刷地下来了——山东卫视〈天下父母〉栏目感动千万观众》。文章一经刊发，立刻在社会上引起不小的反响。紧接着，《光明日报》5月23、26、27、31日及6月2日连续密集报道《天下父母》的事迹，人们不禁要问，《天下父母》到底是个怎样的栏目？《光明日报》为什么会如此大张旗鼓地宣传这样一个普通的电视栏目？

答案，其实两年前就有了。

新华网2009年7月11日电：几乎每个周六晚上，山东省沂水县圈里乡农家女孩儿程霞都不忘收看山东卫视《天下父母》节目。尽管干了一天农活的父母经常催她早休息，还有高考的压力，但她还是被节目中的浓浓亲情所吸引。自栏目开播以来，《天下父母》栏目组收到大量观众的来信。这其中不乏像程霞这样的青少年，也有大量中老年人。"每当写到母亲，我的笔总是跪着行走……"这是诗人桑恒昌的诗句。香港马鞍山沃泰街1号的老人倪金莲在来信中说："《天下父母》播放的桑先生的亲情诗震撼了我的心灵，让我久久无法平静。诗太美，犹如用我的血液在书写。"

《天下父母》就是这样一个以孝道作为栏目，以感动作为节目风格的电视栏目，它诞生七年来，受到了上至中央领导，下至普通百姓的高度肯定、大力支持和普遍欢迎。

中宣部部长刘云山同志在2011年5月15日作出批示：

电视是影响力最大的大众传媒，如何发挥电视作用，推动思想道德建设、社会风尚建设，应该是电视媒体的社会责任。现在电视上竞相开办相亲、选秀等过度娱乐化的节目，有的以低格调、媚俗取悦观众，片面追求收视率，产生了很不好的社会效果。要总结推广山东台《天下父母》的经验，多办一些这样品位高、有教育意义的节目栏目，扭转一些电视台的不良倾向。

说起《天下父母》的由来，还要从八年前说起。

进入21世纪以来，中国电视媒体的竞争越来越激烈，全国正式注册的电视台就有三千多家。而电视，又有着很强的排他性，在同一时间你看了这个节目，就排斥了其他所有节目，因此电视的这个特性就决定了电视节目的竞争尤其残酷。为了取得尽可能高的收视率，各家电视台无不使出浑身解数，变着法子来抓人眼球，于是就出现了许多片面追求收视率的节目和栏目，在社会上产生了很不好的效果。面对这一局面，山东电视台没有跟风而上，而是进行了清醒且深入的分析和研究，面对着处于转型期的中国社会，面对处于构建和谐社会的关键进程这样一个大背景，作为一个党领导下的、社会主义的主流媒体，应该呈现怎样的姿态和面貌？山东电视台面临着有史以来最艰难的选择。是随波逐流，去迎合观众的口味，追求能给电视台带来黄金万两的收视率？还是清醒地承担起媒体所应该承当的社会责任和使命？经过相当一段时间的分析和研究，山东电视台最终亮出了自己的底牌。2004年元旦一过，山东卫视就响亮地打出了自己的文化定位："情深似大海，义重如泰山。"从此，这个定位就像一面鲜艳的旗帜，照亮了山东电视台发展的道路和方向。

山东，是孔孟之乡，礼仪之邦、儒家文化的发源地，山东人重情重义。因此这样的一个定位，既是对山东精神的高度概括，也是作为一个山东主流媒体保持自己特性的必然选择。为了配合这样的定位，就要有一批符合这种文化定位的电视栏目。《天下父母》就在这样的一种背景下，应运而生了。

冲击波

2004年7月11日晚上9：05，山东卫视播出了一档全新的节目《天下父母之我生雪村》，著名诗人、作家韩静霆与夫人王作勤应邀作为第一期节目嘉宾，讲述他们家的亲情故事。自此，一个饱含深情的电视节目呈现在了全国观众面前。令人没想到的是，节目一经播出就引起了各界关注和好评。几乎每隔几天，就会有一个反响如潮水般的观众反馈，栏目称之为冲击波。第一个冲击波是《拯救女儿》。

福建的一个父亲，因为女儿得了白血病无钱医治，便一人钻到深山给女儿去采中草药，历时一年多，历尽千难万险，最后挖回来两大卡车的草药。然后他自己研制药方熬制中药，先自己喝，没有副作用再给女儿喝。没想到，他的中药居然奏效了，女儿的白细胞不再增长，白血病得到了有效的控制。就是这样一个令人感动的父爱如山的故事，在全国产生了强烈的反响。观众的热线电话打爆了，来信像雪片一样飞来，短短几天，全国各地的观众自发为这个父亲捐款达七十多万元。这个故事牵动着许许多多善良的人的心，也让《天下父母》从此走进千家万户，走进全国电视观众的心坎里。

孝行天下　情传万家

《天下父母》栏目是第一个，也是全国唯一一个（以卫星频道为准）以弘扬中华民族传统文化——“孝道”为宗旨的电视栏目，每期节目时长40分钟。栏目格调昂扬向上，形式丰富多彩。“真诚、真心、真情”是栏目始终坚持的定位。“让家庭更和睦，让社会更和谐”是栏目不变的追求。

七年来，《天下父母》栏目推出了一大批在全国产生了很大影响力的优秀作品。像《大导演和老妈妈》《对联背后的故事》《久病床前有孝子》《救救竹子》《李老爸的遗愿》《俺娘》《孝子日记》《红嫂精神辉映60年》《暴走妈妈陈玉蓉》《舟舟的生命交响》等，一个个动人的故事和一个个感人的形象都深深地打动了观众的心。

青岛女孩刘梦怡，从两三岁起就帮着父母照顾脑瘫的哥哥。她用稚嫩的肩膀担负着家庭的责任，对脑瘫哥哥八年无怨无悔的照料，是她孝悌的最大体现。她说：“我会撑起一把大大的伞，为爸爸挡风、为妈妈躲雨，照顾哥哥到永远永远。哥哥是我的亲哥哥，所以只要我能吃得上饭，我自己能活下去，我就绝对不会把他抛弃，我就一定要照顾好他。”

三十年，12396张照片，著名摄影师焦波用自己的镜头记录下日渐年迈的父母的容颜，每一张照片后面都有一个感人的故事。他用自己的孝心把父母永远留在了世间。焦波说：“我想只有照相机能够把他们留住，我觉得等他们过世以后我会把他们的照片一张一张地连起来，这就是一部小电影，我觉得我有爹娘，爹娘仍然活在我的照相机里面，活在我的生活当中。”

一个母亲，两个儿子，37双磨破的鞋，135天，从家乡黑龙江走到了香港，走过3.7万里，跨越600多个城市，王凯、王锐兄弟用一段感恩的旅程，为晕车的老母亲圆了一个梦。王锐说："吾与兄长深感父母养育之恩，为尽孝心行孝道，当义不容辞奋力向前。"

15年前，河北农民李维贺先后失去了两个儿子，又背上了七万块钱的债，小儿子的同学，河北农业大学93级果树01班的26个同学决定承担起子女的责任，一个算不上约定的约定让两位老人15年间收到了15张汇款单和56封信，演绎了一段延续了15年的诚信友爱，也见证了老人和儿子同学之间超越血缘的亲情大爱。李维贺说："当时那会儿杜彦敏他们就说，你们二位老人一定要坚强起来，好好活着，以后我们毕业了会过去看你们的，我们虽然远隔千里，承德就是我们的家，宝元的家也是我们的家。我当时看了那封信（以后）都止不住泪流。没有他们的支持，我们几乎活不到现在，我到什么时候都忘不了这帮孩子，虽然不是亲生自养的，胜过亲生自养的。"

感天动地的真情故事，讴歌着如泣如诉的人间真爱。许多孩子和成年人看完节目后，都流着泪说，我们应该多为父母做点事，有时间多陪一陪我们的父母。七年多来，感动成了《天下父母》的主旋律和鲜明的特征。很多看了《天下父母》栏目的人都会泪流满面。有专家评论说：我们今天这个社会，不缺乏娱乐，缺少的是感动！的确，感动是一种洗涤，是一种净化，《天下父母》让感动撬开人们尘封了许久的真情，让感动唤醒人们的良知。

急天下父母所急

《天下父母》所做的节目大概分为两大类：一类是父慈母爱儿女孝道，另一类就是学会怎样做父母。

三十年的改革开放，使我们的国家发生了翻天覆地的变化，我们的生活水平提高了，物质条件改善了，可对很多家庭来说，子女教育却成为困扰他们的一大难题。现在的孩子，尤其是独生子女，动不动就厌学了，动不动就上网成瘾了，动不动就早恋了，动不动就离家出走了。很多父母家长绞尽脑汁也不知该怎样应对。

想天下父母所想，急天下父母所急，天下父母的需要就是栏目努力的方向。为了帮广大家长解决在教育子女上所碰到的难题，栏目请来了全国著名的教育专家、成功的父母走上荧屏，分门别类地，一一帮助父母解决孩子在成长过程中所遇到的各种难题，受到了全国观众的普遍欢迎。

2005年夏天，栏目请来了著名的素质教育专家陶宏开，连续做了几期节目，紧接着，又举办了大型公益活动——“陶宏开素质教育山东行”，活动遍及五个城市，涉及人群达十几万人，有很多的家庭受益，很多孩子因此走出了网瘾的泥淖。

从小屏幕走向大社会

2005年春节，《天下父母》栏目播出了一期节目《对联背后的故事》。这期节目取材于山东嘉祥一个普通的农民家庭，王于科夫妇用辛勤的双手，供养着三个孩子相继考上大学。长期超负荷的劳作，使他们患有多种疾病，却一直瞒着儿女们。在节目录制现场，儿女们得知父亲因为双膝有伤，不得不跪着为人家铺地板，母亲忍着满手伤口的疼痛上街纳鞋底时，都抑制不住感动的泪水当场哭了起来。节目播出后，在观众中产生了强烈的反响。当时有两个没有想到，第一个没想到是反响如此热烈，办公室三部热线电话都打爆了，整整半个月没有停下来；第二个没想到，来电话、写信的观众里面有大量青少年，甚至是未成年人。这是大大出乎我们预料的。因为《天下父母》栏目在当初设计观众定位时，是中老年群体，为什么一个给中老年人看的节目让这么多青少年感动、感悟以至于给我们反馈心声呢？带着这些疑问，栏目组立即开展了一个活动——“《天下父母》进校园”。

现在学校里电化教育设备都很先进，把片子拿到学校，孩子们坐在教室里就可以观看，看完以后在黑板上写下几个大字“知父母苦，感父母恩，报祖国情”，然后就召开主题班会，结果同学们一个个满含热泪说出自己的心声。归纳起来大概有两种：第一种，我的父母不写春联，也不纳鞋底，但是父母为我付出真是太多太多了，可过去怎么就没想到呢？怎么就熟视无睹呢？今天看到这个片子一下子想起我的父母来了。这是第一种心声。第二种心声：很多孩子含着眼泪说：作为子女，知道父母为我们付出得太多，知道了父母的艰辛和不容易，作为一个学生我们真的无以回报，只有好好学习，拿最优异的成绩报答我们的父母，这才是我们学生应该做好的事情呀！

你看，这样的一个结果，不正是我们的家长，我们的老师，我们广大德育教育工作者梦寐以求的结果吗？为什么以前说了那么多话，讲了这么多课就是想让孩子能拿出这样一种学习的心态来，可没有效果，而就这样一个小小的电视节目，一个普通的电视栏目就能产生这样的作用呢？所以说很长一段时间栏目就忙不过来了，很多学校，大学、小学、中学都来跟栏目组联系，要求到他们学校去放《天下父母》。

既然是好事，既然社会有这样的需求，为什么不做大它呢？山东电视台紧紧抓住了这个契机，经过一段时间的积极运作，一个十一个省级党委政府的文件出台了。山东省委宣传部、省文明办、省关工委、省高校工委、省教育厅、省总工会、省妇联、团省委、省老龄委、省广播电视厅、省慈善总会联合向全省相关部门下发了通知，通知的主题是："感恩父母·点亮真情 天下父母亲情教育进校园（企业、社区）活动"。2006年12月25日，活动在山东大学举行了隆重的启动仪式。从那一天开始，《天下父母》就毫无阻拦地，一路绿灯走进山东省的各个学校、企业、社区，真正完成了《天下父母》从小荧屏到大社会的历史性跨越！《天下父母》也因此成为全国第一个由省级党委行政部门为一个栏目下发红头文件进行推广的栏目。

2009年11月，中央精神文明办专职副主任王世明到山东听取了《天下父母》开展亲情教育活动的汇报，他当即指示，《天下父母》的做法是山东省精神文明建设的一大亮点，要在全国推广。随后，中国文明网专门就这项活动进行了一次网络视频直播，向全国进行了推广和宣传。

到目前为止，《天下父母》栏目在全国建立亲情教育基地已达179个，创建亲情教育示范市2个，有460多所中小学全面开展了看《天下父母》节目的亲情教育活动。此项活动受到了各级党委政府的充分肯定和广大群众的热烈欢迎。

百善孝为先　明星做模范

现在很多青少年都以明星做偶像，追星之风甚盛。百善孝为先，明星做模范。2006年，为在全国树立一批演艺明星孝亲敬老的典型，引导青少年，带动全社会形成敬老、爱老、助老的良好风尚，促进公民思想道德建设和社会主义精神文明建设，实现家庭和睦与社会稳定，山东广播电视台原创并发起“中国演艺界十大孝子”评选活动，自2006年至2011年中国演艺界十大孝子评选活动已顺利开展五届，为中华传统美德——孝道的弘扬，找到了一条让广大观众乐于接受、乐于参与的方式和途径，并成为老百姓心中元宵佳节必看的节目。唐国强、刘德华、斯琴高娃、谭晶、林永健等五十多位演艺界孝子明星为我们树立了孝亲敬老的典范，全国新闻媒体争相报道，引起社会强烈反响，有效地扩大了栏目的影响，得到了社会各界的广泛关注，成为在全国有影响力的电视文化品牌。

为了让山东卫视的“情义”定位更加深入人心，让中华传统美德孝道成为构建和谐社会的积极推动力量，山东卫视联合中国伦理学会推出《天下父母》2011中国十大孝子推选活动，推选范围从演艺界明星孝子扩展到了普通百姓，通过网络、电话、来信等方式推荐，2010年底天下父母派出多路记者，走遍了祖国的大江南北。摄制组的同志冒着严寒，走进北京、西安、广州、郑州、重庆、沈阳、上海、武汉等几十座城市，走访了各行各业，走进了近百个社区，以“全民参加、亲情互动”为特色，真实记录寻找百姓孝子过程，深入采访拍摄了老百姓推荐的上百名孝子的感人故事。这是一次在全国范围弘扬中华传统美德，加强社会主义核心价值体系教育的成功尝试。通过这样的活动，栏目把亲情孝道的理念、孝亲敬老的方式传达给观众，有效地增强了未成年人的感恩意识、孝道观念，对引导青少年、带动全社会形成敬老、爱老、助老的良好风尚起到了积极的推动作用。

2011年2月16日，“中国十大孝子颁奖盛典”在山东广播电视台大演播厅隆重举行，经过观众投票和专家评议选出了王凯、王锐、马福建、陈光标、刘梦怡等十位孝子。这是一次在全国范围弘扬中国传统美德孝道，加强社会主义核心价值体系教育的成功尝试。晚会播出后收到了大量观众来电和网友的来信，得到了全社会的积极参与和高度认同，这次活动传承着孝道文化，彰显着时代的精神，真正做到了“孝行天下，情传万家”。

观众 是前进的强大动力

《天下父母》栏目诞生至今，一直坚持坚守对“孝道”这一中华民族传统美德的传播，为精神文明建设发挥了极大的促进作用，取得了明显的社会效益。栏目自2004年开播以来，始终得到了全国各地广大观众的喜爱和支持。

2007年栏目三周年的时候，栏目组收到了一个大邮包，打开一看是一箱子书。原来，这是四川德阳的一个观众，因为喜欢《天下父母》，为了让更多的人看到，受益，他就把每期节目都录下来，然后一个字一个字把片中人物的对话抄下来，又拿数码相机对着电视机拍下来，然后自费出了一本手抄本的书，叫《快乐天下父母心》，印了一万本，送给自己的亲朋好友。

河南安阳的退休教师周继训，今年已经七十多岁了，可他坚持几年，风里来雨里去，骑着自行车，带着《天下父母》的光盘走村串巷到各个学校去放片子。去年老人不小心把腿摔折了，可还没等伤完全好，老人又拿着书包上路了。问他为什么要这样，他说，《天下父母》能让今天的孩子懂得感恩父母，播下孝心的种子。这对一个人的一生太重要了！能为孩子的健康成长做点事，我很开心！

其实，像周老师这样义务为《天下父母》栏目做推广和宣传的人还有很多。2006年，天津市民戈保柱偶然看到了《天下父母》栏目，他不但自己喜欢上了这个栏目，还特意租了房子买了车，默默做起了《天下父母》的义务推广员的工作。每到周末他便组织一批大学生，到天津市各个街道、学校散发宣传资料，广泛宣传《天下父母》父慈子孝的亲情故事，宣传怎样做父母儿女的道理。到目前为止，《天下父母》的义务推广站全国已经发展到了二十多家。

这么多喜欢、热爱《天下父母》的观众，成为栏目发展过程中取之不尽的动力源泉。

附：

《天下父母 人间正道》歌词：

（作者：《天下父母》栏目制片人）

欢乐与泪水的对撞
亲情与孝道的传扬
七年的风雨我们共同走过
让家庭更和睦 让社会更和谐
这样的使命
我们自觉地担当

坚持和坚守的执着
生命与信仰的光芒
人间正道我们这样走过
让家庭更和睦 让社会更和谐
天下父母，我们永远挂在心上
（副歌）
啊，天下父母！天下父母！
为了您的幸福，我们愿
永远行走在人间正道上！

（吕明晰：《天下父母》栏目创始人，总导演、制片人
张楚晨：《天下父母》后继制片人）

第五卷　影视倡孝

《孔子与儒家思想》[1]之二十集

孝悌古为仁之本

骆承烈　骆明

中国古代有部《孝经》，是孔子的弟子曾参所作。曾子从来以孝著称，在其家乡——山东嘉祥县曾庙中有一口涌泉井，传说曾子父母死后，他十分悲痛，泪如涌泉，日久成井。当然这是个夸张的故事，借这个故事，我们来谈谈孝的问题。

一、孝悌为仁之本

《论语·学而》篇记孔子弟子有子说过："孝悌也者，其为仁之本欤！"孝顺父母、尊敬兄长，是仁的基础。仁是孔子极力提倡的一种思想，可知孝在孔子思想中，有着很重要的地位。

"孝悌"是我国古代宗法制度中形成的一种亲疏关系。周天子是天下最大的奴隶主，天下人共同的父辈。天下人都要尊敬他、服从他。在家中，家庭成员也要服从家中的父母。"出则事公卿，入则事父兄"，人们在外面忠于国君，在家中孝顺父母，从来是一回事。如果人人能够尽孝，在家中老老实实，循规蹈矩，在外面也不会惹事生非，而且会忠于国君，做个顺民，所以"其为人也孝悌，而好犯上者鲜矣"。一个人在家能尽孝，对外就不会轻易犯上作乱。社会秩序安定，人际关系协调，就符合"仁"的原则了。

因此，一部《孝经》把孝提高到惊人的高度，上面说"夫孝，德之本也，

1．此电视专题片共36集，每集25分钟。获山东省教育厅"电视教育一等奖"。2013年由线装书局出版，改名为《孔风儒韵：孔子与中华美德》。

教之所由生也”。孝是道德的根本，对人的一切教化由此而生。

“夫孝，始于事亲，中于事君，终于事身。”一个人行孝，开始孝敬父母，然后尊敬君主，其终极目的，还是对自己大有好处。把孝当作纽带，将个人、家庭、家族、国家紧密地联系在一起。把这个看来只有家庭意义的观念，赋予社会概念和政治概念。

你看，后世高明的统治者都看到了这一点：周武王、周成王尽孝，周公当然也尽孝，周公庙的第三道门叫达孝门。西汉皇帝，从高祖刘邦以后，一律在前面冠一个“孝”字，孝惠帝、孝文帝、孝景帝、孝武帝……这种称号标明刘汉以孝治天下。东汉选拔官吏认为地方上品质最好的人叫“孝廉”。提倡孝就是提倡忠，就是巩固统治。利用孝治天下，实为政治上的一着高棋。

传说中的虞舜，父亲瞎了眼，继母及继母生的弟弟很坏。叫他修仓库，上去后抽了梯子；叫他去淘井，用绳坠下去又抽回绳。千方百计要害他，舜却想出一些办法脱了险。在这种情况下，仍然孝敬父母。大象跑来帮他耕地，孝行感动了上天。尧知道他有这么好的品质，把他选拔为自己的继承人。这个故事是说：能尽孝的人，才能治天下。

春秋初年，郑武公夫人姜氏喜欢小儿子，不喜欢大儿子。大儿子当上了国君（郑庄公）后，姜氏非要叫庄公把小儿子共叔段封到京城不可。后来又支持小儿子反叛。反叛没成，小儿子自杀了。姜氏办了这么大的坏事，被贬到外地。郑庄公表示“不到黄泉，不与母亲见面”。但庄公总是姜氏的亲儿子啊！自己生母长期在外，少不了心里不快，也免不了别人议论。正在犹豫之际，大臣颍考叔献计，在地上深挖成一个洞，叫作黄泉，母子在那里见了面，言归于好。郑庄公用特殊方式尽孝，受到人们称赞。

汉画像画上刻着董永卖身葬父的故事，说的是汉代千乘人董永，父亲死后，无钱葬父，卖身为奴。回来的路上，遇见仙女，嫁给了他。一夜织出千匹布，把他赎了出来。

甚至匈奴人金日磾，也把死去的母亲的画像悬于甘泉宫内，每日行礼，朝拜。

以上诸例都说明不论是君主、百姓、汉族人、少数民族人，都重视孝。孝的思想，诚然是仁的根本，传统文化的重要内容。

二、百善孝为先

在过去一些劝人行善的小说、戏曲中，经常说“万恶淫为首，百善孝为先”，说出了一定的道理。孝是一个人最起码的，也是最应具备的一个品德。孝敬父母主要应表现在下列几方面：

1．养亲

父母对子女生育、抚养，使其长大成人。依照自然规律，父母年纪渐老，子女便对他们有赡养的义务。《新语》中记“曾子孝于父母，昏定晨省，调寒温，色轻重，勉之于糜粥之间，行之于衽席之上”。每天早上、晚上要关心父母的起居情况，关心父母的寒暖，了解他们的心情，从吃的喝的到穿的盖的，都要全面关心，无微不至地照顾。孔子另一弟子子路自己吃藜藿之食，吃野菜，却百里之外负米养亲。孔子还说过“父母唯其疾之忧”。当年父母关心儿女是否生病，儿子也应时时关心父母的健康，有病及时治疗。他还说过这样一句话：“父母之年不可不知也。一则以喜，一则以惧。”当提及父母年岁时，总是充满了矛盾心理：喜的是父母已经这么高龄了，惧的是高龄以后要接近死亡。这都是发自内心的孝的表现。《论语》中有一句“父母在，不远游”的记载，并不是父母在的时候不能外出学习、工作，而应“游必有方”。应该有计划、有目的地出去。不要无目的地瞎闯荡，或出去办坏事。出门后要及时给父母消息，而不是一离家就忘了父母。

当然，孝的表现，又要照顾和服从国家、大局。岳飞的母亲在儿子背后刺上“精忠报国”四个字后，叫他远游、报国、杀金兵、护黎民，而不是整日守在身边。岳飞听了母亲的话，就是孝。抗日英雄马本斋的母亲被日寇捉去，老人家绝食而死，是为了支持儿子的抗日大业。马本斋奋力杀敌抗日，也是孝的表现。

2．尊亲

对父母生活上的奉养，是最起码的条件。还要在人格上予以尊敬，思想上予以满足，才能使其健康长寿。对此，孔子有句很形象的比喻。“今之孝者，是谓能养。至于犬马，皆能有养。不敬，何以别乎？”对家里的狗马要养，对父母也要养。如果对父母不加尊敬的话，那和养狗、马有什么不同呢？这一浅显的例子，把道理说得多么准确。孔子又说“色难”。一个人时时、事事、处处对父母和颜悦色，不容易，尤其自己在外受了委屈，心里不高兴，以及急于办些什么事时，仍然做到对父母和颜悦色，更不容易。

曾子锄瓜，不小心锄掉了一些瓜苗。他父亲生气拿起棍子来把他打晕在地。过了一会儿，曾子苏醒过来，仍然问父亲：“您气坏了身体没有？”能做到这一点，真不容易。

3．遵亲

子女对父母只是奉养、尊敬还不够，还要顺从他们的意志，而不是与他们背道而驰。孔子解释过，孝是“无违”，“父在观其志，父没观其行，三年不改于父之道”。有人非从绝对服从父母的意愿解释，不一定合适。一般地说，父母在一生的阅历中，已深切地领悟到什么是好，什么是坏，他们对子女交代的内容，往往是些至理名言。年轻人没经验，往往放荡不羁，听听父母总结一生，得出正确结论的耐心忠告，对于子女前进有好处。父母有着远大的抱负，高尚的修养，子女恪遵、继承又有什么不好呢？司马迁继承父亲司马谈，写出《史记》。韦玄成继承父亲韦贤，当好宰相。周武王继承父亲文王的遗志，完成伐纣大业。明成祖继承明太祖的基业，使国势更加强大。乾隆帝继承其祖康熙帝、其父雍正帝的事业，继续向汉族学习，使本民族不断进步，使自己的国家不断发展。这不都是继承父志的榜样吗？

4．礼亲

能以遵循父母的意愿行事是遵亲，但父母行事的标准，却是国家的规定，以国家民族的利益为依归。古时是按“周礼”办事，后来按国家、民族的需要、人民的利益行事。这就为父母的志向、主张对不对规定下标准。孔子也并不主张对父母的对错绝对服从，他说“对父母几谏”（对父母的错要提出来），如果父母不听，先不要着急，那就再谏。再不听，也不要抱怨。这里并没有盲目服从的意思。依此来理解孔子对父母“生，事之以礼，死，葬之以礼，祭之以礼”。就是对父母生前、死后的一切态度都要依礼行事。礼是大节，是大局，正是把孝亲和忠君爱国连到一起。

5．光亲

孔子及儒家的人生观就是积极入世，对社会多做贡献。一个人做了好事，为国家建立了功业，就是“扬名声、显父母”，父母脸上有光，是孝的表现。如果一个人办了坏事，甚至犯了法，卖了国，成了社会蠹虫、历史罪人，那就连累了父母，或给父母脸上抹黑，是最大的不孝。

三、家和万事兴

在家庭中，与孝同时，还提出一个“悌”字。悌就是敬爱兄长，或者是兄友、弟恭，兄弟和睦。在家中，除父母与子女的关系外，就是兄弟姐妹还应尊敬兄长。这样才能家庭和睦，合家一心，蒸蒸日上，做到“家和万事兴”。

兄弟和睦的例子，古时有很多。西汉人卜式，与弟弟关系很好，分家时，卜式只要了百十头羊，把家中大量财物让给幼弟。王商的父亲死了，他依例继承了爵位，心想好事不能让自己独占，把家中所有的财物都分给了异母的兄弟。晋人王览的母亲对其夫与前妻的儿子很不好，王览多方维护他的异母兄长。发现母亲可能对异母兄长投毒时，每顿饭总是自己先尝尝，再让哥哥吃。还有个脍炙人口的“鞭打芦花”的故事：

孔子的弟子闵子骞，事母至孝。但后母对他很不好，给他用芦花做成衣服，给他两个弟弟却做成厚厚的衣服。闵子骞因天冷，赶车时手中鞭子冻掉，父亲拿过鞭子来打他，把衣服抽坏，露出芦花，知后母虐待前妻儿子，要休后母。闵子骞跪到地上苦苦哀求，并说“母在一子单，母去三子寒”。父亲饶了继母。由于他能行孝悌，使他和继母、弟弟的关系变好，受到孔子的称赞。

至于兄弟相残的故事，也有不少。

西周初年，管叔、蔡叔、霍叔和当年的仇人武庚勾结起来，搞三监之乱，反对他哥哥和侄儿，落得个身败名裂的下场。

春秋初年，鲁隐公对其弟公子轨很好。公子轨为了争权，却杀了兄长，自立为桓公。

也就是这个鲁桓公，在立嗣上，他的三个儿子（庆父、叔牙、季友）打得一塌糊涂。最后，三败俱伤。人们痛骂"庆父不死，鲁难未已"。

卫宣公有三个儿子，三子朔设计杀长子急，次子寿替兄长急而死，长子急为报二弟之情，也自杀了。朔一个人杀了两个兄长，自立为卫惠公，此人不但永落骂名，卫国也搞得日落西山。

曹操的儿子曹丕即位后，硬逼着其弟曹植七步吟诗。曹植吟出："煮豆燃豆萁，豆在釜中泣。本是同根生，相煎何太急！"

上述事例都说明，凡不悌者，都不利于国和家。凡遵悌者，家和万事兴。

四、孝的古今观

孝道是产生于奴隶社会，维护宗法制的一种思想。它也与我国两千多年来封建社会中的小农经济相吻合，因而在封建社会中，孝的思想发展起来。汉人刘向作《孝子传》，提倡孝行。元人作《二十四孝图》，更用诗、文、图的形式，对孝加以提倡。实际上本着"天下没有不是的父母"的主张，宣传愚孝。如《郭巨埋儿》就因为怀抱中的儿子与老母争食，镢头一挥，要把孩子埋了。《哭竹生笋》，孟宗的母亲冬天要吃鲜笋，孟宗就去竹林里哭啊哭，哭了一阵，笋就长了出来……这些荒唐的孝行，都是愚孝。早在明朝末年，就有人对此怀疑。"五四"时期，鲁迅等人更多次撰文鞭挞。

但是，近些年来，有人又以更新观念为名，反对孝道。城市、农村中出现许多不养双亲、不敬父母的不孝子女，也是不对的。我们应该这样看：

1．人类为了生存和延续，要生儿育女。父母对子女抚养，付出了物质代价和精神代价，子女才能成人、成才。父母老了，子女理应尽孝。

2．父母在抚育子女时，全身心地投入，充满了爱。子女能对年老的父母不爱吗？不敬吗？不管吗？

3．父母多年饱经沧桑，积累了许多经验教训，用来教育子女。子女正应对父母尊敬，对他们的好话听从，沿着他们的人生正确道路走下去。

除上面几点外，对父母尽孝，还有"上行下效"的意思，即你敬重你的父母，你的子女同样敬重你、孝敬你。人人孝敬父母，人人都受孝敬。

唐人孟郊的《游子吟》中写道："慈母手中线，游子身上衣。"父母对子女的殷殷情义，是世界上最珍贵的人间情义，“谁言寸草心，报得三春晖”。作者把父母的恩情比做和煦的阳光，儿女是在阳光普照下的小草。小草要报答阳光的恩情，子女要永远孝敬父母。人人孝悌，社会才能更加协调，世界才能更加美好。

孝悌古为仁之本。今天，孝悌仍为仁之本！

《文化巨人孔子》[1]之十二集

孝悌亲亲

骆承烈

孝的观念，是从以血缘为纽带的氏族社会自然衍生出来的观念。

三千年前的金文中，“孝”字是这样写的：。好像是一位老人抚摸着一个孩子的头，又像是一个年轻人搀扶着一位老人。这里暗含了我们中华民族对生命更迭、代代相袭的关系的理解和态度。

到了后来，孝的含意逐渐演变，具有了二重意义：一方面，表现了对祖宗神的敬畏；另一方面，承袭了长期存在于民间的观念：对在世父母尽奉养之责。

春秋战国，天下大乱，生灵涂炭。在这样的时候，孝悌在人民生活中的位置凸显出来。在战乱灾难中，紧密的长幼关系直接决定着一个家庭、家族的兴衰存亡，也关系到国家社稷的平安稳定。

作为一个有远见的知识分子，孔子对孝悌尤为重视，并对这一观念作了新的解释。

〖中国社会科学院　李存山研究员〗

孝，是人类社会，自有家庭以来就有的一种伦理道德规范，在中国人的思想观念中，这是人人都认可的最普遍的美德，这种观念的确立和孔子的倡导有很大关系。在孔子的伦理思想中，首先强调了父子、兄弟相处的道德准则，这就是孝悌。孝，指尊敬父母；悌，指尊敬兄长。在孝和悌之间，孔子更重视孝。孔子说，弟子入则孝，出则悌，谨而信，泛爱众，而亲仁。孝是儒家伦理道德规范的基础。

在孔子看来，孝是“仁”的基础。倘若一个人连孝心都没有，何谈博爱呢？儒

1．此片曾获“建国以来文献纪录片优秀作品奖”，新闻出版总署2008年“重点外向型音像电子出版物优秀奖（百家入围之前19名）”。

家为自然的血缘亲情赋予了强烈的人文色彩。可见，孔子在处理孝与不孝的问题上，还是以“仁学”为基础的。在孔子任中都宰的时候，曾发生过这么一件事：

〖北京大学 彭燕韩教授〗

有一天，有一个老人来向孔子告状，说他的儿子不孝顺，孔子听了以后，觉得很有道理。于是就把他儿子叫来，问他究竟是怎么一回事，他的儿子说：“我的家庭经济情况不太好，不能让老人吃得像富人家那么好，穿得像富人家那么好，我的经济情况办不到。”孔子听了以后，觉得很有道理。孔子对这个父亲说：“如果我现在要把你的儿子关起来，给他治罪，那么以后就没有人供养你了，你的生活还不如以前。”孔子又对他儿子说，尽管在吃的方面，在穿的方面不能像富有人那样，但是，你在诚心方面、孝顺方面、体谅老人方面，应当更加强，应当做得比原来更好。老人跟儿子听了以后，觉得很有道理，于是停息了争吵，父亲也不再告儿子的状了，儿子也感觉到以后应当更加诚心地对待自己的老人了。

孔子的弟子曾参，素来以孝闻名。他父亲喜欢吃的羊枣，他宁肯自己不吃也要留给父亲。父母爱惜的动物，他决不随意杀害。曾参有许多孝的实践，更有理论。在他作的《孝经》中，对天子、诸侯、平民等各阶层如何尽孝，都作了详尽的阐述。山东嘉祥曾庙中有座涌泉井。传说曾子父母死后，他泪如泉涌，日久成泉。当然，这只是民间推崇孝道的一种传说。

孔子把“修身、齐家、治国、平天下”当作人生最有价值的行为。孝悌则是修身的表现。

孔子认为一个人首先要知道孝顺父母、敬重兄长。孝悌是人格修养最基本的东西。人们不愿与不孝的人交朋友，甚至不愿与不孝的人做买卖。人们知道如果连自己的亲爹娘都不孝顺，对兄弟不尊敬，到社会上还有什么信用呢？

怎样才算是孝呢？孝，不仅限于对父母的赡养，而且还要着重于对父母和长辈的尊重。所以，孝应该包括养、敬、顺、终等方面的内容。在这一点上，孔子突破了以往仅把赡养父母当作孝的狭隘观念。

赡养老人是个重要的家庭问题，也是社会问题。古人说乌鸦反哺，羊羔跪乳。父母把子女养大成人，父母老了，子女当然应该赡养父母，关心父母的健康，使父母安度晚年。

但是，父母光是赡养还不够，还要“敬”。孔子曾诙谐地说：家里养着狗、马，还供奉着父母。你如果对父母不敬，和养狗、养马有什么不同呢？

孔子所说的“顺”，就是听从父母的意见。父母一生有他们的追求，自己的理想未能实现，往往把希望寄托到儿女身上。因此，继承父母的志向与大节也是孝的一项重要内容。

父母死后，还要好好地安葬他们，这就是孔子倡导的“终”。

孝的思想，扩展到兄弟之间，就出现“悌”的概念。兄弟间也要尊长爱幼，古人常说：“有父从父，无父从兄。”父亲不在，兄长可以代替父亲的地位。悌的观念，是孔子对孝的伦理思想的发展，因而也为后世所推崇。

孔子的弟子闵子小的时候，继母用芦花给他做棉衣，很不保暖，却给自己的亲生儿子做暖和的衣服。这事被闵子的父亲知道了，要把偏心的后母赶走。闵子屈膝跪在地上，苦苦哀求，请父亲把后母留下。他说，母亲在，只有我一人受寒，母亲要是走了，我们兄弟三人都要挨冻。闵子疼爱弟弟体现出的“悌”的精神，深深感动了父亲和继母，从而换来了全家的团结和睦，被传为千古佳话。

〖北京师范大学　郭齐家教授〗

兄弟姊妹本是同根生，但是血缘关系往往受到社会利益关系的影响，更容易发生冲突或矛盾。孔子提出的悌这个概念，之所以在中华民族千百年的发展中产生广泛的影响，其价值就在于悌既能够处理好家庭内部兄弟姊妹之间的关系，而且推广到社会上，也是处理人际关系，包括乡亲、朋友、同事之间关系的行为准则。

平民百姓要守孝道，贵族王侯更要做孝悌的楷模。那些抢夺王位，父子兄弟间的相互残杀，不仅违背了伦常，还给人民带来了深重的灾难。因此，孔子竭力反对。

孔子站在孝悌的观点上，在《春秋》中运用否定的措辞记叙了春秋初年兄弟相残的史实。为了防止类似同室操戈悲剧的重演，孔子提出了孝悌观念，这也是巩固国家统治、规范统治阶级内部行为的需要。

曹操的儿子曹丕，为了迫害自己的胞弟曹植，逼着他七步成诗。“煮豆燃豆箕，豆在釜中泣，本是同根生，相煎何太急。”这首诗流传千年，不悌的曹丕也被人们指责了千年。

孔子从人的情感出发，制定家庭伦理规范，给道德注入了温情的内涵，使人们乐于接受。从而使“孝悌”成为个人品格修养的重要方面，也成为几千年来中国人的一种意识自觉。

孝悌伦理观的政治功能，很快就为后世的统治者所认识。

用法家思想治国的秦始皇，对孔子学说的好感不多，但对孝道却非常赞成。人们从湖北云梦出土的秦代竹简上看到：只要父母告发儿子不孝，儿子就会受到严厉的惩罚。

汉朝皇帝号称以孝治天下，每个皇帝的庙号前面都要加一个“孝”字，如孝文帝、孝武帝，等等。孝悌也成为选拔人才的标准。朝廷在地方上选拔人才，叫“举孝廉”。一个人如果在孝悌方面做得好，就能被选拔做官。

魏晋时期，统治者将曹氏和司马氏视为异姓篡权，而新当权的统治者，为排除异己，打出了“以孝治天下”的幌子，以“不孝”罪杀了那些不肯与自己妥协合作的名士。

孝悌观念使中华民族形成了尊老爱幼的优良传统。《论语》中孔子多次说到，“有酒食，先生馔”，“有事，弟子服其劳”。他在中都当政时，做到“长幼异食”，对老年人特殊照顾。他的大同理想中，“老有所终”“老者安之”是一项重要内容。古时国家的教育机构规定，由老年人教以治国之道；地方上每年举行乡饮酒礼，主要内容是“尊贤养老”。孝悌的观念，千百年来融入中华民族的民风民俗，形成自上而下的道德标准与人际交往的行为准则。

统治者把父权和君权绝对化，赋予孝许多烦琐的仪式。甚至标榜愚忠愚孝，歪曲了忠与孝的本来含义，使之成为统治者政治斗争的工具。

随着时代的发展，传统的孝悌思想也暴露出某些陈腐的方面。

过去曾风行一时的《二十四孝图》，其中也有许多不尽情理的愚孝。比如《郭巨理儿》这个故事，为了老母多吃点东西，郭巨居然挖个坑要把亲生儿子给活埋了。

鲁迅曾写了《我们现在怎样做父亲》一篇文章，讲到慈和孝是父子间应当各尽的社会责任和义务，将孝亲与忠于民族大义结合起来。鲁迅的这些思想对我们今天理解孝与忠的本来含义具有重要的启示作用。

随着科学技术的发展，社会的进步，现在世界上许多国家已进入老龄化社会，孝敬父母、尊敬老人尤其显得重要。高堂健在，天伦之乐，是人生最大的乐趣之一。在现代社会中，应使老年人老有所养，老有所乐，使传统的孝悌之道，呈现出具有现代人文特征的价值取向。

《演说论语》[1]之四十四集

孝悌家和(一)

骆承烈

一、咏读原文

1．孟懿子问孝。

子曰："无违。"

樊迟御，子告之曰："孟孙问孝于我，我对曰：'无违'。"

樊迟曰："何谓也？"

子曰："生，事之以礼；死，葬之以礼，祭之以礼。"（为政2—5）

2．子曰："父在，观其志；父没，观其行。三年无改于父之道，可谓孝矣。"（学而1—11）

3．有子曰："其为人也孝弟，而好犯上者，鲜矣；不好犯上，而好作乱者，未之有也。君子务本，本立而道生。孝弟也者，其为仁之本欤！"（学而1—2）

4．子曰："弟子入则孝，出则悌，谨而信，泛爱众，而亲仁。行有余力，则以学文。"（学而1—6）

1．102集电视教学片《演说论语》，制片人刘耀文，总导演刘远东，总顾问骆承烈。骆承烈为此片"创意、改编兼思想解读"，骆明为此片今译及校对。此片获2011年中国广电学会"百家奖"一等奖及"创意奖""撰稿奖"，2012年中国科技部"恩欧希教育信息化发明创新奖"，山东省委宣传部"文化精品工程奖"。

二、演说内容

1. 官道　日　外

孔子坐在车里，樊迟赶车。

樊迟：老师，听说鲁国大夫孟懿子在昨天专程来访，问孝敬父母的事，这事有吗？

孔子：有过。

樊迟老师是怎样回答他的呢？

孔子：孟孙问孝于我，我对说“无违”，就是不要违背礼数。

樊迟：怎么样去做才叫无违呢？

孔子：生，事之以礼；死，葬之以礼，祭之以礼。就是说，父母亲健在的时候，服侍他们要依从礼仪；父母亲去世的时候，办丧事要依从礼仪；后来祭祀的时候，也要依着礼仪。这就叫作“无违”。

樊迟：可是作为鲁国大夫，难道他连最基本的“礼仪”都不懂吗？

孔子：唉，你不知道。如今时势，沿用了几百年的周礼在诸侯之间也多被弃之不用。尤其在鲁国，权臣季氏大权在握，更是无视周朝的礼典，眼看大周基业土崩瓦解，乱成这个样子，他们还有什么不敢破坏？所以回答孟懿子这号人，首先能做到无违就不错了。

樊迟：其父无礼，其子也就可想而知了。

2. 孔子祖祠　日　内

孔子祭拜父母。（再现：孔子祭奠父母的一整套礼仪。）

弟子们在外等候。

孔子出，颜回跟上低声问：听说老师很小父亲就去世了？

孔子：是呀，三岁时我的父亲就去世了，后来是母亲把我养大的。他们对我都有生育养育之恩。我时常想，怎样才能更好地尽到孝心。

颜回：那我们应当怎么做才是尽到孝心了呢？

孔子：父在，观其志；父没，观其行；三年无改于父之道，可谓孝矣。

颜回：老师说的志，是指志向吗？

孔子：是的，父亲在世的时候，要看儿子的志向如何；父亲死后，要看他的行为做事如何。三年以后，如果没有改变父亲生前的处世之道，才可说他是尽了孝道之人。对我来说，是遵守母亲的处世之道。母亲从小教导我要有志向，我一直是按照母亲的教导去做，直到今天。

颜回：老师就是我们的榜样，弟子知道对父母应当如何尽孝心了。

孔子：我不足学，孟庄子才值得学习。

颜回：我觉得孟庄子的孝，其他人也可以做到。

孔子：但他不更换父亲的旧臣及其政治措施，这是别人难以做到的。“三年无改于父之道，可谓孝矣”，孟庄子正符合这一点啊。说到孝道精神，其实就是所谓“仁爱”，即爱天下人，也就是大孝于天下，一个人对父母有真感情，他如出来为天下国家献身，即有大仁之心。俗话说“一朝天子一朝臣”，孟庄子能做到“不改父之臣与父之政”，是说他能致大孝于天下，继承父亲善政之成规，的确是难能可贵的。

子路：老师，这里我又要唱反调，不知可否？

孔子：畅所欲言，不必顾虑。

子路：不错，老师是说过“三年无改于父之道，可谓孝矣”，然老师也说过如禹改鲧道，未闻儒者谓之不孝。老师称许孟庄子不改父道、不弃旧臣，不等于说，所有的父道都不能改，即使错了也不能改，改了就是不孝。否则，就不符合老师关于权变之教导。您说过君子处事，当审时度势，因地制宜，因时而动，岂可墨守成规，一成不变？

孔子：子路也学会举一反三了。读书如此，可谓好学矣！

3．孔子书斋　日　内

孔子和颜回、子路、子贡在座。

有子入：（拿出竹简）老师我刚写了篇文章，想您给评点一下。

孔子：好的。

有子念：“其为人也孝弟，而好犯上者，鲜矣；不好犯上，而好作乱者，未之有也。君子务本，本立而道生。孝弟也者，其为仁之本欤！”

颜回：你解释一下。

有子：我以为，一个为人孝悌的人却喜欢犯上，这是少有的；不喜好犯上却喜欢造反作乱的人，就更没有了。

子路：这和君子有什么关系？

有子：因为君子务本，君子做事都有根本原则，有了原则，自然就会产生道义，有了道义的指引，做事就不会乱来。

颜回：孝悌者的道就是仁吗？

有子：对，孝悌的根本就是仁，有了仁这个根本，才能做到孝悌。有孝悌的人，心怀仁德，就不会犯上作乱。

子贡：可是，我觉得孝悌固然是仁之本，但是孝悌者，未必都能成为真正的仁者。

有子：是的，但是一个仁者必定是一个孝悌的人。

颜回：就是说孝悌的人至少实行了部分的仁。

子路：这样，有子这段话的意思就全面了。

孔子：很对，所以弟子们要入则孝，出则悌，谨而信，泛爱众，而亲仁。行有余力，则以学文。

有子：老师的意思，是说弟子们在家的时候要孝顺父母，出门在外要友爱兄长，做事要谨慎小心，说话要讲信用。要广泛地和众人相爱，要亲近那些有仁德的人，以他们为楷模。

子贡：做到这些了，如果有精力和空余时间再去学习其他的知识与学问。是这样么？

子路：为什么行有余力，则以学文呢？我认为实行孝、悌、友、爱和学习其他知识和学问应当同时做到，不是只有做完了那几件事，有了闲暇才去学。

子贡：我觉得无论在家或者在外，孝、悌、友、爱都要首先做到。老师说“行有余力，则以学文”只不过是强调了轻重缓急，不能理解为有了剩余精力才去学习其他知识，没有余力就弃之不学了。

孔子：回呀，你说说你是如何理解的。

颜回：我认为老师强调一个人的品德的重要性，是在一般知识和学问之上，而且品德是更重要的学养，应当首先做到。

子路：不对，老师认为应当德才并举，没有说过把学文放在次要位置，我看不能只把德放到主要位置。

孔子：我是这样说的吗？

子路：那请老师赐教。

孔子：这个问题，我们以后再谈。

三、情景再现

第二场（再现：孔子祭奠父母的一整套礼仪。）

四、思想解读

自有人类以来便有孝行，到孔子与曾子时，发展为孝道。孝这一道德概念既深刻又广泛。孝道表现为父母生时礼敬奉养，父母死后埋葬、祭祀，遵从父母的遗愿。有子把孝称做“仁之本”，能尽孝的就不会犯上作乱，有孝行的人，就能爱众、亲仁、学文，可知孝为一切道德的基础。

《演说论语》之四十五集

孝悌家和(二)

骆承烈

一、原文咏读

1．子曰："父母在，不远游，游必有方。"（里仁4－19）

2．孟武伯问孝。子曰："父母唯其疾之忧。"（为政2－6）

3．子游问孝。子曰："今之孝者，是谓能养。至于犬马，皆能有养；不敬，何以别乎。"（为政2－7）

4．子曰："父母之年，不可不知也。一则以喜，一则以惧。"（里仁4－21）

5．子夏问孝。子曰："色难。有事，弟子服其劳；有酒食，先生馔，曾是以为孝乎！"（为政2－8）

6．子曰："三年无改于父之道，可谓孝矣。"（里仁4－20）

7．子曰："事父母几谏，见志不从，又敬不违，劳而不怨。"（里仁4－18）

8．曾子曰："吾闻诸夫子：人未有自致者也，必也亲丧乎。"（子张19－17）

9．曾子曰："吾闻诸夫子，孟庄子之孝也，其他可能也；其不改父之臣与父之政，是难能也。"（子张19－18）

二、演说内容

1．官道　日　外

孔子坐在车里，樊迟赶车。

孔子叹气：你随老师远行，家中父母都安排好了么？

樊迟：安排好了。

孔子叹气：父母在，不远游。游必有方。

樊迟：老师教诲的是，父母健在时，做子女的不要到很远的地方出游，即便非得去，也要找一可靠的办法，或者告诉父母到什么地方去，让父母放心。

孔子点点头。

樊迟：刚才老师和孟武伯谈了些什么啊？

孔子：孟武伯问我什么是孝，我说“父母唯其疾之忧”。父母最怕的就是孩子生病，儿子到了远方他们就更不放心了。所以说，为了不让父母担忧，子女们都要体谅父母的心情，不要违背父母的心愿。

樊迟：老师，做到这一点是不是就可以了？

孔子：还有，父母之年，不可不知也。一则以喜，一则以惧。为什么说父母之年，不可不记得呢？这是因为父母健在，高寿有望，何以不喜？也因为父母年高，容易体魄衰败，何以不惧？所以说喜从惧中生，惧由喜中来。也可以说，现在的一切喜悦都是从惧中来的。

樊迟：弟子们谨记老师教诲，做一个既通情又合礼的真正孝者。

旁边的子贡叹气说：当今社会，不赡养老人的人太多了，要提孝道，是不是应该先倡导赡养老人？

孔子叹气：问得好，这个问题，子游也曾经问过我，我是这么回答他的：（添加情景再现：日内孔子书房，子游毕恭毕敬对孔子敬礼，问孔子孝道。）今之孝者，是谓能养。至于犬马，皆能有养，不敬，何以别乎？偃，你说呢？

子贡：老师是说，现在世上的人都说能奉养父母就谓之孝，如果仅仅对父母管吃管喝就叫作孝的话，那么养犬、养马也是养，可是如果不敬父母，两者还有什么区别呢？弟子说得不好，请老师指教。

孔子：对，真正做个孝子不仅在养，更重要的是“敬”啊！

樊迟：孝道在周礼中本来是很威严的，但在当今社会上，有的生而不养，有的养而不敬，连最起码的孝都没有尽到，和禽兽又有什么差别呢？老师的话，弟子谨记，以后定当以此为标准来反思自己是否做到了孝。

2．孔子书斋　日　内

子夏：老师，听说您给樊迟上了一堂孝道课，说养父母首先敬父母才是真正的孝。道理弟子都懂了，可是，具体怎样才能做到敬呢？

孔子：色难。有事弟子服其劳，有酒食先生馔，曾是以为孝乎？

子夏：何谓色难？

孔子：敬是发于内心的，来不得一点虚假做作；心表于外，谓之色，即和颜悦色也。因为普通人做不到敬，和颜悦色就更难做到。即使做到了，因为不是出自内心，他也是虚伪的，人皆可以识破，故曰色难。

子夏：老师讲得真好。如果一个人是真正的孝者，他必然是生于内心而表形于色，装腔作势是骗不了人的。

孔子：这种人不能和颜悦色去孝敬父母，只是父母有了事才去替他们效劳，有了好的酒食才请父兄享用。仅仅做到这样，就可以称之为孝吗？

子夏：这跟您所说的只养不敬是一样的，离真正的孝还远远不够啊。

孔子：忠与孝是我特别强调的两个道德规范，它是对所有人的基本要求，是每一个人应有的行为准则。

3．学生宿舍　夜　内

子路怒气冲冲跑进来：太不像话了，宰我居然对自己父亲吆三喝四，跟训儿子似的。（再现：夜内房间，一个弟子在对自己的父亲大发脾气，态度蛮横，子路看见，上前劝说，批评。）

子贡：谁让宰我的父亲实在太溺爱孩子，居然当着我们的面要给宰我洗脚呢，这让同学看了，多没面子啊。要我，也发火了。

孔子：无论是爱护自身一根毛发，还是敬父母有悦色，都是“无违”的表现。但是无违并不是盲从，如果父母有过错，要微言相劝，如果父母无意听从，也不要不礼貌，要仍然恭恭敬敬，不能有违背的情绪。倘若父母真的发怒了，甚至要责罚，也不要有何怨恨的表现。这就是：事父母几谏；见志不从，又敬不违，劳而不怨。这一点，孟庄子做得就比较好。

子贡：我理解，“劳而不怨”是关键，这个不怨，就是无违的表现，并不是任由父母无礼，只是立足于“谏”，体现做儿女的无违。

4．林中草堂　日

石桌石凳

曾子与门徒围坐讲学。

门徒李：老师，长辈教我们从小就循规蹈矩，端庄稳重，不形于色，何时可尽情致性也?

曾子：我曾经听老师说过，人不可能主动地充分发挥感情，如果有这种情况，一定是在父母死亡的时候。

门徒王：先师孔子的意思是说，人的真情流露很难，人往往不愿意流露真感情，这是为了控制掩盖，否则就会难为情。唯有遇到父母之丧的时候，才可能自动发挥、宣泄到极致。反过来说，若遇父母丧而仍不能自尽其极，则人生也就没有尽情之所，而人心之仁也就渐灭无存!

门徒李：是啊，如果连父母之死都无动于衷，岂不是禽兽不如?

门徒刘：老师，我认为夫子这句话，还另有其解。

曾子：尽管道来。

门徒刘：夫子说“人未有自致者也”，表面看似乎是说情绪流露之类，其实讲的是人的内心修养。“自致”是自动自发，夫子的意思是说，世间自动自发的人几乎是没有的，有些人虽有这个愿望，但很难构成持之以恒的行为，而能够达到最后目标的更少。孔门道统注重的就是内心自省的修养，这也是求学问仁的核心。比如说，一个人很难做到自己责备自己，乃至由自己内心的反省，而到达仁的境界。换句话说，人们做很多事，尤其是善举，有利于别人者，往往是受外力推动，出于不得已，完全出于主动、发自内心者极少。所以，真正由自己内心自发，自致，达于仁的境界，可谓难矣哉。严格地说，哪一件事情是出自内心自发的呢？便只有孔夫子所说：“必也亲丧乎！”只有父母死了的时候，内心真觉得悲哀，其悲哀是自然的，可以说是发自内心的悲哀。但注意“必也”二字，有“勉强”之意。就是说，实际上这种悲哀，在有些人那里，有时也是迫于不得已，而非真情，有些人甚至纯粹是做给别人看的！因此一个人内心情感与道德良心，真正自发自致是如此之难，先师孔子恐怕是要我们更加注重内心修养、行为举止，大事小事都修炼到自觉自愿、发自内心，就像父母去世时的哀痛一样，才算达到仁的境界。

曾子：见解独到，可谓独辟蹊径，很好。

门徒王：我以为，“必也亲丧乎！”这句话同时强调的是孝之重要，意思是说人对父母的孝，对父母死亡的哀痛，都应该是发自内心的，否则便没有尽孝，也就谈不到“仁”。

门徒李：说到孝，听说鲁国大夫孟庄子素有孝名，不知究竟？

曾子：我听老师孔子说过，孟庄子的孝，其他人也可以做到，但他不更换父亲的旧臣及其政治措施，这是别人难以做到的。

门徒王：我理解，先师孔子是说，孟庄子的孝，别的都好学，旁人也做得到，最难的是，他父亲留下的家臣和他父亲留下的为政之道，一点都不变。夫子说过，“三年无改于父之道，可谓孝矣”，孟庄子正符合这一点啊。

门徒李：说到孝道精神，其实就是孔夫子所谓“仁爱”，即爱天下人，也就是大孝于天下。一个人对父母有真感情，他如出来为天下国家献身，即有大仁之心。俗话说“一朝天子一朝臣”，孟庄子能做到“不改父之臣与父之政”，是说他能致大孝于天下，继承父亲善政之成规，的确是难能可贵的。老师，这里我又要唱反调，不知可否？

曾子：畅所欲言，不必顾虑。

门徒李：不错，先师孔子是说过“三年无改于父之道，可谓孝矣”，然孔子所言，亦不可一概而论。如禹改鲧道，未闻儒者谓之不孝。孔子称许孟庄子不改父道、不弃旧臣，不等于说，所有的父道都不能改，即使错了也不能改，改了就是不孝。否则，就不符合孔夫子关于权变之教导。孔夫子说“无可无不可”，就是说君子处事，当审时度势，因地制宜，因时而动，岂可墨守成规，一成不变？孟庄子精神可嘉，其做法在彼时彼地也许是对的，但未必适合任何人、任何时候。不管青红皂白，一味生搬硬套难免适得其反，就未必是真孝，更谈不上仁了。

曾子：举一反三，读书如此，可谓好学矣。

三、情景再现

第一场（添加情景再现：日内，孔子书房，子游毕恭毕敬对孔子敬礼，问孔子孝道。）

第三场（再现：夜内，房间，一个弟子在对自己的父亲大发脾气，态度蛮横，子路看见，上前劝阻，批评。）

四、思想解读

这集讲了一个人如何尽孝的问题。对父母要奉养，对父母要尊敬，对父母要关怀，对父母时时要和颜悦色。要听从父母的话，要继承父母的志愿，父母有了过错要及时谏诤，父母不听，也不要有怨气。人人尽孝，便可家和。“家和万事兴！”

《演说论语》之四十六集

大孝为忠

骆承烈

一、原文咏读

1．子夏曰：“贤贤易色。事父母，能竭其力；事君，能致其身；与朋友交，言而有信。虽曰未学，吾必谓之学矣。”（学而1－17）

2．季康子问：“使民敬、忠以劝，如之何？”

子曰：“临之以庄，则敬；孝慈，则忠；举善而教不能，则劝。”（为政2－20）

3．子曰：“出则事公卿，入则事父兄，丧事不敢不勉，不为酒困，何有于我哉。”（子罕9－16）

4．或谓孔子曰：“子奚不为政？”

子曰：“《书》云：‘孝乎惟孝，友于兄弟，施于有政。’是亦为政，奚其为为政？”（为政2－21）

5．子曰：“孝哉闵子骞！人不间于其父母昆弟之言。”（先进11－5）

二、演说内容

1．廊道　日　外

子夏、曾子在讨论学问。

子夏：听说，你对老师说要“每日三省吾身”。

曾子：是呀，我认为这是修养德行的日常功课。后来，老师说治理国家也要不断反省是否体恤民意，实行仁德。

子夏：老师觉得现在世风颓败，人们难以坚守仁德，所以，特别强调仁义道德的实行。

曾子：子夏，你认为除了不断反省自己，一个人还要做到哪些事情，才能接近仁德的目标呢？

子夏：我认为“贤贤易色，事父母能竭其力，事君能致其身，与朋友交言而有信”。大家都能如此，仁德也就可以达到了。

曾子：贤贤易色？色是指美色吗？

子夏：哪里是美色？老师不是说巧言令色吗？色是面色、态度，我是说尊敬贤者、崇尚贤德时，要改变对待平常人平常事的那种态度，要肃然起敬。在孝敬父母时能够尽自己的力量，服侍君主时能够舍得自己的身躯，和朋友交往时说话能够言而有信。

曾子：不过，贤贤易色，是不是也可以理解为崇尚贤者，要胜过对待美人的态度？

子夏：又是美色！你要这样理解也行，总之，要虔诚地崇尚贤德之人和贤德之事。

曾子：不错，可是你说这么多，那知识文化的学习呢？那也是很重要的。

子夏：我认为，虽曰未学，吾必谓之学矣。

曾子：为什么？

子夏：老师说，求学的根本目的就是学习仁德，常要求我们做人要把德行放到第一位，一个人能够对父母、君主和朋友尽仁尽德，这就说明他学到了根本。所以，这种人虽然没有专门知识和学问，我认为他一定是学习过了。

曾子：你这段话，好像和老师说的“弟子入则孝，出则悌，谨而信，泛爱众，而亲仁。行有余力，则以学文”的意思有些相像。

子夏：不错，我领会老师的意思就是这样。做人首先要懂得仁德的道理，只有懂得了仁德，实行了仁德，才是学习的根本目的。

曾子：有道理，你说的这些，也是我以后每日三省吾身的内容。

这时闵子骞用衣襟包着些桃子走来。

曾子打招呼：闵子骞你探亲回来了？

闵子骞：回来了，两位，请尝尝我从老家带来的桃子。

两位各自挑了一个吃了，赞叹好吃。

闵子骞：不酸吧？

两位赞叹：不酸，甜着呢。

闵子骞：那先生能吃，我给先生送一些去，先生在哪里？

曾子：在客厅会见季康子呢。

闵子骞问：季康子？鲁国的大夫？

曾子：正是。

2．孔子客厅　日　内

季康子和一个谋士正在向孔子讨教。

孔子：出则事公卿，入则事父兄，丧事不敢不勉，不为酒困，何有于我哉。

季康子：夫子是说："在外奉事公卿，在家奉事父兄，有丧事不敢不尽力去办，不嗜酒贪杯，这些事对我来说有什么困难呢？"

孔子：是呀！

季康子：夫子您以为，使民敬忠以劝，如之何？

孔子：要想让百姓对你尊敬和忠诚，这并不难办到。

季康子：在下愿闻其详。

孔子：临之以庄则敬，孝慈则忠，举善而教不能，则劝。

季康子的谋士：如果在下没有理解错的话，先生是说为上者在百姓面前，只要表现得庄重严肃，他们就会对上者恭敬吗？

孔子：是这样。你用庄严的态度对待百姓，他们就会尊敬你；如果你孝敬父母、慈爱子弟，他们就会重视百姓的事情，对你忠诚。因为百姓总是见贤思齐，模仿你的善举。

季康子：我明白了，谢谢夫子。

谋士：夫子经常讲为政之道，可是，您为什么不从政呢？

孔子：我并非没有从政，只是现在年纪大了以讲学为主。

谋士：那你对从政有什么看法呢？

孔子：书云："孝乎惟孝，友于兄弟，施于有政。"是亦为政，奚其为为政？《尚书》中说："孝敬父母、友爱兄弟，把这些施行起来推开去治理大夫的家政。"我从基础的修德正身出发，做出榜样，这不也是政事的一部分吗？何必一定要去做官才是治理政事呢？

谋士：那你认为大夫们治好家政比在外做官还重要？

孔子：不是吗？

这时，闵子骞用衣襟包来十多个野果进来，向老师和客人施礼。

闵子骞：老师！我回来了，给您报平安来了。

孔子：家里一切均好吧！

闵子骞：谢谢老师记挂，这是我老家的桃子，请老师食用！

孔子招呼两个客人：哦，一起吃，一起吃。介绍一下，季大夫，他是我的弟子闵子骞。

季康子和谋士目瞩行礼。

谋士：哦，你就是大孝子闵子骞啊。

孔子：孝哉！闵子骞！人不间于其父母昆弟之言。

季康子：夫子能否解释得再明白一点？

孔子：闵子骞真是孝顺呀！人们对于他的父母兄弟称赞他的话，没有什么异议。

季康子：听说闵子骞的事迹令人感动！

孔子：是呀，他自幼丧母，曾受到后母的虐待，后母给两个亲生的儿子穿棉袄，却给闵子骞穿芦花袄。（再现：日外，院子里，闵子骞的故事，少年的闵子骞在寒风中瑟瑟发抖，闵子骞被父亲打，父亲发现棉衣是芦花所制。）他的父亲得知此事后，非常生气，欲出后母。但是闵子骞却这样劝告父亲：“母在一子单，母去三子寒。”

闵子骞：我当时觉得如果父亲把后母赶走了，我和那两个同父异母的兄弟都要受寒，而继母在，只是我一个人受寒，权衡一下，我宁愿牺牲我一个，温暖大家伙。

季康子：真是孝顺的孩子。

孔子：还有一次，众弟子在一起分吃糕点，大家各自吃起来，只有闵子骞把糕点拿在手里，不吃。

闵子骞：当时弟子家有老母，没有吃过这种糕点，弟子想带回家中给老母吃。

季康子：真是夫子教育出来的好学生啊。

孔子：刚才这位先生问我为什么不出去从政，我教育了一大批这样的学生，这些学生出去从政，不比我一个人从政，发挥的作用更大么？

季康子：夫子所言极是。夫子的学生个个优秀，有机会我一定会把他们推荐从政的。

孔子点点头。

三、情景再现

第二场（再现：日　外　院子里　闵子骞的故事。少年闵子骞在寒风中瑟瑟发抖，闵子骞被父亲打，父亲发现棉衣是芦花所制。）

四、思想解读

自古忠孝相连，孝为小忠、忠为大孝。在家孝慈，对国则忠。“在家事父兄”，故能“出则事公卿”。一个孝子要“事父母，能竭其力”。有人问孔子为什么不从政？孔子说在家孝敬，做出榜样来也就是忠于国家。孔子如此，其弟子闵子骞也是如此。

电视脚本：《中华孝道》

骆承烈

第一集 孝的起源

在悠久的中华文明中，传统道德是丰富文明宝库中的重要内容。其中有一项极其重要的品德，就是孝。

每个人都是父母生养，传宗接代是世世代代的人间大事。父母生儿育女不但完成传宗接代的任务，“养儿防老，积谷防饥”，父母生养子女时是青壮年，等到自己年老了，正要儿女报答。这是天经地义的事。

乌鸦反哺，羊羔跪乳，小乌鱼衔食喂瞎了眼的大乌鱼，这是生物的本性。禽兽也知道回报，即孝敬自己的父母。本性是人和动物生来就有的性。人与一般动物最大的区别在于人有社会性。每个人在社会中生活，在社会上要处理好各种人际关系，第一步便应孝敬自己的父母。自觉地孝是人与一般动物最大的区别。孝敬父母是人和动物共同的本性。人如不孝，不如禽兽。

“孝”字最早出现在商代的甲骨文卜辞中，不过是一个作地名，一个作人名。从文字上来看，东汉时的《说文解字》释“事父母为孝”。《尔雅·释训》中释“善父母为孝”。《康熙字典》将“孝”列入“子部”，意为孝是子女们应做的事。《说文》中又记“孝”字“从老，从子，子承老也”。这个字的组成是一个老人在庇护着一个孩子，也可解释为老人拉着子女长大，也可解释成子女在下面搀扶着父母。

与“孝”相类的几个字中，如“老”指父母那样的老人，“考”是古时对死去的父亲的称号，“教”意为以孝敬父母为基础对人进行教育。都体现出承上启下、尊老爱幼的精神。

父母生养子女，属于人间“永恒的范畴”。自有人类以来，人们就能生儿育女，子女就应报答，这是孝观念的起源。在人类社会早期形态即母系氏族社会中，男子外出打猎，经常不在家，女子在家主持家务，管理分配，氏族中以女子为中心，孩子们“知母不知其父”，此时有了孝母的观念。随着社会生产的发展，农耕生产的出现，男子的劳动为家庭及社会所公认，氏族内由女子当家转为男子当家，逐渐变成父系家长制，子女们又加强了对父亲孝敬的观念。

有人考证孝观念的产生，应在父权制确立后，国家出现之前。其基本前提有两个：一是一夫一妻制个体婚姻的确立，一是基于血缘关系而产生的“亲亲”之情。这个时间正好是传说中的尧舜时期，中国历史上第一个大孝子就是舜。

传说中的舜帝，是有虞氏的首领，名重华，又称虞舜。他母亲早死，继母生下个儿子叫象，他们母子对舜都很嫉妒。舜的父亲是个瞎子，他不辨好恶，偏听偏信，经常对舜虐待、打骂，甚至加害。有一次，叫舜修缮库顶，却抽下梯子，放火烧仓。舜见势不妙，夹着两个斗笠，从仓库顶上飘落下来。又有一次，叫他淘井。刚下到井中，他们便填土扔石，要把舜堵死在井里。而舜却从井下预先挖好的地道中安全地走了出来。继母及弟象见后十分惊讶，舜却若无若事地向他们问好。尽管他们对舜屡次加害，而舜对父母孝敬如常，对兄弟依然友好。

济南南郊的历山，传说是当年舜耕地的地方。后世在历山前命名为舜井街、舜耕路，都是为了纪念大孝的舜帝。

由此看来，在我国原始社会的尧舜时，人们已有了孝的观念。一个人对父母能尽孝，自然也会对别人讲仁爱。传说舜有好的品行，他居住的地方，经常有许多来投靠他的邻居。一年就聚成村落，两年就变成乡镇，三年就变成城市。尧帝见他的确不错，不但把女儿嫁给他，还把天下共主的王位让给他，挑选了这位孝子当自己的接班人。

《孟子》中有一段话，说尧要把女儿嫁给舜，他父母不同意，舜没经过父母的同意，便结了婚。孟子评论说这件事并不错。他说“不孝有三，无后为大”。结婚生孩子，延续香火是人之大事。如果到了自己这里，不结婚、不生孩子，使家里断了香火，才是最大的不孝呢!

舜死后，其位传给治水有功的禹。夏禹以后，他儿子启当了国王，由禅让制度变为传子制之后，最高的王位继承权传给自己的儿子或兄弟。我国进入奴隶制以后，父系家长制下的孝道得以发展。尽管从历史资料看，夏、商两代的资料并不多，但孔子说：“殷因于夏礼，其损益可知也；周因于殷礼，其损益可知也。”这就是说西周以后比较完整的孝道，是根据夏、商来的。

夏启以后，太康失位，经过几次变动后，少康从寒浞那里又夺得了王位，史称“少康中兴”。少康通过斗争，继续夏的统治，恢复了祖业，这种恢复本家族统治的做法，正是继承祖业“孝”的表现。

到了商代，“有册有典”，有了文字方面记载的依据。当时孝的内容有“享孝”和“追孝”两种。“享孝”是在现实生活中奉养父母。“追孝”则是用祭祀的形式体现对死去的祖先尽孝道。据考证，夏代已有祭祀祖先的宗庙。《论语》中孔子说夏禹自己吃的、穿的很差，但在祭祀起祖先来，祭品却十分丰盛。《诗经》中有“以孝以享”的句子，说明对祖先祭祀就是孝。甲骨文中记载商代祭祀祖先的例子很多，目的多是为了祈求祖先神灵对后人的保护。

《尚书 · 伊利》记载商王太甲为王时“立爱唯亲，立敬唯长”。他很崇敬祖先，常怀孝思。其后世培养出一个商代的大孝子——孝己。

孝己是商王高宗武丁的儿子，他生母早死，武丁听言后妻的谗言，把他流放到外地。孝己虽蒙冤在外，仍然常常为父母祈祷，不久在外抑郁而死。《尚书》中记商时“刑三千，罪莫重于不孝”，可见此时孝已由礼入法，《礼记》中夏后氏对老年人的种种尊敬与照顾的记载，都体现出孝的内容。可知到了商代，孝的观念基本具备。到了周代，孝的观念更有所发展。

西汉初年刘向撰了本《列女传》，在其首篇《母仪》中突出地表彰了“周室三母”。即王季的母亲太姜、文王的母亲太任、武王的母亲太姒。她们三人均教子成才。他们的三个儿子，为兴周室各自作出了重大贡献。他们的儿子对自己的母亲都十分孝敬，他们所干的兴国大事，正是对父母最好的报答。

西周初年周公“制礼作乐”时，一项重要的内容就是完善了宗法制。依照宗法制的规定：天子为大宗，分封到各地的诸侯为小宗；诸侯在自己封地内为太宗，其下的大夫为小宗；大夫在自己所辖范围内为大宗，其下的士为小宗；士在自己的活动范围内为大宗，其下庶民为小宗。“大宗百世不迁，小宗五代乃迁。”就是说天子及其嫡长子、嫡长孙等永远是大宗，而诸侯、大夫等人的儿子随着历代繁衍，不断变为小宗。孝亲的观念近处说是孝敬自己的父母，远处说是孝敬自家宗族中的大宗、先辈。作为大宗的周天子，是天下人共同孝敬的对象，这时孝敬父母与忠于国君是一致的。

第二集 孝成孝道

由孝的观念演化为孝道，是从孔子开始的。

孔子继承古代孝的观念，总结出许多孝的理论，他自己也有许多孝的实践。在他三岁时，父亲叔梁纥去世，母亲颜征在教育他要继承祖德，承袭父志。孔子家传有一个鼎，他前代祖先正考父曾在鼎上铸有忠君孝亲的字样，他母亲经常以此对他进行尽忠尽孝的教育。在他六岁时，“尝陈俎豆，设礼容”，学习将来涉足贵族的基本功。他母亲死后，把母亲的灵柩停到鲁城中心的五父之衢，请人指点当年父亲的葬地，为父母合葬，尽到孝心。

孔子不但有孝的实践，更有一些孝的理论。他在讲到对父母孝敬时，曾多次告诉自己的弟子们：一要“无违”，要听从父母的话，表现为父母生前“事之以礼”，死后“葬之以礼，祭之以礼”。二、关心父母，为父母年迈和疾病担扰。父母在时，“不远游，游必有方”。三、对父母应尊敬。时时对父母和颜悦色不容易，批评一些人，如果不孝敬父母，和对待家里的动物有什么区别？四、要继承父母的遗志，“父在观其志”，“父没观其行”，“三年不改父之道”，对孟庄子不改父志的做法予以肯定。五、对父母的错误要谏诤，这也是孝。六、做了好事，父母脸上有光，如果做了坏事，连累了父母，是最大的不孝。七、对死去的父母及祖先要认真地，按时进行祭祀。这样做的结果，能使“民德归厚”。八、在家孝敬父母，做出榜样来，就是社会和谐的基础，在家尽孝，就是为国尽忠。

孔子对孝的论述，相当广泛、深刻，实际上已经超出了奉养父母的小范围，把一个孝的观念发展为孝道了。

身体力行孔子的孝道并有所发展的是孔子思想的继承人曾参。据古籍记载：在孔子的指导下，曾子撰写了《孝经》，这部书被后世奉为人们行孝的经典。

一部《孝经》不过1900字左右，但它却对“孝”的原则、内容、意义及各个不同地位的人行孝的作用都作了精辟的描述。

《孝经》一开始“开宗明义”部分，就指出“孝，德之本也”，意思是孝是一切道德的根本。孝对个人来说，“身体发肤，受之父母”，要加意爱护，“不敢毁伤”。但孝的目的是“立身行道，扬名于后世，以显父母”。一个人应对国家、对人类社会作出贡献，彪炳史册，为父母增光。又论到孝有三个层次：开始于孝敬父母，扩而大之忠于君主，终极目的是通过孝把自己培养成一个在社会上大有贡献的人，道德上的完人。

《孝经》中论述道：同是一个孝，由于地位、身份的不同，所起的作用也就不同。如天子之孝，可“德教加于四海，刑于百姓”，完成对天下万民的统治。诸侯之孝，能“保其社稷，和其人民”，保住自己的封地，管辖自己属下的百姓。卿大夫之孝，能“守其宗庙”，即保住自己的封地及特权。士之孝，能“保其禄位，守其祭祀”，起码保住自己的地位。而一般庶人之孝，最低也要养活自己的父母。尽管由于人们的地位不同，孝的作用不同，但从天子到庶人，人人都要实行孝、尽孝。大到所有有人的地方，长到这一观念无始无终，永远存在于人类之中。

在“三才章”中充分说明孝道之重大。孝道是“天之经也，地之义也，民之行也”。人们尽孝乃天经地义之事。通过孝，教化百姓，可使百姓明礼义，做到社会和谐，国家安宁，天下太平。其中大量内容将忠孝结合在一起，在家孝父母的人，就不会外出作乱，天下人都孝敬父母，国家就好治理，礼乐便好推行，直至孝道“通于神明，光于四海，无所不通”。

一部《孝经》，标志着人们已将孝由一般的观念提升为孝道。在社会发展、前进中，随着孝道的日益被人重视，历代对《孝经》的重视程度越来越高。西汉文帝时，置《孝经》博士。西汉人孔安国曾为《古文孝经》作序，唐玄宗李隆基亲自为《孝经》作序，元行冲为御注《孝经》作序。宋人邢昺、清人卢广炤等学者、官僚也分别为《孝经》作序，甚至日本学者太宰纯也来注《孝经》。中世纪以来，又把《孝经》列为十三经之一，其地位更高了。

孔子把孝的观念发展为孝道，在当时陆续向社会各阶层展开，例如社会上流传一些上层统治阶级尽孝的故事，郯子就是一个。

孔子早年曾向郯国的君主请教古代少昊氏的历史，位于鲁国东面的郯国有一位国君郯子的孝行，更令人钦佩。这位郯国的王子幼年好学、仁德，对父母竭诚尽孝。父母患有眼疾，有人说鹿乳可以治愈，便四处寻找，找不到，便自己披上鹿皮，假扮小鹿，混入鹿群中觅取鹿乳。连去数日，未能如愿。一日，在郊外遇见几名猎人，他们见了“鹿”要射，郯子站了起来，说出自己寻求鹿乳的愿望与难处。他的孝行感动了猎人，一位猎人说自己家中有一只母鹿，可以取乳。郯子到猎人家中，取回鹿乳，为父母治好了眼疾。

为孔子《春秋》作传的《左传》，许多地方也记载着孝，在其一开头叙述郑国的历史时，就生动地说起一个孝的故事。

郑庄公的母亲姜氏，在儿子们小时，就喜欢小儿子共叔，不喜欢大儿子郑庄公。后来竟支持小儿子叛乱，要推翻郑庄公夺权。郑庄公果断地制服了叛乱，又了解这一严重事件正是其母亲支持的，遂把母亲移到别处居住，发下誓言，“不到黄泉，无相见也”。事情过了几年，郑庄公心里总放不下对亲生母亲的思念，整日闷闷不乐。有一天，郑庄公赐给大臣颖考叔肉吃，颖考叔表示把肉带回去先给母亲吃，郑庄公说“你有母亲，我没有母亲”，颖考叔知庄公思母之心，因发过誓，不好回头，便出主意说：“你何不让人深挖地至泉，你们从隧道相见，不是到黄泉吗？”果然，郑庄公依此办法，与他母亲见了面。母子见面，痛哭一场，郑庄公完成了见母的夙愿，成就了他一番孝心。为此《左传》的作者表彰：“颖考叔，纯孝也。爱其母，施及庄公。”

《左传》里还有一个故事：晋献公已立长子申生为太子，后来宠幸骊姬，骊姬生了个儿子奚齐，骊姬为了立自己的儿子为太子，千方百计陷害申生，要献公废掉申生。申生听说后就逃往新城。有人给他出主意，要他到献公那里说清楚，使献公知道自己是被冤枉的，申生说：“我的父亲如果没有骊姬在身边，就会寝食不安，我若说明真相，骊姬一定会被治罪，父亲年迈，我不忍心他再失去快乐啊！”那人又问：“你打算逃走吗？”申生说：“父亲还没有查清楚我的罪，我带着恶名声出去，有谁留我呢？”于是便上吊死了。这个故事看来很荒唐，但当时一个“孝”字就能有这么大的威力，当时父母和子女的等级关系可以超过一切，包括生命在内。

山东淄博市博山区有条孝妇河，河畔有座颜神庙，是多年来供奉一位孝顺媳妇立的庙。据记载春秋时齐国有一女子，名颜文姜，出嫁后，对公婆十分孝敬。丈夫常年在外，家里的一切农活都由她包下来。当地有很多山，每天担水要翻越几个山头，文姜从来无怨无悔。有一天挑水路上歇息时，一个穿着褴褛贫苦的老妇人讨口水喝，她不嫌把水弄脏，很高兴地让老人低下头去在水罐里喝。接连好多天，老妇人喝完水送给她一个鞭子。告诉她放在自家水缸里，就会有水。果然，神奇的鞭子放在缸中，缸里的水天天很满，文姜不用每天赶山路去挑水了。但她看见一些邻居仍然很艰苦地天天进山挑水，为了让大家都有水喝，她把鞭子拿出来，在门前甩啊甩啊，甩出了一道小河，河水清清，河边的邻居再也不去跋涉山路远程挑水了。这条流经博山的小河，后世命名为“孝妇河”，后来当地人又为孝妇文姜立了庙，表彰她的孝行。

《诗经》是孔子从春秋时期民间的大量诗歌中筛选出来的。有贵族庙堂的乐歌，更有大量反映民间生活的各地国风。不管是贵族还是平民，用孝敬父母，祭祀祖先的形式恪尽孝道，却是一致的。

在现存铸有金文的西周青铜器中，有“追孝”一词，《诗经》中也有“通追来孝”之语。“遹”即遵循，意思是追寻祖先之志以尽孝心。如《诗经 · 大雅 · 下武》歌颂周成王的诗中就有：“媚兹一人，应侯顺德。永言孝思，昭我嗣服。”意思是：“人们爱戴的周成王啊，能承继祖德，使国运昌盛。您永远遵循祖德，恪尽孝道，为后代争气，声名远扬。”尤其《诗经 · 小雅 · 谷风 · 蓼莪》诗，悼念父母写得十分生动。原文是：

蓼蓼者莪，匪莪伊蒿。哀哀父母，生我劬劳。

蓼蓼者莪，匪莪伊蔚。哀哀父母，生我劳瘁。

父兮生我，母兮鞠我。长我育我，出入腹我。

欲报之德，昊天罔极。

把它译成白话：

一丛莪蒿长又高，不料非莪是蒿草。

可怜我的爹和娘，生我养我太辛劳。

高高莪蒿叶青翠，不料非莪而是蔚。

可怜我的爹和娘，生我养我太劳累。

爹啊是您生下我，娘啊是您哺育我。

抚摸我啊爱护我，养我长大教育我。

照顾我啊挂念我，出门进门拖着我

如今想报爹娘恩，没想老天降灾祸。

除此之外，《诗经》中还有大量说起“孝”的内容，如国风《邶风》中的《凯风》，《魏风》中的《陟岵》，《唐风》中的《鸨羽》，《小雅》中的《小宛》《小弁》《楚茨》，《大雅》中的《下武》《既醉》《卷阿》，《周颂》中的《闵予小子》《泮水》等篇，都有很多论孝、说孝或提倡孝的内容。

第三集 孔门弟子

孔子是孝道的提倡者与执行者。他自来主张的“仁”，是协调人际关系的主要手段，“孝悌也者，其为仁之本欤”。对父母孝，对兄弟悌正是“仁”的根本，人世间仁爱的出发点，他以此教育弟子，自然教育出履行孝道有名的孝子。曾参就是其中最突出的一个。

南武城（今山东嘉祥）人曾参，是孔子早年所收弟子曾点的儿子。孔子最心爱的弟子本来是颜回，但颜回早死，真正继承与发扬孔子思想的却是这位比孔子小四十六岁的弟子曾参。早在一些孔子弟子议论老师最主要的思想是什么时，曾参就精辟地说出："夫子之道，一以贯之，忠恕而已矣。""忠"就是大孝，"恕"是对人行仁，仁为孝之本。就这样，将孔子的基本主张精神与孝紧密地连到了一起。据各种古籍记载，曾子孝敬父母，表现在多方面，主要表现为：

第一，奉养父母。《孟子》记曾子奉养父母时，一定拿出最好的酒肉来，父母吃完以后，还要问问是否吃足？还应有更多的酒肉供养父母。《新语》记曾子在每天早上和晚上，都要向父母问候，关心父母的冷暖，时时问父母对生活是否适应。从吃饭的饭桌上，到睡觉的床铺上，都要仔细观察，发现不合适、不舒服的地方马上改正过来。《孔子家语》记齐国曾经要聘曾子为卿，曾子不去。他说："食人之禄，就要给人家干事。现在我父母年老，我不忍心抛下父母去追求高官厚禄。"《韩诗外传》记曾子说："父母死了以后，即使您杀一头牛祭祀他，还不如在他活着的时候给他杀一只鸡吃。我在齐国做官，有些俸禄并不感到多，因为我可以把它拿来孝敬我的父母。"

这些记载，体现出曾子孝亲的一些思想和主张：一、奉养父母是孝亲最起码的条件。二、一个人要在社会上工作，有基本收入，才能以此奉养父母。三、在保证父母正常生活水平的前提下，儿女们应该让父母生活更好些。四、父母在时，孝亲很重要，等到死后，孝的方式再隆重也达不到孝的目的。五、对父母生活、起居，应全面照料，从食到宿，从早到晚，仔细周到，诚恳恭谨。六、不要远离父母，要时时守在父母身边尽孝。

第二，尊敬父母。《孝经》记自己的身体是父母所给。应该爱护自己的身体，这也是对父母的尊敬。《礼记 · 曲礼》记：父母喜欢的你也应喜欢，父母尊敬的，你也应该尊敬。连狗马都能这样，何况人呢？《吕氏春秋 · 孝行览》中记曾子对父母要生的动物，自己不敢乱杀；父母放置的东西，不敢随便废弃；父母认为应该保全的，自己不敢缺。具体来说，能坐船不下水游过去，能走大道不走小路。要保护自己的身体，守住祖先的宗庙，这正是孝的表现。《孟子 · 尽心上》更具体地说：曾参的父亲喜欢吃羊枣，曾子不忍吃。公孙丑问："曾子吃鱼肉吗？"回答："吃。"又问："曾子为什么吃鱼肉，不吃羊枣？"孟子回答："鱼肉不稀罕，人人都能吃，羊枣却是特殊的食品。因为他父亲爱吃，所以曾子不吃。"《淮南子》记：曾子终生行孝，到了一个名叫

"胜母之闾"的地方，因为"胜母"二字有不孝的意思，便不走过去，赶着车回来。

上述资料体现曾子尊敬父母的孝行，它所体现的精神是：一、因为身体肤发由父母所给，所以应时时爱护自己的身体，这正是对父母的爱护与尊敬。处理一切事情，对自己都应高度负责，也是对父母高度负责。二、父母喜欢吃的东西，自己不随便吃。既是对父母的尊敬，又有留下这些东西来孝敬父母的意思。三、父母不叫杀的动物不杀，叫留的东西不要随便放弃，正是遵从父母的意愿，对父母的尊敬。四、对于那种不尊敬父母的地方，自己不去，正是从思想上、意念上对父母的高度尊敬。总之，曾子完全遵从孔子的主张，以父母为己之美，以父母之敬为己之敬，不违其志，不悖其行，忠实继承，不做丝毫改动。

第三，取悦父母。《礼记 · 内则》记曾子奉养父母时，不但要"乐其心"，"不违其志"，还要"乐其耳目，安其寝处，以其饮食忠养之"。

子女对父母孝敬，不但应重视父母的物质生活，也要重视父母的精神生活。不但要时时使他们心里高兴，不违反他们的志趣，对他们各种感官所接触之处，都要使其赏心悦目，连睡觉与吃饭也包括在内，这才是真正的孝。

第四，思念父母。《礼记 · 檀弓》记曾子对他的弟子子思说：自己在给父母守丧时，一点水浆不入，达三天之久。传说曾参父母死后，他十分悲痛，终日大哭，泪如涌泉，后世便在曾庙中修中了一座"涌泉井"。《琴操》记曾子曾经耕于泰山之下，忽然雨雪大作，天寒地冻，自己受冻难忍，马上想起了父母，于是作了《梁山操》。《韩诗外传》记曾子说自己的父母殁后，自己曾南游于越做了高官，得到很高的享受，这时想起父母，当年自己贫贱时，父母跟着受苦，现在地位高了，条件好了，却见不到父母了，为此十分悲伤。

《孝子传》记有一天曾参吃到味道很美的生鱼后，马上吐了出来，别人问为什么？他说："母亲在世时，没吃过这么好的东西，我为什么吃这么好的东西呢？"从那以后，他终生不吃生鱼。

以上五则资料都从不同角度体现出曾子对父母的思念之情。曾子丧亲后，几天不饮不食，虽为夸张，却能充分体现出其思亲之情。因曾子思念父母作《琴操》，后世在曾子家乡建一"琴台"，以资纪念。

对曾子这位以孝著称的儒家学派代表人物，历代极力表彰。在他死后不久，当时为解释"礼"而作的《礼记》的《檀弓》《曾子问》《杂记》《祭义》中及《大戴礼记》中有《曾子立事》《曾子本孝》《曾子立孝》《曾子大孝》《曾子制言》《曾子疾病》等篇，大量资料与论述记载下曾子的孝行与孝论。

在曾子孝亲的内容中，有的地方也有些过分，遭到孔子批评。有一天，曾子和父亲一起在地里耘瓜，不小心耘断了几棵瓜苗，其父曾点抡起大棍朝他打去。曾子也不躲开，几棍便被打晕过去。过一会儿苏醒过来，曾子马上装作若无其事，问父亲打自己累坏了没有？曾子想，自己对父亲如此孝敬，老师一定会好好地表扬自己。谁知等了好久，孔子却不见他。等过了些时间曾子向老师问为什么时，孔子说：你父亲小棍打你，可以承受，大棍打时，应该逃跑。因为你是国家的人，把你打死后，国家要受损失，也给你父亲加上个不义的恶名，这并不是真孝。看，两千多年前孔子就批评了愚孝。

还有一个例子，古籍记载曾参的后母要吃蒸过的梨，叫他妻子去蒸，没蒸熟，曾参就要将妻子休去，终身不娶。这种做法显然又有些过分。

曾子是孔子思想的直接继承者，他重视修身、修德行仁，特别是履行孝道，为历代人们所赞誉，受到历代帝王表彰。唐时封为郕侯，宋时先后封武城侯、瑕丘侯、郕国公，元时封郕国宗圣公。明清以后，一律称“宗圣曾子”，配祀于孔庙大成殿内四配西面之北。

为纪念曾子，后世在当年的南武城（今山东嘉祥县）建了奉祀曾子的宗圣庙（曾子），在嘉祥城里为其子孙修建了曾府。曾庙南不远建了宗圣林（曾林），内奉曾子墓。当地政府及曾氏后裔成立了“曾子研究会”，研究曾子的孝行。还仿效当年曾子的故事，评选出十大孝星。现研究会已公开出版著作十几本，遍邀全国专家、学者，举行了多次曾子思想研究会，更联络世界各地曾氏族人来曾子故里投资。一座专门研究曾子思想的“曾子研究院”即将在曾子出生地南武城建成。

孔子提倡孝道，他的弟子履行孝道的很多，除曾子外，还有仲由、闵损等人。

卞人仲由，字子路。少时家贫，对父母恪尽孝道。平时挣点钱不乱花，买些食物、衣服，尽量让父母吃饱穿暖。家中房子破了，赶快修整。无钱买菜蔬，自己种菜奉养父母。卞地粮价上涨，便到别处去买。后来到鲁都跟孔子求学，发现当地粮价便宜，便经常买了粮食，步行一百多里，背回家奉养父母，寒来暑往，经年不辍。有人聘他到外地做官，仲由为了孝敬父母，婉言谢绝。父母死后，楚王对他授以要职，从车百辆，生活优裕，但他想起年轻时家贫，没能使父母享福，便悲从中来，吃不下饭。他常对别人说：“父母死后杀牛祭祀，还不如生前给他们杀只鸡吃。”

闵损，字子骞，孔子的弟子，鲁国人，幼时丧母，后母生下两个儿子，对他歧视。好菜好饭给自己的儿子吃，残汤剩饭给闵子骞吃，但闵子骞从无怨言。有一年冬天，全家外出，闵子骞赶着车子，冻得两手麻木，丢掉了缰绳。父亲恼怒，挥鞭抽打，打破衣服，露出芦花，父亲才知道后母虐待他的情形。父亲勃然大怒，要将后母休去。闵子骞跪在地上，拉住父亲的衣服，苦苦哀求说：“母在一子单，母去三子寒。”要求饶恕后母。父亲深受感动，因此作罢。后母自知理亏，从此对三个儿子一样疼爱。闵子骞以自己的孝行，促使一家和睦，被传为千古佳话。《论语》中记孔门弟子“四科”中，有道德水平高的“德行”科，闵子骞便是其中的一人。

孟子是孔子孙子孔伋弟子的学生，在《孟子》七篇中，有大量关于孝的论述。他认为天下之事“孝亲为大”，他说那些整天下棋饮酒，不事生产，懒惰成性，贪财好色，不养父母以及好勇斗狠，危及父母或陷亲于不义的人都是不孝。孟子早年受孟母“三迁”“断机”之教，对母亲十分孝敬。有一次，他说妻子不贤，要休妻，他母亲指出他的错误，马上认错，放弃了休妻的意见。他母亲死后，用隆重的礼仪殡葬母亲。有人问他为什么对母亲的厚葬超过父亲。他说当年很穷想厚葬也不成，现在有了好条件，当然应大尽孝心。

第四集　孝为国策

西周与春秋时期的孝，是用宗法制来维系的，到了战国至春秋时期，则有了发展。原因是这时我国已进入封建社会，主要特征就是摧毁了奴隶制的基础和上层建筑。其基础是奴隶主占有大量土地和奴隶的公田制，变为以军功获得的私田制，上层建筑就是逐渐淡化宗法制。战国以来的周天子，已不能号令天下，他已不是天下的共主，人们忠君不再忠于周天子了。荀子说：“父者，家之隆也。”这说明孝的对象由超现实的祖先转向现实的人了。尤其是自秦以后，我国进入一个中央集权的大一统封建社会，更不依当年的宗法制度办事了。

当然，孝的影响仍然很大，人人都知秦始皇施行的是法家路线，但对孝这一概念也不得不遵循。秦始皇贵为皇帝，他母亲赵姬却与嫪毐私通，还生下了两个儿子。当嫪毐反叛被镇压，其母的丑行被揭露后，他命人将两个私生子捕杀，把母亲迁往咸阳宫发誓永不见面。过了一年，齐人茅焦向他建议说他这样对待母亲，恐天下诸侯不服而背秦，于是秦始皇“迎太后于雍而入咸阳，复居甘泉宫”。这说明在当时一个人是否行孝，是天下人共同注意的大事。在云梦睡虎地发现秦墓中的竹简中，就有“子孝，政之本也”之说（第726简），有的竹简还载有案例，如政府用杀头和流放的办法来惩治亲子不孝，并规定六十岁的老人对不孝之子可以告官执杀，等等。

楚汉战争后，由刘邦建立起来的汉帝国，是一个统一的封建国家。这个国家的经济基础是小农经济，小农经济正需要孝来维护一个个的小农家庭，于是汉代就特别强调孝，直至把孝定为国策。

汉高祖刘邦，少年时常常喝酒、赖账，不知礼数。但当了皇帝，便依孝道行事。《史记 · 高祖本纪》记他每隔五天，对封为太公的父亲去行礼，太公叫别人告诉他：“天无二日，土无二主，你虽然是我儿子，但你是天下的人主。我虽然是父亲，应是臣，哪有人主拜臣下的道理。”有一天刘邦退朝时，他父亲手持扫帚站立门前，刘邦大惊，马上扶住父亲，不叫他扫地，此后正式尊他父亲为“太上皇”。九年，刘邦令人在未央宫前摆上酒席，专为父亲（太上皇）祝寿，群臣皆呼万岁，大笑为乐。汉高祖以自己崇高的地位开展了一次大孝的活动。

汉高祖刘邦的儿子刘恒，即汉文帝，多年来以孝亲闻名。当汉初政争，诛灭诸吕之后，众臣知刘恒“贤圣仁孝，闻于天下”，而至代地迎进京城拥立为帝。据传他母亲薄太后生病时，他时时关心问候，并且亲尝汤药。皇帝大孝为世人做出孝的榜样。

汉文帝当政时，为孝女缇萦申冤事，更在历史上传为佳话。

临淄名医淳于意，医术高超，救死扶伤，远近闻名。文帝四年，当地豪强诬告他治死人命，并买通地方官把他拘捕，准备解到长安，处以腓刑（砍足）。临走前，淳于意悲愤地对五个女儿说“可惜你们都不是男子，家中出了这么大的事，谁也救不了我。”小女儿缇萦却说：“女儿虽小，甘愿为父解忧。”于是长途跋涉、历尽艰难，跟随被押解的父亲到了京师。冒死向文帝上疏，申诉父亲的冤屈。又说：“自古死者不能复生。砍掉足后，不能复续。想改过自新也来不及了。小女愿贬为官奴，代父赎罪。”汉文帝很受感动，派人调查出真相，赦免了淳于意。并接受缇萦的建议，从此废除了肉刑。

因为孝是为人处世的根本，汉朝皇帝提出以孝治天下，除将开国皇帝刘邦尊为高祖外，所有皇帝死后，均谥以“孝”字（如孝惠帝、孝文帝、孝武帝……）依照《周礼》，一个帝王或重臣死后加上一个谥号有褒有贬，是对此人的综合评价，用什么字十分严格。谥为“孝”的标准是什么？《周礼 · 谥法》上说得很清楚，即“五宗安之，慈惠爱亲，秉德不回，协时肇享，大虑行节曰孝”。就是说一个国君的行为能以孝敬父母、尊敬祖先、以自己的行动为祖先争光的，才在死后加以“孝”字。

夏、商、周时选拔官吏，一般只在贵族范围内。到了汉代，摧毁了宗法制，选拔官吏的标准就依道德标准，而一个人的道德是否高超的起码要求，便是对父母的孝。因此，汉朝皇帝下诏明令奖励百姓中“孝悌力田”的人，各地以“孝廉”的名义选拔对父母尽孝、人品廉洁者。例如，石奋及其几个儿子石建、石甲、石乙、石庆五人皆以孝行出名，官至二千石（州郡的长官），景帝赐石奋为“万石君”。

到了东汉，皇帝仍然奉行提倡孝的主张。汉章帝时在北宫白虎观开会后，由班固整理编写成的《白虎通义》中，标出“三纲六纪”，即“君臣、父子、夫妇”，明确后者对前者的从属关系，这样一来，明确了两者的地位，也为以后的“愚孝”开了头。《述异记》记：汉章帝三年，子母竹生于白虎殿前，当时人们称作“孝竹”或“慈竹”，群臣向皇帝献“孝竹颂”。以植物比作人，可见对孝的重视。

《后汉书 · 循吏列传》记仇览在蒲地做亭长时，陈元的母亲告他不孝，仇览说：“你儿子努力耕作，做事严谨，不像是个恶人。你们孤儿寡母一起生活为什么告他呢？”陈元的母亲听到后很后悔，也很感激，洒泪而去。仇览亲自找到陈元，和他母子一起饮酒，向陈元讲人伦孝行，陈元后来成为一个有名的孝子。这个故事体现出汉代的地方官执行朝廷的意旨，不停地用孝道对百姓教化的职责。

孔子说“三年不改于父之道”，继承父母的遗志，完成父母的未竟之业，也是孝的表现。汉代就有两位这样的典型。

司马迁的父亲司马谈，是西汉时期专管修史的太史令，但他一生中并未能完成修史的任务。临死之前，他拉着司马迁的手说：“我们司马氏从祖上就是史官。在虞舜、夏禹时就掌管天官之事，到了我这一代，还任太史这个官职。我死了以后，你还要任这个职务，千万别忘了我一生要完成编著史书的大任。古人说‘孝，始于事亲，中于事君，终于立身，扬名于后世，以显父母，以孝之大者。’现在汉兴，出现了多少明主贤君、忠臣死义之士。我作为太史，没及时把他们记载下来，想起来羞愧得无地自容，你一定完成我的未竟之业。”司马迁流着泪低、着头向父亲作了保证。但当他自己当上太史令不久，遭李陵之祸，受到腐刑。在当时，他这样有地位、有文化的人，受此大辱，难免轻生。但司马迁想到父亲的嘱咐，蒙着天大的羞辱，克服种种困难，完成了《史记》这部“千古之绝唱”“无韵之离骚”的伟业，正是孝的力量使他办到的。

东汉时的班彪，专于史籍，采前史遗事，旁贯异闻，为汉朝作后传数十篇，以续《史记》“太初”之后的不足。但去世前书未写完，他儿子班固，积思二十余年，将父亲的《汉书》续写完成，成为我国断代史的代表作。

汉代既然把孝定为国策，在各方面都表现出来。如刘向撰写《孝子传》，对历代孝亲者予以表扬。殿堂的墙壁上画孝子图，有的在画像石上、画像砖上、漆器上、铜镜上，均绘出或镶嵌上形象的孝亲故事或孝道语录，其中山东嘉祥的武氏墓群石刻最为典型。

山东嘉祥县武翟山的武氏墓群石刻，是东汉末年当地武家为其先人修盖的一组墓群，人们从《武荣碑》《武班碑》及石阙上的铭文中，均可看出这是为了尽孝而立的巨大坟茔。其中的画像石中，反映了当时社会上的经济、政治情况以及意识形态。在四个石室的四十几块画像石中，遍刻忠臣义士，怪异神灵，其中直接体现孝义的就有十几幅，如老莱娱亲、闵子骞孝后母、董永尽孝、柏榆伤亲、休屠阏氏思母、邢渠哺父、丁兰刻木、魏汤复仇、三州孝子、孝孙原谷等。以董永尽孝为例：

西汉千乘（今山东博兴）人董永，家境贫寒，年少丧母，与老父相依为命，靠耕田及做雇工赡养老父。父亲体弱多病，董永多方求医，医治无效身亡。父亲死后无钱安葬，董永只好卖身葬父。传说董永在前去佣工的路上，在一棵大槐树下遇见一位美貌女子，愿为董永妻。他们到了主人家中，主人叫他们织出三百匹绢后才放他们回去。董永的妻子不到十天便将三百匹绢织完，主人遂放回二人。当他们又回到那棵槐树前时，妻子说自己是天上的织女星下凡，是他的孝行感动了自己，才嫁给董永，并帮助他渡过了难关。

武梁石室第三石第二层刻这个故事。画面刻一位老人坐于简陋的鹿车之上。车上一小甕，老人左手握紧，左肩斜扛一鸠头手杖，右手向前高处伸展，似在说话。上题“永父”，是董永的父亲。其左面站立向右扭颈之人是董永。

此人手执器盖，像在侍候其父的样子。两人之间刻“董永，千乘人也”六字。字上面空中一人，身穿花边衣服，肩生双翼，其袖下垂作飞舞状，应是织女。

据历史记载，今山东博兴县（古千乘）是董永的故乡。1987年4月博兴县召开了“汉孝子董永及其故里论证会”，国内十位知名专家在此进行论证后，出版了《董永与孝文化》一书。在此前后，博兴评出“十大孝星”开展了尊老孝亲等活动。

湖北孝感市，是国内以孝字命名的地方之一，据称，董永逃难至此地遇仙女。辖区内有《二十四孝图》中“卖身葬父”的董永，“扇枕温衾”的黄香，“哭竹生笋”的孟宗三位古代大孝子。2006年、2007年分别在这里召开了两次大型的孝文化研讨会，当地在孝文化方面开展了许多活动。

山东长清的“郭氏墓群石刻”系旧日孝子郭巨家的坟茔。其汉代石刻画像风格迥异，与嘉祥的“武氏墓群石刻”均早在1964年就被国务院确定为“全国重点文物保护单位”。

第五集 孝的发展

两汉、三国以后，便是魏晋南北朝。这时间，战乱连年不断。先是各地连年征战，相互抢权，后来又是少数民族进入中原，出现了五胡十六国的复杂情况。这也是一次大规模的中华民族大融合，大量北方少数民族进入中原后，改变了过去的习性，大都由落后的奴隶社会发展到封建社会。在文化上，向中原先进的文化学习，也不断学到孝的品德。

早在西汉时，匈奴休屠王太子金日磾，汉武帝时归汉，官到侍中。他认真学习汉族文化，对阏氏（匈奴王后，其母）十分孝敬。母亲死后，令人画出图像，每日必到画像前敬拜，想到母亲未能和自己一起享福，心中悲戚，有时流泪，人称孝子。

北魏孝文帝拓拔宏，自小学习汉族文化，对父、祖十分孝敬。其祖母冯太后一度掌权，朝内大事他都及时向祖母请教。其父生病，日夜侍候，从不懈怠。父亲背上长了一个大疮，疼痛难忍，医生说挤出脓来，才能用药。年仅几岁的拓拔宏，趴到父亲背上，用嘴吸出脓来后，让医生用药，周围的人都为其孝行感动。他长大执政后，一心要革除鲜卑旧习，多次下令推行汉化。下令鲜卑人穿汉服，说汉语，依汉族风俗，将国都由平城（大同）迁到洛阳，把一百多个鲜卑姓改为汉姓，首先把拓拔改为元姓，自名元宏。还提倡鲜卑人与汉人结婚等。孝文帝学汉心切，怕鲜卑人对汉族文字一时学不会，令人将《孝经》译成本民族的语言，以教国人。北魏宣武帝（元恪）于正始三年（506）亲讲《孝经》，北魏孝明帝（元翊）在宫中主持听讲《孝经》，北周太祖因杨尚希讲《孝经》有功，而将其擢为国子监博士。

帝王号召少数民族各阶层也都学习孝、履行孝的例子也有很多，如高车部人乞伏保，受后母申氏抚养，对后母奉事孝谨，和颜悦色。申氏年过八十，乞伏保亲自牵马随蹬。申氏死后，伏保照例解官丁忧，奉申氏灵柩回到洛阳。人称孝子。

自汉代佛教传入中国后，很快为不少人所接受，为了适应中国的国情，它在一些地方根据中国的特点进行改变，甚至还编写出部分迎合中国儒家伦理的经书，孝道就是其中之一。例如，在印度佛教的典籍中，母亲的地位高于父亲，文字上的语序是“母和父”，在汉译佛典中，一律改为“父和母”，有时还添加上原文所没有的“孝诸父母”的话。他们还编了一些讲孝的佛经，如大约成书于唐朝中叶的《父母恩重经》就记述了父母生养儿女的恩情，提倡造经烧香，请佛礼拜、供养三宝，饮食众僧，为父母造福。这本《父母恩重经》是在敦煌发现的，书中将父母对子女的恩德系统归纳为十种，内容生动，又编成唱词，在社会上广为流传。又如儒家主张父母死后，守丧三年，宋代高僧契嵩主张三年内以心服丧，静居修法，以帮助父母修造冥福。还说出家人穿的粗布袈裟就是孝服。父母死后，做“水陆道场”就是集合众僧祈祷神灵，为父母消灾。还有一个目莲救母的故事。

佛的大弟子目莲生于富有之家，父亲外出经商，母亲在家不行善，种下恶果，死后坠入地狱，做了一名饿鬼。目莲学佛成功，有了法力，以钵盛饭要给母亲吃。但因母亲罪孽深重，饭未入口即化为火炭。目莲回来求佛，佛说他母亲罪重，不是一人之力可解除的。应在七月十五这天，集合众佛，办一法会，以众生之力，对其母超度，便可消灾。于是这天就成了佛教的“盂兰盆节”。

隋、唐历代皇帝都认识到孝道对巩固统治的作用，他们都提倡《孝经》与《道德经》为上经。唐玄宗则两次亲自为《孝经》作注，并诏令天下，家家收藏《孝经》一书。到了天宝四年（745）唐玄宗又亲笔以八分书写《孝经》，刻石立于太学。其目的当然都是为了巩固自家王朝的统治。这从历代维护统治的法律中也可以看出来。从《孝经 · 五刑章》中规定“五刑之属三千，而罪莫大于不孝”，《秦律》规定处“不孝”以种种酷刑起，《晋律》规定对“不孝”之人杀死以后陈尸于市，《隋律》《唐律》都把“不孝”列入“十恶”之中。依照《唐律》，凡检举、告发祖父母或父母犯罪行为的，当面或背地里诅咒祖父母、父母的，对祖父母、父母不能尽力奉养的，祖父母、父母丧期作乐的，提前脱掉丧服的，祖父母、父母死后不及时报告、不办丧事的，甚至背着祖父母、父母积攒钱财的，都属于“不孝”。有的杀头，有的绞死。殴打别人的笞责四十板，殴打父母的则处以斩刑。《元律》也是这样，只是酒醉后打父母的杖一百，居役百日，可以免死。清代杀死父母的，不但处以斩刑，还把其财产全部毁掉，甚至此人的老师和地方官也要受到牵连。

另一方面，历代朝廷极力表彰一些孝子、孝女，各种史书之《孝义传》中都记下许多孝子、孝女以及书写孝义传的目的，如《晋书 · 孝友传》序中说立此传为了“采其遗绚，足厉浇风”。《南史 · 孝义传》记为了反世之浇风“抑引之教，导俗所先，变里旌闾，义存劝奖”。《梁书 · 孝行传》记孝为“生民之大，有国之先”。《魏书 · 孝感传》重申“孝悌之至，通于神明，此盖生人之大者”。《隋书 · 孝义传》记立传的目的是对孝子孝妇们“播徽烈于当年，扬休名于千载”。《新唐书 · 孝义传》明确说出“以其教孝而求忠也”。

于是，在各种史书中记下许多孝子孝女的事迹。如《晋书》中还记了王祥、王览兄弟二人孝悌的事迹。琅琊（今山东临沂）人王祥，性至孝。其母早死，继母朱氏，生子王览。朱氏偏爱自己的儿子，常年令王祥干重活儿，吃很坏的饭食。但王祥对父母孝敬从不懈怠。父母生病，王祥衣不解带，日夜照顾，汤药必亲尝后才端给父母。后母要吃鲜鱼，当时天寒地冻，无处购买，王祥冒着凛冽的寒风，在河上脱衣卧冰，把冰暖化以后，冰下跃出一条鲤鱼，拿回家去给继母烹食。继母深受感动，转变了对他的态度。继母死后，王祥十分悲痛，依礼安葬。王祥对其弟王览十分爱护，王览对兄长也十分尊敬。兄友弟恭，远近闻名。当时人把他们居住之处称“孝悌里”。现在“孝悌里”仍存，成为人们宣扬孝道的生动场所。

自古以来，忠孝结合这方面的例子也有很多。如古乐府中有一首著名的长诗《木兰辞》，记一位名叫木兰的女子，代父从军十二载。直到归来，别人不知她是女郎。有人考证隋唐之前鲜卑族已有“可汗”的称呼。其父在军籍，战事需要再被征发的习俗也与隋唐之前的少数民族的习俗相似。也体现出孝的观念在北方少数民族地区的传播。

晋朝荀崧任襄城太守时，为叛贼杜曾所围。城内粮尽人缺，岌岌可危，许多将士束手无策。身为统帅的荀崧万分焦急，苦无良策。其十三岁的女儿荀灌自幼练就一身好武艺，为了代父分忧，主动请缨，率领数十名勇士，突出重围，搬来救兵，解救了危城，也全了孝道。

岳母刺字的故事，更是忠孝结合的典范。南宋时汤阴人岳飞，幼年家境贫寒，父亲早死，他除谨遵母亲学文化外，又向周侗等人学了一身武艺。十九岁应募从军，不久因父丧还乡，接着又应募抗击金兵。起初，岳飞因父死母老，需要照顾，作为独子，自己不宜远行。母亲知道后，对他进行了一番教导，对他说，“一个人应该尽孝，也应尽忠。但如忠孝不能两全时，二者只能取一。从大局出发，理应尽忠，尽忠就是尽孝”。宋朝那时社会上有纹身的习俗，岳母为使儿子记住这番教导，在其背上刺以“精忠报国”四个大字。岳飞谨遵母命，毅然应征，以功授秉义郎。后来又随老将宗泽守开封，升统制。率军在收复建康之役中立过大功。日后又作为主帅奉使北伐。他率领的岳家军，能征惯战，名垂青史。“精忠报国”的岳飞也被誉为忠孝两全的历史名人。

第六集 孝的演变

两千多年来，我国的儒学随着社会发展而不断变化。先秦时期以孔子、孟子为代表的原创儒学，充满人民性，在传统文化中，优秀部分甚多。日后逐渐发展、变化。汉兴百年后，汉武帝“罢黜百家，独尊儒术”时，提出“天人感应”，已把儒学进行了改造。隋唐以来，儒学为封建朝廷服务更加直接。宋明以来，到了我国封建社会的后期，儒学发生了很大的变化。中世纪以来，在儒、释、道三家的长期斗争中，儒学吸收了佛、道的内容进行改造，出现了宋明理学。由宋初二程开始到南宋朱熹完成的理学，吸取了佛道的一些内容，成为封建社会后期维护封建社会的意识形态。其“存天理，灭人欲”的主张，强调客观唯心主义的“理”，让人民大众一切行为都服从“天理”，也就是服从封建统治，自然要把从维持家庭伦常到忠于封建君主的孝大力提倡了。

宋朝开国不久，宋太宗就把一部《孝经》送给大臣阅读。宋真宗咸平二年诏令邢昺撰《孝经义疏》，作为天下人学习《孝经》的标准。大中祥符八年，宋真宗又亲撰《孝经》诗，大会群臣，令他们赋和。南宋高宗除御书《孝经》赐给群臣外，又将他御书的《孝经》颁布天下各州学。绍兴十四年，又诏令各州以御书《孝经》刊石，赐给现任官员及系籍学生。金统治者入主中原后，又仿汉族皇帝推崇《孝经》。金海陵王天德三年，诏令用唐玄宗御注《孝经》授予各级学校。金世宗大定二十三年，仿效汉代羽林军通《孝经》的故事，以女真文《孝经》交检点司，分赐给护卫亲军。元蒙统治者在推崇《孝经》上也不甘人后，元世祖至元二十四年（1287）定国子学制，规定凡读书必先读《孝经》。元武宗时，命中书右丞以蒙古文翻译《孝经》，并下令自王公达于庶人，皆遵此意而行。

与此相应的，各个家族的族规家训中也有很多提倡孝道的内容。如孔子后裔的《孔氏家训》中就有很多尊宗敬祖、孝亲敬老的规定。

福建建宁三滩《孔氏家谱》中记对祖先应：

春秋祭祀，各随土宜，必丰必洁。必诚必敬。此报本追远之道，子孙所当知者。

“增入条规”中规定：一，教孝。祖云，子生三年然后免于父母之怀。欲报其德，昊天罔极。即不能视无形，听无声，以志养亲，而问寝，视膳，夏凊、冬温，所当急讲，不得忤逆二人，有玷祖训。

江苏丹阳县十里甸《孔氏天启族谱》之《家规》记：

一，崇孝道。诗云：“父兮生我，母兮鞠我。欲报之德，昊天罔极。”是亲恩与天地并矣。故凡我族姓为人子者，上则立身行道，扬名后世，以显父母。次则生养死葬，诚敬必尽，以承顺二人之意。父母有所欲则足之，有所为则成之，有所爱则亲之，有所与则从之，不当问其曲直是非是否，而惟力所能者，罔不曲意以承顺之。其或有菽水不供，逞凶忤逆，辱及其亲，而犯五不孝之条者，同宗初则戒饬之，使改过以迁善。稔恶不悛则呈公，坐以不孝之条，亦非过于刻核矣。

《四川顺庆府蓬州孔氏支谱》中载：

第一条，孝弟宜教。人生百行，孝弟为先，庠序之申皆为此义，是以温凊定省，礼著爱日之诚；式好无尤，书垂友于之训。我族众皆有父母兄弟者也。倘不依此政，是背圣祖惟孝友于之训也，请公法治。

《江西临川孔氏支谱》中规定：

一首孝弟。人道最重，故其人孝弟，必无犯上作乱之事。族长应加意访问，有事亲纯谨，兄弟和睦，出入无违悖之愆，公举奖劝，团拜举饼二对。若行之愈久纯笃，春秋举胙。事败除退。

一诛不孝。不孝之罪，游惰，博弈，好酒，私爱妻子、货财与好勇斗狠纵欲，皆不孝之大。一经父母喊出，族长察出，重责革饼，犯忤逆，处死。叔伯，兄长，重责三十，罚谷一担，再犯革出。

《岭南孔氏家规》中记：

一曰孝敬父母。凡人之生，受形于父，成形于母。未生十月怀胎，既生三年怀抱。幼而抚育顾复，长而教读婚配。费尽许多心力，受尽无限劬劳。何为人子者，既后长大成人，遂忘生身根源。尝见有逞气使性，逆双亲之命而不遵，又见背亲衅，别异财产。媚顺妻子，仇怨父母，人心何在，天理奚存。嗣后吾族子孙有如是不孝者，锁至祠堂，经房长重责。如其不悛，逐出祠外，断无纵饶。

上引资料可以看出宋至明清时期，儒家进一步强调贯彻孝道，但有的地方要求已经过分，有了愚孝的内容。父母把儿女当作自己的私产，可任意打、罚，甚至处死。如《红楼梦》里，贾宝玉犯了错，他父亲贾政举起板子照死里打，王夫人抱住板子，死死哀求。

贾政冷笑道："我养了这不肖的孽障，我已不孝！平昔教训他一番，又有众人护持，不如趁今日结果了他的狗命，以绝将来之患！"说着，便要绳来勒死。

父亲可以把儿子杀死，杀死也不犯法，因为儿子是他的私有财产。

其实，儿女是父母的私产，儿子应无条件地服从父母的这一观念，古代早就有了。《礼仪 · 内则》中说儿女不能私自拥有财货、器具。家里的东西不能随便借给别人，更不能随便送给别人（"子妇无私货，无私器，不敢私假，不敢私与"），应交给父母，然后自己服用次等的。《唐律 · 户婚》中规定：一大家人同住一起，一起收支的家庭，如果子女私自拥用家中十匹布的鞭笞十下，再多加一等，甚至杖打一百下。《清律 · 户役 · 田宅》中规定一家人中所有粮食钱财都由一家之主（父辈）掌管。首先在经济上剥夺了子辈的权利。父母死后，如果子女不遵从教导，遗嘱中可取消儿子的遗产继承权。如果子女不孝，不但被严惩、处死，也可能贫无立锥之地。

至于子女对父母孝敬的方式，有的也不尽合理。《后汉书》中记有个叫鲍永的人，对后母极其孝顺。一天，他的妻子在后母身后对狗呵斥了一声，鲍永便坚决把妻子休去，理由是"不事姑舅，悖德也"。显然是小题大做。

后来又有所发展，甚至达到愚蠢的程度。例如：

一种是割肉事亲。古时人生了病，一时治不好，有人认为以人肉入药，可以治病。孝亲的子女们往往这样做。如元代京兆人肖道寿，家境贫穷，母亲生病，经年未愈。肖道寿割下自己的股肉给母亲吃。据记载，这样便医好了病。后来朝廷还对他旌表呢！清代宛平曹德亭之妻夏氏，婆母失明，夏氏“深夜至中庭，祷天默佑，即出利剪割股肉，瞒人投入药”。其婆婆吃人肉后目竟复明，显然是迷信之说。

一种是父母死后，子女过于悲伤，乃至自残。如宋代吉州吉水人毛间，母亲死后，终日痛哭，不吃不喝，数日死去。其兄文祖也因母死过于哀痛，死于奔丧时的船内。清代浙江海宁许季觉，父母死后，七天不吃不喝，日夜痛哭，人们认为这才是真孝。清代湖北襄城人刘宗洙、刘恩广兄弟，母亲死后，弟恩广痛哭，呕血几乎死去，兄宗洙呕血至死。日后，恩广死后其子青藜也哀毁呕血，人们认为这样做才是真孝子。

一种是父母死后，自己以死尽孝。人们熟知的曹娥投江就是一例。东汉会稽上虞人曹娥，当巫祝的父亲在一次迎接波涛水神时被淹死，找不到尸首。十四岁的曹娥沿江号哭，昼夜不绝声。一直哭了七天，自己投水而死。后来人们在她投水的地方立碑纪念，并把这条江称作曹娥江。与此同时的四川犍为女子叔先雄，父亲死于江中，尸体未得，叔先雄昼夜号哭，常有自沉之意。过了许多年，已生下儿女，自己还写下遗嘱，偷偷离开家，乘着小船，在父亲落水的地方大哭一场后，也投水而死。清代江苏宜兴人贾锡成，父亲死后，悲痛欲绝，整日扶棺梦中与亡父说话，醒来大哭。其父死后才五天，贾锡成也随父死去。

再一是代父母复仇。如宋代瀛州河间人李璘，父亲在契丹寇边时，被别人乱中杀死，他一心要为父报仇。若干年后，与仇人相遇于京师，杀死仇人后并不逃匿。宋太祖得知后，没对他治罪，释放了他。又如宋京兆人甄婆儿母亲与同里人董知政纷争，被董所杀。十几岁的甄婆儿手执利斧，找到正与小孩嬉戏的董知政，从背后一斧把董砍死。此事上报到宋太宗那里，也嘉奖她为母复仇的举动，未加治罪。

再一是宣扬由于子女孝亲，感动天神，出现一些人们想象不到的好事。如东晋元帝作《孝经传》，说人们行孝，可使“甘泉自涌，邻火不焚，地出黄金，天降神女”，会出现一些怪异的好事。宋代人周尧卿母亲死后，结庐守墓三年，不饮酒，不食肉，睡草窝，枕砖石，感动了上天，数百只鸟来衔土培墓。明代松江人姚玭，对母至孝，一日母亲要吃鱼，半夜得不到，家中养的一只鸟，飞到外面攫鱼以归，全其孝道。宋代应天府人侯义，母亲死后，与妻子一起守墓。因家境贫寒，粮菜供应不上，其孝行感动上天，在墓旁结出瓜和木连理。巨蛇、野鸽在一旁保护他们。还有的记载因为孝亲感动上天，为亲医病的例子也很多。如宋代泰州人顾忻因母亲生病，几十年不吃荤菜，五十年未离母亲左右。母亲眼看不见，日夜号泣祈天，顾忻刺血书佛经数卷，他母亲的眼睛忽然复明了，人们认为是神佛保佑的结果。元代延安人王恩聪，父亲病重，他祈祷上天，得神泉，饮后病愈。后来父亲失明，恩聪每日以舌舐父之眼，不久亦能视物，据说这也是神佛所赐。

以上种种孝亲方式，曾多次被一些人赞扬、表彰，其实都不正确。割肉啖亲及因孝感动上天，出现一些异常现象，神佛显灵、保佑孝子之说，显然是有宗教色彩的迷信说法，不符合科学道理。古人提倡孝最起码的要求是“身体发肤，受之父母，不敢毁伤”。为了孝亲，几日不吃不喝，终日痛哭，损害了自己的身体，并不是真正的孝。至于为了孝亲，采取自杀的行为，更不值得提倡。上述多例都是一种愚孝，显然把好端端的孝道向其相反方向异化，是不值得提倡的。

第七集 孝的法令

我国繁荣的封建社会汉朝建立不久，孝便定为国策，《孝经》很快升为国之经典的经书。为了保证孝亲这一伦理道德观念的推行，历代相继制定了许多法令政策。政府出面，法律规定，自然使孝道的推行更有了保证。

中国是礼仪之邦，自古以来，就提倡尊老、敬贤，父母祖辈都是老人，因此孝亲、敬老从来是一致的。从先秦以来一些敬老的法令中，可以看出孝亲的主要精神。

《礼记 · 王制》记载，早在虞舜时，就有一种敬老的燕礼。燕礼是在住室内设宴，对老人行一献礼后，向老人敬酒的礼仪。夏代有一种敬老的食礼，向老人敬酒。殷代有一种食礼，向老人敬献食物、菜肴，以食物为主，设酒而不饮。到了周代，把这些礼节都继承下来，兼而用之。那时规定：五十岁的老人，由乡里奉养；六十岁的老人，由诸侯国奉养；七十岁的老人，由诸侯国内的大学奉养，可以直接由诸侯国管理。到了八十岁，国君就应有所赏赐。诸侯国的国君或大臣们，与他们见了面，席地而坐时，要向前倾斜一两次，表示尊敬。瞎了眼的人，也享受同等待遇。九十岁的老人，一般不能出席这些仪式，可以由人代为接受。

当时拄拐杖是老人的专利。象征年老的拄拐杖的行为也有规定：五十岁只能在家拄拐杖，六十岁可拄着拐杖到乡，七十岁可拄着拐杖到国，八十岁可拄着拐杖到周王朝那里去。到了九十岁，天子有问题可以向他请教。把他请进屋里，奉送他一些好的食物作为礼品。还规定七十岁的人不在朝堂上等待，八十岁的人别人不能随意问他身体怎样，九十岁的人按照规定应该按时给他俸禄。

《礼记 · 王制》中还写着周朝时规定：八十岁的人，一个儿子可以不从政，（不承担国家的义务）在家照顾他；九十岁的人，全家人都可以不从政，以照顾老人；对于需要别人照顾的残疾人，也可以一个人不从政照顾。如果父亲或者母亲死了，应在家守孝，三年内不从政。遇有齐衰（祖父母死者）、大功（叔、伯父母死者），可三个月不从政。都是对敬老、孝亲的明确规定。

周礼规定：周天子在黎明时视察太学，举行过祭祀先师先圣的释奠礼后，举行敬老仪式。先敬先代的老人，再敬活着的诸老。天子亲自端起酒杯来向老人敬酒，以表示尊贤敬老、提倡道德之意。到了秋天，天子还要送给老人各种食品，以及授予一种显示老人权威的几杖。

上自周天子敬老，下至各个地方也分别举行各种敬老的活动，这在《仪礼》的《乡饮酒义》中就有很多记载。在地方上的乡饮酒礼上，六十岁的老人可以坐下，五十岁的人侍立其旁，以示尊老之意。案上放着很多酒，用豆（一种酒器）盛着。六十岁的老人面前放置三只豆之酒，七十岁四只豆，八十岁五只豆，九十岁六只豆。分别给予数量不等的豆以表示对老人的尊重。书中还明确记着：百姓们知道尊长养老，就能孝敬父兄，友爱兄弟。一个人能做到孝悌，又能尊长养老，便是教化成功。教化成功，社会和国家便可安宁。所以说一个人如果能做到对父母孝，就不仅是一家的事，而是有利于社会国家的事，乡饮酒礼就是基础。文中对乡饮酒礼的各种具体形式，作了详细的规定，无不充满孝亲敬老之意。今山东省宁阳县有一个乡，仍然名叫“乡饮”，当地仍有尊老、敬贤、孝亲的习俗。

西汉建国后，提倡以孝治天下，定孝为国策后，对敬老、孝亲更有明确的规定。汉初，社会残破、民生凋敝时，文帝就下诏到岁首时问问长老，关心他们的冷暖。令各县道仔细查问后，规定八十以上的老人，赐给每人米一石、肉二十斤、酒五斗。九十以上的，再增加帛二匹、絮三斤。其后各代皇帝都执行着这种敬老政策。汉武帝时的诏令中说起“先耆艾，奉高年，古之道也”时，说“今天下孝子顺孙愿自竭尽以承其亲”，敬老正是奉亲孝亲的一种举动。汉宣帝时为了“导民以孝，则天下顺”，下诏凡百姓家死了父母，还未来得及下葬的，地方官吏不要征发他们徭役，以使其“尽其子道”，完成孝亲之职，免伤孝子之心。宣帝元康二年因出现凤凰集于泰山的祥瑞之兆，皇帝下诏对“孝弟力田者”免收捐税，汉朝皇帝还对老年人授以王杖，杖上有鸠，一称鸠杖，和皇家的“节”一样，让百姓望而生畏。后来又规定：凡七十岁老人被授予王杖者，可与享受六百石俸禄的官员相当。进官府拜见地方官时，不必急步行走。犯下一般的法，只要没人告发，就不追究。

东汉末年，连年混战，社会动乱不已，许多礼仪、制度都被破坏，唯独京师的大射之礼、地方上的乡饮酒礼仍然存在。曹魏高贵乡公髦二年，天子亲率群臣举行养老之礼，仍然依汉朝的礼仪礼敬长者。

学习汉族文化，进行改制的魏孝文帝，于太和十六年下诏说，为了“顺孝悌于万国，垂教本于天下”，表彰“大臣前司徒山阳郡公尉元、前大鸿胪卿新太伯游明根”。古时把知道三德（正直、刚、柔）五事（貌、言、视、听、思）之人，称作“三老五更”。皇帝又下诏养三老五更于明堂，皇帝向老人亲奉酒肉。太和二十年又仿汉制，赐各种老人与地方一些官员同等的地位，还赐给鸠杖。二十一年三月又下诏：九十以上赐爵三级，八十以上赐爵二级，七十以上赐爵一级，地位等同于一些地方官。

隋朝皇帝在宴请国老庶老时，三老向皇帝讲五孝六顺等人伦之间的大道理，皇帝认真聆听，听毕依礼送还。地方上年七十以上的，也授予代表老年人权威的鸠杖、黄帽。作为我国封建社会高峰的唐朝，为了使王朝长治久安，继续以前尊老敬老的措施，又有所发展。那时年高德劭的人也被称作“三老五更”的老人。据《新唐书 · 礼乐志》记载：唐朝皇帝按时亲自到太学去参加尊敬三老五更的仪式：这种敬老礼举行之前，先由有关官员向皇上奏明退休后的三帅、三公的名单，从中选出德高望重、年纪较大的一人为“三老”，次一点的为“五更”。还规定退休官员在五品以上的为国老，六品以下的为庶老。在举行敬老典礼前三天，就已排好座位：皇帝坐在太学堂的后面，三老、五更的坐位安排到南门外的西边（皇帝之左，左为上），国老、庶老的坐次尾随其后，都面朝东。文官安排在大学门外的东边，武官安排在大学门外的西边。分数行排列。仪式开始，皇帝将各种美味食品亲手献给三老，又走到放酒的地方，拿起盛酒的爵，给老人敬酒，然后皇帝才坐下和老人一起品尝美味佳肴。一面进食、饮酒，一面由三老讲述忠、孝、礼、义、信等伦理纲常，皇帝及大臣们认真聆听，并将这些道理传播给广大民众。唐朝各地也照往例举行乡饮酒礼，由县令主持，基本形式和国都一样，在更大范围内体现尊老敬贤之意。

唐朝除正面尊老敬贤，以老人的威望宣传封建伦理道德外，在维护唐朝统治的《唐律》中，对子孙孝亲及约束子女方面也作出了许多严格的规定：

如一大家人一起居住时，尊长主管一切，子孙行为上必须服从，也不许私藏或私自处理家中的财产。分家时，子孙们各得一份，也要给老人留下一份。如果发现咒骂父母、祖父母的，处以绞刑。殴打父母的，斩首。甚至并非有意，因过失杀死父母的，流放三千里，伤及父母的判三年徒刑。对女子处罚更严。如果某人的妻妾咒骂丈夫的祖父母、父母的，判三年徒刑。殴打公婆、祖父母的绞刑，伤及公婆的斩首。有的女子被休出家门或与丈夫离异之后，咒骂前夫的父母、祖父母的，也与前者同罪。这些规定，保证了孝的严肃性，但难免于过严厉，尤其对于女子，更是过苛。

五代、宋、元继承前朝故例，在朝内及地方也不断举行各种尊老敬老活动。如五代后唐庄宗时规定八十岁九十岁的老人，可以一子免役，州县不得征发其服差徭。宋真宗时曾诏五百人同饮于五凤楼下。元成宗大德年间诏告天下，除对老人给予布匹等实物外，其子孙中“孝子顺孙堪从政者”，可以量才录用。年到七十无人照顾者，从近亲中找人照顾。元顺帝时免除年高人家中的杂役，等等。

明太祖朱元璋出身下层，深知民间疾苦，在他刚即位的洪武元年便下诏：百姓年七十以上的，可以准许一丁奉养，并免除杂泛差役。洪武二十年令礼部颁敬老养老之诏，规定凡八十、九十岁，在地方上有一定威信的人，地方官随时向他请教。如果贫无产业，每月给米五斗，酒米三斗，肉五斤。九十岁以上每年另加帛一匹，绵一斤。九十以上，赐爵“里士”，八十以上，赐爵“社士”。明成祖永乐二十二年皇帝下诏：凡七十岁以上以及残疾或病情严重的，允许一个人在家奉养。自己不能养活自己的，由官方给予救济。八十岁以上的还要给绢两匹、棉絮两斤、酒一斗，并且上门去慰问。英宗天顺二年更明确百姓中不分男女，官府一律发给绢、絮、酒、肉。男子达到百岁的，朝廷给予冠带。后来又规定对这种老人，每年宴请一次。

清军入关后，许多方面仿效汉人的做法，在敬老尊贤方面更加突出。在刚入关的顺治元年，朝廷就规定无论军人或百姓，只要七十岁以上，都要免除对其家中成年男子的征发，令其奉养老人。八十以上的老人，给绢一匹、棉花十斤、米一石、肉十斤。九十以上的加倍发给。如果有品德高尚、深受乡里百姓欢迎的老人，还要赐给显示官位的顶戴，让其荣归故里。

清朝敬老还有一个特殊的办法——举办“千叟宴”。

康熙皇帝在位六十一年，在他退位之前，下诏：凡八旗、满族、蒙族、汉军的文武大臣、官员以及退休乃至被贬谪的人员，年满六十五岁以上的六百八十人，在乾清宫设宴招待他们。并命令亲王、郡王、贝勒、贝子以及皇族宗室人员，对这些老人敬酒、敬食，以示慰问。然后又召集汉族官员六十五岁以上的三百四十人，在乾清宫设宴招待慰问。仍令亲王、贝勒等对他们敬酒、敬食。会上，康熙皇帝亲自作诗一首，以纪念这次“千叟宴”的盛况。也令满汉大臣作诗，名为《千叟宴诗》。

康熙的孙子乾隆皇帝也仿效其祖父举行敬老的千叟宴，规模更大了。规定六十五岁以上的官员可以入席，已达三千人之多。但有些官员也想参加，又补充规定，凡是京官四品以上年过六十者，也能参加。参加千叟宴的人员中，年过九十岁的，准其由一个子孙扶掖入宴。文武大臣中年过七十、行动不便的，也可准一子孙扶掖入内。还有一些七十岁以上的兵丁，也要参加。因已容纳不下，只好对这些未能入席的，按年岁各自发给银牌一面，以资奖赏。

为了提倡孝亲敬老，雍正二年二月初二，皇帝颁发《圣谕广训》十六条，一开始便是“敦孝弟以重人伦，笃宗族以昭雍睦”。接着是“我圣祖仁皇帝（康熙帝）临御六十一年，法祖尊亲，孝思不匮……钦定《孝经衍义》一书，衍释经文，义理详贯，无非孝治天下之意。故圣谕十六条，首以孝弟开其端。朕丕承鸿业，追维往训，推广立教之思，先申孝弟之义，用是与尔民人等宣示之”。

雍正皇帝的这篇“圣谕”从孝弟出发，又落脚到孝弟，是帝王、朝廷提倡孝道最典型的法令。此后清朝各代皇帝，多次提倡敬老孝亲、表彰年高之人是一方面，另一方面对不孝子孙惩治的法令更加严厉了。《大清律例》规定，不但子孙殴打父母、祖父母及妻妾殴夫之父母、祖父母的，皆处以斩首之罪，杀死父母、祖父母的要凌迟处死。过失杀者，杖一百以后，还要流放三千里。辱骂父母、祖父母或妻妾骂夫之父母、祖父母的，也处以绞刑。另外，如果子孙不能做些营生赡养父母而使父母自缢的，杖一百，流放三千里。对父母不奉养或奉养有缺的，也要杖一百。

在我国古代长期的封建社会中，历代朝廷及朝廷中的皇帝是执掌政权的人，他们所颁布的法令及发行的诏书，是人们必须履行的金口玉言，这种强制性的律令有着明确的导向。大量敬老的律令与孝亲是一致的。由此可以知道在我国两千多年的历史上，孝的思想观念与行为，占有多么重要的位置！“忠孝为人之本”“孝为天下先”“百善孝为先”等结论与命题一再说明孝在中国伦理道德中的重要地位。

第八集 孝的普及

中国的孝道，既是伦理道德的重要组成部分，人人都应遵守的道德规范，又是历代政府提倡的重要信条。于是这种思想很快便传遍全国，波及每个人。为了对这一思想进一步强调与贯彻，历代朝廷、官府及各方文人，又采用各种办法，使孝的思想更加普及。

历代普及孝的思想除法令、政策外，大致有两种形式，一种是具体的，一种是抽象的。分别用各种形式表现出来。

具体的手段如：

一、旌表建坊

这种做法是为了对高寿的人进行表彰，实际上更为了表彰高寿者子孙的孝行。明清以来，朝廷经常对高寿者旌表及修建石牌坊。如清乾隆二十五年，广东南海县民杨能启与妻子黄氏，同享百岁，地方官奉旨：“寿民杨能启暨妻黄氏，百岁同臻，期颐偕老，允为熙乾人瑞，锡此嘉名，同式闾里，仍赐御制诗章，以示恩荣而光旌典；并赏给上用缎二匹，银二十两。”乾隆三十五年，安徽太湖县朱宪章同妻俱一百岁，例法旌表，给银建坊，并给予“期颐偕老”四字。乾隆四十五年旌表安徽亳州寿民陈洪如，四十九年旌表灵邱县民刘启等例子，比比皆是。皇帝旌表寿民、提倡孝道，更具体地表现在建立牌坊上。明清时期各地石坊很多，多是嘉奖节孝的内容。如清康熙九年下诏命妇孀居至百岁者，题明给予“贞寿之门”匾额，建坊以银三十两。四十二年下诏，对百岁老人给予“升平人瑞”匾额，建坊以后悬于坊上。雍正四年上谕：年过百岁以上者，定例赐坊银三十两外，一百多岁的加增两倍，共赏银九十两。到一百一十岁，加一倍赏赐，乾隆元年对一百三十岁的湖北江夏寿民汤云山，除赐给坊银三十两外，再加三倍赏赐，共给一百二十两。乾隆二十六年，对广东南海杨能启除旌表外，又钦赐建坊。乾隆三十七年，谕原任兴汉总兵金梁之母杨氏已届百岁，皇帝赏缎六匹，豹皮十张，以及建坊所用银两。乾隆五十年对五世同堂的一百多家，均赏赐银两缎匹及建坊之银，等等。

为表彰孝子、提倡孝行所建之坊，多在各个城内的最繁华之处，形式更巍峨高大、精雕细琢。如山东兖州府的范氏石坊，系明末崇祯年间为大臣范淑泰所造，坊额刻"忠孝名臣"，通体采用透雕、浮雕和线雕等多种雕刻技法，上刻人物、神仙、花鸟、禽兽等，技艺精湛，有"天下第一坊"之称。

至今保存最完整的单县石坊，也是提倡孝道之作。据记载：从宋代到清代，单县建坊百余座，多为节孝坊。均为全石结构，四柱三间，斗拱垂檐，构筑精巧。以朱家牌坊为例，1756年建，因坊心边沿雕有百个不同篆体的"寿"字，俗名"百寿坊"。坊上的形象有狮、龙、鹤、凤等灵异动物，还有牡丹、梅花等奇花异卉。这些动、植物形象和祥云绕在一起，寓意"福寿万年"。

另一座张家牌坊，建于1778年，因坊上刻百只石狮，又称"百狮坊"。坊高14米，宽9米，四柱三间五楼式，正间单檐，次间垂檐，歇山顶，斗拱交错，戗角起跷，通体雕刻，其艺术水平超过百寿坊。

二、建筑物倡孝

首先是体现中国族权的家祠，遍及南北方各地。家祠也叫宗祠，就是家庙。古时士大夫都有家庙，《礼记 · 王制》记为了聚合同族，建立祠宗，祭祀祖先而建。秦时尊君卑臣，没人敢营建。到了汉代，多建祠堂于墓地附近，后来无此限制，多建于宗族聚居之地。每年按时由族长率领族众对祖先祭祀。尊宗敬祖，当然是提倡孝道的重要内容。

如曲阜孔氏，历代对孔子无上尊崇，在其家乡建起的孔庙内就有家祠，一称家庙。位于孔庙东路第三进院内。四周有围墙，成独立院落。祠阔七间，进深三间。绿瓦鸱吻，正中五间有二十扇格棂门，旁二间八扇格棂，前有小型露台。是供奉孔氏前三世祖（孔子夫妇、孔鲤夫妇、孔伋夫妇），以及"中兴祖"四十三代孔仁玉的庙堂。始建于宋天禧二年，现为清代建筑，往日每年孔氏家祭多在这里举行。

过去的一些大家族，如山东栖霞的牟氏庄园，四川的刘氏庄园，山西的常家大院、乔家大院、王家大院以及南方各地家族聚居的地方，都建有家庙，按时由族长带领进行一些活动。毛泽东《湖南农民运动考察报告》等书、文中都曾有具体的描述。

除各地家庙、家祠外，还有“孝子祠”“忠孝祠”等。福建蒲田的“孝子祠”是为了纪念当地孝子郭道御修建的，明朝汾州的“忠孝祠”是纪念当地举人田籽修建的。湖北汉阳的“石榴花塔”，是纪念宋朝一位孝妇修建的。广州的“北孝寺”，是供奉三国时官员虞翻的。为纪念明朝孝子施政，在他家修了“孝子门”。为纪念浙江定海的俞敏德，在他家修了“永恩堂”。为纪念山西临汾孝子侯七乘，在当地修了“孝恩堂”。至于“孝友堂”则有很多。如纪念宋朝的许俭，明朝的李濂、梁鸣鹤等，都是表彰他们孝敬父母、友爱兄弟之意。

帝王的陵墓也有的用孝字。如明太祖的陵墓称“明孝陵”，其旁有“孝陵卫”。清世祖（顺治）的陵墓称“孝陵”。明、清这两个皇帝均是当朝第一人，以“孝”命名充分体现出其后人尊宗敬祖之意。

三、以“孝”字作人名

因为孝是中华美德，孝德大于一切，所以有些人喜欢在自己名字上加以孝字。最早用孝作名字的是商王武丁的儿子“孝己”，此后如唐代画家张孝师，宋朝将领李孝忠，元朝文学家李孝光，明朝文学有方孝孺、名士张允孝，清朝文学家劳孝舆、画家戴本孝。甚至还有小说《红楼梦》中的荣国府头目林之孝，租种庄主乌之孝，戏曲中五时代十三太保李存孝等。

除名字以外，用孝作表字的也不少。如东汉画家杨孚字孝元，三国魏将曹仁字子孝，唐朝学者张荐字孝举，明朝文学家胡震享字孝辕，清末名人张之洞字孝达等。

历代帝王以孝为谥法、美誉的更多。如先秦时秦国的秦孝公、孝文王，赵国的孝成王。西汉、东汉几乎每个皇帝都加个“孝”字。此后如南朝有孝武帝，北朝有魏孝文帝、孝昭帝、孝闵帝，南宋有宋孝宗，明朝有明孝宗等。

皇后、皇太后用孝作谥法，同样是很大的荣誉，这在历史上也不少见。如汉朝的孝武卫皇后、孝仁皇后，南朝的宋孝懿皇后、孝文昭皇后，唐朝的孝明皇后，宋朝的孝章皇后，明朝的孝慈高皇后，清朝的孝庄皇后。连清末的慈禧太后还谥为“孝钦皇后”呢。

历代帝王中，用“孝”字作年号的也不在少数，如南北朝时魏孝武帝年号“孝昌”，北魏北海王颢年号“孝基”，南北朝时宋孝武帝年号“孝建”，唐时南诏王郑旻年号“孝治”等。

在封建社会，文武大臣、宗室子弟们死后，多有封谥，如果谥以“孝”字，则是莫大的荣誉。古时官谥共六十个字眼，孝居第二。获孝谥的如西汉文帝的儿子刘武，东汉光武帝第十一子刘京，南朝宋武帝的儿子刘义真（谥孝献），唐高祖的儿子李元庆，宋朝名臣包拯谥“孝肃”，元朝大臣布鲁海雅谥“孝懿”，明朝大臣陈文谥“孝勇”。至于民间私谥的，也有许多例子。例如明朝莫辕，十一岁愿代父刑，年长后因入火救母而被焚，私谥为“员孝先生”。清人刁包，六十七岁居母丧哀毁死去后被私谥“文孝先生”。种陵六十四岁居母丧时，吃蔬食，盖野草过冬，私谥“孝端先生”，等等。

“孝”还曾经作为一个姓氏，据传姓孝的人是秦孝公的后代，后世有宋代青州知州孝发，明弘治年间鸡泽县县丞孝廉等人。

四、以“孝”字作地名

以“孝”作地名的也不在少数。如山西有“孝义县”，浙江有“孝丰县”，湖北有“孝昌县”“孝感市”，四川有“孝水县”，内蒙古有“孝安县”，山东临沂有“孝悌里”，平阴有“孝感镇”，河南永宁有“孝子村”，浙江诸暨有“孝义里”，台湾台北有“忠孝路”等。

以“孝”命名的水如河南洛阳有条“孝水”，山东济南历城有“孝感泉”，浙江安吉有“孝子泉”。山东博山的“孝妇河”是为了纪念孝妇颜文姜命名，山东临沂的“谷水”改为“孝水”，又称“王祥河”，是为了纪念孝子王祥而改的。

其他见于物质实体的还有一些，如山东曲阜衍圣公府大堂正中高悬《统摄宗姓匾》，就是孔姓族长依宗族权力统摄族人、提倡孝道而设。自明代初年，皇帝赐给孔姓族长孔泾“治家籐杖”之后，此杖便成为显示尊长权威的象征了。

精神的手段则有更多的表现，如：

一、儒家经典中倡“孝”

儒家经典很多，宋元以来集中代表是“十三经”。《孝经》便在此列。这是一种法定的经典，其中最有代表性的是“易、诗、书、礼、春秋”五经。《孝经》只有1900多字，虽篇幅很短，但自汉朝至日后，一再被强调提倡。

《孝经》之外，还有一种《女孝经》，是唐朝侯莫陈邈的妻子郑氏所撰。她侄女策被封为永王妃，为了规劝其侄女言行都要合于礼法而作。全书仿《孝经》，也分为十八章，连每章的题目都与《孝经》相同、相近或相似。全书假借东汉史学家班昭（曹大家）给其侄女讲道理的名义，告诫女人们应如何处世，言行举止怎样才合乎礼仪。为仿《孝经》，此书许多题目与《孝经》相似，但结合女子的具体情况，有“事舅姑章”“胎教章”“母仪章”“举恶章”等。

二、蒙书中的提倡“孝”

为了普及儒学，在社会上更好地宣传和贯彻传统道德，封建朝廷有计划或儒生自发地编了一些普及读物，在未成年人、粗通文墨者乃至不通文墨的农民、手工业者、城市市民中宣传儒家之道。汉代的童蒙读物有《仓颉篇》《急就篇》等。中世纪以来，各种蒙书盛行，如以识字为主的《百家姓》《三字经》等，以道德教育为主的《名贤集》《增广贤文》等，着重对小儿的《弟子规》《神童诗》，着重对女子的《改良女儿经》《闺训千字文》等，着重治家及各行业知识的《朱子治家格言》《营生集》等。当然也有侧重孝道教育的《二十四孝图》《百孝图》《劝报亲恩篇》等。各种蒙书中，无不有体现孝道的内容，如：

《三字经》：“为人子，方少时。亲师友，习礼仪。香九龄，能温席，孝于亲，所当执……首孝弟，次见闻……”

《千字文》：“盖此身发，四大五常。恭维鞠养，岂敢毁伤。……孝当尽力，忠当尽命……”

《教儿经》：“说起人家养儿女，有了儿孙望长生。乳哺三年娘受苦，移干就湿卧娘身……堪叹世间不孝子，父母当作陌路人……总之父母如天大，杀身难报父母恩……”

《弟子规》：“亲所好，力为具。亲所恶，谨为去。身有伤。贻亲忧。德有伤，贻亲羞。亲爱我，孝何难。亲憎我，孝方贤……”

《小儿论》：“家有严父，须当事之。家有慈母，须当养之……”

《幼学诗》：“积谷防饥日，养儿待老时……且问己本身，何由得长成？天条莫第五，爵禄降天庭……”

《名贤集》：“在家孝父母，何必远烧香……家贫知孝子，国乱显忠臣……”

《增广贤文》：“心好家门出孝子，命好何须靠祖母……养儿防老，积谷防饥……妻贤夫祸少，子孝父心安……”

《名物蒙求》："慈乌反哺，羔羊跪乳，雎鸠有别，鸿雁有序，豹獭报本，犬马恋主……毒人曰鸩，不孝曰枭……"

《女论语》的"事父母章"中有"女子在堂，敬重爹娘。每朝早起，先问安康。寒则烘火，热则扇凉。饥则进食，渴则进汤……父母年老，朝夕忧惶……父母有疾，身莫离床，衣不解带，汤药亲尝……"

至于专门讲孝道的蒙书，在这方面说得更多，要求更细。如《百孝篇》《劝孝篇》《劝报亲恩篇》《劝孝歌》等，尤其是《二十四孝图》，均在民间广泛流传，在推广孝道上起到重要作用。

三、文艺作品中渗透孝

文学艺术是现实生活的反映，也是现实生活的具体化、典型化。历代为宣传或赞扬孝道，自然采取了许多文学形式。

诗歌如唐代著名诗人的《游子吟》：

慈母手中线，游子身上衣。临行密密缝，意恐迟迟归。谁言寸草心，报得三春晖。

宋代林景熙的《故衣》诗：

箧中出故衣，经纬声四壁。昔年慈母线，一一手中历……衣敝奈有时，思母无穷期……

清代人汪中的《别母》诗：

细雨春灯夜欲分，白头闲坐话艰辛。出门便是天涯路，明日思亲梦里人。

连太平天国首领洪秀全发布的《原道救世歌》也写着：

父兮生我母鞠我，长育勤劳无能名。罔极昊天难答报，如何孝亲竭忠诚？

白居易的《慈乌夜啼》借禽鸟发抒孝亲之情：

慈乌失其母，哑哑吐哀音。昼夜不飞去，经年守故林。夜夜夜半啼，闻者为沾襟。声中如告诉，未尽反哺心。百鸟岂无母，尔独哀怨深。应是慈母重，使尔悲不任。昔有吴起者，母殁丧不临。嗟哉斯徒辈，其心不如禽。

对父母及祖先的祭文中，也体现孝的精神。如《诗经 · 商颂 · 烈祖》《周颂 · 清庙》及朱熹《祭告远祖文》都是，又如杜甫祭诸葛亮诗："遗庙丹青落，空山草木长。犹闻辞后主，不复卧南阳。"宋人方风纪念背宋主投海的陆秀夫祭文："惟有秀夫皎洁心，海日悬照永无垠。"一般的挽联如："萱花顿萎厚爱失，慈恩未拍遗憾多。""只有父母思娇子，从无丹桂忘椿萱。"

人们对于健在的老人祝寿的寿联，也多体现出孝的精神。如"福如东海长流水，寿比南山不老松。”“喜花甲一周又半，祝萱龄百岁有奇。”“老当益壮宁知白首之心，穷而益坚不坠青云之志。”“白发朱颜喜登上寿，丰衣足食乐享晚年”，等等。

至于各种小说、戏曲中，歌颂孝道的更多。如歌颂闵子骞芦衣谏亲的《芦衣记》，歌颂忠孝结合的《岳母刺字》《荀灌娘》等。一出京剧《钓金龟》歌颂了一个普普通通的农民孝子，一出《清风亭》将那个迷恋功名富贵、忘恩负义、不孝双亲的新贵张继宝，丑态出尽，最后五雷轰顶，即雷公奉天帝之命将他捉拿问罪。这正体现出广大人民群众对不孝之子的憎恶，用艺术形象地体现出孝道。

第九集 孝的典型

历朝历代用各种方式宣传孝道，普及孝道。专门讲孝道的启蒙读物有《劝孝篇》《百孝篇》《劝报亲思篇》《劝孝歌》以及《二十四孝图》《女二十四孝图》，甚至还有《四十八孝图》《百孝图》，等等。这些蒙书不但对人们讲出一些孝的道理、生动地说出孝的内容，更以大量典型的事例将他们的故事讲出来，用生动的画面把他们表现出来，让人们向他们学习。这种做法，最典型的莫过于《二十四孝图》了。

《二十四孝图》是元代福建延平府尤溪县郭居敬所辑。郭居敬是个典型的孝子，他双亲过世后哀毁过度，决心编选一部歌颂历代孝子的书。

在郭居敬之前，宋代另一福建人林同，编了一部《孝诗》，计有“圣人之孝”十首，“贤者之孝”二百四十首，“仙佛之孝”十首，“异域之孝”十首，“物类之孝”十首。每首以人名为题，简述他们的孝行后，以“五绝”诗加以赞颂。郭居敬的《二十四孝图》显然受此书影响。这二十四个故事定型之后，作为形象、生动的启蒙故事风行于世。明朝末年，又有人在此基础上增删编成《二十四孝日记故事》。最初只是文字，清代配上图画，更加生动，便于流行。

作者从虞舜开始，选取的这二十四人中，照顾到各方面。性别有男有女，年龄有老有幼，身份有帝王、文官、武将、文人、百姓、孝敬的对象有父、有母、后母、祖母、婆母，在孝行方式上又有各种各样。有文字、有赞诗、有插图，生动形象，在民间流传最广，影响很大。

孝亲最重要的内容是对父母奉养，在这方面的内容采录很多。如孔子的弟子卞人仲由为亲负米百里之外。后来在外面做了大官，生活很优裕以后，遗憾地说现在想再拿野菜当主食，百里之外为父母背米，也办不到了。

春秋时郯国的国君郯子年幼时，父母都患眼疾，想食鹿乳。他披上鹿皮，拿着罐子，到深山中混入鹿群去寻觅鹿乳时，被猎人看见。猎人正要发箭射时，郯子脱下鹿皮，说明原委，猎人给他鹿乳，全了郯子一片孝心。

东汉时姜诗的母亲喜欢喝江水，姜诗的妻子庞氏每日到江边挑水，回来给婆母喝。母亲喜欢吃切细的鱼肉，姜诗夫妇便把鱼肉精心制作后让母亲吃。为了增加母亲的食欲，每顿还要请邻居家的母亲来给她作陪。

晋人王祥后母朱氏对他不慈，尽管她好东西都给自己的儿子王览吃，重活儿都叫王祥干，还在父亲面前经常说王祥的坏话，但王祥对后母照样孝敬。天寒地冻，后母要吃生鱼，王祥无处去买，便到河边，脱去衣服，用自己的身体把冰暖开，得到两条活鲤鱼，拿回家来，孝敬后母。

三国时孟宗的母亲，年纪大了，又得了重病。一年冬天，老母想吃笋煮的羹汤，当时天寒地冻，哪里去找新生的竹笋呢？孟宗到林内怎样也未找到，急得在林中痛哭。这一孝行感动了天地，一会儿林的地面裂开，数枝新笋破土而出。孟宗十分欢喜，立即拿回家去，给老母煮了竹笋羹汤，母亲吃下，病立刻痊愈了。

东汉末年安城人蔡顺，从小丧父，对母亲十分孝顺。当时正逢王莽乱世，连年灾荒，食不果腹。为了糊口，蔡顺只得到山中拾取桑椹充饥。有一次进山拾椹时，被赤眉军遇见了。见他用两个筐子拾椹，问他为什么？他说把成熟的黑桑椹给母亲吃，自己吃青红的、不熟的桑椹。蔡顺的孝心感动了赤眉军，他们送给他三斗白米，一只羊蹄，叫他带回家去孝敬母亲。

另一个少年孝亲的故事，写的是三国时吴郡人陆绩。在他六岁时，随父亲去九江袁术家中做客。袁术拿出柑橘来招待他们。小陆绩一面吃，一面趁人不备将三只柑橘揣在怀里。临走的时候，照例起身拜辞，三只橘子从怀中掉了下来。袁术以为孩子贪吃，半开玩笑地说："小陆郎来我家做客，为什么还要带走几个柑橘呢？"陆绩立即跪到地上，一本正经地对袁术说："我母亲最喜欢吃柑橘，已经有好久没吃到了。我带回去给她吃。"袁术见陆绩如此孝亲，感到十分惊奇。

家中有钱有粮，可以奉送父母。无钱无粮的穷人也要奉养父母，江革行佣供母的故事，便是一例。东汉齐国临淄人江革，自幼丧父，和母亲一起生活。当时正逢乱世，生活不定，江革经常背着母亲四处逃难。在逃难时，多次遇见强盗，要他入伙，他说要奉养老母，强盗也不勉强他。后来辗转到了下邳，暂且栖身，但生活贫穷，只好天天光着脚，给人家做佣工度日。在这种艰苦的条件下，仍然对母亲奉养孝敬。人们称他为“江巨孝”。

不只儿女孝敬父母，媳妇孝敬婆母的例子也有典型。唐代人崔南山的曾祖母长孙夫人，年纪很大，牙齿已脱落光了，他的祖母唐夫人对婆婆长孙夫人十分孝顺。每天侍候婆婆起居，替她梳头、洗脸，因为婆婆没有牙齿，不能吃饭，便用自己的乳汁喂着她。长孙夫人在她的伺候下，身体一直很好。后来得了重病，她把一家老小都叫来，说：“我儿媳对我这么孝敬，我没法报答，只希望下一辈的媳妇们，像你们的婆婆对待我一样，对待你们的婆婆就好。”长孙夫人临终前用儿媳妇的孝行教育了全家。

孝亲的另一重要内容是对父母的关怀。在这方面，《二十四孝》也举出几个例子：

东汉江夏人黄香，九岁时母亲去世，他伺候孤独的父亲尽心尽力，家里的许多事情，都是自己来做。夏天炎热，临睡前总要拿把扇子，把父亲睡的枕席搧凉。冬天寒冷，每到晚上，便用自己的身体给父亲暖热被窝，再请父亲入睡。他的这些行为，受到当时许多人的赞扬。

晋代豫章人吴猛，自小就对双亲孝敬。家中贫穷，夏天买不起蚊帐。每天晚上，吴猛就脱去上衣，任凭蚊子对自己叮咬，蚊子喝饱了血，也不驱赶，理由是蚊子喝饱了血，便不去咬自己的父母。这种办法虽然显得愚蠢，但却体现出少年吴猛的一片孝心。

《二十四孝》中也写到帝王孝亲的故事。如汉文帝刘恒，是刘邦的第三个儿子，早年被封为代王，后被拥立当了皇帝，他对母亲薄太后竭力奉养，从不怠慢。薄太后得了场病，一病就是三年。刘恒伺候母亲，经常衣不解带，睡不安寝。每次给母亲治病的汤药，自己要总要亲口尝过之后，再给母亲吃。他的孝行传播下去，起到榜样作用。

南朝新野人庾黔娄，在外做官，忽闻父亲生病，马上辞官回了家。回家后侍候父亲十分尽心。医生说：“要想知道您父亲的病情，只要尝尝他的粪便就行了。如果粪便是苦的，就没什么大问题。”庾黔娄立刻取到父亲的粪便，尝了尝，既甜又滑，于是忧心忡忡。到了晚上，他向北极星方向磕头作揖，哀求上苍用自己的生命来换取父亲的健康。许多人为之感动不已。

北宋诗人黄庭坚，虽然做到太史的高官，对母亲尽孝仍无丝毫怠慢。每天晚上，他都要把母亲用过的便桶，亲自刷洗一遍。无时无刻不尽到儿子的职责。

提起孝来，人们常说“孝顺”，把这两个字连到一起就是说要孝敬父母，顺从地听父母的话。这方面的例子也有许多。

《二十四孝》首写虞舜。他父亲双目失明，后母心眼很坏，后母生的弟子象一贯傲慢无礼。重活叫他干，每日辛勤耕作，他却无怨无悔。感动了天神，大象走来帮他耕地，鸟儿飞来帮他播种，他到河边制作陶器，十分精致。他到雷泽湖畔捕鱼，虽然遇到狂风暴雨，也迷不了方向。舜勤劳、孝顺的优秀品质，被当时部落联盟首领的尧发现后，把两个女儿嫁给他，还把治理天下的王位传给了他。

春秋末年七十岁的老莱子，为了博得九十多岁父母的欢心，曾经穿着五彩衣学习小儿玩耍的动作。他挑水经过堂前，故意摔了一跤，趴在地上，学婴儿啼哭，以此引得父母的欢笑。

孔子弟子闵子骞芦衣顺母的故事，多年来脍炙人口。闵子骞用孝心说服父亲，感化母亲，使即将破裂的一家又得团圆。这正体现出孝的功能。

杨香扼虎救亲是孝的另一种方式。晋代山东人杨香，十四岁时跟着父亲到地里收割庄稼。走到半路上，忽然跃出一只老虎，咬住他父亲就跑。杨香虽然手无寸铁，但救父心切，他早已把自己的生死置之度外，急忙跑过去，抓住老虎的脖子，往死里捏。老虎用力反扑，杨香硬不松手。直到老虎耗尽了力气，磨着牙齿死去，杨香的父亲才脱了险。

子女出于亲情，对父母思念，也是一种孝的方式。西晋城阳人王裒，对父母十分孝敬。他母亲在世时，害怕天上打雷，母亲去世后，埋葬在山林中。每当狂风暴雨劈雷闪电时，他就跑到母亲面前，哭泣着不要母亲害怕。王裒一生隐居教书，每当读到《诗经》的《蓼莪》篇时，禁不住眼泪夺眶而出。体现出他对父母的思念之情。

宋代扬州朱寿昌弃官寻母的故事，更体现出子女对父母的感情。朱寿昌七岁时，生母刘氏受到嫡母嫉妒，被赶出家门，被迫嫁人。宋神宗熙宁初年，正在广德军任职的朱寿昌，辞去官职，去寻生母。果然功夫不负有心人，他到了同州，发现了离散五十年的生母刘氏，从此奉养母亲，尽到儿子的责任。

古时主张追孝，就是父母死后“葬之以礼，祭之以礼”。董永卖身葬父的故事说明家境再穷，哪怕卖身借钱，也要将老父“葬之以礼”。丁兰刻木的故事是说东汉人丁兰，为了追念双亲，刻木为像，日日朝拜，以解思念之情，体现“祭之以礼”。

总之，一部《二十四孝》，用大量生动的故事，从许多方面把孝亲的精神体现出来，在宣传孝道中，起到一定的积极作用。但它是七百年前编定的，显然有许多历史的局限性。

一些故事把孝道与天命、鬼神联系在一起。本来是出自人们正当情感，体现人们亲情关系的这一伦理观念，和天命鬼神联系在一起，表面上看加强了这一思想和行为的分量，实际上减少了它的可信度，把一个好端端的应该做、必须做的事情，变成冥冥上天的指令，疏远了人间的情感。如“孝感动天”，因为舜孝顺，上天让大象帮他耕地，鸟帮他播种。“踊泉跃鲤”，姜诗因为孝母，鲤鱼自动跃出。“卧冰求鲤”，因为王祥孝敬后母，鲤鱼就能在卧冰时出现。“哭竹生笋”，孟宗为了孝亲，天寒地冻时竹笋能破土而出。尤其是“刻木事亲”，记丁兰以木刻成父母形象供奉时，丁兰妻偶然用针刺木偶手指，竟然戳出血来。丁兰回到家，偶像见到丁兰，两眼流泪，丁兰了解真相后把妻子休去的故事，更荒诞离奇，不足取法。

最典型的应是那个“为母埋儿”的故事。汉朝人郭巨家道贫穷，三岁的儿子很受母亲疼爱，经常省下自己的口粮给小孙子吃。郭巨对他妻子说：“我们家贫穷，不能很好地供养母亲，小孩子又与老人争食，为什么不把儿子埋了呢？埋了儿子还可以再生一个，老母却只有一个。”妻子不敢违背丈夫的意图，于是他们挖起坑来，准备埋儿子。当挖到三尺深时，忽然露出一块很大的黄金，黄金上还写着十六个字：“天赐黄金，郭巨孝子。官不得夺，民不得取。”这个故事的目的显然是上天不会亏待孝子，但却不近情理，甚至过于残酷。为了孝老母，扼杀了幼儿，使家中无人继承香火，难道这是真孝吗?

一些故事只是说明孝子尽到孝心，做法不一定太好，时至今日，更无现实意义。如“恣蚊饱血”，小吴猛为了不让蚊子叮咬父母让蚊子咬自己。但蚊子很多，不可能不去再叮咬父母。现在防暑防寒设备远比从前好很多，少年不必学黄香那样“扇枕温食”了。小孩子到别人家做客，给母亲拿回两只橘子，固然体现孝心，但这种未经主人允许拿别人的东西的做法，不值得表彰。甚至老莱子为博父母欢心，以七十高龄学小儿戏的做法，也不必要，不可学。总之，一些过时的孝亲方式今日已无现实意义，不必再提倡下去了。

元刊《二十四孝图》中除体现封建社会所提倡的孝亲形式外，还有两点值得注意的地方：一是书中的所有孝子，男子占二十二人，女子只有二人，体现封建社会的父权社会中，以男子为主。但被孝的对象中，却大不相同。计有孝父者四人，孝双亲者五人，孝母者十五人（包括一个后母，一个婆母）。在人的一生中，母亲与子女的关系最为密切，孝母者多，正反映这一事实。

为了在民间普及孝道，七百年前编的《二十四孝图》一直流传到现在，这不仅是历代朝廷、政府的提倡之功，也是民间需要才得以广泛流传。这正说明孝道已深入人心，人们需要知道一些孝的典型，向他们学习，自己做到孝亲及教育子女孝亲。因此，应肯定《二十四孝图》的历史作用，但其中一些消极的副作用却不能为现代社会所接受，为此有必要另编一套新的《二十四孝图》，更正确地提倡孝道。

电视脚本：《首届中华母亲节》

骆承烈

中华文化丰富多彩，在大量传统文化中，传统节日是一项重要内容：清明节怀念先人，中秋节合家团圆，重阳节尊老敬贤……已成为全国人民的共识。

丁亥年春天，中华大地又兴起了一个新的节日——中华母亲节。

人类社会充满了爱，其中最伟大、最神圣、最持久的要数母爱了。母亲对子女的爱，发自自然，深刻、永恒。从生下子女起，慈母便不计条件，对子女哺育、教育、关爱，使子女尽快成才，对国家、对社会作出贡献。人们理应为母亲设置个节日。

1907年美国费城的安娜·贾维斯，有一天对小学生说，我们应该感谢母亲。第二天，孩子们身上佩戴石竹花，举行了一个仪式。后来，美国政府便将每年五月的第二个星期日定为母亲节。法国的母亲节是五月最后一个星期日，泰国8月12日为母亲节，阿拉伯一些国家定在3月21日春分这天，葡萄牙在12月8日，印度尼西亚则在12月22日。

我们中国应该有自己的母亲节，母亲节应有深刻的文化内涵。当我们从浩瀚的史书中，精选出40位良母，进行比较后，选定两千三百多年前，即战国时期的孟母可作代表。在历代良母教子励学、教子修德、教子廉正、教子治国等方面，孟母三迁，孟母断机，对孩子严格要求，培养出一代大儒的功劳十分突出。一千多年前编的《三字经》中“昔孟母，择邻处；子不学，断机杼”等朗朗上口的古代蒙书，人人皆知。

选定孟母作为“母亲节”的代表，具体定为哪一天呢？——孩子的生日，就是母亲的受难日，孟母生孟子的那一天最合适。这一天就是农历四月初二。

一部明崇祯版的孟氏《三迁志》，三部记载孟子家乡的《邹县县志》，都记载四月初二是孟子的生日。在孟子的出生地凫村，孟子子孙每年在这一天祭孟子。于是把我国母亲节就选定农历四月初二这一天。

2006年9月，国际儒联在河南新乡召开的大会上，全国政协委员李汉秋等提出设立中华母亲节的建议后，全票通过，体现出海内外三百余位与会代表的共识。

在此基础上，2006年12月13日，在孟子家乡——山东邹城市成立了“中华母亲节促进会”。大会公推李汉秋为会长，王殿卿等为副会长，台湾的孟祥协、香港的汤恩佳等为顾问，骆承烈为首席顾问。

母亲节促进会一成立，马上得到全国各地的积极响应。节日前，孟子家乡邹城市举办了大型的“母亲文化节”。山东泗水县、河北石家庄市、湖北仙桃市、河南漯河市等二十个城市分别举行了中华母亲节庆典活动。内容有感恩母亲，向母亲献花、致敬，写一篇敬母的文章，给母亲做一件事，以及评选多名教育子女有成的良母，等等。

丁亥年四月初二这一天，天气晴朗，惠风和畅，来自北京、上海、河北、辽宁、吉林、黑龙江、浙江、广东、福建、湖北、河南、贵州、甘肃、山东等十四省、市以及香港特别行政区的160余位学者及国内一些地方的孟子后裔，齐集于山东曲阜市凫村（孟子故里），举行盛大的民办的纪念大会。

当母亲节促进会会长李汉秋教授宣布纪念大会开始后，礼炮齐鸣，锣鼓声、欢呼声不绝于耳。

副会长王殿卿的讲话中说出了设立母亲节的道理与母亲节的任务，引起了与会人员的强烈共鸣。

在孟子故宅中举行的祭祀孟母和孟子的活动，体现出人们对先贤的崇敬之意。会长李汉秋宣读的《祭孟母文》，道出了人们的心声：

邹鲁慕古，遗风尚温。孟子少时，早蒙母恩。

三迁其居，为学择邻。引刀裂织，孟母示训。

千秋有光，母教一人。……

方今宇内，和谐氤氲。……

中华儿女，共思遗训。华夏立节，共缅母恩。

孟子故宅，东靠马鞍山，马鞍山下有一片占地900亩的孟母林，孟子三岁丧父，葬于此地，当年孟母“一迁”至此，孤儿寡母守墓尽孝。孟母死后也葬在这里。大家兴致勃勃地步行五里地来到孟母林前。湖北仙桃市开展母亲节纪念活动后，带来的万人签名长联悬于林门前，为这次活动增添了无限的情谊。

来到孟母林，自然要去瞻仰孟母墓。当地的孟子后裔早在孟母墓前准备好茶水恭候。当人们恭谨地来到孟母墓前，读到一千多年前元代立的赞颂碑及近年来人们为孟母立的碑时，无不交口称赞孟母伟大。伟大的母亲培养出一代伟人。来自天南海北的代表们个个为能前来瞻仰孟母墓为荣，禁不住在孟母墓前鞠躬礼拜。

四月初二下午，在曲阜龙泉宾馆举行了首届母亲节学术研讨会。会长李汉秋提出为什么设立母亲节？为什么定孟母为母亲节的代表？为什么定农历四月初二这一天？以及我们的母亲节与外国母亲节的关系，等等。母亲节促进会首席顾问、曲阜师范大学骆承烈教授以《古代良母之冠——孟母》为题，作了主题报告。报告中说明了人们对母亲节关心的一系列问题，最后结尾的一句话："天下多孟母，子女定成才。"

人们走进会场，便看到正面一幅古代图像，这是邹城市山水艺术公司主任董伟、孟子七十五代孙孟昭年费尽心机从东汉画像石中找到的。西汉人刘向撰《列女传》中记载孟母教子的事迹，是公元前26年，这幅画是1800年前的。孟母脍炙人口的教子贤行已有两千年的历史，人人为此感到自豪！

设立母亲节要做什么？骆教授的报告中简化为"爱母""母爱"两点。"爱母"就是进一步提供中华伦理中的重要内容——孝道。对父母（尤其对母亲）尽孝、感恩。"母爱"就是母亲爱自己的子女，正确的爱是正确教育子女，培养子女成才。

"要成才，先成人。"首先应重视对孩子的道德品质教育。我国自古以来就重视对一个人道德的培养，现在全国范围内开展的国学诵读活动，就看重对孩子进行道德教育。此次母亲节与国学诵读合办正是有机的结合。

"曲阜一德经典传播中心"王希贤主任等人在母亲节期间举办第二届中华文化曲阜（教育）论坛，继续贯彻一年前由中心顾问骆承烈教授提出学国学"经亦求精"的精神。要求更精练地、正确地选择古代经典及蒙书中的精华部分，让孩子们课余时读，多种形式学，以收事半功倍之效。

"经亦求精"的新观念渐渐为更多的人所接受。此会的主办单位"国务院幼儿园"就选择了这一主张。他们不但主张精选精读，还把他们制定的"国务院幼儿园行为规范"《幼儿规》拿出来供大家参考，进一步征求意见。该园陈文平园长的发言，引起了很大的反响。

孟母"三迁""断机"的教子方法早已被人肯定。在新时代里如何用正确的内容、正确的方法，让孩子们从丰富的古籍中吸取营养，是一个摸索的过程。骆教授《与时俱进，共同创业》的总结发言，道出了大家为了学孟母，共同摸索经验，更好地教育孩子，共同创业的办会初衷。

中国有了自己的母亲节。虽系首届，却有二十多个城市开展活动，同时有52位全国政协委员提出倡议，希望全国人民响应这一节日，通过母亲节，让人人对母亲感恩，孝敬父母。作为母亲，更好地学习孟母，将孩子培养成对国家有贡献、对社会有大用的人。

我们相信，中国的母亲节将要和传统的清明节、端午节、中秋节一样，被全国人民认定为一个重要节日。

母亲永远爱我们，人人都永远爱自己的母亲。

（策划：周桂钿　张永谦　陈文平
编导：骆承烈
摄相：王中华
制作：王中华　王希贤
剧务：孟繁亮　孟宪山　吕宗海　段炎平
监制：李汉秋　王殿卿）

附录一　中华孝亲四字歌

骆承烈

中华文明　薪火传承
孝亲敬老　万古民风
虞舜大孝　孝己谦恭[1]
孝为仁本[2]　曾著孝经
汉定国策　唐皇注经[3]
五湖四海　齐赞孝星

父母生我　天大恩情
父母养我　情深义重
父母教我　牢记终生
父母望我　成凤成龙
教我学习　增强本领
努力工作　为国尽忠

父母最爱　亲情最浓
终生不渝　多方孝敬
衣食供养　寒暖适中
关怀备至　内心尊重
游必有方　鸿雁传情
亲言子顺　亲教子应
亲志子继　亲愿子承

1．孝己：商王武丁之子，其父听后母谗言，将其流放在外，孝己对父母始终谦恭孝敬。
2．孔子弟子有子曰："孝悌也者，其为仁之本欤。"
3．唐玄宗注《孝经》，颁行天下。

亲过子谏　改过新生
子劣亲忧　子优亲荣
优生优育　世代传承

孝为基础　扩大推行
个人体健　心气和平
修身齐家　夫妻互敬
父慈子孝　兄友弟恭
身教言教　家和事兴
里仁为美　交友笃诚
人际和谐　社会安宁
孝通四海　天下太平

附录二　孝亲敬老歌

骆承烈

乌鸦反哺羊跪乳　人生理应孝父母

父母生我恩情重　父母养我多辛苦

父母年老当尽孝　儿女尽孝亲满足

赡养关情老有靠　前车之鉴当记取

谨遵亲命多奉献　爱国兴邦真丈夫

长江后浪推前浪　社会渴盼新人出

父慈子孝多和睦　家家欢乐万代福

附录三　新百孝篇

骆承烈/改编

此篇原有八十四句，每句一个“孝”字。笔者在文字上予以修改后，又增补十六句，共一百句，一百个“孝”字。

人间重孝孝当先　一个孝字全家安　为人须当孝父母　孝顺父母如敬天
孝子能把父母孝　下辈孝儿照样还　自古忠臣多孝子　君选贤臣举孝廉
要问如何把亲孝　孝亲不止在吃穿　孝亲不令亲生气　爱亲敬亲孝乃全

可惜有人不知孝　怎知孝能感动天　福禄皆与孝相连　人将孝子另眼观
孝子贫穷终能富　不孝虽富难平安　诸事不顺因不孝　回心复孝正义还
孝贵心诚无它妙　孝亲就是好儿男　爹娘面前能尽孝　孝字不分女共男

公婆身上能尽孝　又落孝来又落贤　和睦兄弟共尽孝　孝行可比顺气丸
和睦妯娌共尽孝　尽孝家中老少欢　男有百行首重孝　孝字本是百行源
女得淑名先学孝　贤淑勤俭孝为先　孝字本是传家宝　孝字门高孝路宽

能孝何分贫和富　量力尽心孝不难　富孝鼎烹能致富　贫孝菽水也承欢
贫孝孝中有乐趣　富孝孝中有吉缘　富孝瑞气满府第　贫孝祥光透青天
孝从难处见真孝　孝心不容一时偏　天下人人都尽孝　亲由我孝寿命添

亲在当孝不知孝　亲殁知孝孝难全　生前尽孝亲心悦　死后尽孝后悔晚
为人能把祖先孝　敬祖能使子孙贤　贤孝子孙钱难买　孝字买来不用钱
孝能正心心术正　孝字修身身能端　孝字齐家家能好　孝字治国国能安

天下儿孙尽学孝　一孝能致太平年　戒淫戒赌都是孝　孝子成才亲心欢

戒杀戒伐都是孝　孝能积寿通昊天　惜衣惜食都是孝　能积亲福孝非凡
真心为善是真孝　万善都在孝里边　孝子在世人尊重　孝子去世万古传

孝经孝文把孝劝　赶紧孝来莫迟延　父母双全正宜孝　孝顺温和孝味甘
羔羊跪乳尚知孝　乌鸦反哺佳话传　为人若是不知孝　不如禽兽实可怜
此篇句句不离孝　离孝人伦难周全　念得十遍千个孝　消灾免难百孝篇

古人写出百孝篇　今人孝字亦当先　身心和谐是为孝　家和事兴孝满园
孝亲延及老吾老　慈幼换得孝承欢　经商诚信是为孝　孝子从政更勤廉
忠于祖国是大孝　爱民利民孝无边　和谐社会基于孝　孝德五湖四海延
孝为中华无价宝　环球亦颂孝亲篇　期盼天下多孝子　孝道推行天下安

附录四　联合国老年人原则

联合国大会于1991年12月16日通过《联合国老年人原则》（第46/91号决议）。大会鼓励各国政府尽可能将这些原则纳入本国国家方案。原则概要如下：

一、独立

1. 老年人应能通过提供收入、家庭和社会支助以及自助，享有足够的食物、水、住房、衣着和保健；

2. 老年人应有工作机会或其他创造收入的机会；

3. 老年人应能参与决定退出劳动力队伍的时间和节奏；

4. 老年人应能参加适当的教育和培训方案；

5. 老年人应能生活在安全且适合个人选择和能力变化的环境；

6. 老年人应能尽可能长期在家居住。

二、参与

1. 老年人应始终融合于社会，积极参与制定和执行直接影响其福祉的政策，并将其知识和技能传给子孙后辈；

2. 老年人应能寻求和发展为社会服务的机会，并以志愿工作者身份担任与其兴趣和能力相称的职务；

3. 老年人应能组织老年人运动或协会。

三、照顾

1. 老年人应按照每个社会的文化价值体系，享有家庭和社区的照顾和保护；

2．老年人应享有保健服务，以帮助他们保持或恢复身体、智力和情绪的最佳水平并预防或延缓疾病的发生；

3．老年人应享有各种社会和法律服务，以提高其自主能力并使他们得到更好的保护和照顾；

4．老年人居住在任何住所、安养院或治疗所时，均应能享有人权和基本自由，包括充分尊重他们的尊严、信仰、需要和隐私，并尊重他们对自己的照顾和生活品质做决择的权利。

四、自我充实

1．老年人应能追寻充分发挥自己潜力的机会；

2．老年人应能享用社会的教育、文化、精神和文娱资源。

五、尊严

1．老年人的生活应有尊严、有保障，且不受剥削和身心虐待；

2．老年人不论其年龄、性别、种族或族裔背景、残疾或其他状况，均应受到公平对待，而且不论其经济贡献大小均应受到尊重。

附录五　中华人民共和国老年人权益保障法

中华人民共和国主席令
第七十二号

《中华人民共和国老年人权益保障法》已由中华人民共和国第十一届全国人民代表大会常务委员会第三十次会议于2012年12月28日修订通过，现将修订后的《中华人民共和国老年人权益保障法》公布，自2013年7月 1 日起施行。

中华人民共和国主席　胡锦涛

2012年12月28日

中华人民共和国老年人权益保障法

（1996年8月29日第八届全国人民代表大会常务委员会第二十一次会议通过，根据2009年8月27日第十一届全国人民代表大会常务委员会第十次会议《关于修改部分法律的决定》修正，2012年12月28日第十一届全国人民代表大会常务委员会第三十次会议修订）

第一章　总则

第一条　为了保障老年人合法权益，发展老龄事业，弘扬中华民族敬老、养老、助老的美德，根据宪法，制定本法。

第二条　本法所称老年人是指六十周岁以上的公民。

第三条　国家保障老年人依法享有的权益。

老年人有从国家和社会获得物质帮助的权利，有享受社会服务和社会优待的权利，有参与社会发展和共享发展成果的权利。

禁止歧视、侮辱、虐待或者遗弃老年人。

第四条　积极应对人口老龄化是国家的一项长期战略任务。

国家和社会应当采取措施，健全保障老年人权益的各项制度，逐步改善保障老年人生活、健康、安全以及参与社会发展的条件，实现老有所养、老有所医、老有所为、老有所学、老有所乐。

第五条　国家建立多层次的社会保障体系，逐步提高对老年人的保障水平。

国家建立和完善以居家为基础、社区为依托、机构为支撑的社会养老服务体系。

倡导全社会优待老年人。

第六条　各级人民政府应当将老龄事业纳入国民经济和社会发展规划，将老龄事业经费列入财政预算，建立稳定的经费保障机制，并鼓励社会各方面投入，使老龄事业与经济、社会协调发展。

国务院制定国家老龄事业发展规划。县级以上地方人民政府根据国家老龄事业发展规划，制定本行政区域的老龄事业发展规划和年度计划。

县级以上人民政府负责老龄工作的机构，负责组织、协调、指导、督促有关部门做好老年人权益保障工作。

第七条　保障老年人合法权益是全社会的共同责任。

国家机关、社会团体、企业事业单位和其他组织应当按照各自职责，做好老年人权益保障工作。

基层群众性自治组织和依法设立的老年人组织应当反映老年人的要求，维护老年人合法权益，为老年人服务。

提倡、鼓励义务为老年人服务。

第八条　国家进行人口老龄化国情教育，增强全社会积极应对人口老龄化意识。

全社会应当广泛开展敬老、养老、助老宣传教育活动，树立尊重、关心、帮助老年人的社会风尚。

青少年组织、学校和幼儿园应当对青少年和儿童进行敬老、养老、助老的道德教育和维护老年人合法权益的法制教育。

广播、电影、电视、报刊、网络等应当反映老年人的生活，开展维护老年人合法权益的宣传，为老年人服务。

第九条　国家支持老龄科学研究，建立老年人状况统计调查和发布制度。

第十条　各级人民政府和有关部门对维护老年人合法权益和敬老、养老、助老成绩显著的组织、家庭或者个人，对参与社会发展做出突出贡献的老年人，按照国家有关规定给予表彰或者奖励。

第十一条　老年人应当遵纪守法，履行法律规定的义务。

第十二条　每年农历九月初九为老年节。

第二章　家庭赡养与扶养

第十三条　老年人养老以居家为基础，家庭成员应当尊重、关心和照料老年人。

第十四条　赡养人应当履行对老年人经济上供养、生活上照料和精神上慰藉的义务，照顾老年人的特殊需要。

赡养人是指老年人的子女以及其他依法负有赡养义务的人。

赡养人的配偶应当协助赡养人履行赡养义务。

第十五条　赡养人应当使患病的老年人及时得到治疗和护理；对经济困难的老年人，应当提供医疗费用。

对生活不能自理的老年人，赡养人应当承担照料责任；不能亲自照料的，可以按照老年人的意愿委托他人或者养老机构等照料。

第十六条　赡养人应当妥善安排老年人的住房，不得强迫老年人居住或者迁居条件低劣的房屋。

老年人自有的或者承租的住房，子女或者其他亲属不得侵占，不得擅自改变产权关系或者租赁关系。

老年人自有的住房，赡养人有维修的义务。

第十七条　赡养人有义务耕种或者委托他人耕种老年人承包的田地，照管或者委托他人照管老年人的林木和牲畜等，收益归老年人所有。

第十八条　家庭成员应当关心老年人的精神需求，不得忽视、冷落老年人。

与老年人分开居住的家庭成员，应当经常看望或者问候老年人。

用人单位应当按照国家有关规定保障赡养人探亲休假的权利。

第十九条　赡养人不得以放弃继承权或者其他理由，拒绝履行赡养义务。

赡养人不履行赡养义务，老年人有要求赡养人付给赡养费等权利。

赡养人不得要求老年人承担力不能及的劳动。

第二十条　经老年人同意，赡养人之间可以就履行赡养义务签订协议。赡养协议的内容不得违反法律的规定和老年人的意愿。

基层群众性自治组织、老年人组织或者赡养人所在单位监督协议的履行。

第二十一条　老年人的婚姻自由受法律保护。子女或者其他亲属不得干涉老年人离婚、再婚及婚后的生活。

赡养人的赡养义务不因老年人的婚姻关系变化而消除。

第二十二条　老年人对个人的财产，依法享有占有、使用、收益和处分的权利，子女或者其他亲属不得干涉，不得以窃取、骗取、强行索取等方式侵犯老年人的财产权益。

老年人有依法继承父母、配偶、子女或者其他亲属遗产的权利，有接受赠与的权利。子女或者其他亲属不得侵占、抢夺、转移、隐匿或者损毁应当由老年人继承或者接受赠予的财产。

老年人以遗嘱处分财产，应当依法为老年配偶保留必要的份额。

第二十三条　老年人与配偶有相互扶养的义务。

由兄、姐扶养的弟、妹成年后，有负担能力的，对年老无赡养人的兄、姐有扶养的义务。

第二十四条　赡养人、扶养人不履行赡养、扶养义务的，基层群众性自治组织、老年人组织或者赡养人、扶养人所在单位应当督促其履行。

第二十五条　禁止对老年人实施家庭暴力。

第二十六条　具备完全民事行为能力的老年人，可以在近亲属或者其他与自己关系密切、愿意承担监护责任的个人、组织中协商确定自己的监护人。监护人在老年人丧失或者部分丧失民事行为能力时，依法承担监护责任。

老年人未事先确定监护人的，其丧失或者部分丧失民事行为能力时，依照有关法律的规定确定监护人。

第二十七条　国家建立健全家庭养老支持政策，鼓励家庭成员与老年人共同生活或者就近居住，为老年人随配偶或者赡养人迁徙提供条件，为家庭成员照料老年人提供帮助。

第三章　社会保障

第二十八条　国家通过基本养老保险制度，保障老年人的基本生活。

第二十九条　国家通过基本医疗保险制度，保障老年人的基本医疗需要。享受最低生活保障的老年人和符合条件的低收入家庭中的老年人参加新型农村合作医疗和城镇居民基本医疗保险所需个人缴费部分，由政府给予补贴。

有关部门制定医疗保险办法，应当对老年人给予照顾。

第三十条　国家逐步开展长期护理保障工作，保障老年人的护理需求。

对生活长期不能自理、经济困难的老年人，地方各级人民政府应当根据其失能程度等情况给予护理补贴。

第三十一条　国家对经济困难的老年人给予基本生活、医疗、居住或者其他救助。

老年人无劳动能力、无生活来源、无赡养人和扶养人，或者其赡养人和扶养人确无赡养能力或者扶养能力的，由地方各级人民政府依照有关规定给予供养或者救助。

对流浪乞讨、遭受遗弃等生活无着的老年人，由地方各级人民政府依照有关规定给予救助。

第三十二条　地方各级人民政府在实施廉租住房、公共租赁住房等住房保障制度或者进行危旧房屋改造时，应当优先照顾符合条件的老年人。

第三十三条　国家建立和完善老年人福利制度，根据经济社会发展水平和老年人的实际需要，增加老年人的社会福利。

国家鼓励地方建立八十周岁以上低收入老年人高龄津贴制度。

国家建立和完善计划生育家庭老年人扶助制度。

农村可以将未承包的集体所有的部分土地、山林、水面、滩涂等作为养老基地，收益供老年人养老。

第三十四条　老年人依法享有的养老金、医疗待遇和其他待遇应当得到保障，有关机构必须按时足额支付，不得克扣、拖欠或者挪用。

国家根据经济发展以及职工平均工资增长、物价上涨等情况，适时提高养老保障水平。

第三十五条　国家鼓励慈善组织以及其他组织和个人为老年人提供物质帮助。

第三十六条　老年人可以与集体经济组织、基层群众性自治组织、养老机构等组织或者个人签订遗赠扶养协议或者其他扶助协议。

负有扶养义务的组织或者个人按照遗赠扶养协议，承担该老年人生养死葬的义务，享有受遗赠的权利。

第四章 社会服务

第三十七条　地方各级人民政府和有关部门应当采取措施，发展城乡社区养老服务，鼓励、扶持专业服务机构及其他组织和个人，为居家的老年人提供生活照料、紧急救援、医疗护理、精神慰藉、心理咨询等多种形式的服务。

对经济困难的老年人，地方各级人民政府应当逐步给予养老服务补贴。

第三十八条　地方各级人民政府和有关部门、基层群众性自治组织，应当将养老服务设施纳入城乡社区配套设施建设规划，建立适应老年人需要的生活服务、文化体育活动、日间照料、疾病护理与康复等服务设施和网点，就近为老年人提供服务。

发扬邻里互助的传统，提倡邻里间关心、帮助有困难的老年人。

鼓励慈善组织、志愿者为老年人服务。倡导老年人互助服务。

第三十九条　各级人民政府应当根据经济发展水平和老年人服务需求，逐步增加对养老服务的投入。

各级人民政府和有关部门在财政、税费、土地、融资等方面采取措施，鼓励、扶持企业事业单位、社会组织或者个人兴办、运营养老、老年人日间照料、老年文化体育活动等设施。

第四十条　地方各级人民政府和有关部门应当按照老年人口比例及分布情况，将养老服务设施建设纳入城乡规划和土地利用总体规划，统筹安排养老服务设施建设用地及所需物资。

非营利性养老服务设施用地，可以依法使用国有划拨土地或者农民集体所有的土地。

养老服务设施用地，非经法定程序不得改变用途。

第四十一条　政府投资兴办的养老机构，应当优先保障经济困难的孤寡、失能、高龄等老年人的服务需求。

第四十二条　国务院有关部门制定养老服务设施建设、养老服务质量和养老服务职业等标准，建立健全养老机构分类管理和养老服务评估制度。

各级人民政府应当规范养老服务收费项目和标准，加强监督和管理。

第四十三条　设立养老机构，应当符合下列条件：

（一）有自己的名称、住所和章程；

（二）有与服务内容和规模相适应的资金；

（三）有符合相关资格条件的管理人员、专业技术人员和服务人员；

（四）有基本的生活用房、设施设备和活动场地；

（五）法律、法规规定的其他条件。

第四十四条　设立养老机构应当向县级以上人民政府民政部门申请行政许可；经许可的，依法办理相应的登记。

县级以上人民政府民政部门负责养老机构的指导、监督和管理，其他有关部门依照职责分工对养老机构实施监督。

第四十五条　养老机构变更或者终止的，应当妥善安置收住的老年人，并依照规定到有关部门办理手续。有关部门应当为养老机构妥善安置老年人提供帮助。

第四十六条　国家建立健全养老服务人才培养、使用、评价和激励制度，依法规范用工，促进从业人员劳动报酬合理增长，发展专职、兼职和志愿者相结合的养老服务队伍。

国家鼓励高等学校、中等职业学校和职业培训机构设置相关专业或者培训项目，培养养老服务专业人才。

第四十七条　养老机构应当与接受服务的老年人或者其代理人签订服务协议，明确双方的权利、义务。

养老机构及其工作人员不得以任何方式侵害老年人的权益。

第四十八条　国家鼓励养老机构投保责任保险，鼓励保险公司承保责任保险。

第四十九条　各级人民政府和有关部门应当将老年医疗卫生服务纳入城乡医疗卫生服务规划，将老年人健康管理和常见病预防等纳入国家基本公共卫生服务项目。鼓励为老年人提供保健、护理、临终关怀等服务。

国家鼓励医疗机构开设针对老年病的专科或者门诊。

医疗卫生机构应当开展老年人的健康服务和疾病防治工作。

第五十条　国家采取措施，加强老年医学的研究和人才培养，提高老年病的预防、治疗、科研水平，促进老年病的早期发现、诊断和治疗。

国家和社会采取措施，开展各种形式的健康教育，普及老年保健知识，增强老年人自我保健意识。

第五十一条　国家采取措施，发展老龄产业，将老龄产业列入国家扶持行业目录。扶持和引导企业开发、生产、经营适应老年人需要的用品和提供相关的服务。

第五章　社会优待

第五十二条　县级以上人民政府及其有关部门根据经济社会发展情况和老年人的特殊需要，制定优待老年人的办法，逐步提高优待水平。

对常住在本行政区域内的外埠老年人给予同等优待。

第五十三条　各级人民政府和有关部门应当为老年人及时、便利地领取养老金、结算医疗费和享受其他物质帮助提供条件。

第五十四条　各级人民政府和有关部门办理房屋权属关系变更、户口迁移等涉及老年人权益的重大事项时，应当就办理事项是否为老年人的真实意思表示进行询问，并依法优先办理。

第五十五条　老年人因其合法权益受侵害提起诉讼交纳诉讼费确有困难的，可以缓交、减交或者免交；需要获得律师帮助，但无力支付律师费用的，可以获得法律援助。

鼓励律师事务所、公证处、基层法律服务所和其他法律服务机构为经济困难的老年人提供免费或者优惠服务。

第五十六条　医疗机构应当为老年人就医提供方便，对老年人就医予以优先。有条件的地方，可以为老年人设立家庭病床，开展巡回医疗、护理、康复、免费体检等服务。

提倡为老年人义诊。

第五十七条　提倡与老年人日常生活密切相关的服务行业为老年人提供优先、优惠服务。

城市公共交通、公路、铁路、水路和航空客运，应当为老年人提供优待和照顾。

第五十八条　博物馆、美术馆、科技馆、纪念馆、公共图书馆、文化馆、影剧院、体育场馆、公园、旅游景点等场所，应当对老年人免费或者优惠开放。

第五十九条　农村老年人不承担兴办公益事业的筹劳义务。

第六章　宜居环境

第六十条　国家采取措施，推进宜居环境建设，为老年人提供安全、便利和舒适的环境。

第六十一条　各级人民政府在制定城乡规划时，应当根据人口老龄化发展趋势、老年人口分布和老年人的特点，统筹考虑适合老年人的公共基础设施、生活服务设施、医疗卫生设施和文化体育设施建设。

第六十二条　国家制定和完善涉及老年人的工程建设标准体系，在规划、设计、施工、监理、验收、运行、维护、管理等环节加强相关标准的实施与监督。

第六十三条　国家制定无障碍设施工程建设标准。新建、改建和扩建道路、公共交通设施、建筑物、居住区等，应当符合国家无障碍设施工程建设标准。

各级人民政府和有关部门应当按照国家无障碍设施工程建设标准，优先推进与老年人日常生活密切相关的公共服务设施的改造。

无障碍设施的所有人和管理人应当保障无障碍设施正常使用。

第六十四条　国家推动老年宜居社区建设，引导、支持老年宜居住宅的开发，推动和扶持老年人家庭无障碍设施的改造，为老年人创造无障碍居住环境。

第七章　参与社会发展

第六十五条　国家和社会应当重视、珍惜老年人的知识、技能、经验和优良品德，发挥老年人的专长和作用，保障老年人参与经济、政治、文化和社会生活。

第六十六条　老年人可以通过老年人组织，开展有益身心健康的活动。

第六十七条　制定法律、法规、规章和公共政策，涉及老年人权益重大问题的，应当听取老年人和老年人组织的意见。

老年人和老年人组织有权向国家机关提出老年人权益保障、老龄事业发展等方面的意见和建议。

第六十八条　国家为老年人参与社会发展创造条件。根据社会需要和可能，鼓励老年人在自愿和量力的情况下，从事下列活动：

（一）对青少年和儿童进行社会主义、爱国主义、集体主义和艰苦奋斗等优良传统教育；

（二）传授文化和科技知识；

（三）提供咨询服务；

（四）依法参与科技开发和应用；

（五）依法从事经营和生产活动；

（六）参加志愿服务、兴办社会公益事业；

（七）参与维护社会治安、协助调解民间纠纷；

（八）参加其他社会活动。

第六十九条　老年人参加劳动的合法收入受法律保护。

任何单位和个人不得安排老年人从事危害其身心健康的劳动或者危险作业。

第七十条　老年人有继续受教育的权利。

国家发展老年教育，把老年教育纳入终身教育体系，鼓励社会办好各类老年学校。

各级人民政府对老年教育应当加强领导，统一规划，加大投入。

第七十一条　国家和社会采取措施，开展适合老年人的群众性文化、体育、娱乐活动，丰富老年人的精神文化生活。

第八章　法律责任

第七十二条　老年人合法权益受到侵害的，被侵害人或者其代理人有权要求有关部门处理，或者依法向人民法院提起诉讼。

人民法院和有关部门，对侵犯老年人合法权益的申诉、控告和检举，应当依法及时受理，不得推诿、拖延。

第七十三条　不履行保护老年人合法权益职责的部门或者组织，其上级主管部门应当给予批评教育，责令改正。

国家工作人员违法失职，致使老年人合法权益受到损害的，由其所在单位或者上级机关责令改正，或者依法给予处分；构成犯罪的，依法追究刑事责任。

第七十四条　老年人与家庭成员因赡养、扶养或者住房、财产等发生纠纷，可以申请人民调解委员会或者其他有关组织进行调解，也可以直接向人民法院提起诉讼。

人民调解委员会或者其他有关组织调解前款纠纷时，应当通过说服、疏导等方式化解矛盾和纠纷；对有过错的家庭成员，应当给予批评教育。

人民法院对老年人追索赡养费或者扶养费的申请，可以依法裁定先予执行。

第七十五条　干涉老年人婚姻自由，对老年人负有赡养义务、扶养义务而拒绝赡养、扶养，虐待老年人或者对老年人实施家庭暴力的，由有关单位给予批评教育；构成违反治安管理行为的，依法给予治安管理处罚；构成犯罪的，依法追究刑事责任。

第七十六条　家庭成员盗窃、诈骗、抢夺、侵占、勒索、故意损毁老年人财物，构成违反治安管理行为的，依法给予治安管理处罚；构成犯罪的，依法追究刑事责任。

第七十七条　侮辱、诽谤老年人，构成违反治安管理行为的，依法给予治安管理处罚；构成犯罪的，依法追究刑事责任。

第七十八条　未经许可设立养老机构的，由县级以上人民政府民政部门责令改正；符合法律、法规规定的养老机构条件的，依法补办相关手续；逾期达不到法定条件的，责令停办并妥善安置收住的老年人；造成损害的，依法承担民事责任。

第七十九条　养老机构及其工作人员侵害老年人人身和财产权益，或者未按照约定提供服务的，依法承担民事责任；有关主管部门依法给予行政处罚；构成犯罪的，依法追究刑事责任。

第八十条　对养老机构负有管理和监督职责的部门及其工作人员滥用职权、玩忽职守、徇私舞弊的，对直接负责的主管人员和其他直接责任人员依法给予处分；构成犯罪的，依法追究刑事责任。

第八十一条　不按规定履行优待老年人义务的，由有关主管部门责令改正。

第八十二条　涉及老年人的工程不符合国家规定的标准或者无障碍设施所有人、管理人未尽到维护和管理职责的，由有关主管部门责令改正；造成损害的，依法承担民事责任；对有关单位、个人依法给予行政处罚；构成犯罪的，依法追究刑事责任。

第九章　附则

第八十三条　民族自治地方的人民代表大会，可以根据本法的原则，结合当地民族风俗习惯的具体情况，依照法定程序制定变通的或者补充的规定。

第八十四条　本法施行前设立的养老机构不符合本法规定条件的，应当限期整改。具体办法由国务院民政部门制定。

第八十五条　本法自2013年7月1日起施行。

附录六 全球华人孝亲敬老研讨会《香港宣言》

（2004年11月30日）

诚敬孝亲 终生励行 孝通四海 发轫大同

全球华人孝亲敬老研讨会2004年11月29日—30日于中国香港特别行政区召开。

作为拥有全球五分之一人口的中华民族，在21世纪及多元急剧转变的社会中，“孝”是传统文化及维系我们家庭与社会功能运用的最主要元素；而孝文化在不同的华人社会，有着不同的演变、体现、贡献及发展。继续发扬护老敬老的孝亲精神，推己及人，促进家庭和睦、社会融洽、人类合作及世界和平，是我们的共同目标。我们来自世界不同的华人社区，共三百多位专家、学者及社会各方贤达，借是次会议，发表下列宣言：

1．我们呼吁必须以诚敬之心侍奉父母，传承人类固有孝悌、仁爱的美德，发扬护老敬老的精神，光显四海，彰显孝道。

2．我们致力于推己及人，老吾老以及人之老，以达至老有所属、老有所养、老有所医、老有所学、老有所乐、老有所为，建立中华以“孝文化”为内涵的长者福利。

3．我们呼吁在任何的情况下，仍须要极具无比的爱心与毅力，立己立人，立德立功，行己忠恕，以孝为契机，促进全球和平，迈向世界大同。

4．我们恳请各国、各地政府更加重视老龄人士的切身利益及老年工作，继续发挥长者潜能参与社会，并希望社会各界对护老、敬老事业予以支持，力求尽快地在各国、各地形成敬老爱老护老共融的良好社会风气。

后记

四年前，我在北京人民大会堂领到“全国孝亲敬老楷模提名奖”后，全国老龄办的同志说，这些年来我在几次国际会议上宣传中华孝道，出过几本孝文化的书，是国内唯一因研究“孝文化”得奖的人。其实早在2006年下半年，我和次子骆明及学生周海生、王淑臣就开始了从古籍资料中收集有关孝道资料的工作。在中华优秀传统文化重新得到人们重视的今天，尤其是“国学热”的出现，更坚定了我们继续从古籍中广泛收集孝文化的信心。七年来，我们从古代经、史、子、集等著作及丛书中收录了近千万字的资料，本着“去粗存精”的精神，精选了其中近一百五十万字的资料，并分作《孝经》序跋、历代诏令律例、孝论、孝行，以及养老、家训、童蒙、学规中的孝亲敬老资料等几个部分进行了编排。

在几年收集资料的工作中，我们发现有关孝道的内容相当丰富。例如，历代有关《孝经》注、疏、序、跋的目录，人们可在“二十五史”中的《艺文志》（《经籍志》）、清代朱彝尊的《经义考》及一些古籍书目中看到，所收录的序、跋大多有十几篇，多者不过几十篇。但我们经过爬梳史料，在历代经籍中却找到了较多有关《孝经》序跋的文章，共搜集到349篇。本想以附录的形式附于书后，因其内容丰富，信息量大，文献价值厚重，只好单独成册。近年来，我们父子、师生及朋友发过一些有关孝道的文章，也单列一册。

为使此书方便更多的人阅读，各册所选的古文献资料均予以今译及对作者、书目进行了简介。因为这一项目工程较大，故吸收了曲阜师范大学历史文化学院、孔子研究所的一些青年学者及博士生参加，大家群策群力，共同完成了这项有意义的工作。

此书编选的目的是在国内外学习中华传统文化的同时，配合各地倡孝、学孝、行孝活动的开展。工作中承蒙中国孔子文化传播促进会李成俊常务副会长指导，光明日报出版社慧眼决定出版，曲阜师范大学历史文化学院、孔子研究所给予了文献方面的支持，全国敬老爱老助老主题教育活动组委会主任、中国老龄事业发展基金会理事长李宝库指导并撰写“总序”，北京智慧中国科技控股有限公司、北京智慧城市科技发展有限公司对前期工作给予了支持，在此一并致谢。

骆承烈

2013年5月